国际电气工程先进技术译丛

U0183249

高电压试验和测量技术

（原书第 2 版）

High – Voltage Test and Measuring Techniques （Second Edition）

［德］ 沃尔夫冈·豪希尔德（Wolfgang Hauschild）
埃伯哈德·莱姆克（Eberhard Lemke） 著

姚学玲　陈景亮　孙晋茹　译

机 械 工 业 出 版 社

本书是国际高电压技术领域的两位知名专家经验的总结。与传统的高电压著作相比,本书强调了高电压试验技术和测量技术,内容包括高电压试验技术基础,高压交流、高压直流、强雷电和操作冲击电压、组合和复合电压试验,以及局部放电、介电性能测量。此外,本书还专门介绍了超、特高压输电系统的发展,以及超、特高压输电设备高压绝缘寿命周期的相关试验方法。

本书可供从事电气工程和高电压工程的专业技术人员,以及高校相关专业的本科生、研究生参考。

First published in English under the title

High-Voltage Test and Measuring Techniques (2nd Ed.)

by Wolfgang Hauschild and Eberhard Lemke

1st edition:© Springer-Verlag Berlin Heidelberg, 2014

2nd edition:© Springer Nature Switzerland AG, 2019

This edition has been translated and published under licence from

Springer Nature Switzerland AG.

All Rights Reserved

北京市版权局著作权合同登记 图字:01-2016-6517 号。

图书在版编目(CIP)数据

高电压试验和测量技术:原书第 2 版/(德)沃尔夫冈·豪希尔德(Wolfgang Hauschild)等著;姚学玲,陈景亮,孙晋茹译.—北京:机械工业出版社,2021.3

(国际电气工程先进技术译丛)

书名原文:High – Voltage Test and Measuring Techniques(Second Edition)

ISBN 978-7-111-67629-4

Ⅰ.①高… Ⅱ.①沃…②姚…③陈…④孙… Ⅲ.①高电压试验设备②高电压 – 电压测量 Ⅳ.①TM83

中国版本图书馆 CIP 数据核字(2021)第 036440 号

机械工业出版社(北京市百万庄大街 22 号 邮政编码 100037)

策划编辑:赵玲丽 责任编辑:赵玲丽

责任校对:樊钟英 责任印制:李 昂

北京中科印刷有限公司印刷

2021 年 7 月第 1 版第 1 次印刷

184mm×260mm·25 印张·621 千字

0 001—1 600 册

标准书号:ISBN 978 - 7 - 111 -67629-4

定价:149.00 元

电话服务   网络服务

客服电话:010 – 88361066   机 工 官 网:www.cmpbook.com

        010 – 88379833   机 工 官 博:weibo.com/cmp1952

        010 – 68326294   金 书 网:www.golden – book.com

封底无防伪标均为盗版   机工教育服务网:www.cmpedu.com

译 者 序

《高电压试验和测量技术（原书第2版）》是国际高电压技术领域的两位知名专家经验的总结，是高电压领域的一本力作。与传统的高电压著作相比，本书强调了高电压试验技术和测量技术，包括高压交流、高压直流、局部放电、雷电和操作冲击电压以及复合电压的测量等。本书介绍了先进的高电压试验和测量技术，且与实践密切关联，还专门介绍了超、特高压输电系统的发展，以及超、特高压输电设备高压绝缘寿命周期的相关试验方法。

本书英文版 *High-Voltage Test and Measuring Techniques* 第1版出版于2014年，第2版出版于2018年。作者 Wolfgang Hauschild 和 Eberhard Lemke 博士是国际著名的高电压试验专家。Wolfgang Hauschild 博士从1966年到1979年是德累斯顿工业大学 SF_6 绝缘研究小组的研究员；1976—1977年，他作为叙利亚大马士革大学的客座教授，建立了一个大型的高压实验室；1990—2007年，他担任德累斯顿高压测试设备生产的技术总监；1995—2009年期间，他担任德国在 IEC TC42 的代言人，并且是 IEEE、VDE 和 CIGRE 的成员。Eberhard Lemke 博士为德累斯顿工业大学教授，长期从事局部放电测量技术的研究，开发了非传统的耦合模式的"Lemke"探针。在此，向 Wolfgang Hauschild 和 Eberhard Lemke 博士对高电压技术领域做出的贡献表示衷心的感谢。

本书的翻译是团队合作的结晶。本书初稿由西安交通大学姚学玲教授和孙晋茹博士翻译。在初稿基础上，西安交通大学陈景亮教授完善了第1章，姚学玲教授完善了第2~7章，孙晋茹博士完善了第8~10章。全书由姚学玲教授进行了校对、修正。虽然在翻译过程中，译者们尽了最大的努力追求高的翻译质量，查阅了大量的文献和标准，但是由于本书涉及内容非常广泛和专业，难免有错误和不当之处，敬请读者批评指正。在此也对所有长期以来支持和帮助西安交通大学电气工程学科的各位专家、学者和朋友们一并表示感谢！

译 者
2020 年 12 月于西安交通大学

第1版序言

近年来发表的大多数关于高压（HV）工程的教科书都集中在该领域的一般方面，而不是本书中提供的高压试验和测量技术的细节。面对可再生能源的使用不断增加，电缆系统的广泛应用以及长距离交流及直流超高压（UHV）线路的架设，以试验为基础的高压试验技术面临着越来越多的挑战。

从事高压试验和测量技术的研究人员和工程师着力于开发新的设备、仪器和程序以应对未来新挑战。CIGRE、IEC 和 IEEE 等国际组织总结了研究工作的结果，并提供了普遍接受的规则、指南和标准，但在高压工程领域工作的许多研究人员、设计人员和技术人员并不熟悉上述组织准备和介绍的方法。在这种情况下，本书致力于帮助从业者更好地理解最近开发和采用的先进技术，并将其用于高压绝缘的质量保证测试和诊断。此外，本书还可用于帮助学生理解绝缘测试和诊断工具的相关信息，并可作为工程师的培训、继续教育和个人学习的参考书。

此外应该指出的是，在开发高压测试系统，包括相关的测量设备方面已经取得了很大进展，这部分内容在 Hauschild 和 Lemke 编写的书籍中有详细的描述。总而言之，本书提供了与实际方面密切相关的、最先进的高压试验和测量技术的完整介绍和概述。自从20世纪70年代初我第一次参观德累斯顿的高压研究所以来，我就了解到本书作者在此领域已经做了大量的工作，从那以后，我们就成了好伙伴和亲密的朋友。我主要是在参加 CIGRE 和 IEC 的各个工作组时定期与作者见面，Wolfgang Hauschild 和 Eberhard Lemke 分别从事高压试验技术和高压测量技术领域的工作。他们凭借杰出的工作和与格拉茨技术大学高压研究所的富有成效的合作，分别于 2007 年和 2009 年获得了"荣誉博士"奖励。

Michael Muhr
Graz Technical University
Chairman of Cigre AG HV Test Techniques

第1版前言

高电压（High Voltage，HV）工程自始至今一个多世纪仍然是一个以试验为基础的经验领域。试验研究是确定电气绝缘尺寸的基础，对于型式、例行和调试试验的质量保证以及通过监视和诊断试验进行绝缘状况评估而言，试验研究是必不可少的，并且这类经验性程序从未发生过改变。更高的传输电压、改进的绝缘材料和新设计原理的应用要求高压试验和测量技术的进一步发展。CIGRE、IEC 和 IEEE 的相关专家机构提供了适用于需求和知识水平的高压试验的通用标准和指南。

作者非常有幸跟随 Dresden 高压工程学院的 Fritz Obenaus 和 Wolfgang Mosch，半个世纪以来一直致力于高压试验技术的发展研究。本书基于作者的经验，反映了高压试验和测量技术的实际水平。这本书将填补国际上有关高压工程的研究空白，希望本书能够满足设计师、试验领域工程师和工厂工程师、高年级本科生和研究生以及研究人员的需求，并帮助他们更好地理解相关的 IEC 和 IEEE 标准。如今，许多面对高压试验甚至从事高压试验的工程师都没有对高压工程学进行深入的学习。因此，本书旨在支持个人学习，并且能够作为高级培训课程的参考资料。

在介绍了高压试验技术在电力工程中的历史和地位后，本书介绍了基础的试验系统和试验程序、测量系统的认可以及试验结果的统计处理。在交流、直流、冲击和组合试验电压的单独章节中，分别详细介绍了它们的产生、要求和测量。由于局部放电和介电性能测量主要与交流电压试验有关，因此，在交流试验电压之后，分别安排了关于这些重要工具的单独章节，本书最终以有关高压试验实验室和现场试验的章节作为结尾。

与来自世界各地许多专家的合作是编写此书的前提，作者对他们所有人表示感谢，但在此我们仅能提及其中的几位：我们在 Dresden 工业大学 HV 实验室获得了认可，并感谢以 Eberhard Engelmann 和 Joachim Speck 为代表的工作人员的合作。在我们的职业生涯中，我们是 CIGRE 33（后来的 D1）、IEC TC 42 和 IEEE - TRC 和 ICC 专家机构的成员，从有关高压试验工作以及与成员的讨论中，我们得到了许多建议。感谢 Dieter Kind、Gianguido Carrara、Kurt Feser、Arnold Rodewald、Ryszard Malewski、Ernst Gockenbach、Klaus Schon、Michael Muhr 以及在此未提及的所有其他人。当然，我们公司的日常工作还面临着诸多高压试验技术的挑战，由于他们一直都是我们可靠团队中的佼佼者，因此我们谨向 Dresden 高电压技术有限公司和 Doble - Lemke GmbH 公司的管理层和员工表示衷心的感谢。感谢 Harald Schwarz 和 Josef Kindersberger，他们任命 Wolfgang Hauschild 为慕尼黑技术大学和科特布斯技术大学的 HV 试验技术讲师。我们感谢我们的朋友 Jürgen Pilling 和 Wieland Bürger 对本书手稿的仔细校对和有用的建议。最后，我们感谢本书读者的进一步建议和批评。

Wolfgang Hauschild
Eberhard Lemke

第 2 版前言

本书第 1 版出版后的近几年来，发电、输电和配电有许多的发展。例如：可再生能源的应用不断增加、交流输电电压等级达到了 800kV 的特高压水平、高压直流输电也得到了广泛应用，同时，电缆系统、诊断技术和状态评估方法均有所提升。所有这些进展对高电压试验和测量技术均具有重要的意义。本书的第 2 版应将会反映高压试验的趋势，对推动当前高压工程的发展有所贡献。

在第 2 版中，我们得到了许多同事的支持，包括 Ralf Pietsch 博士、Günter Siebert 和 Uwe Flechtner。在此，特别感谢斯普林格出版社 Christoph Baumann 博士、Petra Jantzen 和 Sudhany Karthick 的合作。

Wolfgang Hauschild

Eberhard Lemke

致　谢

由于 HIGHVOLT Prüftechnik Dresden GmbH 的慷慨援助，这本书能够有彩色的封面。此外，所有摄影图和无参考的三维图都由 HIGHVOLT 档案馆提供。我们真诚地感谢管理层，尤其是 Bernd Kübler、Thomas Steiner 和 Ralf Bergmann，感谢他们对我们项目的永久支持。

作者简介 1

Wolfgang Hauschild

Wolfgang Hauschild 于 1965 年获得毕业文凭；1970 年获得博士学位；1976 年获得德国德累斯顿工业大学（TU）的适应训练（大学讲课资格）；2007 年，他成为奥地利格拉茨技术大学的荣誉博士；1966—1979 年，他是德累斯顿工业大学 SF_6 绝缘研究小组的研究员；1976—1977 年，Hauschild 博士作为叙利亚大马士革大学的客座教授，负责在那里建立一个大型高压实验室；1980 年，他进入工业界，并在德累斯顿的高压试验设备生产方面处于领先地位，1990—2007 年担任德累斯顿高压技术有限公司的技术总监；退休后，他仍然是一名顾问。

Hauschild 博士于 1995—2009 年担任 IEC TC 42（HV 试验技术）的德语发言人，并且是 IEEE、VDE 和 CIGRE 的成员。他编写出版了 3 本关于高压工程的书籍并发表了大量论文，高压试验是其中的重点内容。

Dr. Wolfgang Hauschild

DRESDEN

Germany

E – Mail：whauschild@ t – online. de

作者简介 2

Eberhard Lemke

Eberhard Lemke 于 1962 年毕业于德累斯顿工业大学（TU），在那里参与高压工程领域的研究和教育 30 多年；他分别于 1967 年和 1975 年获得理科博士和理工科博士学位；2010 年，他被奥地利格拉茨技术大学授予荣誉博士学位（Dr. h. c）；从 1978 年到 1981 年，他加入了德国的电力电缆厂，在此期间，他使用非传统的场耦合模式开发了所谓的 Lemke 探针，用于运行中 HV 设备的 PD 诊断；1987 年，他被任命为德累斯顿工业大学教授，并于 1990 年成立了 Lemke Diagnostics GmbH 公司，生产高压设备 PD 诊断的仪器。Eberhard Lemke 是几本教科书的作者和合著者，他发表了大量技术论文，拥有多项专利，并积极参与 VDE、CIGRE、IEC 和 IEEE 等多个国家和国际组织。

Prof. Dr. Eberhard Lemke
DRESDEN
Germany
E – Mail：elemke. 37@ gmail. com

缩 略 语 表

AC   Alternating current，交流（复合术语，如 AC 电压）

ACIT   HV units for feeding induced voltage tests，馈电感应试验用高压装置

ACL   Accredited Calibration Laboratory，认可的校准实验室

ACRF   HVAC series resonant circuit of variable frequency，变频 HVAC 串联谐振电路

ACRL   HVAC series resonant test circuit of variable inductance，可变电感 HVAC 串联谐振试验电路

ACT   HVAC test circuit based on transformer，基于变压器的 HVAC 试验电路

ACTF   HVAC test circuit of variable frequency based on transformers，基于变压器的变频 HVAC 试验电路

ADC   Analog – digital converter，模拟/数字转换器

AE   Acoustic emission，声发射

AMS   Approved measuring system，认可的测量系统

C   Capacitance，电容

CD   Committee Draft（IEC），委员会草案

CH   Channel，通道

CRO   Cathode ray oscilloscope，阴极射线示波器

DAC   Damped alternating current（in composite terms, e. g., DAC voltage），阻尼交流电流

DC   Direct current（in composite terms, e. g., DC voltage），直流（复合术语，如直流 DC 电压）

DCS   Directional coupler sensor，定向耦合传感器

DNL   Differential nonlinearity，微分非线性

DSP   Digital signal processing，数字信号处理

EMC   Electromagnetic compatibility，电磁兼容

GIL   Gas – insulated（transmission）line，气体绝缘（传输）线

GIS   （1）Gas – insulated substation，气体绝缘变电站

        （2）Gas – insulated switchgear，气体绝缘开关装置

GST   Grounded specimen test，接地试样试验

GUM   ISO/IEC Guide 98 – 3：2008，ISO/IEC 指南，98 – 3：2008

HF   High frequency，高频

HFCT   High – frequency current transformer，高频电流互感器

HV   High voltage（in composite terms, e. g., HV tests），高压（复合术语，如高压试验）

HVAC   High alternating voltage，高交流电压

HVDC   High direct voltage，高直流电压

IEC   International Electrotechnical Commission，国际电工委员会

IEEE　Institute of Electrical and Electronic Engineers（USA），电气与电子工程师学会

IGBT　Insulated gate bipolar transistor，绝缘栅双极型晶体管

INL　Integral nonlinearity，积分非线性

IVPD　Partial discharge measurement at induced AC voltage，感应交流电压下的局部放电测量

IVW　Induced voltage withstand test，感应电压耐受试验

L　Inductance，电感

LI　Lightning impulse（in composite terms, e. g., LI test voltage），雷电脉冲（复合术语，如雷电冲击 LI 试验电压）

LIC　Chopped lightning impulse，截波雷电脉冲

LIP　Liquid – impregnated paper（insulation），液体浸渍纸（绝缘）

LSB　Least significant bit，最低有效位

LTC　Life time characteristic（or test），寿命特性（或试验）

LV　Low voltage，低压

M/G　Motor – generator（set），电动发电机（组）

ML　Maximum likelihood，最大似然

MLM　Multiple level method，多级法

MS　Measuring system，测量系统

MV　Medium voltage（do not mix – up with the dimension "Megavolt"!），中压（请勿与"兆伏"混用）

NMI　National Metrology Institute，国家计量研究所

OLI　Oscillating lightning impulse，振荡雷电冲击

OSI　Oscillating switching impulse，振荡操作冲击

PD　Partial discharge（in composite terms, e. g., PD measurement），局部放电（复合术语，如局部放电 PD 测量）

PSM　Progressive stress method，渐进应力法

R　Resistor，电阻

R&D　Research and development，研究和开发

RF　Radio frequency，无线电频率

RIV　Radio interference voltage，无线电干扰电压

RMS　Reference measuring system，标准测量系统

rms　Root of mean square，方均根值

RoP　Record of performance，性能记录

RVM　Return voltage measurement，恢复电压测量

SFC　Static frequency converter，静态频率转换器

SI　Switching impulse（in composite terms, e. g., SI test voltage），操作冲击（复合术语，如操作冲击 SI 试验电压）

TC　Technical Committee（of IEC），技术委员会（IEC）

TDG　Test data generator，试验数据发生器

TDR   Time domain reflectometry，时域反射仪

THD   Total harmonic distortion，总谐波畸变

TRMS   Transfer reference measuring system，传递标准测量系统

UDM   Up – and – down method，升 – 降法

UHF   Ultrahigh frequency，超高频

UHV   Ultrahigh voltage（in composite terms，e. g.，UHV laboratory），超高压（复合术语，如超高压 UHV 实验室）

V   Voltage，电压

VHF   Very high frequency，甚高频

X   Reactance，电抗

XLPE   Cross – linked polyethylene，交联聚乙烯

Z   Impedance，阻抗

符 号 表

A	Area，区域
a	Distance，距离
α	相位角
β	Overshoot magnitude，过冲幅值
C	电容，容量
C_i	Impulse capacitance，脉冲电容
C_l	Load capacitance，负载电容
c	Velocity of light，光速
D	Dielectric flux density，介电通量密度
d	Diameter，直径
$\mathrm{d}V$	Voltage drop（DC），电压降落（DC）
Δf	Bandwidth，带宽
ΔT	Error of time measurement，时间测量的偏差
ΔV	Voltage reduction（DC），电压降低（DC）
δ	（1）Air density，空气密度
	（2）Weibull exponent，威布尔指数
	（3）Ripple factor，纹波系数
	（4）Loss angel（$\tan\delta$），损耗角正切
δV	Ripple voltage（DC），纹波电压（DC）
E	Electric field strength，电场强度
e	Elementary charge，单位电荷（$e = 1.602 \times 10^{-19}\mathrm{As}$）
	Basis of natural logarithm，自然对数的底数 $e = 2.17828\cdots$
ε	Permittivity，介电常数（$\varepsilon_0 = 8,854 \times 10^{-12}\mathrm{As/Vm}$）
ε_r	Relative permittivity，相对介电常数
η	（1）63% quantile（Weibull and Gumbel distributions），63% 分位数（Weibull 和 Gumbel 分布）
	（2）Utilization or efficiency factor，利用率或效率因子
F	（1）Scale factor，刻度因子
	（2）Coulomb force，库仑力
F_p	Polarization factor，极化因子
$F(f)$	Transfer function，传输函数
$F(x)$	Distribution function，分布函数
f	Frequency，频率

f_m	Rated frequency，额定频率
f_t	Test frequency，额定频率
f_0	（1）Natural frequency，自然频率
	（2）Centre frequency（narrowband PD measurement），中心频率（窄带 PD 测量）
f_1	Lower frequency limit，下限频率
f_2	Upper frequency limit，上限频率
Φ	Magnetic flux，磁通量
φ	Phase angle，相位角
G	Current density，电流密度
g	Parameter for atmospheric corrections，大气矫正参数
$g(t)$	Unit step response，单位阶跃响应
H	（1）Magnetic field strength，磁感应强度
	（2）Altitude，高度
h	Humidity，湿度
I	Current，电流
I_m	Rated current，额定电流
I_{sc}	Short – circuit current，短路电流
i_L	Discharge current，放电电流
K	Coverage factor for expanded uncertainty，扩展不确定度的覆盖因子
K_t	Atmospheric correction factor，大气矫正因子
k	（1）Parameter for atmospheric corrections，大气矫正参数
	（2）Fixed factor，固定因子
k_d	Constant in life time characteristic，寿命特征常数
k_e	Field enhancement factor，场增强因子
$k(f)$	（1）Test voltage factor，试验电压因子
	（2）Test voltage function for LI evaluation，用于 LI 评估的试验电压函数
k_1	Air density correction factor，空气密度修正系数
k_2	Humidity correction factor，湿度修正系数
κ	Conductivity，电导率
L	（1）Inductance，电感
	（2）Likelihood function，似然函数
M	Pulse magnitude（PD measurement），PD 脉冲（PD 测量）
m	Estimated mean value，估计平均值
μ	Theoretical mean value，理论平均值
μ	Permeability，磁导率（$\mu_0 = 0.4\pi \times 10^{-6}$Vs/Am $= 1.257 \times 10^{-6}$Vs/Am）
μ_r	Relative permeability，相对磁导率
n	（1）Life time exponent，寿命指数
	（2）Number（e. g.，of electrons），数量（如电子）

ω	Angular frequency, 角频率	
P	Active test power, 有功功率	
P_F	Feeding power, 反馈功率	
P_m	Dipole moment, 偶极距	
P_N	Natural power of a transmission line, 传输线的固有功率	
P_R	Loss power of a resonant circuit, 谐振回路的功率损耗	
p	(1) Probability, 概率	
	(2) Pressure, 压强	
p_0	Reference pressure, 标准压力	
Q	(1) Charge, 电荷	
	(2) Quality factor (resonance circuit), 品质因数（谐振回路）	
q	(1) Charge of a PD pulse, PD 脉冲的电荷量	
	(2) Charge of a leakage current pulse, 泄漏电流脉冲的电荷量	
R	(1) Resistance, 电阻	
	(2) Ratio between two results, 两个结果之间的比率	
	Charge of a leakage current pulse, 泄漏电流脉冲的电荷量	
R_d	Damping resistance, 阻尼电阻	
R_f	Front resistor, 波前电阻	
R_t	Tail resistor, 波尾电阻	
r	(1) Ratio (e. g., divider or transformer), 比率（如分压器或变压器）	
	(2) Radius, 半径	
S	(1) Reactive test power, 无功试验功率	
	(2) Steepness (LI/SI test voltage), 陡度（LI/SI 试验电压）	
S_f	Scale factor, 刻度因数	
S_{50}	50Hz equivalent test power, 50Hz 等效试验功率	
s_g	Mean square deviation (estimation of standard deviation), 方均差（标准差估计）	
σ	Standard deviation, 标准偏差	
T	Duration (AC period), 持续时间（AC 周期）	
T_C	Time to chopping, 截波时间	
T_N	Experimental response time, 试验响应时间	
T_R	Residual response time, 剩余响应时间	
T_T	Duration of overshoot, 过冲持续时间	
T_1	Front time of LI voltage, LI 电压波前时间	
T_2	Time to half-value of impulse voltages, LI 电压半峰值时间	
t	(1) Temperature, 温度	
	(2) Time, 时间	
t_s	Settling time, 建立时间	
t_0	Reference temperature, 参考温度	

τ	Time constant，时间常数	
U	Expanded uncertainty，扩展不确定度	
U_{cal}	Expanded uncertainty of calibration，校准的扩展不确定度	
U_M	Expanded uncertainty of measurement，测量的扩展不确定度	
u	Standard uncertainty，标准不确定度	
u_A	Type A standard uncertainty，A 类标准不确定度	
u_B	Type B standard uncertainty，B 类标准不确定度	
V	Voltage，电压	
V_B	Maximum of base curve（LI voltage），电压基准曲线的最大值（LI 电压）	
V_E	Extreme value of recorded curve（LI voltage），记录曲线的极大值（LI 电压）	
V_e	PD extinction voltage，PD 熄灭电压	
V_F	Feeding voltage，反馈电压	
V_i	（1）PD inception voltage，PD 起始电压	
	（2）Impulse voltage，脉冲电压	
V_k	Short – circuit voltage（test transformer），短路电压（试验变压器）	
V_m	（1）Highest voltage of equipment，rated voltage，设备的最高电压，额定电压	
	（2）Arithmetic mean（DC），算术平均值（DC）	
V_{max}	Maximum of DC voltage，DC 电压最大值	
V_{min}	Minimum of DC voltage，DC 电压最小值	
V_n	Nominal voltage，标称电压	
V_{peak}	Peak voltage，峰值电压	
V_r	Return or recovery voltage，返回或恢复电压	
V_{rms}	Root mean square value of voltage，电压的方均根值	
V_T	Test voltage value，试验电压值	
$V(v)$	Performance function，性能函数	
V_Σ	Cumulative charging voltage，累积充电电压	
V_0	（1）Line – to – ground voltage，线 – 地电压	
	（2）Initial voltage for a test，试验的初始电压	
	（3）Charging DC voltage，充电 DC 电压	
V_1	Primary voltage of a test transformer，试验变压器的一次电压	
V_2	Secondary voltage of a test transformer，试验变压器的二次电压	
V_{50}	50% breakdown voltage，50% 击穿电压	
v	Variance，方差	
$v(t)$	Time – depending voltage，随时间变化的电压	
v_k	Short – circuit impedance of a test transformer，试验变压器的短路阻抗	
w	Number of turns of a winding，绕组的匝数	
W	Energy，能量	
W_i	Impulse energy（of impulse voltage generator），脉冲能量（脉冲电压发生器）	
X	Reactance，电抗	
X_{res}	Short – circuit reactance of a transformer，变压器的短路电抗	
Z	Impedance，阻抗	
Z_L	Surge impedance of a transmission line，传输线的浪涌阻抗	

目　　录

第1章 引 言

摘要：绝大多数高电压相关图书中都考虑了高压（High Voltage，HV）试验和测量技术（例如：Kuechler，2009 年；Kuffel 等人，2007 年；Beyer 等人，1986；Mosch 等人，1988 年；Schufft 等人，2007 年；Arora 和 Mosch，2011 年）。有用于教学的有关高电压测量技术的教材（如 Marx，1952 年；Kind 和 Feser，1999 年），也有针对特殊领域的专用教科书，例如：高压测量技术（Schwab，1981 年；Schon，2010 年和 2016 年），本书为实习工程师、本科生和硕士生提供高压试验和测量技术现状的全面综述。本书关于高压试验和测量的指导原则来源于国际电工委员会（IEC）TC42 技术委员会的相关国际标准（TC42："高压和大电流试验和测量技术"），这一标准在很大程度上与电气与电子工程师学会（IEEE）的相应标准是一致的。本书还介绍了高压试验和测量技术之间的关系，以及电力系统对提高输电电压的要求和绝缘配合的原则。此外，还研究了电力设备寿命周期内的质量保证和状态评估的高压试验技术。

1.1 电力系统的发展和高电压试验系统的需求

在过去的 125 年里，电力系统的输电电压从 10kV 发展到 1200kV，相应地高电压（HV）工程也得到了巨大的发展，包括引进许多新的绝缘材料和技术、电场的精确计算、电场环境影响下的电介质现象以及电气放电过程的理解等相关知识。然而，作为一门经验技术科学，高压工程仍然与试验和计算验证、尺寸确定和制造密切相关。其原因主要包括：绝缘材料不可避免的结构缺陷、电极缺陷以及生产和组装的失败。因此，伴随高压工程发展，高电压试验的国家和国际标准，以及用于产生试验电压和测量这些电压的设备也随之得到了发展。

从电能的广泛应用开始，电能从发电地点（发电站）到用电地、（如工业、家庭、公共用户）的传输显著影响电能的成本，高压交流（HVAC）架空线路的输送功率受其波阻抗 Z_L 的限制，其功率传输能力近似为

$$P_L = V^2/Z_L$$

虽然波阻抗（$Z_L \approx 250\Omega$）在一定的范围内受架空线路几何结构的影响，但是功率传输能力主要取决于输电电压的幅值，例如：400kV 系统的输电能力仅为 800kV 系统的四分之一。因此，增加能源需求需要更高的交流传输电压。德国在 1912 年将高压交流输电线路的额定电压提高到 123kV，美国 1926 年的输电电压达到 245kV，瑞典在 1952 年达到 420kV，加拿大和俄罗斯 1966 年输电线路的电压提高到 800kV，中国在 2010 年将输电电压提高到 1000 ~ 1200kV 量级的特高压，如图 1.1 所示。

在直流电压下，由于没有波阻抗，输电线路传输能力的限制主要是由电流损耗引起的。对于相同的额定电压，高压直流输电线路的能力大约是高压交流输电线路的 3 倍，这意味着一条效率为 94% 的 800kV 高压直流输电线路能够取代 3 条效率为 88% 的 800kV 高压交流电架空线路（瑞典 Power Cycle，2009 年）。但是高压直流输电需要昂贵的换流站，因此，高压

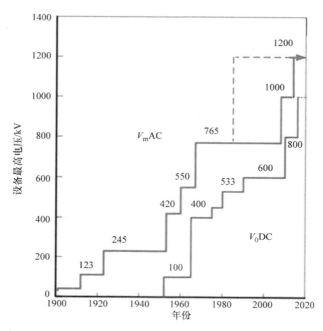

图 1.1　HVAC 和 HVDC 输电线路的历史数据

直流输电的应用一直局限于非常长的输电线路，因为长输电线路中电能成本的降低能够弥补换流站的花费。目前，电力电子元器件的成本降低、高效高压直流电缆的生产以及高压直流输电的其他技术优势促进了高压直流输电领域的全球发展（Long 和 Nilsson，2007 年；Gockenbach 等人，2007；Yu 等人，2007 年）。图 1.1 所示的高压输电线路的历史发展显示中国目前高压直流输电已达到 1000kV 的水平，但 1000kV 以上水平的输电线路正在准备中（IEC TC115 2010）。

　　高电压试验和测量技术必须能够对高压交流和高压直流电力系统的部件进行试验。另外，被测绝缘的类别也决定了试验设备的类别。典型绝缘材料（如空气、陶瓷、玻璃、油、纸）包括绝缘气体，例如：气体绝缘变电站和输电线（GIS、GIL）的六氟化硫（SF_6）气体（Koch，2012 年），以及合成固体材料，例如：仪用变压器（或称为互感器）使用的环氧树脂材料和电力电缆使用的聚乙烯材料，如图 1.2 所示（Ghorbani 等人，2014 年）。未来，环境保护理念将会对电缆和 GIL 在交流和直流输电线路中得到更为广泛的应用提出要求。

　　高压试验的基本原理表明，试验电压应代表运行中的特征应力（IEC 60071 - 1）。当电力传输开始时，并非所有这些应力都是已知的。此外，应力的种类和高度取决于系统的配置、使用的设备、环境条件和其他因素。高压试验的发展历史与电力系统的发展和知识密切相关，可以通过以下阶段来表征：

　　使用交流工频试验电压（50Hz 或 60Hz）的高压试验始于 20 世纪的第一个十年（Spiegelberg，2003 年）。试验电压由试验变压器产生，后来也可由级联变压器产生，如图 1.3a 所示（另见 3.1 节）。假设合适的交流高压试验能够代表运行过程中所有可能的高压应力，当然，高压直流设备可以用直流发电机产生的直流电压进行试验，如图 1.3b 所示（另见 6.1 节）。

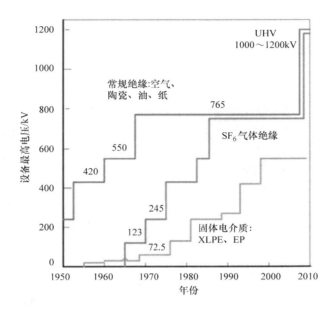

图 1.2　绝缘材料应用历史

　　但独立于已完成的高压交流试验，电力设备会由于遭受一系列雷击引起的外部过电压而遭到破坏，这些雷电过电压的波形特征是波前时间数 μs、波尾时间数十 μs。基于这些知识，在 20 世纪 30 年代，引入了雷电冲击（Lightning Impulse，LI）电压试验（波前时间 1 ~ 2μs、波尾时间 40 ~ 60μs）。为了进行 LI 试验，并研制了相应的发生器，如图 1.3c 所示（参看 7.1 节）。

　　30 年后，人们发现由内部过电压引起的、比 LI 或交流电压还要低的长气隙击穿电压，其持续时间在几百 μs 至几个 ms 量级，这就是由电力系统中开关操作引起的过电压，因此，在 20 世纪 60 年代引入了操作冲击（Switching Impulse，SI）试验电压。操作冲击（SI）试验电压可以由与雷电冲击（LI）电压相同类型的发生器产生（使用较大的高压电极以便于更好地控制电场，如图 1.3d 所示，另见 7.1 节）或者试验变压器产生。

　　在引入操作冲击电压 30 年之后，人们再次发现气体绝缘变电站（GIS）的断路器的开断会产生极快的前沿（VFF，几十 ns）的振荡过电压，这可能会损害 GIS 绝缘本身，也会损害其他相关联的设备。虽然提出了 GIS 的 VFF 试验电压，但电力系统的其他组件的试验电压还在讨论中（见 7.1.5 节）。

　　上面我们提到的过电压是叠加在运行电压上的，高压交流电力系统组件的传统高压试验不考虑运行电压，仅在特殊情形下，例如：隔离开关或三相 GIS 母线的试验中，"叠加"电压扮演重要的角色，由此提出了两种电压分量的"组合试验电压"。根据试验中绝缘的位置，可以区分三端试验对象（如断路器）的"组合试验电压"和两端试验对象（如受污秽的绝缘子）的"复合试验电压"，详情可以参见第 8 章。如果对高压直流系统的电力设备/部件进行高压试验，由于直流电压下空间电荷的产生，复合试验电压起着非常重要的作用。

a) 第一台1000kV级联变压器
(Koch和Sterzel Dresden，1923年)

b) 1000kV直流试验电压发生器
(Koch和Sterzel Dresden，1936年)

c) 2000kV LI试验电压发生器
(Koch和Sterzel Dresden，1929年)

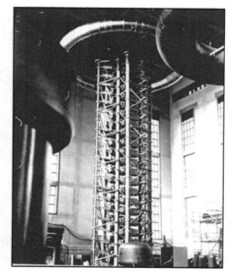

d) 7000kV LI/SI试验电压发生器
(Tur Dresden，1979年)

图1.3 历史上的试验电压发生器

1.2 国际电工委员会及其标准

国际电工委员会（International Electrotechnical Commission，IEC）是一个世界范围的电气工程和电子、信息技术的国际标准组织，成立于1906年，第一任主席为著名物理学家劳德·开尔文（Lord Kelvin），目前大约60个国家委员会是IEC成员。在最初几年里，国际电工委员会试图协调不同的国家标准，但是现在越来越多的国家委员会致力维持现有的标准或建立新的 IEC 标准，这些标准后来发展成为国家和地区标准，例如：欧洲联盟的 CENELEC 标准。本书主要参照国际电工委员会的 IEC 标准，并提及在世界的某些地区起到重要的作用的美国电气与电子工程师学会（IEEE）相关标准，IEEE 也出版了"IEEE 指南"，补充了教科书缺失的内容。IEEE 指南仅提供建议，并没有要求作为标准，但实际趋势表明：IEC 和 IEEE 在协调 IEC 和 IEEE 标准方面一直在开展密切的合作。

图 1.4 给出了 IEC（2014 年）的结构框架图。国家委员会派代表到理事会，理事会是国际电工委员会的议会组织，执行委员会执行理事会的决议。执行委员会由 3 个管理局，其中一个与 IEC 标准相关。为了进行不同领域的 IEC 活动，管理局由特殊的团队支持，其中技术委员会（TC）和分委员会（SC）开展现行的标准化工作，每个 TC 或 SC 负责一定数量的特殊领域的标准。维护委员会（MG）维护现有 IEC 标准，新的 IEC 标准由 WG（工作组）根据国家委员会的提议制定。每个国家委员会可以是技术委员会（TC）/分委员会（SC）的成员或观察员（或不参加某些 TC/SC 的活动），并向活跃的工作组（WG）派出成员。

对于电力系统和所有类型设备，技术委员会必须维护 IEC 标准的重要性，这就是所谓的水平标准（例如：绝缘配合或高压试验技术），相关的技术委员会（TC）如表 1.1 的第一列所示。与仪器或设备相关的 IEC 标准（例如：变压器试验、GIS 或者电缆的试验）称为"垂直"（或设备）标准。当制定垂直标准时，应考虑所有相关的水平标准。反之，在制定水平标准时，应了解不同设备的要求，需提升水平技术委员会（TC）和垂直（设备）技术委员会之间的相互配合。垂直技术委员会应更好地为水平技术委员会的活动作出贡献，然后应用水平标准。

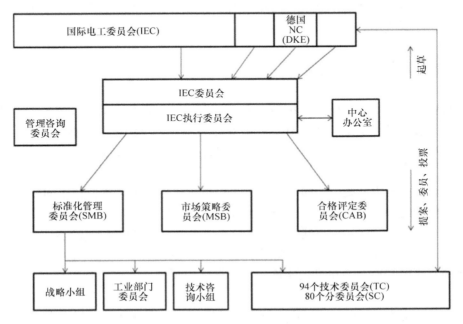

图 1.4　国际电工委员会（IEC）的结构

表 1.1 IEC 水平和垂直技术委员会

系统和基本任务水平技术委员会	仪器设备垂直技术委员会TC/SC								
	旋转电极	电力变压器	开关设备	电缆	电力电子 T&D	电容	绝缘子	避雷器	互感器
	TC2	TC14	TC17	TC20	SC22F	TC33	TC36	TC37	TC39
TC1 术语									
TC8 系统方面									
TC28 绝缘配合									
TC42 高电压试验技术									
TC77 电磁兼容									
TC104 环境条件									
TC115 高压直流输电									
TC122 UHV交流输电									

本书与 TC42 "高电压和大电流试验技术"的任务密切相关，它解释了 TC 42 标准的科学和技术背景，但本书不能取代任何标准。相反，应将本书理解为相关 IEC 标准的应用指南，并促进标准的应用。

1.3 绝缘配合和高压验证试验

在运行中，电气绝缘承受工作电压（包括工作电压的瞬时升高，例如：在负载跌落情况下）和上述提及的过电压，在所有可能出现的电压应力下绝缘结构必须保证电力系统的可靠性，这可以通过绝缘配合得以实现，绝缘配合在相关 IEC 标准（IEC 60071）中进行了详细的描述。

绝缘配合是指电力系统中不同设备之间的耐受电压与保护装置特性之间的关系。当今，电力系统中使用的保护装置（IEC 60099 – 4：2009）主要指金属氧化物避雷器（MOA）、部分传统的带有内部间隙和保护空气间隙的碳化硅避雷器。理想的保护装置可以导通高于保护水平以上的过电压造成的电流，但在低于该电压时为绝缘体（MOA 接近该特性）。在电力系统的设计中，保护装置安装在过电压敏感点，确保电压保护水平，保护绝缘免遭过电压的侵害。

选择设备的绝缘等级时，在考虑经济因素的同时，需要在保护等级以上留有安全裕度，绝缘水平由相关试验电压值确定。按照一定的试验程序，被试绝缘必须承受试验电压。通常，交流或直流试验需要承受 1min 的耐压试验（见 3.6 节和 6.5 节）；脉冲电压试验由按照绝缘材料类型规定的若干个脉冲组成（见 7.3.2 节）。表 1.2 和表 1.3 给出了交流三相电力系统设备的试验电压，其大小取决于设备的最高电压 V_m（相间电压的有效值）。

表 1.2　高压交流设备的绝缘标准 $V_m = 3.6 \sim 245kV$（IEC 60071 - 2: 2006）

设备的最高电压 V_m/kV （有效值，相 - 相电压）	短期 AC 耐受电压 V_t/kV（峰值/$\sqrt{2}$，相 - 地电压）	雷电冲击耐受电压 V_t/kV（峰值）
3.6	10	20
	10	40
7.2	20	40
	20	60
12	28	60
	28	75
	28	95
24	50	95
	50	125
	50	145
36	70	145
	70	170
72.5	140	325
123	(185)	(450)
	230	550
145	(185)	(450)
	230	550
	275	650
170	(230)	(550)
	275	650
	325	750
245	(275)	(650)
	(325)	(750)
	360	850
	395	950
	460	1050

注：通常，相对地的耐受电压也适用于相间绝缘。如果认为括号内的数值太低的话，可以附加相间耐受电压的试验。

对于 $V_m = 3.6 \sim 245kV$ 设备，交流电压试验还包括内部（操作）过电压的耐受试验，但 SI 电压耐受试验未作规定。对于 $V_m = 300 \sim 1200kV$ 的设备，操作冲击试验包括空气绝缘和交流电压试验；对于内部绝缘，交流试验电压在相关设备标准中已规定。

表 1.3 高压交流设备的绝缘标准 $V_m = 300 \sim 1200\text{kV}$（IEC 60071 - 2: 2006）（IEC 60071 - 2 修订 2010）

设备最高电压 V_m/kV（有效值，相 - 相电压）	SI 耐受电压/kV（峰值）			LI 耐受电压[3] V_t/kV（峰值）
	纵向绝缘[1]	相地绝缘	相间绝缘[2]	
300	750	750	1125	850
	750	750	1125	950
	750	850	1175	950
	750	850	1175	1050
362	850	850	1275	950
	850	850	1275	1050
	850	950	1425	1050
	850	950	1425	1175
420	850	850	1360	1050
	850	850	1260	1175
	950	950	1425	1175
	950	950	1425	1300
	950	1050	1575	1300
	950	1050	1575	1425
550	950	950	1615	1175
	950	950	1615	1300
	950	1050	1680	1300
	950	1050	1680	1425
	950	1175	1763	1425
	1050	1175	1763	1550
800	1175	1300	2210	1675
	1175	1300	2210	1800
	1175	1425	2423	1800
	1175	1425	2423	1950
	1175	1550	2480	1950
	1300	1550	2480	2100
1200	1425	1550	2635	2100
	1425	1550	2635	2250
	1550	1675	2764	2250
	1550	1675	2764	2400
	1675	1800	2880	2400
	1675	1800	2880	2550

① 纵向绝缘是指电网不同部分之间的绝缘，例如：由断路器实现，施加组合电压进行试验（见 8.1 节），该列仅给出了相关组合电压试验的操作冲击电压分量的数值，反极性的交流分量的峰值为（$V_m\sqrt{2}/\sqrt{3}$）。

② 指相关 SI/AC 组合电压试验中组合电压的峰值。

③ 适用于相地和相间绝缘试验，对于纵向绝缘，可以作为相关组合电压试验的标准额定雷电冲击电压分量，反极性的交流电压峰值为 $0.7(V_m\sqrt{2}/\sqrt{3})$。

注意：每台设备都有一个标称电压（例如：$V_n = 380$ 或 400kV），但绝缘是根据一组标称电压中的最高电压来设计的，该电压也称为额定电压（IEC 60038: 2009）。对于上述提及的标称电压，绝缘必须根据额定电压 $V_m = 420$kV 进行设计和试验。

对于同一额定电压，不同的保护水平依赖于所需的可靠性、安全性和/或经济性。表1.4的示例显示了额定电压 V_m =420kV 时的情况：三条主线代表三种不同的保护水平，每条线又分适用于外部（空气）和内部绝缘。交流试验电压仅与内部绝缘有关，并在相关设备标准中给出。

表1.4 选择三种保护等级的耐受试验电压的简化示例

设备最高电压 V_m	交流试验	操作冲击试验	雷电冲击试验	雷电截波冲击试验（仅变压器）	应用绝缘类型
420kV		850kV	1050kV	1175kV	外部绝缘（大气环境）内部绝缘（SF_6、油、固体）
	(630kV)		1175kV	1300kV	
		950kV	1175kV	1300kV	外部绝缘
	(680kV)		1300kV	1425kV	内部绝缘
		1050kV	1300kV	1425kV	外部绝缘
	(680kV)		1425kV	1570kV	内部绝缘

注：大多试验电压施加在相地之间，表中，参考电压为线地电压 $V_0 = V_m/\sqrt{3}$，其峰值电压 $V_p = \sqrt{2}V_0$。

试验电压与额定电压的关系如图 1.5 所示。SI 试验电压（峰值）与交流试验峰值电压相同（表1.2、表1.3 和表1.4 显示的是交流电压的有效值）。截波雷电试验电压（LIC）比全波雷电冲击试验电压高 10%，该图有助于选择高压试验场所需的高压试验系统（见 9.1节）。

例：针对于变压器试验，可以给出脉冲电压试验系统的额定电压的选择（等于发生器渐增的充电压，见7.1.1节）：从最高试验电压输出（图 1.5 中的 LIC），必须考虑到大型试验对象的效率可能下降到 $\eta = 0.85$。此外，对于内部开发试验，必须考虑试验电压比 LIC 耐受电压高出 20%，这意味着冲击电压试验系统的额定电压要比最高 LIC 试验电压高一个系数 $k = 1.2/0.85 \approx 1.4$，也就是说，对于额定电压 V_m = 800kV 的试验对象，一套 3000kV 的冲击电压试验系统就足够了。如果考虑将试验能力扩展到 1200kV 的设备，则应考虑 4000kV 的冲击电压试验系统。冲击电压试验系统的选择建议参见图 1.5。

对于高压直流连接，不存在额定电压，因为当前点对点高压直流连接的标称电压和电流是根据可用的电力电子元件进行优化的［当实现高压直流电网（CENELEC 2010）时，可以假设引入额定电压］。有关绝缘配合的标准（IEC 60071 - 5:2002）不提供试验电压，只提供由高压直流系统的标称电压到试验电压的计算公式，如图 1.6 所示。对于高压直流输电设备，LI 和 SI 试验电压之差低于交流设备。考虑到操作冲击电压发生器的输出效率较低

（$\eta = 0.75$）的特点，选择冲击电压试验系统应考虑所需要的 SI 试验电压。

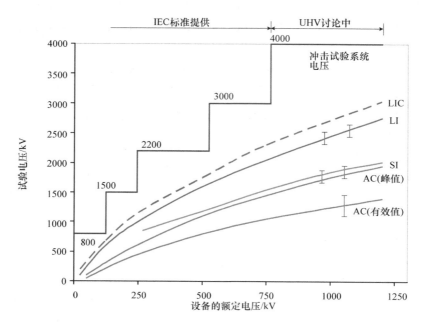

图 1.5 HVVC 设备的最高耐受试验电压和冲击电压试验系统的选择

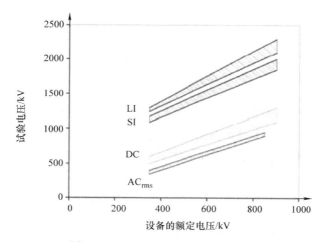

图 1.6 HVDC 设备的耐受电压范围

1.4 电力设备寿命周期的试验和测量

绝缘配合原则仅适用于新设备并且在工厂试验中得到验证，这些试验包括型式试验和例行试验，这两种试验都是绝缘的质量试验；型式试验表明按照如表 1.2 和表 1.3 的试验电压的设计是否正确，而通过常规试验则能够验证依据确认的设计所生产的产品是否合格。这两个试验不是电力设备绝缘寿命周期中唯一的试验，如图 1.7 所示。

模型绝缘的开发试验通常在绝缘最终设计之前进行。型式试验和例行试验成功后，电力设备运至现场进行组装，这时出现的绝缘缺陷是由运输和组装造成的。同时，一些大型设备（如电力变压器）不能作为成套设备运输，最终组装不是在工厂进行，而是在现场进行。因此，必须在现场使用移动式的高电压试验系统进行额外的质量验收试验（调试试验）甚至例行试验，该试验应始终与工厂试验相关，如图 1.7 所示。

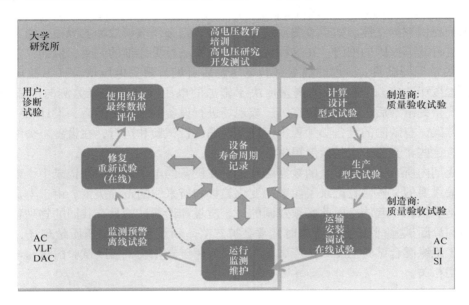

图 1.7　高压绝缘寿命周期的试验和测量

在成功的现场试验中确认质量后，设备移交用户，进一步的试验（诊断）和测量由用户全权负责。设备将在电气、热、机械和/或环境影响下运行，这些影响因素均会导致设备绝缘的老化，直到几十年后，设备寿命周期结束。过去，会提前预估设备的寿命周期，并且用户根据设备的实际情况独立定义寿命终结。为了降低寿命周期成本，提出了绝缘状态评估和剩余寿命估算方法（Zhang 等人，2007 年；Olearczyk 等人，2010 年；Balzer 等人，2004年）。与质量试验相反，这些状态评估试验称为诊断试验。目前没有诊断试验的标准，只能由诸如 CIGRE 或 IEEE、服务机构或供应商提供技术指南。

质量和诊断试验均需要施加和测量试验电压（包括最小电压的测量，通常指局部放电或介电测量）。耐压试验是一项直接试验，直接关系到试验对象的绝缘性能。通过试验的良好绝缘具有很高的耐受电压，有缺陷的绝缘的耐受电压则较低，并且不能通过试验（这比使用中失效要好得多）。则进行绝缘设计时，必须考虑电压应力可能导致的绝缘寿命的损耗，但在耐受试验期间，良好绝缘的寿命损耗可以忽略不计，而有缺陷的绝缘则会出现击穿损坏。当通过并行局部放电（PD）测量方式完成设备的耐受试验时（见 2.5 节），这样一个成功的"局部放电监测"耐受试验所导致或扩大了的绝缘缺陷可以被排除。

当根据单个参数或一组参数（最好是局部放电）的测量值确定诊断试验时，必须将试验结果与预先给定的限定值进行比较，这些限定值来源于经验值或剩余寿命的物理模型。这种间接试验的敏锐度低于被监测的耐受试验的敏锐度，有时，在一些报告中，耐受试验是"破坏性的"，而诊断试验是"非破坏性的"。此类限定术语不适合描述诊断高压试验的质量和敏锐度。

在工作电压下进行的诊断测量称为在线监测（CIGRE TF D1.02.08 2005）（监测不仅与介电测量有关，还与监测电压、电流、热参数或机械参数有关），当测量参数超过预设限定值时，自动监测系统会发出警告。

回到图 1.6，在运行中，在线监测的数据可以传递数据的发展趋势、描述设备状态，并为设备维护提供数据支撑。如果监测系统发出警告，则必须澄清故障的缘由。通常，监测数据不足以进行故障原因的澄清，在这种情况下，需要进行更详细的调查，例如：包括适当测量的（离线）现场试验。所用的独立试验电压源需要进行耐受电压试验（试验电压值与绝缘的老化程度相适应），且参数的测量取决于施加的电压（代替在线监测时的固定电压）。在绝缘状况得到澄清后，可以决定在工厂或现场进行设备的维修。然后，设计出一个或多个循环维护方案，有缺陷的设备必须再次返回到现场进行试验和运行，在设备寿命终结时拆除设备，所有这些将会为未来的发展提供数据支持。

寿命周期内所有试验和测量的数据必须记录在设备的电子寿命周期记录中，寿命周期记录是设备最重要的文件，它记录了参数的变化趋势和所采取的正确决策。由于寿命周期的所有阶段都是联系在一起的，因此必须强调的是，质量和诊断试验具有共同的物理背景，这在质量试验和诊断试验/监控分开考虑时常常会被忽略。新设备所有高压质量现场试验的唯一参考是基于绝缘配合试验电压的工厂试验，此外，用于老化设备诊断试验的试验电压应与工作应力密切相关。

第2章 高电压试验技术基础

摘要：高压（HV）试验是利用电场作用下的电气绝缘现象来定义试验程序和验收准则的。击穿、局部放电、电导率、极化和介电损耗等现象取决于绝缘材料、试验电压的电场和电极形状以及环境影响。考虑到这些现象，本章将介绍高压试验技术中独立于试验电压应力类型的一般基础内容，有关不同试验电压的所有细节可以参见第 3 ~ 8 章。

2.1 电场中的内外绝缘

本节介绍了电气绝缘现象的定义，根据高压（HV）试验的目的进行了绝缘的分类，然后阐述了高压试验中环境对外绝缘及其处理方法的影响。

2.1.1 原理和定义

当电气绝缘材料受到电场应力时，电离会引起电气放电，放电可能从高电位电极发展到低电位电极，反之亦然。电气放电会导致电流的急剧上升，例如：电介质将会失去其绝缘性能，导致其分隔电器和设备中不同电位区域的能力变差。本书中，这种现象称为与施加电压应力相关的"击穿"。

定义：击穿是电应力作用下绝缘的失效，放电将被试绝缘试样完全桥接起来，电极两端的电压降低到几乎为零（电压崩溃）。

注意：在 IEC 60060 - 1:2010 中，这种现象被称为"破坏性放电"。还有其他术语，如"闪络"指的是气体或液体中电介质的表面放电；当击穿发生在固体电介质中时，称为"击穿"；当击穿发生在气体或液体电介质中时称为"火花"。

在均匀和略微不均匀电场中，当电应力场达到临界强度时会发生击穿。在强非均匀场中，局部应力集中导致电气局部放电（PD），局部放电不会桥接整个绝缘体并且不会发生应力电压的击穿。

定义：局部放电是发生在局部的放电，仅部分桥接电极之间的绝缘，详情见第 4 章。

图 1.2 显示了一些重要绝缘材料的应用。直到今天，大气是输电线路和户外变电站设备外部绝缘最重要的电介质。

定义：外部绝缘是指空气绝缘，包括暴露于电场、大气条件（气压、温度、湿度）和其他环境因素（雨、雪、冰、污秽、火、辐射、害虫）的设备固体绝缘的外表面。

大多数情况下，外部绝缘在击穿后能够恢复其绝缘性能，称为自恢复绝缘。与此相反，装置和设备［例如：变压器、气体绝缘开关设备（GIS）、旋转电机或电缆］的内部绝缘受放电影响更大，当由 HV 电应力引起击穿时甚至会被破坏。

定义：防止固体、液体或气体成分免受如污秽、湿度和害虫等受外部条件直接影响的内部绝缘。

固体和液体或气体浸渍的层压绝缘组分是非自恢复绝缘体，有些绝缘材料是部分自恢复的，特别是当它包含气态和固态组分时，例如：使用 SF6 气体和固体隔板的 GIS 的绝缘。如果油或 SF6 充气罐发生击穿，绝缘性能不会完全丧失并部分恢复。大量击穿后，部分自恢复组分的击穿电压显著降低，不再可靠。

绝缘特性对 HV 试验有影响：对于外部绝缘 HV 试验，必须考虑大气和环境的影响，内部绝缘不需要相关的特殊试验条件。在自恢复绝缘的情况下，在 HV 试验期间可能发生击穿。对于部分自恢复绝缘，只有在绝缘的自恢复部分发生击穿才可被接受。对非自恢复绝缘的情况，在高压试验期间没有发生击穿方能被接受。有关详细信息，请参阅第 2.4 节和第 3 章及第 6～8 章。

试验程序应保证在 HV 试验实际条件下试验结果的准确性和可重复性，外部和内部绝缘所需的不同试验程序应提供可比较的试验结果，这需要考虑各种因素，如：

1）击穿过程和试验结果的随机性；
2）试验或测量特性的极性依赖性；
3）试验对象对试验条件的适应性；
4）试验期间的运行条件的模拟；
5）标准、试验和使用条件之间差异的修正；
6）重复施加电压可能导致试验对象的性能劣化。

2.1.2 包括大气校正因子的外部绝缘高压干式试验

所有外部绝缘必须进行 HV 干式试验。试验对象的布局可能会影响其击穿行为，从而影响试验结果。试验对象的电场受到邻近效应的影响，例如：其与试验室的地面、墙壁或天花板的距离以及与附近其他接地或通电建筑的距离。根据经验，所有外部结构的净距离应不小于沿试验对象可能的放电路径长度的 1.5 倍。对于高于 750kV（峰值）的最大交流和 SI 试验电压，建议距外部接地或其与通电结构的最小净距离如图 2.1（IEC 60060 - 1：2010）所示。当考虑必要的净间隙距离时，试验对象不会受到周围结构的影响。

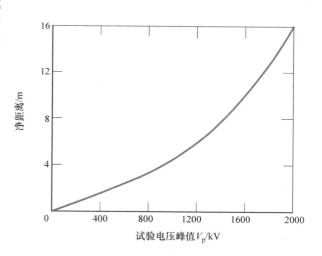

图 2.1 带电物体或接地体与试验对象之间推荐的净距离

地球上的大气条件可能在很大范围内变化，然而，高压输电线路和带有外部绝缘的设备几乎必须在任何地方工作，这意味着一方面必须规定高压设备的大气使用条件（必须按照这些条件进行试验）；另一方面，绝缘配合的试验电压值（IEC 60071：2010）必须与标准参考大气环境关联。

1）温度：$t_0 = 20℃$（293K）；
2）绝对气压：$p_0 = 1013hPa$（1013mbar）；
3）绝对湿度：$h_0 = 11g/m^3$。

注意：需要指出的是，为了大气条件对参考条件的校正，IEC 标准提出了针对不同高压设备的不同程序，这是未来协调不同试验程序的任务，本书遵循 IEC 60060 – 1：2010 标准。

温度应在扩展不确定度 $t \leq 1℃$、环境压力 $p \leq 2hPa$ 下进行测量，绝对湿度 $h(g/m^3)$ 可以直接通过在所谓的通风干、湿球温度计进行测量，或者由相对湿度 R 和温度 t（℃）的公式（IEC 60060 – 1：2010）计算确定：

$$h = \frac{6.11Re^{\frac{17.6t}{273+t}}}{0.4615(273+t)} \tag{2.1}$$

如果根据压力校正后的试验电压设计一定高度的高压设备，则高度 H（m）和压力 p（hPa）之间的关系由下式给出：

$$p = 1013e^{\frac{-H}{8150}} \tag{2.2}$$

对于海拔高达 2500m 的场合，建议根据该公式对不同气压环境进行试验电压矫正，更多详细信息请参阅 Pigini 等人（1985 年）、Ramirez 等人（1987 年）和 Sun 等人（2009 年）。温度 t 和压力 p 决定了空气密度 δ，它直接影响击穿过程：

$$\delta = \frac{p}{p_0} \cdot \frac{273 + t_0}{273 + t} \tag{2.3}$$

空气密度与空气密度校正指数 m（见表 2.1）可以推得空气密度校正因子：

$$k_1 = \delta^m \tag{2.4}$$

表 2.1　IEC 60060 – 1：2010 标准规定的空气密度、湿度校正指数 m 和 w

g	m	w
<0.2	0	0
0.2 ~ 1.0	$g(g - 0.2)/0.8$	$g(g - 0.2)/0.8$
1.0 ~ 1.2	1.0	1.0
1.2 ~ 2.0	1.0	$(2.2 - g)(2.0 - g)/0.8$
>2.0	1.0	0

湿度对击穿过程有影响，特别是当击穿过程由局部放电决定时，这些都受试验电压种类的影响。因此，对于不同的试验电压，必须应用不同的湿度修正系数 k_2，该系数由参数 k 和湿度校正指数 w 计算得出。

$$k_2 = k^w \tag{2.5}$$

$$DC: k = 1 + 0.014(h/\delta - 11) - 0.00022(h/\delta - 11)^2 \qquad 1g/m^3 < h/\delta < 15g/m^3$$

$$AC: k = 1 + 0.012(h/\delta - 11) \qquad 1g/m^3 < h/\delta < 15g/m^3$$

$$LI/SI: k = 1 + 0.010(h/\delta - 11) \qquad 1g/m^3 < h/\delta < 20g/m^3$$

校正指数 m 和 w 描述了可能的局部放电的特性，并且可利用参数进行计算：

$$g = \frac{V_{50}}{500L\delta k} \tag{2.6}$$

式中，V_{50} 为实际大气条件下测量或估算的 50% 击穿电压 [kV（峰值）]；L 为最小放电路径（m）；δ 为相对空气密度；k 为用式（2.5）定义的无量纲参数。

注意：1. 对于耐压试验，假设 $V_{50} \approx 1.1V_t$（试验电压），然后，由表 2.1 或图 2.2 根据参数 g（式

2.6）推得指数 m 和 w。

2. 考虑方程应用的局限性，包括方程式（2.1）~式（2.6），特别是对于海拔［方程式（2.2）］和湿度［方程式（2.5）］。

根据 IEC 60060 – 1:2010 标准，大气校正系数：

$$K_t = k_1 k_2 \tag{2.7}$$

用于将击穿电压 V 校正为标准参考大气环境下的电压值：

$$V_0 = V/K_t \tag{2.8}$$

反之亦然，当试验电压 V_0 为标准参考大气环境的测量值时，实际试验电压值可以通过下面公式反算得到：

$$V = K_t V_0 \tag{2.9}$$

因为相反的过程中使用击穿电压 V_{50} 式（2.6），所以方程式（2.9）的适用性局限于 K_t 值接近于 1 的情况。对于 $K_t < 0.95$，建议采用迭代过程，该过程在 IEC 60060 – 1:2010 附录 E 中有详细描述。

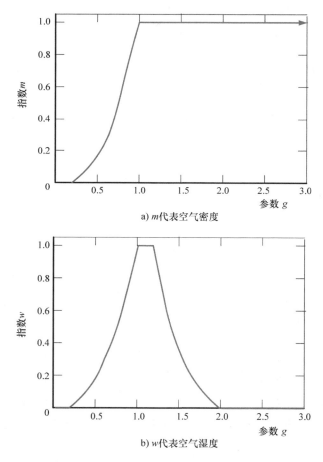

a) m 代表空气密度

b) w 代表空气湿度

图 2.2　IEC 60060 – 1:2010 标准的修正指数

有必要提出，目前的大气校正过程远非完美（CIGRE WG D1.36/2017 草案；Wu 等人，2009 年）：湿度校正仅限于气隙，不适用于空气中沿绝缘表面的直接闪络，其原因是不同表面材料的吸水特性不同。此外，还应注意湿度的校正受限于 $h/\delta \leqslant 15\text{g/m}^3$ 的条件（对于 AC 和 DC 试验电压）和 $h/\delta \leqslant 20\text{g/m}^3$（对于 LI 和 SI 试验电压）的条件。这意味着对于热带国家来说试验程序并不完备。表面湿度校正的澄清以及范围的扩展需要进一步的研究（Mikropolulos 等人，2008 年；Lazarides 和 Mikropoulos，2010 年，2011 年）。

一般来说，海拔 2500m 以上的大气校正尚未在标准中进行描述（Ortega 等人，2007 年；Jiang 等人，2008 年；Jiang 等人，2008 年），然而，在外部绝缘的高压试验中，对参考大气条件以及由参考大气条件得到的有效校正具有重要意义，它可以通过下面两个简化的例子显示：

例 1：开发试验中，在温度 $t = 30℃$、气压 $p = 995\text{hPa}$、湿度 $h = 12\text{g/m}^3$ 条件下，空气绝缘隔离开关的 50% LI 击穿电压［击穿（闪络）路径 $L = 1\text{m}$，不在绝缘表面］ $V_{50} = 580\text{kV}$。在参考大气条件下，该值的计算过程如下：

空气密度	$\delta = (995/1013) \times (293/303) = 0.95$（文中气压 980）
参数	$k = 1 + 0.010 \times [(12/0.95) - 11] = 1.02$
参数	$g = 580/(500 \times 1 \times 0.95 \times 1.02) = 1.20$
表 2.1：提供空气密度校正指数	$m = 1.0$
湿度校正指数	$w = (2.2 - 1.2) \times (2.0 - 1.2)/0.8 = 1.0$
密度校正参数	$k_1 = 0.95$
湿度校正参数	$k_2 = 1.02$
得到大气校正参数	$K_t = 0.95 \cdot 1.02 = 0.97$
参考条件下的 50% 击穿电压	$V_{0-50} = 580/0.97 = 598\text{V}$

例 2：同样的隔离开关应进行型式试验，其中，在高海拔高压实验室，温度 $t = 15℃$、气压 $p = 950\text{hPa}$、湿度 $h = 10\text{g/m}^3$ 条件下，LI 电压 $V_0 = 550\text{kV}$，应施加哪种试验电压？

空气密度	$\delta = (995/1013) \times (293/288) = 0.954$
参数	$k = 1 + 0.010 \times [(10/0.95) - 11] = 0.995$
参数	$g = 598/(500 \times 1 \times 0.95 \times 0.995) = 1.265$
表 2.1：提供空气密度校正指数	$m = 1.0$
湿度校正指数	$w = (2.2 - 1.265) \times (2.0 - 1.265)/0.8 = 0.86$
密度校正参数	$k_1 = 0.954$
湿度校正参数	$k_2 = 0.995^{0.86} = 0.996$
得到大气校正参数	$K_t = 0.954 \times 0.996 = 0.95$
在实际试验条件下的试验电压	$V = 550 \times 0.95 = 523\text{V}$

这两个例子表明，起始值和结果值之间的差异很大，因此对于外部绝缘的 HV 试验，大气校正的应用是必不可少的。

2.1.3 外部绝缘的人工降雨高压试验

外部高压绝缘（特别是户外绝缘子）暴露在自然雨水中。雨水对闪络特性的影响可以在人工降雨（或潮湿）的情况中模拟进行（见图 2.3）。以下描述的人工降雨过程适用于

AC、DC 和 SI 电压试验，而试验对象的布局在相关设备标准中有描述，雨水对 LI 电压击穿的影响可以忽略不计。

图 2.3　800kV 支撑绝缘子的人工降雨试验（由 HSP Cologne 提供）

　　给试验对象喷涂给定电阻率和温度的水滴（见表 2.2），雨水以约 45°角度落在试验物体上，这意味着降水率的水平和垂直分量应相同。用一个特殊的收集容器测量降水速率，该收集容器的水平和垂直开口具有相同面积，在 $100 \sim 700 cm^2$ 之间。雨是由人工雨水设备产生的，雨水设备含有固定在框架上的喷嘴，任何能产生适当降雨条件的喷嘴均可以使用（见表 2.2）。

表 2.2　人工降雨的条件

降雨条件	单位	IEC 60060 – 1:2010 推荐的 $V_m \leqslant 800kV$ 设备的范围	拟议的特高压设备范围 $V_m > 800kV$
所有测量的平均降水率			
垂直分量	mm/min	$1.0 \sim 2.0$	$1.0 \sim 3.0$
水平分量	mm/min	$1.0 \sim 2.0$	$1.0 \sim 3.0$
任何单独测量和每个组件的限值	mm/min	± 0.5 的偏差	$1.0 \sim 3.0$
水温	℃	环境温度 $\pm 15K$	环境温度 $\pm 15K$
水的电导率	μS/cm	100 ± 15	100 ± 15

　　注意 1：可用喷嘴的例子在旧版 IEC 60 – 1:1989 – 11（图 2，第 113 ~ 115 页）以及标准 IEEE 4:1995 中给出。

降水速率由水压控制，并且必须以这样的方式调节，仅产生水滴并避免产生水射流或水雾。随着试验对象尺寸的增加，试验对象和人工降雨设备之间具有更的大距离，降水的调节将变得越来越困难。因此，IEC 60060 - 1：2010 的要求仅涉及到额定电压 V_m = 800kV 的设备，表 2.2 包含 UHV 范围的实际建议。

湿试验结果（湿闪络电压）的再现性小于干式 HV 击穿或耐受试验结果。以下预防措施可实现可接受的湿试验结果：

1）在水到达试验对象之前，瞬间收集并测量试样上水的温度和电阻率。

2）试验对象应在表 2.2 规定的条件下预先润湿至少 15min，并且在整个试验过程中这些条件应保持在规定的容许偏差范围内，因此试验应在不中断润湿的情况下进行。

注意 2：预润湿时间不应包括调节喷雾所需的时间，也可以通过无预处理的自来水进行初始预润湿 15min，然后在试验开始前用条件良好的试验水进行第二次预润湿且不间断地喷雾至少 2min。

3）试验对象应划分为几个区域，其中降水速率由靠近试验对象放置的集容器进行测量，并在足够的区域内缓慢移动以测量平均降水速率。

4）应在所有测量区域进行单独测量，同时考虑试验对象的顶部和底部附近的测量，测量区域的宽度应等于试验对象的宽度（分别为其湿润部分），最大高度为 1～2m，测量区域的数量应覆盖试验对象的整个高度。

5）如果试验对象用表面活性洗涤剂清洁过，则试验结果的分散可能会下降，因此洗涤剂必须在润湿开始前清除。

6）测量结果的分散也可能受到当地异常（高或低）降水率的影响。如有必要，建议通过局部测量检测这些量并提高喷雾的均匀性。

人工降雨试验的试验电压周期应与干试验相同。对于特殊应用，相关设备委员会规定了不同的周期。根据第 2.1.2 节进行密度修正系数的校正，但不应采用湿度校正。

注意 3：标准 IEC 60060 - 1：2010 规定：倘若在重复试验中不会发生进一步的闪络，则允许在交流和直流湿试验中发生一次闪络。

注意 4：对于 UHV 试验电压范围，可能需要控制（例如：通过环形电极）到人工降水设备和/或周围的接地或通电物体的电场，包括墙壁和天花板，以避免点对其发生击穿，此外还可以考虑人工降雨设备与地面的电位差。

在极端、特别是热带条件下，降水率可能高于表 2.2 所示的数据，甚至不能排除水射流。对于这种情况，可能需要进行特殊试验，例如：由 Yuan 等人描述的试验（2015 年）。此外，闪络电压随着降水率的增加和水电导率的增加而降低（CIGRE WG D1.36，2017 年）。此外，人工降雨试验中的 HVDC 绝缘也需要特殊的考虑（Zhang 等人，2016 年）。

2.1.4　外部绝缘的高压人工污秽试验

户外绝缘体不仅暴露在雨水中，而且还受到海岸附近的盐雾、工业和交通或仅仅是自然粉尘的污秽作用。根据输电线路或变电站的位置，把周围环境在低（表面电导率≤10μS）和极端（≥50μS）之间分为不同污秽等级（Mosch 等人，1988 年）。污秽等级的严重程度还可以通过等值盐度（SES，以 kg/m³ 为单位）来表征，即根据 IEC 60507（1991 年）在盐雾试验中应用的含盐量［自来水（m³）中盐的含量（kg）］，该盐密度将给出与现场自然污秽条件、相同电压下绝缘子泄漏电流的可比值（Pigini，2010 年）。

根据污秽等级，人工污秽试验是在不同的污秽强度下进行的，因为试验条件应代表实际运行的湿污秽程度，这并不一定意味着必须模拟任何真实的运行条件。在下文中，描述了典型污秽试验的性能，而没有考虑代表性污秽区域的情况。污闪由必要的高电压发生器（HVG）通过潮湿和污秽表面提供相当高的预电弧电流相连接。Obenaus（1958 年）开创性的工作中考虑了一种预电弧放电与污秽表面电阻串联的闪络模型，至今为止，Obenaus 模型是选择污秽试验程序和理解试验发生器需求的基础（Slama 等人，2010 年；Zhang 等人，2010 年）。这些高压试验电路的要求在相关的第 3 章和第 6~8 章中进行了考虑。高海拔绝缘子的污秽试验不仅要考虑污秽等级，还要考虑大气条件（Jiang 等人，2009 年）。

必须用自来水清洗试验对象（陶瓷绝缘子），然后开始盐雾污秽试验。通常，在随后施加试验电压情况下进行污秽试验，该试验电压在规定的试验时间内保持至少几分钟，在那段时间内会出现非常严重的局部放电，称之为预电弧（见图 2.4），可能会发生潮湿和污秽表面的干燥（意味着试验绝缘子具有电气耐受性并能够通过试验），或者预电弧延伸到完全闪络（意味着试验失败）。由于污闪的随机性，可以预期试验结果显著的分散性。因此，必须多次重复试验，以获得足够置信度的平均值或分布函数的估计值（见第 2.4 节）。下文将对两种污秽过程加以描述：

盐雾法使用来自自来水中盐（NaCl）溶液形成盐雾，其浓度定义在 2.5~20kg/m³ 之间，具体值取决于污秽区域。喷雾设备会产生许多喷雾流，每个雾流由一对喷嘴产生。一个喷嘴供应约 0.5L/min 的盐溶液，另一个喷嘴供应压力约为 700kPa 的压缩空气，直接将雾流引导至试验物体，喷雾设备通常包含两排上面所述的双喷嘴。在试验之前将试验对象进行润湿，当盐雾和试验电压作用到试验对象上时开始试验，应尽可能快地达到试验电压值但不能超过试验电压值，整个试验可能持续长达 1h。

预沉积方法基于用硅藻土或高岭土或 Tonoko 土的水溶性导电悬浮液（≈40g/L）涂覆在试验对象上，悬浮液的电导率由盐（NaCl）浓度进行调节，通过浸渍、喷涂或流涂制备试验物体的涂层；然后将其干燥并与污秽室中的环境条件达到热平衡；最后，用蒸汽雾化设备（蒸汽温度≤40℃）润湿试验对象。试验对象的表面状况由表面电导率（μS）来描述，表面电导率（μS）是由试验对象表面上的两个电流探头测得（IEC 60-1:1989，附录 B.3）或每 cm² 绝缘表面的等量盐密度 [所谓的盐沉积密度（S.D.D.），单位为 mg/cm²]。试验可以在试验对象被润湿之前/之后施加电压、导电率达到其最大值时开始。具体细节取决于试验的目的，参见 IEC 60507:1991。

可以针对污秽试验的不同目的进行下面两种试验程序：

1）确定具有一定污秽程度和规定试验时间的绝缘子的耐受电压；

2）确定具有一定试验电压和规定试验时间绝缘子的最大污秽程度。

除了许多机械优势以外，复合绝缘子具有表面疏水性的优势（Baer 等人，2016 年），因此，相比较陶瓷绝缘子，已经证明了复合绝缘子在 HVAC 和 HVDC 应用的优势（Yang 等人，2012 年；Abbasi 等人，2014 年），但还需要附加的试验（IEC 62217:2012）。

污秽试验需要单独的污秽室，通常带有用于连接试验电压发生器的套管。由于盐雾和湿度的影响，清洁条件下高压试验系统本身位于室外，盐雾室内，试验对象周围的间距应大于等于 0.5 m/100kV 但不小于 2m；当没有污秽室时，也可以使用塑料薄膜的帐篷，将污秽区域与高压实验室的其他区域分开。

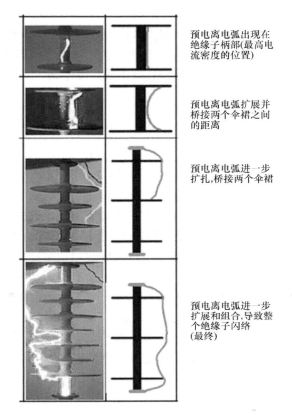

预电离电弧出现在绝缘子柄部(最高电流密度的位置)

预电离电弧扩展并桥接两个伞裙之间的距离

预电离电弧进一步扩扎,桥接两个伞裙

预电离电弧进一步扩展和组合,导致整个绝缘子闪络(最终)

图 2.4　绝缘子的污秽闪络过程（由德国 FH Zittau 提供）

2.1.5　更多的设备环境试验和高压试验的建议

还有其他环境的高压试验，例如：冰或雪环境，根据自然条件制造的适当的露天高压实验室或特殊的气候室（Sklenicka 等人，1999 年；Farzaneh 和 Chisholm，2014 年；Hu 等人，2016 年；Yin 等人，2016 年；Taheri 等人，2014 年）。在高压试验中模拟的其他环境影响有紫外线（Kindersberger，1997 年）、沙尘暴（Fan 和 Li，2008 年）和传输线下的火灾（Peng等人，2016 年）。相关的"垂直"标准描述了装置和设备的高压试验程序，并在不同的试验电压章节中给出了实例。

2.1.6　内部绝缘的高压试验

在高压试验场合，试验系统的高压组件通常采用外部户内绝缘设计。当进行内部绝缘试验时，必须将试验电压连接到待测设备的内部，通常通过具有外部绝缘的套管来实现。出于绝缘配合或大气校正原因，内部绝缘的高压耐受试验水平将超过外部绝缘（套管）的情况。因此，必须提高套管的耐受水平，以允许内部绝缘施加所需的试验电压。通常采用具有更高耐受水平的特殊"试验套管"，在试验过程中替代"服役套管"，另一种可能性是在试验期间将外部绝缘浸入液体或压缩气体（例如：SF_6）中。

在极少数情况下，当外部绝缘的试验电压水平超过内部绝缘时，只有在根据外部绝缘的耐受水平设计内部绝缘时，才能在整个装置上进行试验。如果无法满足，则整个装置应在内部试验电压水平下进行试验，并且应使用假负载进行外部绝缘的单独试验。

内部绝缘受到试验场环境温度的影响，但通常不受环境空气压力或湿度的影响，因此，唯一的要求是当高压试验开始时试验对象与其周围的温度平衡。

2.2 高压试验系统及其组件

本节给出了高压试验系统及其组件的一般描述，包括高压发生器、供电单元、高压电压测量系统、控制系统和可能附加的测量设备，例如：PD 或介电测量。所有情况下，试验对象都不能忽略，因为它是高压试验电路的一部分。

高压试验系统意味着进行高压试验所需的整套装置和设备。它包含以下设备（见图 2.5）。高压发生器（HVG）将提供的低压或中压变换为高试验电压，发生器的类型决定了试验电压的种类。为了产生高幅值的交流试验电压（HVAC），HVG 是一台试验变压器（见图 2.6a），也可能是一个谐振电抗器，但它需要一个容性试验对象（TO）来建立一个用于产生 HVAC 电压的振荡电路（见第 3.1 节）。为了产生高幅值的直流试验电压（HVDC），HVG 是由整流器和电容器组成的特殊电路（例如：Greinacher 或 Cockroft – Walton 发生器，见图 2.6b，见第 6.1 节）；以及为了产生雷电或操作脉冲（LI、SI）电压，则需要由电容器、电阻器和开关（球形间隙）组成的特殊电路（例如：Marx 发生器，如图 2.6c 所示，见第 7.1 节）。

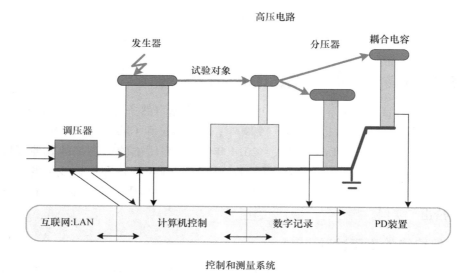

图 2.5　HV 试验系统的原理图

试验对象不仅起到谐振电路产生 HVAC 的作用，在所有高压试验电路中发生器和试验对象之间存在相互作用。由于发生器和试验对象之间的高压引线电压降，甚至由于谐振效应导致的电压升高，试验对象的电压可能与发生器的电压并不相同。这意味着电压必须在试验对象上直接测量，而不是在发生器上测量（见图 2.5）。对于这种电压测量，将一个子系统

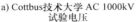

a) Cottbus技术大学 AC 1000kV   b) HSP Cologne直流1500kV   c) Dresden 技术大学2400kV
试验电压   试验电压   LI/SI试验电压

图 2.6 HV 发生器

(通常称为高压测量系统) 连接到试验对象 (见图 2.7a, 第 2.3 节), 同样也可以添加其他子系统, 例如: 用于电介质测量。可以将高达几十 kV 的这种系统设计为包括电压源的紧凑型单元 (见图 2.7b)。经常在 HVAC 试验期间进行局部放电测量, 为此, 将局部放电测量系统连接至交流试验系统 (见图 2.7c)。所有这些系统都包含高压元件 (如分压器、耦合或标准电容器)、用于数据传输的测量电缆和低压仪器 (如数字记录器、峰值电压表、局部放电测量仪、tanδ 电桥)。

上述 HV 试验系统的所有组件和试验对象形成 HV 电路, 该电路应具有尽可能低的阻抗, 这意味着它应该尽可能紧凑。所有连接、HV 引线和接地连接应该是直、短且具有低电感, 例如: 采用铜箔 (宽度 10 ~ 25cm, 厚度取决于电流)。在用于 PD 测量的 HV 电路中, HV 导线应该是直径适合于最大试验电压的无局放管道来实现, 必须避免接地连接中的任何环路。

高压试验所需的电源由电网提供。为实现现场试验, 也可由柴油发电机组作为供电电源 (见图 2.5)。该电源由一个或多个开关柜和一个调节装置 (调压器或电动机发电机组、晶闸管控制器或变频器) 组成。它根据来自控制系统的信号来控制电源, 以便根据高压试验的要求调整试验对象的试验电压。出于安全原因, 开关柜应具有两个串联的断路器: 第一个断路器切换电网和供电电源 (电源开关) 之间的连接, 第二个断路器切换供电电源和发生器 (操作开关) 之间的连接。为了在容性试验对象上进行 HVAC 试验时降低电网所需的功率, 供电单元通常由固定或甚至可调补偿电抗器完成。

将发生器比作是 HV 试验系统的心脏, 那么控制和测量子系统——通常称为控制和测量系统 (见图 2.8, Baronick, 2003 年) 则是 HV 试验系统的大脑。早期的控制系统与测量系统是分离的, 且试验电压的调整由操作者手动调节 (大脑是操作者的大脑); 接下来, 介绍了可编程逻辑控制器; 现在, 最先进的控制系统是一个计算机控制系统, 它能够预先选择所有试验电压值的试验程序, 向供电电源单元发出指令, 获得测量系统的数据, 完成试验数据

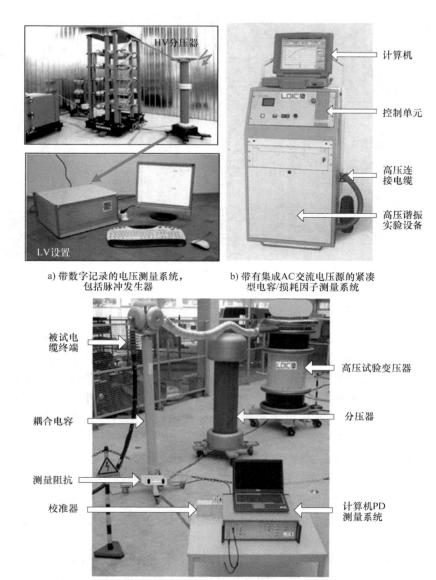

a) 带数字记录的电压测量系统，
包括脉冲发生器

b) 带有集成AC交流电压源的紧凑
型电容/损耗因子测量系统

c) 局部放电测量系统，包括AC电压试验电路（由Doble-Lemke提供）

图 2.7   测量系统

的评估并打印试验记录。通过这种方式，一个操作员可以监督非常复杂的试验过程，试验数据可以传输到本地计算机网络（LAN），例如：用于与来自其他实验室或甚至互联网的试验数据相结合，后者也可用于远程服务的技术问题。

当高压试验系统连接到安全系统时，可以保护高压试验的操作人员和参与者，只有具有安全系统的高压试验系统才是完整的。此外，安全系统包括试验区周围的围栏，该围栏与电气安全回路相结合，只能在安全回路闭合时试验才能进行，详情见第 9.2 节。

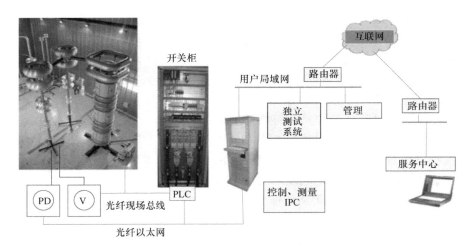

图 2.8　计算机控制与测量系统

2.3　高压测量与测量不确定度的估算

本节涉及电压测量，描述了高压测量系统、测量系统的校准以及测量不确定度的估计。多年来，高试验电压的精确测量被认为是一项艰巨的任务（Jouaire 等人，1978 年；"Les Renardieres Group"，1974 年）。这种情况在相关标准 IEC 60060 – 2 的旧版本中也有所反映。为了更好地应用于在高压试验领域，本章第 2.3 节关于高压测量和不确定度估算与最新版本 IEC 60060 – 2：2010 标准密切相关，Schon（2010 年，2013 年）对高压脉冲测量技术的基本原理和现状进行了详细的描述。

术语"不确定度""误差"和"容差"经常混淆，因此，似乎需要以下澄清：不确定度是与测量结果相关的参数，它表征了由于测量系统的特性而导致的测量值的分散性；误差是测量值与参考量值之差；偏差是测量值和规定值之间的允许差值。容许偏差在标准高压试验程序中起作用（见第 3.6 节、第 6.5 节和第 7.6 节）。无论测量系统是否适用于验收试验，不确定度对于决策来讲都是非常重要的。

2.3.1　高压测量系统及其组件

定义：HV 测量系统（MS）是"适用于完成 HV 测量的全套设备"，用于计算测量结果的软件是测量系统的一部分（IEC 60060 – 2：2010）。

高压测量系统（见图 2.9）应直接连接到试验对象，通常由以下部件组成：

1）转换装置：包括其与试验对象的高压和接地点之间的连接，将待测量的量值（被测量：试验电压及其电压和/或时间参数）转换为与测量仪器兼容的量值（低电压或电流信号）。它通常是一种取决于被测电压量的分压器（见图 2.10）。在特殊应用场合，也可以使用电压互感器、电压转换阻抗（承载可测量电流）或电场探头（转换电场的幅度和时间参数）。转换装置与附近的接地或通电结构之间的净距离对测量结果可能会产生影响，不确定度估计应考虑这种邻近效应（见第 2.3.4 节）。为了确保邻近效应对测量不确定度的影响较小，可移动的转换装置与试验对象之间的净距离应与试验对象的推荐值一致（见第2.1.2节和图2.1）。如果转换装置始终处于固定位置并且测量系统在现场进行了校准，则可以忽略邻近效应。

2）传输系统，连接转换装置的输出端子与测量仪器的输入端子，通常是一种具有终端阻抗的同轴电缆，但也可以是包括发射器、光缆和具有放大器的接收器组成的光链路。对于特殊应用，还使用带有放大器和/或衰减器的电缆连接。

3）测量仪器，是一种适用于从传输系统的输出信号中测量所需的试验电压参数的测量仪器。应用于高压环境的测量仪器通常是满足 IEC 61083 要求的特殊设备（LI/SI 试验电压的第1、2部分已经公布，AC/DC 试验电压的第3、4部分正在准备中）。传统的模拟峰值电压表可以由数字峰值电压表代替，并且越来越多的采用数字记录仪（见图2.11）。数字记录仪可以测量试验电压和时间参数，这对于 LI／SI 试验电压是必须的，但是对于 AC/DC 试验电压而言，还需要测量随时间变化的

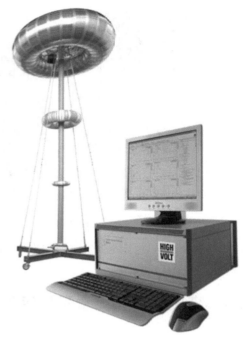

图2.9　包含电压分压器、同轴电缆和基于 PC 数字记录仪的 HV 测量系统

电压降（见第3.2.1节和第6.2.3.2节）、谐波（AC，见第3.2.1节）或纹波（DC，见第6.2.1节）。

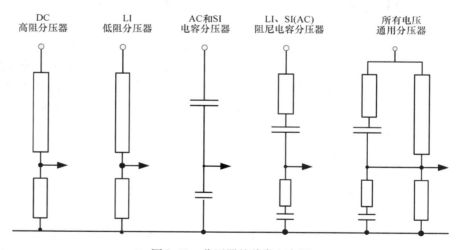

图2.10　分压器的种类和应用

每个高压测量系统均可由其运行条件来表征，包括额定运行电压、测量范围、运行时间（或 LI/SI 电压的种类和数量）和环境条件。测量系统的动态特性可以描述为依赖于频率（交流和直流电压测量系统的频率响应，见图2.12a）或依赖于电压阶跃（LI/SI 电压测量系统的阶跃响应，见图2.12b）的输出信号，或由测量系统标称时段内测量不确定度足够低的

a) 数字AC/DC峰值电压表(独立装置)　　　　b) LI/SI数字记录仪(内置控制台的标记组件)

图 2.11　高压测量仪器

LI/SI 参数测试仪表征。

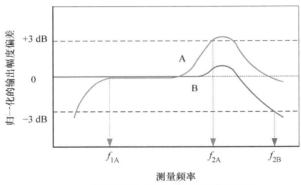

a) 频率响应（曲线A的频率下限和上限，
曲线B的频率上限，与AC/DC测量相关）

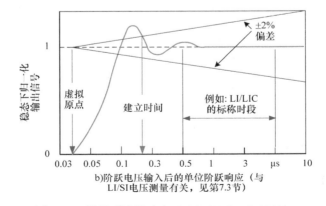

b)阶跃电压输入后的单位阶跃响应（与
LI/SI电压测量有关，见第7.3节）

图 2.12　测量系统的响应（IEC 60060 – 2：2010）

　　注意：脉冲电压的标称时段是指认可测量系统的相关 LI/SI 时间参数的最小值和最大值之间的范围，将在 7.2 节和 7.3 节详细解释，标称时段溯源自脉冲电压波前时间参数的上限和下限偏差。

型式和例行试验后，所有这些额定值必须由测量系统的制造商（各部分组件）提供，该测量系统应符合高压试验场所的要求和条件。

此外，每个电压测量系统由其刻度因数表征，这意味着必须乘以仪表读数，以获得高压测量系统的输入量（电压和时间参数）。对于直接显示输入量值的测量系统，其刻度因数为单位1。这种情况下，通过同轴电缆进行传输，仪器的刻度因数是转换装置刻度因数的倒数。一个正确连接的同轴电缆的刻度因数为单位1，其他类型的传输系统可以具有与单位1不同的刻度因数。

刻度因数必须进行校准，以保证电压测量可追溯到国家测量标准，校准包括两个主要部分。

一方面，应确定测量系统的刻度因数，包含必要的动态特征；另一方面，应估计高压测量的不确定度。当不确定度和动态行为在 IEC 60060 – 2: 2010 给出的限制范围内时，认可的测量系统（AMS）可以在认可的高压试验场合应用（参见相关的第3章，第6章和第7章）。

2.3.2 认可的高压试验场地的高压测量系统的批准

高压测量系统通过 IEC 60060 – 2: 2010 所述的几项成功的试验和核查后，可以在认可的高压试验场地使用。当其通过以下试验和核查后，它将成为"AMS"：

1）型式试验：制造商对系统或其生产样品上的组件进行的型式试验应证明其设计的正确性且符合要求，这些要求包括：

① 刻度因数值、线性度及其动态特性；
② 短期和长期稳定性；
③ 环境温度效应，即环境温度的影响；
④ 邻近效应，即附近接地或带电结构的影响；
⑤ 软件效应，即软件对测量分散性的影响；
⑥ 在 HV 试验中耐受能力的论证。

2）例行试验：制造商对每个系统或其每个组件的例行试验应证明其是合适的产品且符合要求：

① 刻度因数值、线性度及其动态行为；
② 在 HV 试验中耐受能力的论证。

3）在高压试验现场和运行条件下，"完整测量系统"的性能试验应通过下列参数的确定来表征：

① 刻度因数值、线性度及其动态行为；
② 长期稳定性（重复性能试验）；
③ 邻近效应。

用户负责性能测试，应每年重复一次，但至少每5年重复一次（IEC 60060 – 2: 2010）。

4）性能校验是一个"简单的程序"，通常是与第二个 AMS 或标准气隙的比较（见第2.3.5节），以确保最新的性能试验仍然有效。用户负责性能校验，并应根据 AMS 的稳定性重复进行，但至少每年一次（IEC 60060 – 2: 2010）。

上述单次试验与第2.3.4节中的不确定度估计一起描述过。为了测量系统的可靠运行，有必要对转换装置进行高压耐受试验的型式试验，如果使用的实验室中的净距离有限，则必须进行首次性能试验。通常所需的耐受试验电压水平是转换装置额定运行电压的110%，试验程序也应遵循相关试验电压的典型程序（见第3.6节、6.5节和7.6节）。用于户外场合的转换装置，型式试验还应包括人工降雨试验。

首次性能试验还应包括传输系统（同轴电缆）以及与发生器断开、但仍处于运行位置的LI/SI测量系统仪器的干扰试验。将传输系统的输入端短路，采用测量系统最高工作电压的试验电压幅值，触发相关联的脉冲电压发生器放电，在测量系统输入端产生干扰信号，当测得的干扰幅值小于待测试验电压的1%时，则认为设备通过了干扰试验。所有试验和校验的结果应记录在测量系统的"性能记录"报告中，该记录应由AMS用户（IEC 60060-2：2010）建立和维护，该记录报告还应包含AMS的详细技术说明，任何设备的验收试验的检查员都有权查看所用高压试验系统的性能记录。

根据性能试验的要求，可以通过不同的方法确定完整测量系统的刻度因数、线性度和动态特性，最重要和首选的方法是与参考测量系统（RMS）进行比较，下面称为"比对法"（IEC 60060-2：2010），并在以后章节中加以描述。

注意：另一种替代方法是"组件法"，即根据组件的刻度因数确定测量系统的刻度因数（IEC 60060-2：2010）。部件的刻度因数可以通过与较低不确定度的标准部件比较来确定，也可以通过同时测量输入和输出量，或者通过基于测量阻抗的计算来确定。对于每个部件，不确定度分量的估算值必须通过比对法确定，与整个系统的不确定度的确定类似，然后，这些组件的不确定度合成测量的不确定度。

2.3.3　通过与标准测量系统比对进行校准

测量系统指定刻度因数通过校准而确定，使用比对法，将测量系统的读数（AMS，指数 X）与标准测量系统的读数（RMS，指数 N）进行比较（见图2.13），两个测量系统指示相同的电压 V，即读数乘以相关的刻度因数 F：

$$V = F_N V_N = F_X V_X \qquad (2.10)$$

这个简单的方程就是后来的不确定度估计的模型方程（见2.3.4节），它提供了校准测量系统的刻度因数：

$$F_X = (F_N V_N)/V_X \qquad (2.11)$$

注意：因为不确定度的通常符号是字母"u"或"U"（ISO/IEC指南98-3：2008），对于电压，使用符号"V"。

对于实际情况，建议在距支撑相同

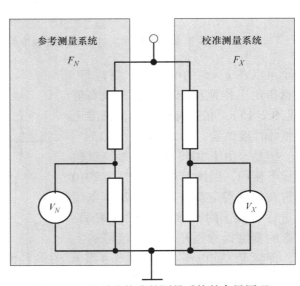

图2.13　比对法校准的测量系统的布局原理

距离处布局两个分压器，且直接连接到试验电压发生器。

当两个分压器具有大约相同的尺寸时，这种对称布局很有效（见图2.14），所有高压和地连接应无环路，并尽可能短而直。

当RMS的额定电压高于或等于校准系统的额定电压时，可以假定理想条件，因为校准

图 2.14 比对法进行 LI 电压校准的实际布局 （由 Dresden 提供）

最小可以在 $g = 5$ 的电压水平下进行，包括指定工作范围的最低值和最高值（见图 2.15）。在这种情况下，校准还包括线性度试验。

但是，由于 RMS 无法在最高试验电压下使用，因此 IEC 60060 – 2: 2010 允许在低至指定测量范围的 20% 电压下进行比较。附加线性度试验表明：校准的刻度因数适用于测量范围的上

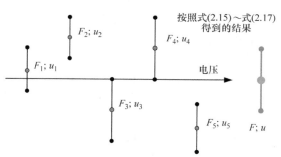

图 2.15 整个电压范围内的校准 （IEC 60060 – 2: 2010）

限，即额定工作电压 （见第 2.3.4 节）。在这种情况下，如图 2.14 所示的两个测量系统的对称布局是不可能的，但是应该使用足够的净距离 （见图 2.1），使得有效值不受通常大得多的校准系统的影响。使用的 RMS 应具有可溯源至由国家计量学会 （NMI，National Metrology Institute） 维护的国家和/或国际测量标准的校准 （Hughes 等人，1994 年；Bergman 等人，2001 年），这意味着由 NMI 或具有 NMI 认证的认可校准实验室 （ACL，Accredited Calibration Laboratory） 校准的 RMS 可溯源至国家和/或国际标准。RMS 的要求见表 2.3，RMS 的校准可以使用较低不确定度的传递标准测量系统 （TRMS） （电压为 $U_M \leqslant 0.5\%$，脉冲时间参数

测量为 $U_M \leqslant 3\%$），通过对不同校准实验室的标准测量系统 RMS 的相互比较来维持测量不确定度的可追溯性（Maucksch 等人，1996 年）。

表 2.3　标准测量系统（RMS）的要求

测试电压	DC（%）	AC（%）	SI、LI（%）	波前截波 LIC（%）
电压测量 U_M 的扩展不确定度	1	1	1	3
时间参数测量 U_{MT} 的扩展不确定度	—	—	5	5

校准可由认证的高压试验实验室进行，具有能够提供正确维护的 RMS 数据和熟练的技术人员，并且可以保证测量结果的可追溯性。这可能适用于较大的试验场合，通常的方法是通过 ACL 命令校准。

2.3.4　高压测量不确定度的估算

校准过程包括在 $g=1$ 至 $h \geqslant 5$ 电压水平上进行 $n \geqslant 10$ 应用的描述比较，提供 RMS 额定工作电压不小于校准的 AMS 额定工作电压（见图 2.15）。对于一个 LI/SI 电压脉冲，同步读取标准测量系统和校准系统的读数；对于 AC／DC 电压，同步读取相同时间的读数。根据模型方程［式（2.10）和式（2.11）］，从每次读取中，根据模型计算刻度因数，且对于每个电压电平 V_g，其刻度因数 F_g 确定为 n 个测量值的平均值（通常 $n=10$ 个测量值就足够了）：

$$F_g = \frac{1}{n}\sum_{i=1}^{n} F_{i,g} \tag{2.12}$$

在高斯正态分布假设条件下，对比结果的分散性由刻度因数 F_i 的相对标准偏差（也称为"变异系数"）描述：

$$s_g = \frac{1}{F_g}\sqrt{\frac{1}{n-1}\sum_{i=1}^{n}(F_{i,g}-F_g)^2} \tag{2.13}$$

平均值 F_g 的标准偏差称为"A 类标准不确定度 u_g"，并由高斯正态分布计算得到：

$$u_g = \frac{s_g}{\sqrt{n}} \tag{2.14}$$

对所有 $h \geqslant 5$ 电压电平 V_g 进行比较后，校准的 AMS 刻度因数 F 计算为 F_g 的平均值：

$$F = \frac{1}{h}\sum_{g=1}^{h} F_g \tag{2.15}$$

A 类标准不确定度是不同电压水平中不确定度的最大值：

$$u_A = \max_{g=1}^{h} u_g \tag{2.16}$$

另外，必须考虑刻度因数的非线性，用 B 类不确定度表征：

注意：A 类不确定度对标准不确定度的贡献与比较本身有关，并且基于假设平均值的偏差按照高斯正态分布，且参数符合式（2.12）和式（2.13）（见图 2.16a），而 B 类不确定度的贡献是基于宽度 $2a$ 的矩形分布假设，平均值为 $x_m = (a_+ + a_-)/2$，标准不确定度为 $u = a/\sqrt{3}$（见图 2.16b），详细内容见 IEC 60060-2：2010 及本节以下的内容。

$$u_{B0} = \frac{1}{\sqrt{3}} \max_{g=1}^{h} \left| \frac{F_g}{F} - 1 \right| \qquad (2.17)$$

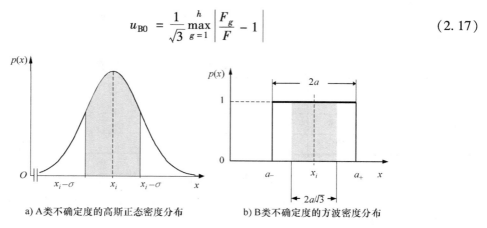

a) A类不确定度的高斯正态密度分布　　b) B类不确定度的方波密度分布

图 2.16　用于确定不确定度估计的假设密度分布函数

当 RMS 额定工作电压低于校准 AMS 的工作电压时，IEC 60060 – 2：2010 允许仅使用 $a \geqslant 2$ 电压水平在有限电压范围（$V_{RMS} \geqslant 0.2 V_{AMS}$）内进行比较，应通过 $b \geqslant (6 - a)$ 水平的线性试验完成比较（见图 2.17），然后估算刻度因数 F：

$$F = \frac{1}{a} \sum_{g=1}^{a} F_g \qquad (2.18)$$

标准的不确定度

$$u_A = \max_{g=1}^{h} u_g \qquad (2.19)$$

校准值中的非线性分量

$$u_{B0} = \frac{1}{\sqrt{3}} \max_{g=1}^{h} \left| \frac{F_g}{F} - 1 \right| \qquad (2.20)$$

附加非线性分量来自线性试验范围，应按下文"非线性效应"中的描述进行计算。

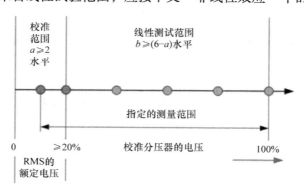

图 2.17　有限电压范围内的校准和附加线性试验（IEC 60060 – 2：2010）

例 1：一个刻度因数为 $F_{X0} = 1000$（3 年前校准）的 1000kV LI 电压测量系统，在性能检查期间，通过与第二个 AMS 相比，其峰值电压偏差超过 3%，因此，必须通过与 RMS 比较进行校准，一个 1200kV 的 LI 标准测量系统（RMS）可用于校准。已经决定在 $g = 5$ 电压水平、每个电压水平样本数 $n = 10$ 条件下进行比较，RMS 由刻度因数 $F_N = 1025$、测量的扩展不确定度 $U_N = 0.80\%$ 表征。表 2.4 显示了第一电压水平的比对结果，得到第一电压电平（$g=1$）的刻度因数 F_1 和相关的标准偏差 s_1 和标准不确定度 u_1。

表 2.5 总结了所有 5 个电压水平的比对结果，并根据方程式（2.15）和式（2.16）给出了新的刻度因数 F_X 和 A 类标准不确定度 u_A。

表 2.4　第一电压水平比对 $V_1 \approx 0.2V_r$

编号	RMS 测量电压 V_N/kV	AMS 测量电压 V_X/kV	刻度因数 F_i （Eq. 2.11）
$i=1$	201.6	220.8	1.0291
2	200.7	200.9	1.0240
3	201.4	200.9	1.0276
4	199.9	199	1.0296
5	201.2	199.9	1.0317
6	201.3	200.3	1.0301
7	200.9	200.4	1.0276
8	201.3	200.4	1.0296
9	201.2	199.9	1.0317
$n=10$	200.6	200.7	1.0245
由方程式（2.12）~ 式（2.16）得到的结果			$F_1 = 1.0286$ $s_1 = 0.25\%$ $u_1 = 0.08\%$

表 2.5　刻度因数和 A 类不确定度估计（5 个电压水平的比对结果）

电压水平 g	$V_X/V_{Xr}(\%)$	刻度因数 F_g	标准偏差 $s_g(\%)$	标准不确定度 $u_g(\%)$
$g=1$（例子）	20	1.0286	0.25	0.08
2	39	1.0296	1.94	0.61
3	63	1.0279	1.36	0.43
4	83	1.0304	2.15	0.68
$h=5$	98	1.028	1.4	0.44
结果		新刻度因数 $F_X = 1.0289$		A 类不确定度 $u_A = 0.68\%$

B 类不确定度评估与不同统计比较的所有影响有关，包括以下不确定度影响因素。

2.3.4.1　非线性效应（线性试验）

当 AMS 在有限范围内校准时，线性试验用于显示刻度因数在额定工作电压以下的有效性，具体方法是与通过与具有足够额定电压的 AMS 或与 LI/SI 试验电压发生器的输入电压（直流）进行比较（当 AMS 与这些电压相关时），或与符合 IEC 60052：2002 的标准测量间隙进行比较，或与现场探针（见 2.3.6 节）相比较。这在线性试验显示比率 R 不同于刻度因数时，并不重要，但重要的是它必须在线性度试验范围内保持稳定（见图 2.18）。如果这一点能保证，也可以采用其他方法来研究线性度。研究的 $g=b$ 时比率 $R_g = V_X/V_{CD}$（V_{CD} 是比较装置的输出）与其平均值 R_m 的最大偏差，可以得到与非线性效应相关的 B 类标准不确定度的估计值（见图 2.18）：

$$u_{B1} = \frac{1}{\sqrt{3}} \max_{g=1}^{b} \left| \frac{R_g}{R_m} - 1 \right|$$
(2.21)

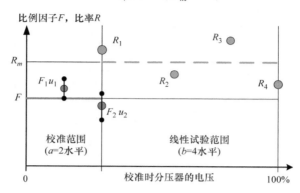

图 2.18　在扩展电压范围内用线性装置进行线性试验（IEC 60060 – 2: 2010）

2.3.4.2　动态特性效应

为了研究动态行为，建议在频率范围或在脉冲形状范围内（例如：对于额定频率范围或标称时段）$i = k$ 个不同值下确定 AMS 的刻度因数，然后，根据单个刻度因数 F_i 与标称刻度因数 F 的最大偏差来评估相关标准不确定度分量。

$$u_{B2} = \frac{1}{\sqrt{3}} \max_{i=1}^{k} \left| \frac{F_i}{F} - 1 \right|$$
(2.22)

动态特性也可以通过单位阶跃响应方法来研究，有关详情参阅 7.4.1 节。

2.3.4.3　短期稳定效应

短期稳定性通常由 AMS 的自动发热特性决定，尤其是其转换装置。试验应在额定工作电压下进行，首先在达到试验电压时确定刻度因数 F_1，并在预定试验时间（通常为预期的使用时间或规定的运行时间）结束时得到新的刻度因数 F_2：

$$u_{B3} = \frac{1}{\sqrt{3}} \left| \frac{F_2}{F_1} - 1 \right|$$
(2.23)

对测量不确定度的短时间分量应在制造商的部件数据中给出。

2.3.4.4　长期稳定效应

长期稳定性分量的起始值也可由制造商给出，然后还可以根据两次性能检查时间内刻度因数的变化来确定使用时间 T_{use}（T_1、T_2 时刻分别对应 F_1 和 F_2，通常预计的使用时间为 $T_{use} = T_2 - T_1$）：

$$u_{B4} = \frac{1}{\sqrt{3}} \left| \frac{F_2}{F_1} - 1 \right| \frac{T_{use}}{T_2 - T_1}$$
(2.24)

2.3.4.5　环境温度效应

通常，指定的测量系统适用于特定的温度范围，确定该范围的最小和最大温度的刻度因数，标称刻度因数 F 的较大偏差 F_T 用于估计标准不确定度分量：

$$u_{B5} = \frac{1}{\sqrt{3}} \left| \frac{F_T}{F} - 1 \right|$$
(2.25)

通常，在规定温度范围内与温度效应相关的不确定度分量来自制造商的数据。

2.3.4.6　邻近效应

由邻近接地结构引起的不确定度分量可由距离这些结构最小和最大距离的刻度因数 $F_{\min}$ 和 $F_{\max}$ 确定：

$$u_{B6} = \frac{1}{\sqrt{3}} \left| \frac{F_{\max}}{F_{\min}} - 1 \right| \qquad (2.26)$$

较小高压测量系统的邻近效应通常由转换装置的制造商研究并且可以从手册中获得。

2.3.4.7　软件影响

当使用数字测量仪器、特别是数字记录仪时，如果人工试验数据（在 IEC 61083 - 2:2011中给出）在一定的容许偏差范围内，则可以进行正确的测量，这也在 IEC 61083 - 2:2011中给出。不应忽视的是，该方法可能会产生显著的标准不确定度分量。软件假设的不确定度分量仅与 IEC 61083 - 2 中给出的这些容许范围 T_{oi} 的最大宽度有关：

$$u_{B7} = \frac{1}{\sqrt{3}} \max_{i=1}^{n} (T_{oi}) \qquad (2.27)$$

注意：必须考虑与记录的冲击电压类似的人工试验数据的公差范围 T_{oi}。

例2：针对 B 类标准不确定度分量的影响，研究了第一示例中描述的 AMS。对于校准的不确定度估计，还必须考虑 RMS 的标准不确定度，该标准不确定度不包含在其测量不确定度中，表2.6 总结了两者并提到了分量的来源。

2.3.4.8　确定扩展的不确定度

IEC 60060 - 2:2010 建议使用简化程序来确定刻度因数校准和高压测量的扩展不确定度，它基于满足高压试验情形的下列假设：

1）独立性：单个测量值不受前面测量的影响。

2）矩形分布：B 类分量服从矩形分布。

3）可比性：最大的三个不确定度分量大致相等。

表 2.6　B 类型的不确定度分量

不确定度分量	符号	对 RMS 的不确定度分量	对 AMS 的不确定度分量
非线性效应 方程式（2.22）	u_{B1}	包含在校准中： $u_N = u_N/2 = 0.4\%$	包含在校准中 u_A
动态行为效应 方程式（2.23）	u_{B2}	包含在校准中	标称时段内的偏差，0.43%
短期稳定效应 方程式（2.24）	u_{B3}	包含在校准中	在 3h 试验前后的偏离，0.24%
长期稳定效应 方程式（2.25）	u_{B4}	包含在校准中	连续性能试验，0.34%
环境温度效应 方程式（2.26）	u_{B5}	0.06%，因为超出规定的温度范围	制造商数据，0.15%
临近效应 方程式（2.27）	u_{B6}	包含在校准中	由于净距离非常大，可以忽略不计
软件影响 方程式（2.28）	u_{B7}	包含在校准中	可以忽略，因为没有使用数字记录仪

注意：IEC 60060 – 2: 2010 不要求使用这种简化方法，所有符合 ISO／IEC 指南 98 – 3: 2008（GUM）的程序也适用。在 IEC 60060 – 2: 2010 的附录 A 和 B 中，描述了与 GUM 直接相关的另一种方法。

标准不确定度与校准后的新刻度因数之间的关系可用术语（$F \pm u$）表示，它表征可能的刻度因数的范围（不要忘记，F 是一个平均值，u 是该平均值的标准差值）。在高斯正态密度分布假设下（见图 2.16a），该范围覆盖了 68% 的所有可能的刻度因数。为了更高的置信度，计算得到的标准不确定度可以乘以"覆盖因子"$k > 1$，范围（$F_X \pm ku$）表示刻度因数加/减其"扩展不确定度"$U = ku$。通常应用覆盖因子 $k = 2$，其覆盖 95% 的置信区间。

首先要确定校准 U_{cal} 的扩展不确定度，由 RMS 校准测量的标准不确定度 u_N、A 类标准比对不确定度和与参考测量系统相关的 B 类标准不确定度按照几何叠加合成得到：

$$U_{cal} = ku_{cal} = 2 \sqrt{u_N^2 + u_A^2 + \sum_{i=0}^{N} u_{BiRMS}^2} \qquad (2.28)$$

校准的扩展不确定度与新的刻度因数一起出现在校准证书上，但是在高压验收试验的情况下，需要高压测量的扩展不确定度。当校准 AMS 并考虑所有可能的环境条件（环境温度范围，间隙范围等）时，高压测量的扩展不确定度可以通过校准 u_{cal} 的标准不确定度和 B 类 AMS、u_{BiAMS} 的分量来预先计算。

$$U_M = ku_M = 2 \sqrt{u_{cal}^2 + \sum_{i=0}^{N} u_{BiAMS}^2} \qquad (2.29)$$

还应在校准证书上提及预先计算的扩展测量不确定度以及预定义的使用条件，当 HV 测量系统必须在校准证书中提到的条件之外操作时，HV 测量系统的用户仅需估计额外的不确定度分量。

例 3：对于校准的 AMS，应在校准证书中提到的某些环境条件下计算校准扩展不确定度和高压测量的不确定度，计算使用上面两个例子的结果：

校准结果		
标准测量系统（RMS）		
RMS：测量不确定度	$U_N = 0.80\%$	$u_N = 0.4\%$
RMS：温度效应		$u_{B5} = 0.06\%$
对比校准		$u_A = 0.68\%$
扩展校验不确定度（95% 置信度，$k = 2$）		$U_{cal} = 1.58\%$
标准校验不确定度		$u_{cal} = 0.79\%$
高压测量		
AMS：非统计影响		$u_{B2} = 0.43\%$
		$u_{B3} = 0.24\%$
		$u_{B4} = 0.34\%$
		$u_{B5} = 0.15\%$
测量的扩展不确定度（95% 置信度）		$U_M = 2.10\%$
精确测量结果		$V = V_X (1 \pm 0.021)$

高压测量系统应根据其新的刻度因数 $F = 1.0289$（见表 2.5）进行调整，可能需要改变仪器的刻度因数，以保持监测仪上测得的高压值的直接读数。IEC 60060 – 2: 2010 要求高压

的测量不确定度 $U_M \leq 3\%$。由于 $U_M = 2.10\% \leq 3\%$（例3），该系统可用于未来的高压测量，但是，建议研究扩展不确定度 U_M 相对较高的原因用于改进测量系统。

2.3.4.9　时间参数校准的不确定度

IEC 60060 - 2: 2010（见5.11.2 节）描述了时间参数测量扩展不确定度估计的比对法。此外，在附录 B.3 中，它根据 ISO/IEC 指南 98 - 3: 2008 提供了另一个评估示例，代替考虑电压测量的无量纲刻度因数，该方法适用于时间参数（例如：LI 波前时间 T_{1X}），认为与标准测量系统测量的标称时间参数 T_{1N} 的偏差可以忽略不计，且从平均误差 $\triangle T_1$ 的直接比较得到：

$$\Delta T_1 = \frac{1}{n} \sum_{i=1}^{n} (T_{1X,i} - T_{1N,i}) \tag{2.30}$$

标准差

$$s(\Delta T_1) = \sqrt{\frac{1}{n-1} \sum_{i=1}^{n} (T_{1X,i} - \Delta T_1)^2} \tag{2.31}$$

A 类标准的不确定度

$$u_A = \frac{s(\Delta T_1)}{\sqrt{n}} \tag{2.32}$$

时间参数的 B 类测量不确定度分量被确定为各个测量的误差与不同 LI 波前时间参数 T_1 的平均误差之间的最大偏差，例如：测量系统的标称时段的两个极限值。

对于外部影响，B 类不确定度估计过程遵循上述电压测量方程式（2.22）~ 式（2.27）的原理，对于时间校准和时间参数测量的扩展不确定度，建议使用方程式（2.28）和式（2.29）的类似应用。

性能试验包括刻度因数的校准、时间参数的脉冲电压的校准以及所描述的对测量不确定度影响的全套测试。所有试验的数据记录应包含在性能记录中，比较本身及其评估可以通过计算机程序辅助（Hauschild 等人，1993 年）。

2.3.5　根据 IEC 60052:2002 标准的标准气隙高压测量

均匀和略微不均匀电场的击穿电压，例如：大气中球形电极之间的击穿电压，显示出高稳定性和低分散性。Schumann（1923）提出了一个经验准则来估计引发自持电子雪崩的临界场强。如果进行了一定的修改，该标准也可用于计算均匀场的击穿电压 V_b 与间隙间距 S 的关系。对于空气中标准条件下的均匀电场，击穿电压可通过经验公式近似

$$V_b(kV) = 24.4 \left[S + \left(\frac{S}{13.1cm} \right)^{0.5} \right] \tag{2.33}$$

如果间距小于球体直径的 1/3（见图 2.19），则该等式适用于球间隙。

基于这样的试验和理论结果，自 20 世纪初期（Peek，1913 年；Edwards 和 Smee，1938 年；Weicker 和 Hörcher，1938 年；Hagenguth 等人，1952 年），球 - 球间隙被用于峰值电压的测量，并引出了第一个高压试验标准，即现在的 IEC 60052:2002 标准。同时，完全可以理解的是这种适用性是基于所谓的流光击穿机制，例如：Meek（1940 年）、Pedersen（1967 年），并且球间隙的击穿电压—间隙距离的特性也可以足够精确地计算（Petcharales，1986 年）。

长期以来，对高压实验室的印象就是间隙距离达 3m 的测量球间隙，但球间隙电压测量与试验电压的击穿有关，因此应用并不是一件简单的事情。此外，根据标准，它们需要较大的净距离（见下文），并保持良好的清洁球表面和大气校正系数（见第 2.1.2 节）。

时至今日，球间隙测量已不再用于日常的高压测量，并且不像过去那样在高压实验室中起重要的作用，它们的主要作用是 AMS 的性能核查（见第 2.3.2 节）或线性度核查（见第 2.3.4 节）。对于高压设备的验收试验，检查员可能需要通过球间隙检查所应用的 AMS 以显示其未被操纵。对于这些应用，球直径 $D \leqslant 50cm$ 的移动测量间隙就足够了。

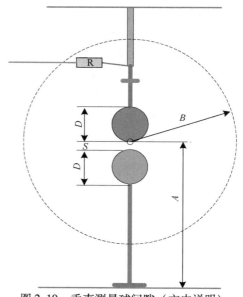

图 2.19 垂直测量球间隙（文中说明）

通过球间隙进行电压测量的 IEC 标准是与高压试验相关的最古老 IEC 标准，其最新版本 IEC 60052 Ed.3:2002 描述了 AC、DC、LI 和 SI 试验电压的测量，测量系统为球体直径 D（$= 2 \sim 200cm$）的水平和垂直球 – 球间隙，其中一个球体接地（见图 2.19 和图 2.20）。用于电压测量的间隙距离 $S \leqslant 0.5D$，粗略估计可以扩展到 $S = 0.75D$。球表面应光滑，其最大粗糙度低于 $10\mu m$，并且在火花点区域没有不规则性部分，曲率必须尽可能均匀，其特征在于直径的差异不大于 2%。半球形表面部分的轻微损坏（不涉及击穿过程）不会降低测量间隙的性能。为了避免在 AC 和 DC 击穿后球体表面的烧蚀，可以施加 $0.1 \sim 1M\Omega$ 的限流电阻器。

周围的物体可能会影响球间隙测量的结果，因此，IEC 60052 标准规定了标准空气间隙的尺寸和净距离，如图 2.19 和图 2.20 所示。地面高度 A 的所需范围取决于球体的直径，适用于小球体 $A = (7 \sim 9) D$ 和大球体 $A = (3 \sim 4) D$。与接地外部结构的净距离取决于间隙距离 S，应该在小球的 $B = 14S$ 和大球体的 $B = 6S$ 之间。

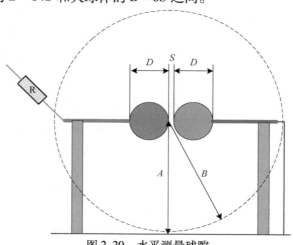

图 2.20 水平测量球隙

测量间隙击穿电压的分散性显著地取决于自由初始电子的可用性，特别是对于 $D \leqslant$ 12.5cm 的间隙和/或峰值电压 $U_p \leqslant 50\text{kV}$ 的测量，初始电子可以通过光电离产生（Gnger，1953 年；Kuffel，1959 年；Kachler，1975 年），必要的高能辐射可能来自交流电压附近电晕放电的远紫外（UVC）分量，或来自所用的脉冲发生器的开关间隙的击穿火花，或者特殊的含有石英管汞蒸汽的 UVC 灯。

注意：过去，也曾使用在测量球内放置放射源，但出于安全原因，现在已经禁止使用。

表2.7 给出了测得的击穿电压 U_b 与电极间距 S 的关系，对于一些选定的直径 $D \leqslant 1\text{m}$ 的球间隙，其主要用于上述校核；对于其他直径的球间隙，参见 IEC 60052:2002 标准。带有球间隙的电压测量仪意味着，要根据间隙直径 D（见表2.7）建立 HVG 电源输入端的仪表（例如：试验变压器输入端处的初级电压测量）与高压电路中标准测量间隙的已知击穿电压之间的关系，这类似于比对校准（见第2.3.3节）。对于交流电压测量，逐级电应力试验可通过仪器提供 10 个连续的击穿电压读数（见第2.4节），确定它们的平均值［式（2.12）］和相对标准偏差［（式（2.13）］，电压应足够缓慢升高以获得准确的读数，根据间隙参数 (D, S)，以平均值表征击穿电压。当标准偏差 $\leqslant 1\%$ 时，可以假设测量间隙已得到正确的维护，且测量的相对扩展不确定度 $\leqslant 3\%$。

注意：当 $n = 10$ 条件下测量且标准偏差为 1% 时，得到的标准不确定度 $u = 0.32\%$［式（2.14）］，这意味着当扩展不确定度（$k = 2$）$\leqslant 3\%$［方程式（2.29）］时，其他分量对标准不确定度的影响约为 1.2%。

表 2.7 所选标准球隙的击穿电压峰值

间隙距离	球隙直径 D/mm[②]时的 50% 击穿电压 V_{b50}/kV							
S/mm	100		250		500		1000	
	AC, DC[①], −LI, −SI	+LI, +SI	AC, DC[①], −LI, −SI	+LI, +SI	AC, DC[①], −LI, −SI	+LI, +SI	AC, DC[①], −LI, −SI	+LI, +SI
5	16.8	16.8						
10	31.7	31.7	31.7	31.7				
15	45.5	45.5	45.5	45.5				
20	59	59.0	59.0	59.0	59.0	59.0		
30	84	85.5	86.0	86.0	86.0	86.0	86.0	86.0
50	123	130	137	138	138	138	138	138
75	(155)[③]	(170)	195	199	202	202	203	203
100			244	254	263	263	266	266
150			(314)	(337)	373	380	390	390
200			(366)	(395)	460	480	510	510
300					(585)	(620)	710	725
400					(670)	(715)	875	900
500							1010	1040
600							(1110)	(1150)
750							(1230)	(1280)

① 对于 >130kV 直流试验电压的测量，不建议使用标准球隙，应用"棒–棒"间隙并参见方程式（2.34）。

② 对于正确维护的标准球间隙，AC、LI 和 SI 试验电压测量的扩展不确定度假设为 $U_M \approx 3\%$，置信水平为 95%，BC 试验电压没有可靠的值。

③ 括号中的值仅供参考，不指定置信度。

对于 LI /SI 电压测量，例如：将脉冲电压发生器的充电电压与预选的击穿电压（表 2.7 中的 D、S）进行比较，50% 击穿电压 U_{50} 在 $m = 5$ 电压水平、每个电压水平下 $n = 10$ 个脉冲电压的多电平试验中确定（见第 2.4 节），并将相应的读数作为预选读数。当评估的标准偏差在 LI 的 1% 和 SI 电压的 1.5% 之间时，可假设测量间隙工作正确。

对于直流电压的测量，不建议使用球形间隙，因为灰尘或小纤维等外部因素会影响直流电场中的充电过程并导致较高的分散性，因此，如果湿度不高于 $13g/m^3$，则应使用棒 - 棒测量间隙（Feser 和 Hughes，1988 年；IEC 60052：2002）。钢或黄铜棒电极的边缘及尖锐处应加工为 $10 \sim 25$ mm 的方形截面。当间隙距离 S 在 $25 \sim 250$cm 之间时，击穿是由满足平均电压梯度 $e = 5.34$kV/cm 的流光放电发展而引起的，可以以此计算击穿电压

$$V_b(kV) = 2 + 5.34S(cm) \tag{2.34}$$

垂直排列的棒的长度应为 200cm，水平间隙的棒长为 100cm。棒 - 棒布局应使棒和高压引线的连接处分别与地之间无局部放电 PD，这可通过电场控制的环形电极来实现。对于水平间隙，其高度应该距地面 $\geqslant 400$cm，试验程序与上述 AC 电压的程序相同。

2.3.6 用于测量高电压和电场梯度的电场探头

绝缘的老化及高压装置的可靠性主要由最大电场强度决定，即使利用先进的计算机软件且基于麦克斯韦方程可以计算介电材料中的电场分布，理论结果的正确性也应该通过实验证实。为此，使用通常称为场探头的电容传感器，然而，场分布可能受到这种场探头存在的影响，因此应该将探头设计得尽可能小，以使场畸变最小化，从而使测量不确定度最小化（Les Renardieres Group，1974 年；Malewski 等人，1982 年）。然而，在特定情况下，例如：在套管、电力电缆和 SF_6 开关设备中使用同轴电极配置的情况下，可以设计出不受干扰场分布的探头。此外，电场探头可以集成在 Rogowski 平板 - 平板电极布置的接地电极中，如图 2.21 所示。这种情况下，可以简单地从感测电极处出现的场强推导出施加到高压电极的电压。

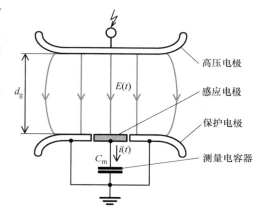

图 2.21　用于交流电压测量的电场探头原理图

基于第一麦克斯韦方程基本测量原理：

$$\text{rot } \boldsymbol{H} = \partial \boldsymbol{D} / \partial t + \boldsymbol{G} \tag{2.35}$$

式中，$\boldsymbol{H}$ 为磁场强度；$\boldsymbol{D}$ 为电位移磁通密度；$\boldsymbol{G}$ 为传感器电极处的电流密度。

对于气态电介质，其电导率非常低，因此，式（2.35）中第二项中给出的电导电流密度可以忽略不计：

$$\text{rot}\boldsymbol{H} = \partial \boldsymbol{D} / \partial t \tag{2.36a}$$

与此相反，传感电极的电导率非常高，因此对于这种情况，方程式（2.35）第一项是可以忽略不计：

$$\text{rot}\boldsymbol{H} = \boldsymbol{G} \tag{2.36b}$$

结合方程式（2.36a）和式（2.36b）用电场强度代替位移通量密度，即 $\boldsymbol{D} = \varepsilon\boldsymbol{E}$，得到：

$$G = \partial D/\partial t = \varepsilon \cdot \partial E/\partial t \tag{2.37}$$

其中，ε 为两个电极之间电介质的介电常数。

对于这里考虑的均匀场配置，电场梯度垂直于感测电极的表面，因此，用一维标量形式代替向量形式是适用的，进而，传感器获得的电流 $I(t)$ 可以简单地用电流密度 G 乘以感应电极的面积 A 来表示：

$$I(t) = AG = A\varepsilon dE(t)/dt \tag{2.38}$$

为了将传感器表面感应的电流转换为等效电压信号 $V_m(t)$，通常的做法是通过测量电容 C_m 将传感器连接到地电位，如图 2.21 所示。由于提供了电容型分压器，因此，使用以下方程，从 C_m 两端测得的电压就可以简单地推导出施加到高压电极上的电压－时间关系 $V_h(t)$：

$$V_h = \frac{d_g C_m}{A\varepsilon} V_m(t) = S_f V_m(t) \tag{2.39}$$

式中，S_f 为刻度因数；d_g 为间隙距离。

原则上，图 2.21 中所示的电容 C_m 也可以用下面表示的 R_m 电阻代替，这种情况下，式（2.38）可以表示为

$$V_m(t) = R_m A\varepsilon dE(t)/dt \tag{2.40}$$

由此得出施加到顶部电极的高电压 V_{hp} 的峰值

$$V_{hp} = \frac{d_g}{R_m A\varepsilon} \int_0^t V_m(t) dt = \frac{d_g}{R_m A\varepsilon \cdot 2\pi f} V_{mp} = S_f V_{mp} \tag{2.41}$$

这意味着，刻度因数 S_f 与试验频率 f 成反比，因此必须精确知道 R_m 和试验频率 f，以便从测量的低电压推导出所施加的高电压的峰值，这种情况下，必须注意叠加的谐波可能导致严重的测量误差。

示例：假设根据图 2.21 的环境即空气状况布置仪器，即 $\varepsilon_0 = 8.86 pF/m$。假设间隙距离 $d_g = 10cm$ 并且感测电极的面积为 $A_s = 10cm^2$ 以及电容量 $C_m = 2nF$，则得到以下刻度因数：

$$S_f = \frac{d_g C_m}{A\varepsilon_0} = \frac{(10cm) \times (2nF)}{(10cm^2) \times (8.86pF/m)} = 22.6 \times 10^3$$

例如：如果在 C_m 两端有 $V_m = 5V$ 的低电压，则这是由施加的高压 $V_{hp} = 113kV$ 引起的。

用 $R_m = 500k\Omega$ 的测量电阻代替电容器 C_m 并假设试验频率 $f = 50Hz$，得到以下刻度因数：

$$S_f = \frac{d_g}{R_m A\varepsilon_0 \cdot 2\pi f} = 18 \times 10^3$$

基于上述计算绘制的如图 2.22 中的曲线，从测量的低电压 V_m 就可以简单确定所施加的高电压 V_{hp}。必须考虑到，如果使用测量电阻，则刻度因数也取决于测试频率。

图 2.21 所示结构的主要缺点是，它只能测量与地电位毗邻的电场梯度。为了测量高压和低压电极之间空间中的任意取向的电场矢量，通常采用球形传感器来防止引发局部放电（Feser 和 Pfaff，1984 年），如图 2.23（左）所示。这种球形电极的表面被细分为 6 个部分传感器，以接收电磁场的 3 个笛卡尔分量。为了最大限度地减少由电场探头的金属部件引起的不可避免的场干扰，这部分由电池供电，并且信号处理所需的整个部件集成在空心球电极中。此外，捕获和处理的信号通过光纤链路传输到地电位。球形探头的一个基本优点是可以根据待测量场强来计算允许的半径，而无需很多费用。

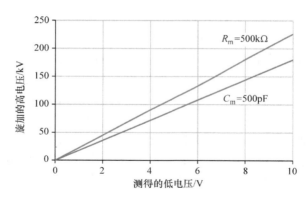

图 2.22　使用文中给出的参数，在电容和电阻测量阻抗上测量施加的高电压与低电压

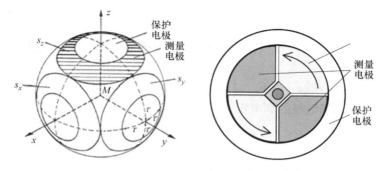

图 2.23　固定和旋转电极场探头

　　实际上，实现的球形场探头能够测量高达约 1kV/cm 的电场强度，测量频率范围在大约 20Hz 和 100MHz 之间。应该注意的是，电场探头的应用不仅限于场强测量。如果用标准测量系统校准，只要该区域没有空间电荷，例如：必须在电场探头周围防止电晕放电，该场探头工具也可以用于高压测量。

　　由于电场探头原理上提供了电容式传感器，因此必须考虑到感应电荷以及可测量电流 $i(t)$ 是时间位移通量的结果，这样也与时间相关的电场强度 $E(t)$ 相关联。因此，只有与时间相关的电压，比如 LI、SI、AC 和其他瞬变量能够引起可测量的位移电流。为了也能够测量 DC 电压，可以通过借助于接地电位的旋转电极周期性地屏蔽感应电极来产生期望的交变位移电流，这种方法的原理如图 2.23（右）所示，即通过称之为"场磨"的方式实现（Herb 等人，1937 年；Kleinwächter，1970 年）。这里感应电极由两个半剖面盘构成，这两个半圆盘提供测量电极，它们必须完全彼此绝缘，而叶片电极则连接到处于地电位的保护电极。由于叶片电极在测量电极前面的旋转，它们会暴露于交替的位移通量。因此，将感应出与静电场强度相关的交流电流，该电流可经放大后用作相应地指示信号。

　　电场探头测量的另一种选择是使用机械方法，该方法使用 1884 年发现的所谓库仑力，为此，如图 2.21 中所示的测量阻抗 CM 被敏感力测量系统所取代，如开尔文 1884 年最初应用的那样，用于绝对直流电压测量。考虑到均匀电场，如果电位梯度为 e，吸引区域 A 的感测电极的力则可以表示为

$$F_e = \frac{1}{2}\varepsilon Ae^2 \tag{2.42}$$

例：如果向顶部电极施加高电压 $V_h = 100\text{kV}$ 且间隙距离量 $d_g = 10\text{cm}$，则感测电极处的电场场强达到 10kV/cm。在方程式（2.42）中代入这些值，计算吸引传感电极的力为 $F_e \approx 3.5 \times 10^{-2}\text{N} \approx 3.6\text{pN}$。

由被吸引的感应电极引起的力矩被放大并由光学成像系统放大并指示。由于库仑力与电场梯度的二次方成比例，因此也与施加的试验电压的二次方成比例，其测得的库仑力指示与电场的极性无关。因此，静电电压表不仅适用于直流电压测量，而且还适用于 HVAC 试验电压均方根值的测量，参见 3.4 节。

2.4　击穿和耐受电压试验及其统计处理

电气放电和绝缘击穿是随机过程，必须用统计方法来描述。本小节介绍了 HV 试验的计划、执行和评估的统计基础，描述了电压逐级上升直至击穿的试验（"渐进应力法"，PSM）以及预先给定电压电平的多次作用和击穿概率的估计（"多级电平方法"，MLM；"升降压法"，UDM）。绝缘的寿命试验（LTT）是在预先给定的电压进行的，但试验时间是渐进式的，并且可以据此进行评估。同时，还从统计学的角度描述和评估了标准化的高压耐受试验。该小节提交了应用统计方法的第一批工具，并提供了特殊文献的提示（例如：Hauschild 和 Mosch，1992 年）。

2.4.1　随机变量和结果

与自然界、社会和技术中的大多数其他现象一样，电气放电现象是基于随机过程并以其随机性为特征（Van Brunt，1981 年；Hauschild 等人，1982 年），但此特征经常被忽略，而只考虑平均趋势以解释研究得到的相关关系。然而，通常电气放电现象它不是平均值，而是基于决定系统性能的极值。在技术方面，通常通过使用"安全系数"来考虑这一点，但更好的方法是采用随机现象的统计描述。因此，应在统计基础上选择、执行和评估 HV 试验，它们是随机实验（试验）并由随机变量（有时也称为"随机变量"）描述。

当预先给定的恒定电应力（例如：某个 LI 试验电压）施加到绝缘体（例如：气隙）时，可以观察到随机"击穿"事件（A）或其互补事件，即"耐受"（A^*），相对击穿频率 $h_n(A)$ 可由击穿次数 k 和作用次数 n 计算获得。

$$h_n(A) = k/n \tag{2.43}$$

相对耐受频率遵循：

$$h_n(A^*) = (n - k)/n = 1 - h_n(A) \tag{2.44}$$

相对频率取决于完成试验的数量（通常称为样本大小）和相应的试验系列，如图 2.24 中的击穿频率所示。相对频率在固定值附近变化，并达到"击穿概率"极限值 p：

$$\lim_{n \to \infty} h_n(A) = p \tag{2.45}$$

耐受概率 q 遵循：

$$\lim_{n \to \infty} h_n(A^*) = q \tag{2.46}$$

因为无法测量耐受特性参数（"尚未发生！"），耐受概率由互补击穿概率 $q = 1 - p$ 确定。

因此，耐受电压的统计定义是引起较低击穿概率的电压，通常为 $p \leqslant 0.10$，相对击穿频率是击穿概率的点估计。

用于频率估计的作用次数越多，估计值对真实但未知概率的近似性就越好（见图 2.24）。置信度估计通过计算置信区域的宽度提供对估计准确性的感知。该区域覆盖具有一定置信水平的真实但未知的 p 值，例如：$\varepsilon = 95\%$。从样本中，

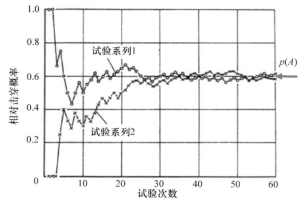

图 2.24　两个试验系列的相对击穿频率取决于试验完成的数量

置信区域的上限和下限基于理论分布函数的假设来确定，这种情况下基于二项分布函数和 Fisher（F）分布作为试验分布。

说明：二项式分布基于具有已知概率 p 和 q（伯努利试验）两个互补事件 A 和 A^*（作为击穿和耐受）一起发生，二项式分布表示在 n 次独立试验中事件 A 将发生 k 次的概率 $P(X = k)$：

$$P(X = k) = \binom{n}{k} p^k (1 - p)^{n-k} \tag{2.47}$$

$k = 1, 2, 3, \cdots, n$ 且

$$\binom{n}{k} = \frac{n!}{k!(n-k)!} = \frac{n(n-1)\cdots(n-k+1)}{1 \cdot 2 \cdot 3 \cdot \cdots \cdot k}$$

图 2.25 显示了 95% 置信限值，具体取决于相对击穿频率和作用次数（样本量）。

示例：对于 $h_n(A) = 0.7$ 和 $n = 10$ 的作用次数，图 2.25 给出了下限 $p_l = 0.37$ 和上限 $p_u = 0.91$。在统计置信度 $\varepsilon = 95\%$ 时，实际概率在 $0.37 \leqslant p \leqslant 0.91$ 的范围内。对于 $n = 100$ 的作用次数，可以得到更小的范围 $0.60 \leqslant p \leqslant 0.78$。同样，随着样本量的增加，估计结果变得更准确，这意味着置信区域变得更小。

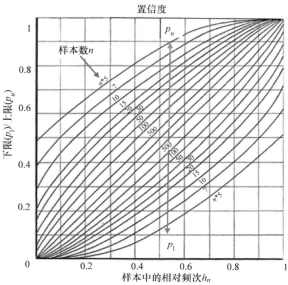

图 2.25　置信水平 $\varepsilon = 95\%$ 击穿概率的置信度（取决于样本的大小）

注意：当一系列 n 个电应力中均没有发生击穿（$k=0$）时，也可以计算置信区间。对于这种情况（$n=20$；$k=0$），图 2.25 给出了置信区间（0；0.16），置信上限可用于进一步的比较或估计。

当通过恒定电压测试估计击穿概率时，必须检查测试是否"独立"。独立意味着先前的电压作用对所考虑的作用结果没有影响，这可以通过对趋势的研究来显示（见表 2.8）。将 $n=100$ 的样本细分为 5 个 $n^*=20$ 的样本，如果子样本的相对频率散布在整个样本的相对频率附近，则可以认为它是独立的（情况 a）。如果有存在明确的趋势（情况 b），则样本是不独立的，并且不能进行任何形式的统计评估。只有通过改进试验程序才能确保独立性，例如：在施加两个电应力之间保留足够的休息时间，恒电压测试的更多细节描述于（Hauschild 和 Mosch，1992 年）。

表2.8　样本数 $n=100$ 的两次试验的独立性检查

	击穿频率	
（a）独立样本：大气环境球－板间隙（耐受：－；击穿：x）	h_{20}	h_{100}
－ x x x － － － x － x x x x x x － x － x	0.65	
x － x － － x x x x x － x x － x x x x x x	0.75	
－ x x x x － － x x x x － x － x x x －	0.70	
x x x － x x － x x － － x － x x x － x	0.60	0.68
x x － x x x x － x x － x x x x x x x －	0.7	
（b）非独立样本：如上所述，但封闭在罐中（耐受：－；击穿：x）	h_{20}	h_{100}
x x x x x x x x x x x x x x x x x x － x	0.95	
x － x x － x x － x x x － x － x x － x x	0.55	
－ － － x x x － x x － x － x x x － x － x x	0.5	
x x － － － x － x － x － x － x － x － x x	0.35	0.48
－ － － － － x － － － － － － － － － － － －	0.05	

不同电压水平（$n \geqslant 5$）的一系列恒定电压试验意味着使用多级法（MLM），详细描述见 2.4.3 节。

增加第二组高压击穿试验，在试验中增加电压应力，例如：逐步升高 AC 或 DC 试验电压或逐步升高 LI 或 SI 电压直到击穿（见图 2.26）。现在的情况是击穿是确定的，但击穿电压的大小是随机的，这组试验称为"逐级电压力试验"——PSM。随机变量是击穿电压 V_b，但在恒定电压的寿命试验中，击穿时间 T_b 变成了随机变量。在这两种情况下，我们均能获得连续变量。

注意：在逐步增加电压的情况下，可以改变起始值以获得随机变量的连续输出（样本）。

逐步电应力试验的评估遵循许多教科书中所描述的数学统计中随机变量的典型处理方式，例如：Mann 等人（1974 年）、Muller 等人（1975 年）、Storm（1976 年）或 Vardeman（1994 年）。特别是与高压试验相关的描述由 Lalot（1983 年）、Hauschild 和 Mosch（1984 年）（德文）和（1992 年）（英文）、Carrara 和 Hauschild（1990 年）和 Yakov（1991 年）以及（IEC 60060－1:2010）的附录 A 中给出，有关 PSM 评估简要介绍见第 2.4.2 节。

分布函数描述渐进电应力试验中，具有样本 x_i 的随机变量 X 的分布规律，定义为

$$F(x_i) = P(X < x_i) \tag{2.48}$$

它表示随机变量 X 采用低于所给出的样本 x_i 的概率 P，分布函数（见图 2.27）是具有以下属性的任何数学函数：

1）$0 \leqslant F(x_i) \leqslant 1$（出现的概率在不可能事件与必然事件之间）；

2）$F(x_i) \leqslant F(x_{i+1})$（单调递增）；

3）$\lim\limits_{x \to -\infty} F(x) = 0$，$\lim\limits_{x \to +\infty} F(x) = 1$（边界条件）。

注意：除了分布函数，密度函数也提供完整的数学描述，但它对高压试验评估没有意义。

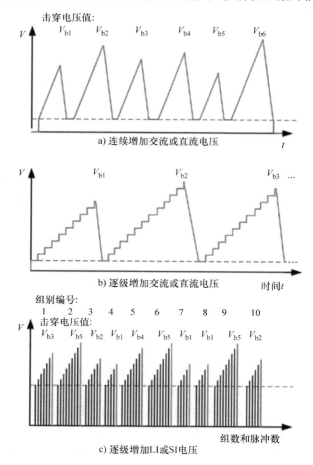

图 2.26　渐进电压力试验程序

除了函数的位置，分布函数通过平均值和分散性的参数描述来表征。渐进电应力测试的评估意味着选择适应良好的分布函数类型及其参数的估计。参数估计可以基于公式的参数（例如：平均值）、分位数（与预先给定的概率相关的随机变量的样本）或间隔（两个分位数之间的差异）作为点或置信度估计（见图 2.27）。

2.4.2　使用渐进应力法进行高压试验

对于（见图 2.26a）SF_6 气体中的电极布置，应考虑连续增加电压的渐进应力法（PSM）（见图 2.26a）。初始电压 v_0 必须足够低以避免对结果产生任何影响，电压的上升速

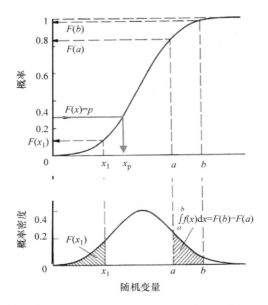

图 2.27　具有分位数和概率区间($F(b) - F(a)$)定义的分布和密度函数

率应确保可以进行可靠的电压测量，并且两次单独试验之间的间隔应保证能实现击穿电压 v_b 的独立性，可以通过测量的图形图来进行检查，其他独立性实验在上述文献中已进行了描述。

例图 2.28 显示了在 SF_6 气体、4 种不同压力下的 4 个试验的序列，如果可以保证在平均值周围以随机方式波动，则认为序列是独立的。如果存在下降、上升或周期性波动趋势，则必须假设不独立。根据这个简单的规则，0.4MPa、0.25MPa 和 0.15MPa 气压下的试验系列可以认为是相互独立的，非常适合于统计评估。在 0.10MPa 下试验序列是不独立的，不应进行统计评估，应弄清试验及结果不独立的原因，并在改进条件下重复该系列试验。

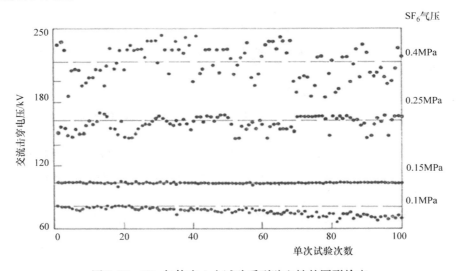

图 2.28　SF_6 气体中 4 个试验系列独立性的图形检查

每个独立系列均应进行统计评估，这意味着以图形表示并通过理论分布函数近似。当使用所谓的概率网格表示时，可以同时连接两个任务，概率网格在纵坐标上使用所考虑的理论分布函数的反函数。对于每种类型的理论分布，可以构建概率网格，与网格相同类型的任何经验分布都显示为直线。

对于高压应用场合，建议使用下面的理论分布函数：

高斯分布或正态分布由参数 μ（通过算术平均值或 50% 分位数 u_{50} 估算）和标准偏差 σ ［通过（$x_i - \mu$）的方均根或分位数差异（$x_{84} - x_{50}$）=（$x_{50} - x_{16}$）估计］来表征：

$$F(x;\mu;\sigma^2) = \frac{1}{\sqrt{2\pi}\sigma} \int_{-\infty}^{x} e^{-(z-\mu)^2/2\sigma^2} dz \tag{2.49}$$

一个分布函数的应用应该建立在其随机模型的基础上：正态分布随机变量是大量独立的随机分布影响的结果，而这些因素对总和的贡献都很小，该模型适用于许多随机事件，也适用于局部放电的击穿过程。

作为正态分布，Gumbel 分布或双指数分布是无限函数（$-\infty < x < +\infty$），由两个参数表征，63% 分位数 η 和分散度量 γ ［由 $\gamma = (x_{63} - x_{05})/3$ 估算］：

$$F(x;\eta;\gamma) = 1 - e^{-e^{\frac{x-\eta}{\gamma}}} \tag{2.50}$$

随机模型：双指数分布是根据极值描述的样本分布，在高压试验中，它是电场强度的最小值，可用"发生在一个稍微均匀电场中最薄弱点的击穿"这样的简单事实的数学描述。如果稍微均匀的绝缘材料具有很高的分散性，则可以很好地应用此类表达来表征（Mosch 和 Hauschild，1979 年）。

威布尔分布也是一个描述极值的分布，但它是受限的并且由三个参数表征，其 63% 分位数 $\eta = x_{63}$，威布尔指数 δ 作为分散度的量值和初始值 x_0

$$F(x;\eta;\delta;x_0) = 1 - e^{-(\frac{x-x_0}{\eta})^\delta} \qquad x > x_0 \tag{2.51a}$$

$$F(x;\eta;\delta;x_0) = 0 \qquad x \leqslant x_0 \tag{2.51b}$$

$$\delta = 1.2898/\log(x_{63}/x_{05}) \tag{2.51c}$$

威布尔分布在结构上具有很强的适应性，因此适用于许多问题（Cousineau，2009 年）。对于 $x_0 = 0$ 的情况，它是击穿时间研究（双参数威布尔分布）的理想函数，参见例如 Bernard（1989 年）和 Tsuboi 等人（2010 年）。在 $x_0 > 0$ 情况下，初始值变得绝对有意义，例如：可以作为击穿概率 $p = 0$ 的理想耐受电压！因此，当应用于击穿电压问题时，必须仔细考虑计算数值的含义。

对于上述 3 个理论分布函数，可以构造概率网格，图 2.29 显示了这些网格不同纵坐标下的比较，可以看出，在区域 $x_{15} - x_{85}$ 中，网格非常相似，但是对于非常低和非常高的概率，存在显着的差异。这意味着，对于耐受电压的估计，对于适应经验数据（试验结果）的理论分布函数的优化选择是非常重要的。另外，必须具有足够的样本数量（样本的数量），例如：选择 $n \geqslant 50$，以获得低概率和高概率的数据。

在高压试验中，经验分布函数通常由非常有限的样本数据确定，例如：$10 \leqslant n \leqslant 100$。在这种情况下，建议根据 x_{min} 和 x_{max} 之间的增幅来确定样本 x_i，并通过它们的相对累计频率来完成

$$h_{\sum i} = \sum_{m=1}^{i} \frac{h_m}{(n+1)} \qquad (2.52)$$

其中，n 是样本的总数，h_m 是第 m 个电压值的绝对频率 ［式（2.43）］，然后将数据绘制为适合概率网格中的"阶梯"。如果经验（阶梯）函数可以用直线近似，则与网格理论函数的匹配是可以接受的。

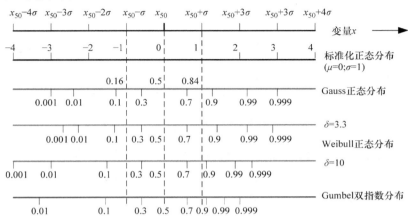

图 2.29 具有相同 50% 分位数概率网格的纵坐标的比较（Weibull 分布的对数横坐标）

示例：图 2.30 显示，阶梯函数能够与正态分布的高斯网格中的直线很好地吻合，这意味着正态分布充分描述了所进行试验的随机性，其参数可通过分位数估算：平均值 $u_{50} = 953\text{kV}$，标准偏差 $s = u_{50} - u_{16} = 18.2\text{kV}$。

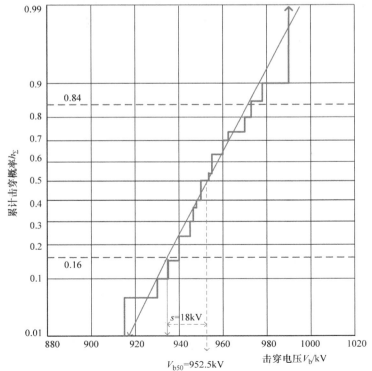

图 2.30 高斯网格上的累积频率分布函数

可以使用所谓的试验分布来进行参数的置信度估计，用于平均值置信度估计的 t 分布和用于标准偏差的 χ^2 分布，详情可参见例如 Hauschild 和 Mosch（1992 年）。

最大似然法提供了包括置信限度参数的最有效估计，由于术语"似然"是"概率"的同义词，该方法提供所选分布函数的参数估计，是给定试样的最大概率的参数。该方法多年前已经引入，但通过个人计算机（PC）的数值计算得到了广泛的应用。它可以应用于所有类型的高压击穿试验和任何类型的理论分布函数（Carrara 和 Hauschild，1990 年；Yakov，1991 年；Vardeman，1994 年）。

数学计算基于所谓的"似然函数 L"，它与使用分布函数获得所研究样本的描述（样本 x_i，$i = 1\cdots n$）的概率 p_R 成比例，例如：参数 δ_1 和 δ_2。样本的 n 个样本分布到随机变量 x_i（击穿电压或时间）的 m 级水平，似然函数 L 基于与概率 f_{Ri} 的乘积成比例的概率 p_R：

$$L = Ap_R = A \prod_{i=1}^{n} f_{Ri}(x_i/\delta_1,\delta_2) = L(x_i/\delta_1,\delta_2) \tag{2.53}$$

因子"A"仅用于标准化，参数 δ_1 和 δ_2 的最可能点估计是使 L 最大化的那些参数，如图 2.31 所示（δ_1^* 和 δ_2^*），它们是根据最大条件 $\mathrm{d}L/\mathrm{d}\delta_1 = 0$ 和 $\mathrm{d}L/\mathrm{d}\delta_2 = 0$ 计算得到的，通常用对数表示，其中相同的参数表示最大值

$$\mathrm{d}(\ln L)/\mathrm{d}\delta_1 = 0 \text{ 和 } \mathrm{d}(\ln L)/\mathrm{d}\delta_2 = 0 \tag{2.54}$$

三维图显示了两个参数区域的似然函数（L 归一化到其最大值），借助于"似然山"的横截面，可以定义参数的置信限（δ_{1min}，δ_{1max}，δ_{2min}，δ_{2max}）。置信区域的每个参数组合（见图 2.31）在概率网格上得到一条直线（见图 2.32）。直线束的上边界线和下边界线被认为是整个分布函数的置信限度，图 2.32 用近似的相关概率网格示意性地给出。最大似然法也可以应用于"删减"试验结果，例如：当在一定时间之后寿命试验终止并且仅 n 个试验对象中 k 个已经击穿，然后似然函数得到如下形式：

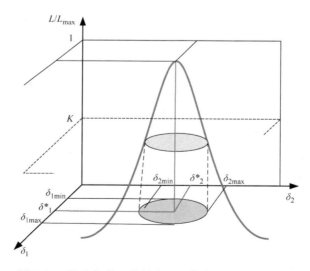

图 2.31　最大似然函数的点和置信度估计（示意图）

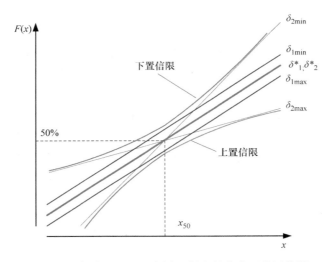

图 2.32　从图 2.31（示意图）得出的分布函数置信限

$$L = Ap_R = A \prod_{i=1}^{k} f_{Ri}(x_i/\delta_1, \delta_2) \prod_{i=k+1}^{n-k} \left[1 - f_{Ri}(x_i/\delta_1, \delta_2) \right] \qquad (2.55)$$

在 Weibull 分布的假设下（Speck 等人，2009 年），通过商业上可获得的 ML 方法的 PC 程序评估如图 2.30 所示的相同样品（见图 2.33），该程序在独立试验后提供了具有对数横坐标的 Weibull 网格上的累积频率分布图。参数估计如下：初始值 $v_0 = 750kV$，63% 分位数 $V_{b63} = (v_0 + \theta_{63}) = (750 + 211)kV$ 和分散参数 $\delta = 8.4$。已评估的累积频率函数的 95% 置信下限应作为技术结论采用。

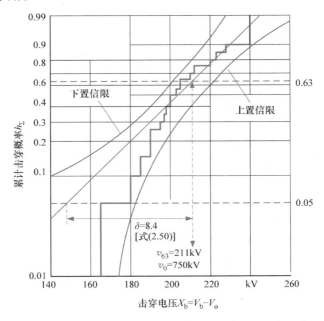

图 2.33　具有 95% 置信限的 Weibull 网格累积频率函数

2.4.3 使用多级法的高压试验

多级方法（MLM）意味着在多个电压电平下（见图 2.34）应用恒定电压试验（见第 2.4.1 节）。对于每个级别，试验得出对击穿概率的估计，包括其置信限度（见图 2.25）。电压应力和击穿概率之间的关系不是统计意义上的分布函数，因此称为"性能函数"（有时也称为"反应函数"）。性能函数不一定是单调增加的，它在（例如）取决于电压高度的放电机制改变的情况下是可以减小的（见图 2.35），例如：在取决于电压高度的放电机制改变的情况下，它精确提供了电力系统可靠性评估和绝缘配合所需信息：性能函数提供了在某种过压电应力情况下发生击穿的可能性。

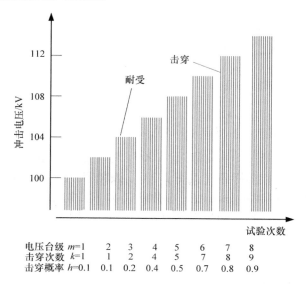

图 2.34 根据多级方法的试验程序，每步 $m = 8$ 个电压台级和 $n = 10$ 个脉冲

在大多数情况下，性能函数也表现出单调增加，并且通过理论分布函数可以获得数学描述。图 2.36 显示了性能函数 $V(x)$（由标准化正态分布模拟，其中 $\mu = 0$ 和 $\sigma = 1$）与试验中导出的不同电压阶跃高度 Δx 的累积频率函数 $S_{\Delta x}(x)$ 之间的差异。出于统计原因，原则关系是 $S_{\Delta x}(x) > V(x)$。这两个函数具有不同的含义：累积频率函数考虑直到某个电应力值的所有应力下击穿的概率，性能函数在一定的应力下进行。逐级增加电压的累积频率函数应转换为性能函数（Hauschild 和 Mosch，1992 年）。

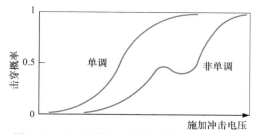

图 2.35 具有单调和非单调增加的性能函数

MLM 试验应在 $m \geq 5$ 个电压水平和每个电压应力水平 $n \geq 10$ 脉冲下进行，所有级别的电压力数量不一定相同。如果考虑耐受电压，则低击穿频率下的电应力数量可能更高。然后必须检查每个级别结果的独立性（见表 2.8），并确定击穿概率的置信度估计（见图 2.25），绘制在概率网格中。

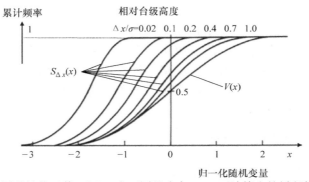

图 2.36 基于相同的性能函数 $V(x)$，在不同的步高 $\Delta x/r$ 下计算出的累积频率函数 $S_{\Delta x}(x)$

示例： 从早期的试验可以预期，性能函数是单调递增的，并且可以通过双指数分布函数来近似。因此，在 Gumbel 网格中绘制点和置信度估计（见图 2.37）。因为可以通过所有置信区域绘制直线，所以确认了双指数或 Gumbel 分布的假设。从置信限可以看出，1083kV 和 1089kV 之间相对击穿频率的小幅降低并不显著，参数可以从分位数估算，$v_{63} = 1112\text{kV}$，$\gamma = (v_{63} - v_{31}) = 12\text{kV}$。

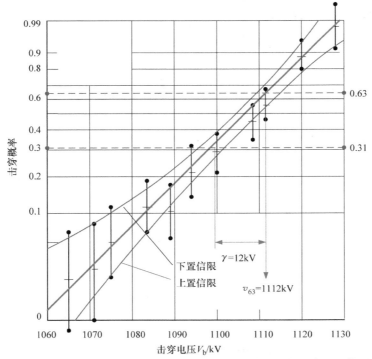

图 2.37 具有置信区域的性能函数根据 ML 估计和单个击穿概率的置信限和 a

当性能函数由某个分布函数（参数 δ_1，δ_2）近似时，也可以应用最大似然估计。根据图 2.34，存在 $j = 1 \cdots m$ 个电压电平且在每个电平 n_j 应力下施加。获得的电压 u_j 下 k_j 击穿和 $w_j = (n_j - k_j)$ 耐受的概率由二项式分布（式 2.47）表示，基于由性能函数 $V(v_j) = V(v_j/\delta_1, \delta_2)$ 给出的击穿概率，对于 n_j 应力的所有 m 个电压水平的相应似然函数由下式给出：

$$L = \prod_{j=1}^{m} V(v_j/\delta_1, \delta_2)^{kj} (1 - V(v_j/\delta_1, \delta_2))^{wj} \qquad (2.56)$$

改变参数 δ_1 和 δ_2，找到式（2.56）的最大值如上所述，可以得到点和置信度估计以及整个性能函数的置信区域，如图 2.33 所示。

对于最大似然法的实际应用，需要应用合适的软件。最佳软件包（Speck 等人，2009年）包含高压试验数据评估的所有必要步骤，包括几个独立性试验，与理论分布函数最佳拟合的试验，在概率网格上的经验性能函数（或累积频率分布）的表示，以及直到参数和整个性能（或分布）函数的点和置信度估计。

2.4.4 使用升降法选定分位数的高压试验

并非总是需要完整的整体性能函数，例如：当试验电压值 u_t 低于 10% 分位数 v_{10} 时，可以确认绝缘的耐受电压。在这种情况下，确定值 v_{10} 就足够了，在其他情况下，查找分位数 v_{50} 或 v_{90} 可能就足够了。Dixon 和 Mood（1948 年）介绍了基于恒压试验（第3.4.1节）的相关升降试验测试方法（UDM）。

该方法要求电压最初以固定电压步长 Δv 从初始值 v_{00} 升高，在此值下肯定不会发生击穿，直到在特定电压下发生击穿（见图 2.38：v_1 是第一计数值）。现在电压以 Δv 降低，如果没有发生击穿，则电压再次逐步增加，直到下一次击穿，否则在击穿的情况下，电压会以 Δv 降低。重复该过程，直到获得预定数量 $n \geqslant 20$ 的电压值 v_1，v_2，$\cdots$，v_n，这些施加电压的平均值就是 50% 击穿电压 v_{50} 的第一个估计值：

$$v_{50^*} = \frac{1}{n} \sum_{l=1}^{n} v_l \qquad (2.57)$$

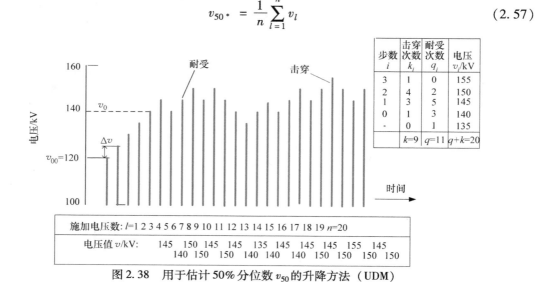

图 2.38 用于估计 50% 分位数 v_{50} 的升降方法（UDM）

更详细的评估考虑了台阶高度 Δv 的影响并使用了击穿次数 k 和耐受次数 q。两个互补事件的总和与从第一次击穿开始的电压应用数量 $n = k + q$ 相同。另外，考虑电压电平或台级 v_i（$i = 0 \cdots r$）的数量，从最低击穿台级开始计算，此时记为 $i = 0$，在某个电压电平 v_i 上，存在 k_i 击穿，然后 50% 的击穿电压可以由下式估算：

$$v_{50} = v_0 + \Delta v \left(\frac{\sum_{i=1}^{r} i k_i}{k} \pm \frac{1}{2} \right) \qquad (2.58)$$

示例：图 2.38 中的试验在 $v_{00} = 120\text{kV}$ 时开始，且电压台级 $\Delta v = 5\text{kV}$，包括第一次击穿在内，施加了

$l=20$ 个电压值。方程 (2.57) 对 v_{50*} 的第一次估算得出 $v_{50*}=145.5\text{kV}$。

发生击穿的最低电压电平是 $v_0=140\text{kV}$，击穿次数为 $k=9$，耐受次数为 $q=11$，并且在最低击穿电压之上存在 $i=3$ 个电压台级。利用这些数据，式 (2.58) 提供了 $v_{50}=145.3\text{kV}$。两种方法之间的差异非常小，对于大多数实际结论，可以忽略不计。

当单电压施加不显著减小或增加平均趋势时，UDM 试验是独立的。根据击穿程序的 UDM 试验，从初始电压开始，在该初始电压下击穿是可靠的，并且下降直到第一次耐受。如果上述击穿电压被认为是其承受能力，则它还可以获得 v_{50} 的数值。此外，应提到的是，存在用于性能函数标准偏差的估计方法，但是不推荐该方法（参见例如 Hauschild 和 Mosch，1992 年）。置信限度应通过最大似然函数（见下文）计算，而不是仅由粗略估计分散计算。

Carrara 和 Dellera（1972 年）提出了一种"扩展的升 – 降方法"，它应用一系列电应力（见图 2.39）来确定预先选择的分位数而不是单一电应力（见图 2.38）。为了确定某个分位

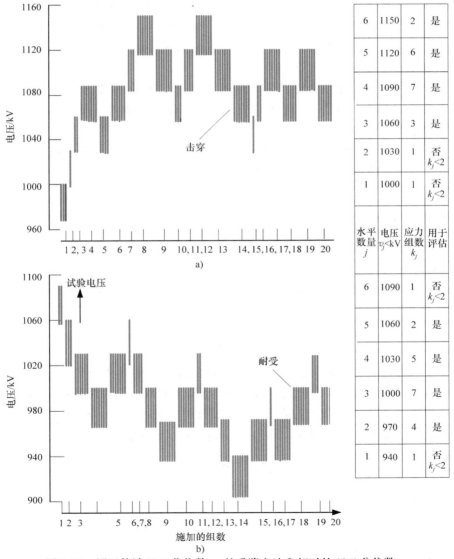

水平数量 j	电压 $v<$kV	应力组数 k_j	用于评估
6	1150	2	是
5	1120	6	是
4	1090	7	是
3	1060	3	是
2	1030	1	否 $k_j<2$
1	1000	1	否 $k_j<2$
6	1090	1	否 $k_j<2$
5	1060	2	是
4	1030	5	是
3	1000	7	是
2	970	4	是
1	940	1	否 $k_j<2$

图 2.39　用于估计 90% 分位数 v_{90} 的升降方法和相对的 10% 分位数 v_{10}

数，一个系列中一定数量的脉冲是必要的。表 2.9 给出了分位数的阶数 p 与一个系列中所需的脉冲数之间的关系。"耐压试验程序"以耐受电压 v_{00} 开始并升高电压，获得阶数 $p \leqslant 0.05$ 的分位数 v_p，以击穿电压开始和降低电压到耐受的"击穿程序"获得理论阶数 $p \geqslant 0.50$ 的分位数。

表 2.9 每个 UDM 组的应力数 n 用于估计分位数的阶数 p

n	70	34	14	7	4	3	2	1	
p	0.01	0.02	0.05	0.10	0.15	0.20	0.30	0.50	（耐受程序）
p	0.99	0.98	0.95	0.95	0.85	0.80	0.70	0.50	（击穿程序）

图 2.39b 显示了使用每个系列 $n = 7$ 个应力的耐受程序，统计耐受电压的估算确定为 10% 击穿电压（分位数 u_{10}）。一旦在一个试验系列中能够耐受，电压就会以 Δv 增加到下一个更高的水平。一个试验系列中一旦发生击穿，电压就会以 Δv 降低到下一个较低的水平。

当应用击穿试验程序时，当一个系列刚好发生击穿时电压降低，而当出现第一次耐受时电压增加，该击穿程序的预期分位数为 v_{90}，可以根据式（2.57）的简化评估来进行分位数的点估计评估。

只要提供相关软件，计算机辅助最大似然法也可用于 UDM 试验，只要提供相关软件（Speck，1987 年；Bachmann 等人，1991 年）：该原理对应于 MLM（见第 2.4.3 节）。对于每个施加的电压水平，估计包括其置信区域的相对击穿频率（见图 2.40 用于估计 v_{10}，每个系列 $n = 7$ 个应力）并绘制在合适的概率网格中（见图 2.40：Gauss 网格）。似然函数的最大值提供包括其置信限度的预期分位数 v_{10}，计算所有分位数的置信区域（$\varepsilon = 95\%$）并绘制为曲线。

2.4.5 寿命时间的统计处理

寿命试验是在某个恒定的 AC 或 DC 电压（或一系列脉冲）下的绝缘应力。随机变量是可以根据 PSM 评估的击穿时间（或脉冲数）（见第 2.4.2 节），当在多个电压水平下进行该试验时，可以评估击穿电压和击穿时间之间的关系——通常称为寿命特性（LTC）（Speck 等人，2009 年），击穿电压 v_p 的 p 阶分位数可以描述为

$$v_p = k_{\mathrm{d}} t_p^{-1/n} \quad \text{或} \quad t_p = \left(\frac{k_{\mathrm{d}}}{v_p} \right)^n \tag{2.59}$$

式中，t_p 为 p 阶击穿时间的分位数；n 为主要表征绝缘材料的寿命指数；k_{d} 为主要表征场几何特征的常数。在对数网格中，公式给出了一条下降的直线，允许对参数 n 和 k_{d} 进行评估。

在考虑方程式（2.59）以及 v_p 是恒定电压试验中的施加电压 $v_p = v_t$ 的关系时，击穿时间可以用双参数威布尔分布 [方程（2.51）：$x_0 = t_0 = 0$] 来描述：

$$F(t, v_t) = 1 - \exp\left(- \left(t \left(\frac{v_t}{k_{\mathrm{d}}} \right)^n \right)^\delta \right) \tag{2.60}$$

现在，计算机辅助最大似然法（Speck，1987 年；Speck 等人，2009 年）应用于参数 k_{d}、n 和 d 的未知三元组，似然函数的最大值提供了三元组的最佳估计。通常，也可以估计置信限度，目前，寿命时间特征（见图 2.41）包含置信限度。

该方法还能够评估经过审查的寿命周期数据，这意味着还要考虑当试验终止时尚未击穿

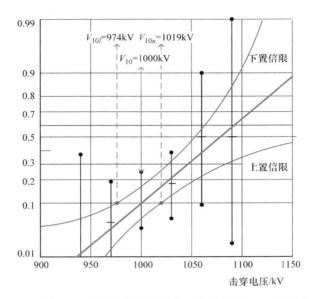

图 2.40　用于确定 10% 分位数附近的性能函数的扩展 UDM 试验的 ML 评估

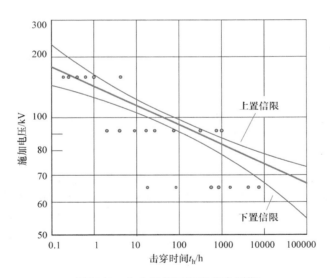

图 2.41　包含置信区间的寿命周期

的试验对象。

2.4.6　标准化耐受电压试验

在标准耐压试验中，试验对象必须在商定的试验程序中根据绝缘配合（IEC 60071 - 1:2006）承受试验电压。在下文中，型式和例行试验在统计上被简要地考虑。这些程序有着悠久的传统，在没有详细的统计考虑情况下引入，程序的制定主要依靠试验现场工程师的丰富经验。程序不能被简单地更改，也不建议进行任何更改，但我们似乎有必要了解这些程序的统计后果。

电气放电的随机性质导致在试验中并不能完全剔除有缺陷的试验对象，可能会发生通过试验和在运行期间失效的低概率事件，这称为用户风险；但也可能发生在试验中剔除了没有缺陷的试验对象，这是制造商风险。哪种风险更高取决于对象的设计和生产质量。如果实际击穿电压和试验电压之间的差距非常小，则用户的风险可能高于制造商的风险。但是，如果有足够的安全边界，双方的风险是可以接受的。

对于交流和直流试验电压（见图 2.42a，IEC 60060 – 1：2010），电压应迅速增加到试验电压值的 75%，然后它应以每秒约 2% 的试验电压值升高。当达到试验电压值时，它必须在试验持续时间 T_t 内保持在 ±1% 内，通常是 1min 但有时施加时间可以更长，例如：1h。然后将电压降低到 50%，之后去除施加电压。这样的试验是一种恒定电压试验，试验电压是单应力，并且在不知道开发的任何细节情况下施加，对单个试验的统计判断是不可能的。但是，如果许多相同类型的试验对象均进行了试验，则应对这些试验对象的失效数据进行统计性评估，以对设计和/或产品进行改进。

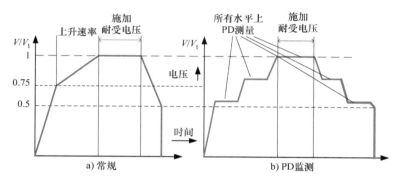

图 2.42　AC 和 DC 测试电压下常规和 PD 监测的耐受试验程序

交流和直流耐受性试验越来越多地通过 PD 测量完成（"PD 监测耐受性试验"）。然后必须应用阶梯试验试程序（见图 2.42b），升高和降低的电压台级应该在相同的电压下，使得能够比较耐受试验前后的 PD 特性，PD 测量也应在耐受试验电压下保持规定的试验时间，还必须规定 PD 测量台级的持续时间。对于所有台级，持续时间 $T \geqslant 1min$ 是必要的。耐压试验考虑哪个台级电压也是试验规范问题。耐受和 PD 试验相结合是当今 AC/DC 试验的最有效方法。

对于 LI 和 SI 耐受试验，建议采用几种方法（IEC 60060 – 1：2010）：

1）（A1）当可以证明性能函数的 10% 分位数高于规定的耐受电压时，通过自恢复外部绝缘的耐受试验。10% 分位数可以来自测量的性能函数或来自升 – 降试验（参见第 2.4.4 节）。

2）（A2）对于这种外部绝缘，应施加 $n = 15$ 次试验电压脉冲，并允许 k_2 次击穿。

3）（B）对于内部绝缘，可以施加 $n = 3$ 试验电压脉冲并且不允许击穿。

借助于二项式分布［方程式（2.47）］，可以比较这些方法：图 2.43 显示了通过试验的概率图与在试验电压下试验对象击穿概率 p 的关系图。方法 A1 具有明确的划分标准：当击穿概率达到 $p = 0.10$ 时，试验对象不能通过试验。程序 A2 的判断标准并不绝对明确，例如在 $p = 0.08$ 时，程序 A1 中认为这一试验结果是可接受的，但在 A2 中会有 10% 的试验对象面临试验失败。但是当 $p = 0.30$ 这一过高的击穿概率时，在方法 A2 情况下试验结果通过试验的可能性为 15%。程序 B 的规定更甚：高击穿概率 $p = 0.30$ 的试验对象将存在 30% 的概率通过试验。

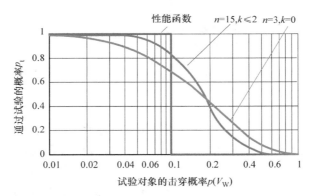

图 2.43　LI/SI 电压试验的通过概率与不同试验程序试验对象的击穿概率的关系

实例表明，制造商不会在试验电压值下设计其产品的击穿概率为 0.10，设计的击穿概率应为 $p < 0.01$。

2.4.7　扩大法

如果绝缘结构很大并且电压源强度足够大，则可能产生击穿的放电可以在空间和时间上并行发展。在并联绝缘元件的"最弱"处以随机方式发生击穿。分立元件的例子是架空线路上、变电站中或电力变压器中的并联绕组等许多并联绝缘体。具有连续结构的大绝缘例如电缆、GIS 或 GIL 的绝缘，可以细分为适合的单个元件。用于设备开发的高压试验通常在这种绝缘元件上进行，它们的结果必须传递到设备的完整绝缘。在单个元件单独统计条件下，扩大法可以通过扩大规律来完成。Hauschild 和 Mosch（1992 年）的书中包含许多相关细节和参考，以下给出了用于高压试验的计划和评估的重要关系。

2.4.7.1　统计基础

扩大法可以在空间（体积 V，可能减小到区域 A 或长度 l）或在时间 T 中，其应用范围由单个参考元件（V_1，T_1）到扩大的绝缘（V_n，T_n），其一般扩大因子由下式给出：

$$n = \frac{V_n}{V_1} \cdot \frac{T_n}{T_1} \quad 0 < n < \infty \tag{2.61}$$

随着非独立概率的乘法定律得出，完全绝缘 $(1-p_n)$ 的非击穿要求所有元素 $(1-p_1)_i$ 的非击穿，其中 $i = 1, \cdots, n$：

$$(1-p_n) = (1-p_1)_1 \cdot (1-p_1)_2 \cdots (1-p_1)_n \tag{2.62}$$

这为相同元素的击穿概率提供了扩大规律

$$p_n = 1 - (1-p_1)^n \tag{2.63}$$

利用单个元素 $F_1(x)$ 的分布函数，可以获得完整绝缘 $F_n(x)$ 的分布函数

$$F_n(x) = 1 - (1 - F_1(x))^n \tag{2.64}$$

如果单个元件没有相同的击穿概率（或分布函数），则离散元件的放大规则变为

$$p_n = 1 - \prod_{i=1}^{n}(1 - p_{1i}) \tag{2.65}$$

分别

$$F_n(x) = 1 - \prod_{i=1}^{n}(1 - F_{1i}(x)) \tag{2.66}$$

当已知适合的标准元件的分布函数 $F(x; \alpha; \beta)$（x 是随机变量，α 和 β 是其参数）并且考虑差别小的绝缘元件时，可以得到适用于连续结构绝缘的广义扩大定律。有关详细信息，请参阅 Hauschild 和 Mosch（1992 年）和 Hauschild（1995 年）以及 Marzinotto 和 Mazzanti（2015 年）。

2.4.7.2 扩大的结果

如果没有击穿过程的随机性，则不存在击穿概率的扩大效应。对于相同元件的放大，图 2.44 是方程式（2.63）的一般评估，它给出了扩大绝缘的击穿概率 p_n 与放大系数 n 和参考元件 p_1 的击穿概率的依赖关系。

示例：在对 10m 长度的新设计的电缆样本进行击穿电压测量后，评估试验电压下的击穿概率等于 0.5%（$p_1 = 0.005$）。

（1）计划生产和试验长度为 1000m、相当于 $n = 100$ 的放大系数，电缆是否通过了工厂的常规试验，设计是否足够好？

图 2.44 在试验电压下，$n = 100$ 和 $p_1 = 0.005$，长电缆的击穿概率为 40%（$p_n = 0.40$），这太高了。

（2）如果假设使用该电缆制造长度为 10km 的电缆系统，并且与客户就工厂例行试验相同的试验电压达成现场调试试验，则 $n = 1000$ 的击穿概率甚至变为 99.5%，电缆系统无法通过试验。

结论：必须改进电缆的设计。

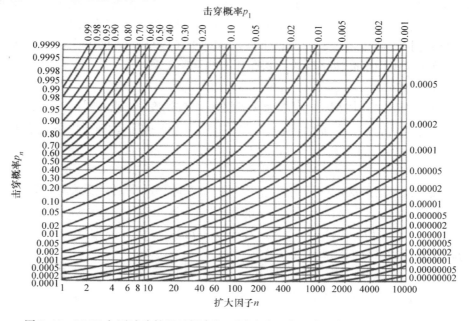

图 2.44 LI/SI 电压试验的通过概率与不同试验程序试验对象的击穿概率的关系

图 2.44 ［现在基于方程式（2.67）］也可用于计算从完整大型物体测量的击穿概率 p_n 直到小样本的极低击穿概率 p_1：

$$p_1 = 1 - \sqrt[n]{1 - p_n} \tag{2.67}$$

图 2.45 示意性地显示了扩大结果作为击穿统计特征的结果：如果存在单点分布（a），这意味着结果没有分散，则没有预期的扩大效应。

如果初始值的分布为 Weibull 分布（见图 2.45b），则 $n \rightarrow \infty$ 时分布收敛到初始值 x_0 处的单点分布。如果 Weibull 分布函数的变量按照 $y = (x - x_0)/\eta_1$ 减少到其初始值 x_0 及其 63% 分位数 $\eta = x_{63} - x_0$，则可得到用于增加的扩大因子和对数 y 刻度的平行的分布函数（见图 2.46）。图 2.46 中的平行直线表明，放大法的应用不会改变 Weibull 分布的类型，该限制是由于减少的初始值引起的。

$n \rightarrow \infty$ 无限分布函数（见图 2.45c）收敛到击穿概率 $p = 1$，这在物理上是不现实的，因此在使用扩大法时应该仔细地处理这些数据。

在双指数（或 Gumbel）分布函数的情况下，分布的类型维持为双指数（见图 2.47，平行直线），只有在结果保持物理逻辑的情况下，才应使用大于 $n = 10^3$ 的扩大因子。

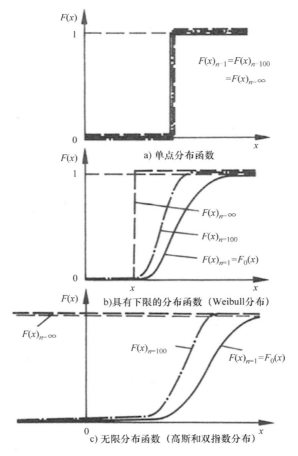

图 2.45 扩大定律在各种分布函数中的应用

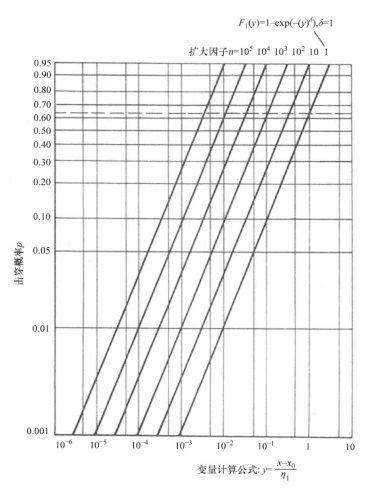

图 2.46 扩大定律在各种分布函数中的应用

在高斯或正态分布函数的情况下，扩大法则改变了其类型（见图 2.48），扩大绝缘（$n > 1$）的分布函数不再与单个标准元件（$n = 1$）的高斯分布平行，它的收敛速度不如双指数函数快，同时也建议谨慎地在此分布函数情况下使用扩大法。

因为常常需要满足统计独立元件的先决条件，因此对于相同元件和区域效应，扩大定律的适用性需要进行许多确认（Su 等人，2016 年；Rytöluoto 等人，2015 年）。对于体积效应来讲，更难以推测元件彼此之间的独立性，但在一些情况下也是可能应用的（Zhao 等人，2015 年），将扩大法应用于击穿时间（时间效应）通常是不可能的。老化过程主要发生在固体绝缘中，在数学上假设彼此相关的时间参数的统计独立性的是不现实的。

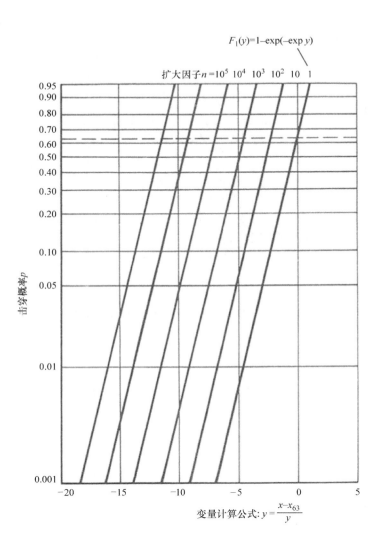

图 2.47 Gumbel 概率论文中双指数（Gumbel）分布的扩展定律

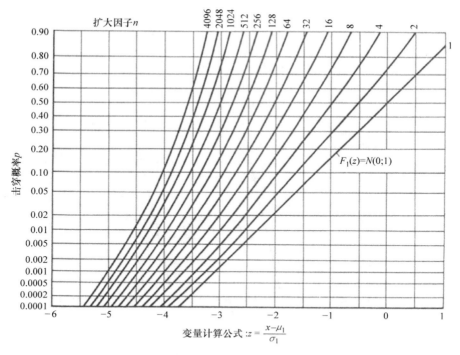

图 2.48 高斯概率论文中高斯正态分布的扩展定律

第 3 章　高压交流试验

摘要：高压交流 HVAC 试验电压代表在交流运行电压（50Hz 或 60Hz）和暂态过电压条件下绝缘的应力。因此，交流试验电压是最重要的试验电压，用于各类耐受试验、寿命试验、介电或局部放电（PD）测量等。本章详细阐述了 HVAC 电压的产生，然后对交流试验电压的要求以及试验系统和试验对象之间相互关系进行了研究。HVAC 试验电压测量系统主要基于电容分压器和峰值电压表，但对于交流高压试验中预期的、具有谐波和电压变化快速的电压降落而言，数字记录仪是必不可少的。本章介绍了 HVAC 的击穿试验、耐受实验、干/湿及污秽试验和长期或寿命试验，并举例说明 HVAC 试验在电缆、气体绝缘开关设备、电源和互感器中的应用。

3.1　HVAC 试验电压的产生

本节研究 HVAC 试验电压的产生方式。HVAC 试验电压可以由试验变压器、级联变压器或具有可调/固定电感的电抗器的谐振电路和可变频率的电源（变频器）产生。本节描述了 HVAC 电压的产生原理，给出了其在实际中的应用，此外还考虑了由电源或被测变压器（感应电压试验）产生的 HVAC 试验电压发生器的特殊应用。

3.1.1　基于试验变压器（ACT）的 HVAC 试验系统

3.1.1.1　基本原则

通过基于试验变压器（ACT，见图 3.1）的 HVAC 试验系统部件的描述，对高压 HV 试验电路（第 2.2 节，图 2.5）进行介绍：试验变压器是一个高压发生器，HVAC 试验的电源通常由一个（或数个，更高电压等级）开关柜、调压器、补偿电抗器和一个由电容分压器与峰值表（电容分压器与峰值表之间通过测量电缆连接）组成的电压测量系统组成，控制和测量系统构成了 HVAC 试验系统。

试验变压器可以由如下参数表征：
1）额定一次电压（LV）：V_{1m}；
2）额定二次电压（HV）：V_{2m}；
3）额定电流：I_m；
4）额定试验功率：S_m；
5）S_m、I_m 参数均具有额定占空比。

试验变压器通常是带有叠层绕组的单相变压器。电压比是高压绕组匝数 w_2 与低压绕组匝数 w_1 的比值。为了产生高电压，试验变压器需要一定的磁通量，这就要求试验变压器需要一定匝数的高压绕组 w_2，低压侧绕组的匝数 w_1 取决于可用的（或选择）的馈电电压 V_{1m}。

为简单起见，HV 电路可以简化为如图 3.2a 所示。变压器电压比 w_2/w_1 的引入可以得

到计算馈电电压 $\dot{V}_1^*$ 简单 $R-L-C$ 电路，如图 3.2b 所示。其中，L_T 表示变压器杂散电感，R_T 表示变压器有功损耗，C 表示试验对象、分压器和变压器中的总电容。

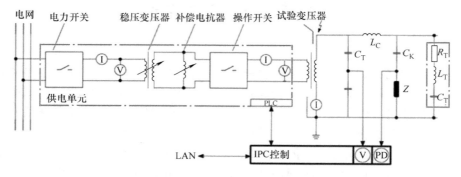

图 3.1　基于试验变压器的交流高压试验系统的原理电路

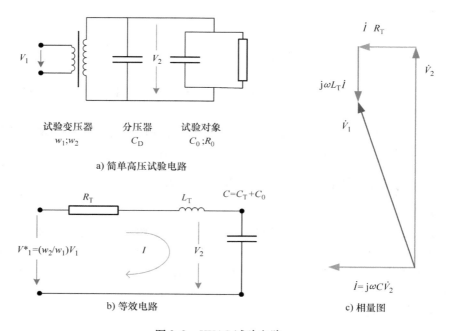

图 3.2　HVAC 试验电路

试验对象电压 $\dot{V}_2$ 的相量如图 3.2c 所示，假设试验电路中的预先设定电流为 $\dot{I}$，则试验电压为

$$\dot{V}_T = \dot{V}_2 = \frac{\dot{I}}{j\omega C}$$

变压器上的电阻降落为

$$\dot{V}_R = \dot{I}R_T$$

变压器的电感引起感性压降为

$$\dot{V}_L = \dot{I} \cdot j\omega L_T$$

它部分地补偿了电容电压 $\dot{V}_2 = \dot{V}_T$。可以看出，对于容性试验对象，变换的馈电电压 $\dot{V}_1^*$

低于预期的试验电压 $\dot{V}_2$。

注意：相应的，如果被试对象是感性的，则馈电电压 $\dot{V}_1^*$ 高于测试电压 $\dot{V}_2$；在电阻试验对象和试验变压器低损耗情况下，$\dot{V}_2 \approx \dot{V}_1^*$。

可以得出结论，试验变压器的馈电一次电压与产生的二次试验电压之间的关系取决于试验对象的参数。因此，初级电压不能用于试验电压的测量（见第 3.4 节）。

如果忽略试验对象中的电阻损耗（$\dot{V}_R = 0$），则馈电电压和试验电压几乎同相，可以得到：

$$\dot{V}_2 = \dot{V}_1^* + \dot{V}_L$$

和

$$\dot{V}_2 = \frac{\dot{V}_1^*}{1 - \omega^2 C L_T} \tag{3.1}$$

这得出了第二个重要结论：当（$1 - \omega^2 L_T C$）$\to 0$ 时，将会产生与试验电路的固有频率相同的振荡：

$$\omega_0 = \frac{1}{\sqrt{C L_T}} = 2\pi f_0 \tag{3.2}$$

当固有频率 f_0 等于馈电电压 $\dot{V}_1^*$ 的频率 f 时（例如：$f_0 = 50\text{Hz}$），会产生谐振。在没有有功损耗（$R_T \to 0$）的理想情况下，在谐振时的试验电压将无限增大（$\dot{V}_2 \to \infty$）。在具有损耗的实际电路中，当试验电压值达到较高时电路可能失控。因此，在试验中必须避免谐振，并保护 ACT 试验电路免受过电压的影响。

注意：这种过电压保护可以通过控制器的指令来实现，例如：当测得的试验电压已达到其预设值105% 的情况时，就需要降低试验电压并将其断开。

当二次侧短路（$\dot{V}_2 = 0$）时，变压器的短路电压 V_{kT} 是通过必要的一次电压产生的额定电流 $\dot{I}_m$ 获得的。在没有电阻损耗（$R_T = 0$）情况下的简化等效电路如图 3.2b 所示，可获得的短路电压为

$$\dot{V}_{kT}^* = \omega L_T \dot{I}_m \tag{3.3}$$

根据该短路电压与变压器额定二次电压 $V_{2m} = I_m / \omega C$ 的关系，可以定义变压器的短路阻抗（有时也称为"阻抗电压"）：

$$v_{kT} = \frac{\dot{V}_{kT}^*}{V_{2m}} = \omega^2 C L_T \tag{3.4}$$

对于试验变压器，短路阻抗是一个重要参数，其值介于 5% 和 25% 之间。在容性负载、尤其是发生严重放电或击穿的条件下，很高的短路阻抗会导致阻抗电压的升高，同时电流的限制可能会影响击穿过程。利用短路阻抗，基于方程（3.1）和（3.4），可以预估由电容增加导致的试验电压的变化。

例如：当 HVAC 试验变压器的试验对象为电容性负载（如图 3.2b 所示）时，要求试验变压器工作在额定频率和额定电流下，升高的试验电压可以通过式 $\dot{V}_2 = \dot{V}_1^* / (1 - v_{kT})$ 进行计算。对于阻抗电压 $v_{kT} = 18\%$，可得出：$\dot{V}_2 = \dot{V}_1^* / 0.82 = 1.22 \dot{V}_1^*$。这意味着与试验变压器的比率（电压比）相比，试验电压提高了22%。反之亦然，对于一定的二次试验电压来说，一次电压较低。

对于整个 HVAC 试验电路来讲，总阻抗电压的进一步增加是由于调压器的阻抗电压 v_{kR}

和试验回路的阻抗［例如：主电源和调压器之间的馈电变压器 v_{kF}、低压（LV）或高压（HV）侧的限流电抗器或电阻器］引起的。从得到的阻抗电压可以计算出短路电流，是所有阻抗电压的加权和，加权系数是所有组件的功率。当仅考虑试验变压器（无功试验功率 $\dot{S}_T$ 和阻抗电压 v_{kT}）、调压器（$\dot{S}_R$，v_{kR}）和馈电变压器（$\dot{S}_F$，v_{kF}）时，试验变压器处的阻抗电压为

$$v_k = v_{kT} + \frac{\dot{S}_R}{\dot{S}_T} v_{kR} + \frac{\dot{S}_F}{\dot{S}_T} v_{kF} \tag{3.5}$$

进行污秽 HVAC 试验（第 3.2 节）时，其连续短路电流 $\dot{I}_k$ 由额定电流 $\dot{I}_m$ 及阻抗电压 v_k 得到：

$$\dot{I}_k = \frac{\dot{I}_m}{v_k} \tag{3.6}$$

注意：短路电流的这种表述描述的是稳态条件，忽略了瞬态击穿后的瞬态电流。此外，阻抗电压可由一个无量纲的数字表示，当阻抗电压以百分比（%）给出时，式（3.6）必须进行相应修正。

当试验对象发生击穿时，所产生的短路电流会使得试验变压器的绕组承受一个高强度的机械应力作用，由此某些绕组可能会发生移位而造成变压器的损坏。因此，对于需要进行大短路电流试验时（例如：潮湿和污秽试验）的试验变压器，绕组的机械稳定性设计是十分重要的。

由于大量的绕组（有时多达数千匝）是由非常细（直径通常为 1mm 的量级）的导线绕制而成的，且要满足超高压绝缘的要求。因此，确保试验变压器稳定性的机械设计是很困难的。例如：在较大的油纸绝缘试验变压器中，整个绕组被细分为绕组元件（或"线圈"），每个绕组元件均以不同直径的层压纸筒为骨架单独制造，并同轴布置在磁心的一条臂周围。这种线圈由几层导线、卷绕在几厘米厚的绝缘纸上，如图 3.3 所示。最后，再把各层连接在一起，且每一个线圈均与相邻线圈相连。机械稳定性在很大程度上取决于可靠性的设计（如考虑绝缘纸的收缩）、绕组的质量以及细致的干燥过程。

一些试验变压器和调压器对短路电流的耐受能力不足，通常在试验变压器和试验对象之间的 HV 电路中通常需要配置一个阻抗（通常为一个电抗器），这表明新型的试验变压器在试验场地进行的正常试验过程中，不会出现绕组机械稳定性的问题。

除了绝缘和机械设计之外，热特性的设计也非常重要。由于绝缘纸具有一定的厚度，致使由绕组到油的热传递受到阻碍，因此，需要布置设计单层之间的冷却通道以使热量与流动油层之间形成对流。通常，由于油箱内的温差，试验变压器通过油的流动自然冷却。在极少数情况下，还应使用强制冷却的方法进一步改善散热条件。加热的油通过周围空气在变压器器壁处得到冷却，有时变压器器壁设计成瓦楞板，并配备散热器或者特殊的热交换器。

目前，带有金属箱和绝缘筒的两种类型油纸绝缘试验变压器已得到广泛应用。每种类型的试验变压器均具有相应的特征参数和相应的优选应用场合，具体见表 3.1。除了这些油纸绝缘绕组变压器外，还使用了 SF_6 浸渍浸渍箔绝缘试验变压器（用于某些移动式 HVAC 试验系统）和环氧树脂浇注（用于电压低压至 100kV 的小型试验系统）绝缘的试验变压器。

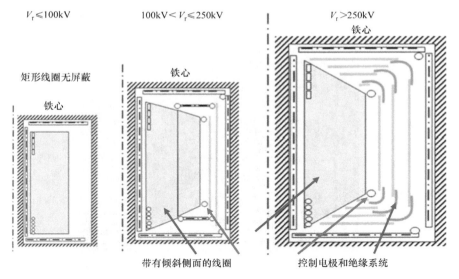

图 3.3　油纸变压器的层、线圈和绕组布局

表 3.1　不同类型试验变压器的参数和应用（单机组）

类型和绝缘特征	箱式油纸绝缘	圆筒式油纸绝缘	金属封闭 SF_6 浸渍箔绝缘	环氧树脂绝缘
最大额定电压/kV	1000	500	1000	100
最大额定电流/A	10	<2	<0.5	0.2
最大试验功率/kVA	10 000	<1000	<500	<20
最大工作周期	连续	短时间 10h	短时间 <1h	短时间 <2h
阻抗电压（%）	5~10	10~15	20	20
高压抽头	是	否	否	否
比重量/(kg/kVA)	10~15	8~12	8~10	15~20
实验室高度要求	低	高	不重要	不重要
地面需求	平均	平均	小	不重要
提供并联连接	是	条件	是	不重要
提供级联连接	是	是	否	不重要
金属封闭电路应用	是	否	是（优选）	条件
户外应用	是	否	否	否

3.1.1.2　箱式试验变压器

　　箱式试验变压器保证了最佳的冷却条件，因为其主体部件安装在金属（钢）箱中，如图 3.4 所示。

　　该金属箱还可以配备"散热器"以增加箱的冷却表面积。主体部分可以包含单个高压绕组（如图 3.4 和图 3.5 所示）或由两个串联的高压绕组组成的圆筒型变压器（如图 3.8b 所示）。箱式变压器可以提供最佳的冷却条件，可分别针对最大电流、试验功率进行设计，并可以连续运行（见表 3.1）。变压器的磁心通常有三条腿，内部低压侧绕组和外部高压侧绕组围绕中心腿布置（如图 3.5 所示）。磁心与箱体处于相同的地电位，高压绕组的低压端

图 3.4　单绕组 600kV、2000kVA 金属箱式试验变压器

通常也通过套管接地。在该套管上，高压试验回路中的电流可以进行测量。如在大气环境中进行 HVAC 试验，变压器必须配备一个油 – 空气套管（如图 3.4 所示），但金属箱变压器也可以通过油 – SF₆套管连接到金属封闭式试验电路中，主要是用于气体绝缘系统（GIS）及其组件的试验（见图 3.6；另见第 3.2.3 节和第 10.4.1 节）。

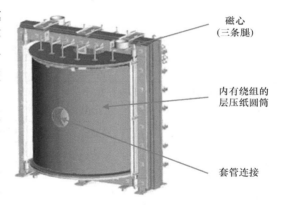

图 3.5　金属箱式试验变压器主体部分的原理设计
（单高压绕组和磁心）

由于箱体接地，从电气的角度来看，箱式试验变压器不需要与相邻壁之间存在任何间隙。在水平或对角套管的条件下，其他组件（分压器和耦合电容器）可以放置在套管的端电极下方或靠近套管的端电极，使得在试验实验室可非常紧凑、节省空间地安装，其占地面积低于圆筒形变压器（见图 3.7）。

金属箱式变压器非常适合在户外运行，因此，其设计应适用于所有露天高电压试验场合，因此可能将试验变压器安装在高压试验大厅外，而在大厅内部只安装套管，这也将进一步减少实验室占用面积。

考虑到谐振电路产生交流试验电压的可能性，箱式变压器主要用于湿式和污秽试验（见第 3.2.4 节）、户外应用和金属封闭式试验电路。

3.1.1.3　圆筒式试验变压器

圆筒式试验变压器（见图 3.8a）不需要套管，因为它们的外壳是绝缘圆筒，因此，其热行为受到限制，包括产生更高的无功试验功率（见表 3.1）。它们的短期运行时间可长达 10h（见图 3.9），长期运行需要使用油强制冷却，例如：可通过套管将其与外部冷却器相连。在任何情况下，都应仔细考虑此类试验变压器的占空比。

图 3.6　金属箱式 1000kV 变压器（带有油 – SF$_6$ 套管绝缘和测试总线）

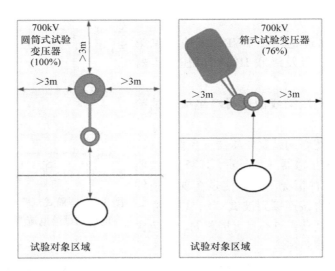

图 3.7　圆筒式试验变压器与箱式试验变压器（均为 700kV）的接地面积需求比较

　　变压器的绝缘筒两侧具有金属盖，下盖承载主体部分。主体部分有两个设计原则，一是同轴的低压绕组和高压绕组，磁心处于地电位（见图 3.10a）；另一个就是分开的两绕组（见图 3.10b），磁心处于半电位。后者磁心需要绝缘支撑，这一设计原则更适合用于圆筒结构。下面绕组的外侧具有低压电位，内侧具有高压"半"电位。磁心连接到这个"半"电位以及上绕组的传输绕组。其励磁绕组紧邻磁心，而第二高压"半"电位绕组位于磁心外侧。这意味着，在两个高压绕组之间，一个绕组具有全高压，因此，采用绝缘屏障将其间的

a)   b)

图 3.8　500kV/500kVA 圆筒式试验变压器（一个完整的变压器，一个带有分绕组的主体部分）

油间隙分开，以提高变压器的绝缘水平，从而获得更高的耐压水平（见图 3.8b 和图 3.10b）。

尽管圆筒式变压器非常适用于变压器级联，可以产生 1500kV 高压（见图 3.11），但圆筒式变压器仅被推荐用于户内实验室条件，非常适用于在大学或试验服务供应商处的没有特殊要求的多用途实验室。

圆筒式级联的原理也用于 HVDC 模块（见第 6.1.4 节，见图 6.9）以及级联 HVDC 电压发生器（见图 6.10）。

3.1.1.4　采用 SF$_6$ 浸渍箔或固体材料绝缘的试验变压器

采用 SF$_6$ 浸渍箔绝缘的试验变压器（见图 3.12）源于相同绝缘类型的互感器（Moeller，1975），主要用于 GIS 试验。在此种情况下，即使是在现场条件下。也可以通过法兰直接连接到被试 GIS，以建立一个金属封闭空间，从而获得具有良好屏蔽的、且包含局部放电测量电路的试验环境。

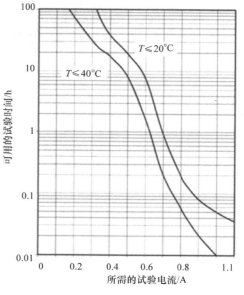

图 3.9　圆筒式试验变压器的有效试验持续时间与试验电流关系（T 为环境温度）

与油纸绝缘相比，SF$_6$ 浸渍箔绝缘的热性能较差。因此，这类试验变压器具有有限的额定电流和非常短的占空比。同时，由于磁心的原因，其重量较大。对于 GIS 试验，SF$_6$ 绝缘试验变压器应由带有 SF$_6$ 绝缘电抗器的谐振电路代替，其具有非常好的重量/试验功率比（Hauschild 等人，1997 年），尤其适合于大于 200kV 的试验电压。

由于必须满足无 PD 的设计要求，环氧树脂绝缘的试验变压器仅可以实现额定电压约 100kV 的试验要求。由于热特性设计的需求，仅允许极低额定电流下的短时运行（见表 3.1）。因此，环氧树脂绝缘试验变压器可用于中低压设备，以及在测试仪（如绝缘油的试验）、学生培训及演示等高电压试验环境中作为发生器使用。

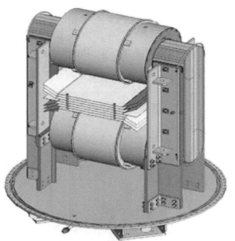

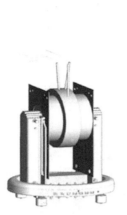

a) 单绕组和铁心处于地电位　　　　　b) 分绕组和铁心处于半电位

图 3.10　圆筒式试验变压器的原理设计

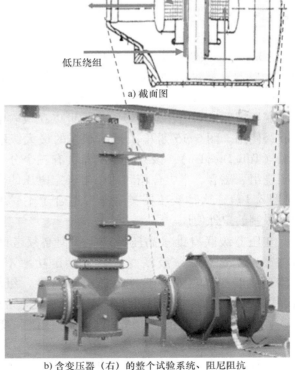

a) 截面图

图 3.11　1000kV/350kVA 三级级联圆筒式
变压器（由德国 TU Cottbus 提供）

b) 含变压器（右）的整个试验系统、阻尼阻抗
（水平）、耦合电容（垂直）、PD校验耦合（左）

图 3.12　SF_6 浸渍箔绝缘的试验变压器

3.1.1.5 试验变压器级联

试验变压器级联用于产生单个试验变压器所不能达到的高试验电压。变压器级联的原理是高电压试验技术的早期设计，由 W. Petersen 和其合作者 A. – J Fischer 在 1915 年提出的（如图 3.13 所示），考虑如下因素，它仅适用于油纸绝缘变压器。

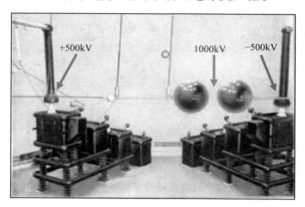

图 3.13 世界上第一个 1MV 变压器级联，由相位相反的 2 个 4×125kV 级联
（1921 年由 Koch & Sterzel GmbH，Dresden 制造）

对于 600kV 以上的电压，可以考虑使用变压器级联（见图 3.11）。用于变压器级联的试验变压器除了一次和二次绕组之外还有一个处于高压电位的转移绕组（w_3 匝），其与一次绕组的电压比为 $w_3 : w_1 = 1 : 1$（见图 3.14）。该绕组为级联的下一级变压器一次绕组（励磁器）提供馈电。通常，级联的变压器具有相同的设计规格，每个变压器具有三个绕组，这使得每一个变压器即使不用在最高级，但均可以在级联中的所有级使用。图 3.15 示出了目前制作的最大级联变压器（TuR Dresden），该级联变压器具有三个分开的高压绕组、磁心、半电位箱和两个半额定电压的套管（见图 3.16），这种变压器类型非常适合于不受地面面积限制的户外使用。

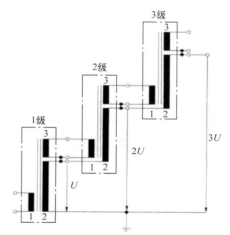

图 3.14 三级级联变压器的原理图

变压器级联有助于高压的产生，但必须考虑的是所有试验功率必须通过较低级的变压器产生，这意味着级联变压器的额定功率不能高于其最低级的额定功率。有时，为了满足级联变压器的非线性电压分布特性，级联的额定电压略低于其各组件电压乘以级联的级数。例如：图 3.16 中的单个变压器的额定参数是 1.2MV 和 14MVA，而用作级联使用时为 1MV 和 12.6MVA。为了使级联变压器产生更高的电流，最低级的两个变压器可以并联连接。

级联不仅减少了可用的试验电流，级联变压器的短路阻抗也会由于变压器级联级数的增加而急剧增加，在短路电抗的简化计算公式中（Hylten – Cavallius，1988 年；Kind 和 Feser，1999 年），Kuffel 等人（2006 年）根据单个单元的电抗（高压绕组的 X_{HV}，低压励磁绕组的

试验变压器T　　　　电容器组C　　　　分压器D

D_1　C_1　T_1　　　T_2　C_2　D_2　　　T_3　C_3　D_3

图 3.15　世界上最大的带有操作波发生器电容器组的 3000kV/4.2A 的级联变压器

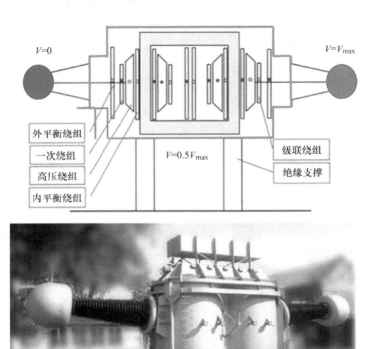

图 3.16　高压分绕组和半电位箱级联用试验变压器

X_{LV} 和转换绕组的 X_{TV}）和级数 n 的关系，计算级联的短路电抗 X_{res}：

$$X_{res} = \sum_{i=1}^{n} \left(X_{HVi} + (n-i)^2 X_{LVi} + (n+1-i)^2 X_{TVi} \right) \tag{3.7}$$

式（3.7）中，假设所有的电抗都对应相同的电压，如最低级变压器的高压输出，且忽略绕组或者磁心中的有功损耗。当三个相同的变压器级联时（$n=3$），可得到短路电抗为

$$X_{res} = 3X_{HV} + 5X_{LV} + 14X_{TV} \qquad (3.8)$$

该式表明：电压在不同级数的变化是不同的，因此电压分布是非线性的。在各级采用补偿电抗器可以改善电压分布，并且对短路阻抗影响较小，试验电流的减小和短路阻抗的增大是级联数通常不超过三级的主要原因。

为了避免级联中较低级出现过载现象，容性电流由安装在级联的每一级上的、与变压器的一次绕组并联的电抗器进行补偿，补偿电抗器配有抽头甚至是可调节，以适应试验对象电容量的要求。大多数情况下，电抗器分别水平布局在每一级中。某些情况下，如果只补偿试验变压器本身的电容，可使用试验变压器箱内的固定电抗器，也可以通过变压器磁心中的合适的间隙实现。

3.1.2 基于谐振电路的 HVAC 试验系统（ACR）

3.1.2.1 谐振电路原理

如果在基于变压器的简化试验电路中（见图 3.2b），调整电感以完全补偿电容性负载的容性电流，则可以得到图 3.17 所示的串联谐振电路的相量图。"振荡电路"用其固有频率表征［式(3.2)］：

$$f_0 = \frac{1}{2\pi \sqrt{LC}} \qquad (3.9)$$

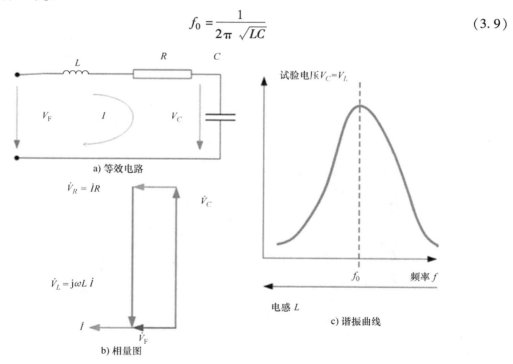

图 3.17 高压交流谐振试验电路

当电阻损耗 $P_R = V_R I$ 由馈入该电路的、固有频率为 f_0 的电压所代替时，系统工作在串联谐振状态。这样，输出电压将增加至品质因数 Q 倍的馈入电压，该品质因数 Q 与电容试

验功率 $S_C = V_C I$ 与电阻损耗功率 P_R 的比值相关，并且也与试验电压 V_C 和馈电电压 V_F 之间的比例关系一致（见图 3.17a 和图 3.18a）。

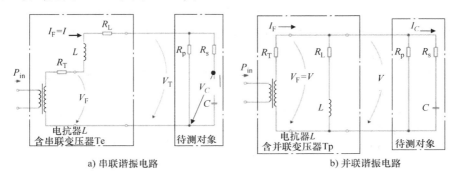

a) 串联谐振电路　　　　　　　　　　　　　b) 并联谐振电路

图 3.18　包含励磁电路的谐振电路的等效电路

$$Q = \frac{S_C}{P_R} = \frac{V_C}{V_F} = \frac{I/\omega_0 C}{IR} = \frac{1}{\omega_0 CR} = \sqrt{\frac{L}{CR^2}} \approx \frac{V_T}{V_F} \tag{3.10}$$

产生谐振有两种方法（见图 3.17c）：一是调节高压电抗器的电感，直到固有频率 f_0 与馈电电压的频率 f_F 相同（电感调谐谐振电路：ACRL，参见第 3.1.2.2 节），或者通过变频器为电路馈电，其频率与之前确定的试验电路的固有频率相同（频率调谐谐振电路：ACRF，见第 3.1.2.3 节）。对于这两种情况，必须考虑调谐的范围，因为对于非常低或非常高的容性负载，谐振条件 $f_F = f_0$ 很难满足（无容性负载时无振荡）。在试验对象击穿时，负载电容发生剧烈变化，系统失谐，后续的"短路电流"可以忽略不计，这意味着，在发生击穿故障时，试验对象不会烧坏。

谐振电路的供电由一个"励磁变压器"实现，该"励磁变压器"使电源的电压满足所需的输出电压 $V_C = QV_F$。励磁变压器根据最大馈电功率 $P_F = P_R$ 和电压 V_F 设计，这两个因素均遵循最小假设的品质因数 Q 进行设计。在串联谐振电路中，高压电抗器与激励变压器的高压侧绕组串联连接（见图 3.18a），串联谐振电路是谐振原理最重要的应用。

并联谐振电路适用于低电压下大电容量试验对象的特殊试验，如电容器组。这种情况下，励磁变压器与高压电抗器转变为并联连接（见图 3.18b），这意味着电压完全由变压器控制。谐振情况下，整个电容电流由电抗器补偿。因此，品质因数变为

$$Q_p = \frac{S_C}{P_R} = \frac{I_C}{I_F} \approx \frac{I_T}{I_F} \tag{3.11}$$

并联谐振电路是高压侧完全补偿的高压试验变压器电路。通常情况下，将试验变压器与谐振电抗器组合在油箱中组成一个单元，这种情况下，磁芯设计有间隙。由于高压变压器的存在，试验电压可能会受到谐波的显著干扰，而串联谐振电路则会产生很好的正弦波。在下文中，只考虑更为重要的串联谐振电路。

完整的试验系统可以理解为馈电电路（具有品质因数 Q_F）与试验对象（具有品质因数 Q_T）的并联连接（图 3.18a），两个品质因数的组合可以得到试验电路的总品质因数：

$$Q_p = 1 / \left(\frac{1}{Q_F} + \frac{1}{Q_T} \right) = \frac{Q_F Q_T}{Q_F + Q_T} \tag{3.12}$$

品质因数是一个相关联的参数，主要取决于试验条件。Q_F 的值可以认为是一个固定频

率下的固定值（取决于 $Q_F = 50$ 和 200 之间的设计）。例如：当长交联聚乙烯 XLPE 电缆系统进行现场试验时，容性试验功率和 Q_T 高，相应的品质因数主要由 Q_F 决定。反之亦然，对使用水终端的短电缆样品进行试验（见第 3.6 节）时，试验对象的电容量较低，水终端的并联电阻会导致额外的阻性损耗，因此相应的品质因数就由 Q_T 决定。因此，应当充分考虑谐振试验系统的正确设计和应用场合的试验条件。

例如： 对于长度 400m、$V_T = 280$kV、频率为 50Hz 的 XLPE 电缆进行例行试验时，应选择串联谐振试验系统。负载总电容是电缆电容（400×260pF/m = 104nF）加上分压器电容、耦合电容和基本负载的电容量（4nF）$C_T = 108$nF。终端并联的水电阻具有 22kW 的有功损耗（冷却功率需求），相当于 3.6MΩ 的电阻 R_P。这两个参数可推得以下参数：

试验对象的品质因数	$Q_T = 2\pi f C R_P = 121$
	并联电容和电阻：$Q = I_C / I_R$
电源的品质因数	$Q_F = 70$（假设）
总品质因数	$Q = 44.3$［式（3.12）］
试验电源要求	$S_T = 2\pi f C V_T^2 = 2650$kVA
励磁电压要求	$V_F = V_T / Q \approx 6.3$kV
励磁电源要求	$P_F = P_T = S_T / Q = 60$kW

励磁变压器应提供"励磁"电压，该电压与所需的输出试验电压和试验功率相对应。励磁变压器的输出必须提供由容性试验功率 S_T 和品质因数 Q 得到的有源馈电功率 P_F，其公式为 $P_F = S_T / Q$。

如果励磁变压器只有一个电压输出并且需要产生试验电压，其值仅为额定电压的 50%，那么只有四分之一的试验功率可用。当励磁变压器具有 50% 输出电压的抽头时，整个试验电源可以工作在 50% 试验电压水平。输出电压和功率的最佳匹配要求励磁变压器具有足够数量的抽头，还必须根据 HVAC 试验所需的最大电压进行额定电压的选择，并通过调压器进行试验的控制。如上所述，对试验对象来说，励磁振荡电路所需的电压和功率较低。

Charlton 等人首次提出了高压谐振电路的概念（1939 年），1960 年以后电感调谐（ACRL）试验系统得到了一定的完善（Reid，1974 年）。Zaengl 及其同事（Bernasconi 等人，1979 年；Zaengl 等人，1982 年；Schufft 等人，1995 年）提出了频率调谐（ACRF）试验系统。在下文中，将描述和比较两种基本类型的串联谐振电路。

3.1.2.2　固定频率的电感调谐谐振电路（ACRL）

当磁心间隙宽度可调节时，电抗器的电感就可以改变（见图 3.19）。

间隙中绝缘材料的磁导率为 μ_0，电抗器的电感与绕组匝数的二次方 w^2、磁心在间隙处的横截面积 A 成正比，与间隙的宽度 a 成反比例（k 是比例因子）：

$$L = \frac{k\mu_0 w^2 A}{a} \qquad (3.13)$$

最大电感 L_{max} 与最小间隙 a_{min} 相关联，确保谐振［式（3.9）］发生在最小负载电容 C_{min} 处。反之亦然，最大负载电容 C_{max} 与最小电感 L_{min} 和最大间隙 a_{max} 相对应。随着间隙宽度的增加，杂散磁通量和损耗也会增加，致使电感的非线性变化和品质因数的降低。此外还有一些技术限制，间隙技术上可用的变化范围可以达到 $a_{max}/a_{min} \approx 20$。基于式（3.9）和

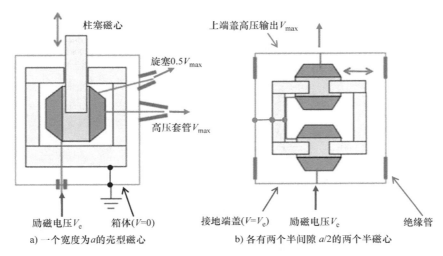

a) 一个宽度为a的壳型磁心   b) 各有两个半间隙$a/2$的两个半磁心

图 3.19 可调电抗器的主体部分

式（3.13），负载输出电压的限值（见图 3.20）也是 $C_{max}/C_{min} \approx 20$。

$$\frac{C_{max}}{C_{min}} = \frac{L_{max}}{L_{min}} \approx \frac{a_{max}}{a_{min}} \tag{3.14}$$

示例：确定 ACRL 试验系统的最小和最大电感，用 50Hz 例行试验，试验电缆长度在 100 ~ 2000m 之间（电容量 220nF/km）。

在 $f = 50$Hz、$C_{min} = 22$nF、$C_{max} = 440$nF 条件下，由式（3.9）$L = 1/[C \cdot (2\pi f)^2]$，得到 $L_{max} = 460$H（用于对最短电缆进行试验）和 $L_{min} = 23$H（用于对最长电缆进行试验），可以通过在 200 ~ 10mm 范围内调整电抗器的磁心间隙得以实现。

当试验电压和试验电流之间的相位角最大时，可以精确地调整间隙（对应于谐振曲线的最大值），更为准确地得到电抗器输入端的馈电电压与试验电流之间的相角关系。当该角度为零时，达到谐振曲线的最大值。品质因数越高，谐振曲线越陡峭，对间隙控制准确度的要求越高。

通常，谐振电路配备有基本的负载电容器 $C_b \geq C_{min}$，能够在没有电容试验对象情况下实现谐振和运行，这在检验谐振试验系统时十分重要。基本负载电容器被用作 PD 测量的分压器或耦合电容器，或高压滤波器的一部分。

箱式电抗器：电抗器的设计还需考虑绝缘和发热条件。通常，箱式电抗器设计有电压 V_i 低于其额定电压 V_m 的抽头，绕组则可以设计为恒定电流 I 模式。这意味着：绕组可以由同一类型的导线绕制，低电压的功率按照电压比 V_i/V_m 决定（见图 3.20a），其绕组也是由相同的子绕组组成。绕组也可以设计为恒定功率模式，其电流比 I_i/I_m 与电压比 V_i/V_m 成反比，电流越大，绕组的导线越粗，意味着绕组由不同规格的分绕组组成。

对于箱式设计的变压器（见图 3.21），壳型磁心（见图 3.19a）是非常有用的，因为一个可调节中心支腿和三个固定外支腿的、非常稳定的磁心结构可以承受很高的机械力（Spiegelberg 等人，1993 年）。机械稳定性意味着更小的振动，从而产生稳定的输出电压和更低的噪声。层绕组的设计与油绝缘试验变压器的层绕组设计类似。如图 3.20 所示，箱式电抗器的绕组通常设计有抽头，如果仅有一个附加的抽头，第二个套管可能是一个经济的解

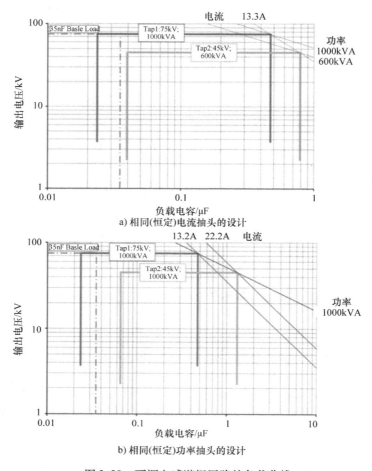

a) 相同(恒定)电流抽头的设计

b) 相同(恒定)功率抽头的设计

图 3.20 可调电感谐振回路的负载曲线

决方案；在有三个或更多个抽头情况下，电抗器配备有空载分接开关。箱式电抗器的优点可以与箱式试验变压器的优点（见表 3.1）相比较，但它不能用于更高电压的级联。其主要应用场合为最高 400kV 的电缆试验，包括 PD 测量。对于带有法拉第笼的应用场合，可以将箱式电抗器布局在法拉第笼外面，并通过法兰连接到接地的法拉第笼的金属壁上，而仅将套管安装在试验区内。

圆筒式电抗器：对于电抗器的圆筒式设计（见图 3.22），采用了两个半磁心的磁心结构（见图 3.19b）。

基于这种设计，两个或仅一个半磁心通过齿轮调整其间隙。间隙距离与所需的电感量相匹配，与被试验电容产生谐振（Reid，1974 年）。电抗器的绕组分为两部分，绕组下部的起始端与圆筒的接地下端盖连接，绕组上部的端部与高压电位的上端盖连接。主体部分位于圆筒金属中间部分后面，该中间部分的电位为磁心本身的一半。金属圆筒控制油中主体部分的内部电场和大气中电抗器表面的外部电场。绝缘圆筒起着电抗器套管的作用，外场强度分布由环形电极控制。为了充分利用圆筒内的有限空间，绕组设计为矩形横截面（见图 3.23）。采用特殊的紧凑绝缘设计，要注意导线层的高机械稳定性。

a) 两套管电抗器   b) 带有磁心调整驱动的主体部分

图 3.21　箱式电抗器（250 – 100kV，2000kVA）

a) 整个试验电抗器   b) 带有两个线圈和可调半
磁心的主体部分

图 3.22　圆筒式电抗器（400kV，14MVA）

　　电抗器级联：通过将一个电抗器叠放在另一个电抗器上，可以容易实现圆筒式电抗器的级联，以获得更高的电压。与变压器级联相反，这种电抗器的级联（见图 3.24）增加了每个附加电抗器的试验功率。当需要更高的试验电压但试验电流不大时，如 GIS 试验和变压器试验，常采用电抗器级联。当电缆试验需要施加高于上面提到的 400kV 电压时，可使用具有外部冷却功能的高功率圆筒型电抗器。

　　通过并联电抗器可以产生更高的试验电流，当每个电抗器分开放置时，这是很容易实现的。但是，单个电抗器的并联连接后排列成一列再级联则需要特殊的棒条材料和工艺，因此，三个电抗器模块的整合使用依然是合理的。

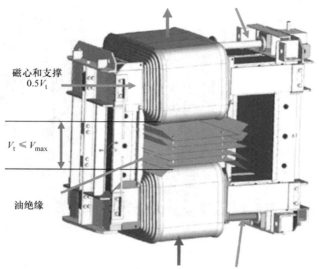

矩形上部线圈，输出电压V_t　　齿轮和可动芯的驱动轴

磁心和支撑
$0.5V_t$

$V_t \leqslant V_{max}$

油绝缘

矩形下部线圈，　齿轮和可动芯的驱动轴
输入电压V_e

图 3.23　圆筒式电抗器的矩形层绕组

图 3.24　3 个 400kV 相同模式组成的 1200kV 级联电抗器

3.1.2.3　频率调谐谐振电路（ACRF）

根据式（3.9），具有电感量 L 的固定电抗器和具有电容量 C_0 的固定容性试验对象组成的振荡电路的固定固有频率 f_0 为

$$f_0 = \frac{1}{2\pi\sqrt{LC_0}}$$

该电路须以该频率激发而发生谐振，对于不同的试验对象，会出现不同的固有频率。该谐振电路的调谐范围取决于可接受的频率范围。对于预先给定电抗器电感量 L 情况下，由最大负载电容 C_{max} 可以确定最小振荡频率 f_{min}，反之亦然。通常，HVAC 试验标准规定一定的容许频率范围，由此决定负载范围。

$$C_{max} = \frac{1}{(2\pi f_{min})^2 L} \text{和} C_{min} = \frac{1}{(2\pi f_{max})^2 L} \tag{3.15}$$

调谐范围如下：

$$\frac{C_{max}}{C_{min}} = \left(\frac{f_{max}}{f_{min}}\right)^2 \tag{3.16}$$

最大电流为

$$I_{max} = 2\pi f_{min} C_{max} V_T = V_T \sqrt{\frac{C_{max}}{L}} \tag{3.17}$$

由式（3.9）、式（3.15）和式（3.16），可以计算出 ACRF 试验电路（见图 3.25）的工作特性。当负载从 C_{min} 增加到 C_{max}，固有频率从 f_{max} 减小到 f_{min}（见图 3.25a）。同时，电流也随着电容负载的增大而增大，可能会发生所需电流 I_{max} 高于热设计最大电流 I_{max}^* 的情况。因此，必须在相关负载范围内降低试验电压以使电流限制在可接受的值 I_{max}^* 以内（见图 3.25b），电压可以在最小和最大负载之间的范围内产生，可能在必要的电流限制下有一定的降低。

f_{min} 下最大容性试验功率遵循 $S_T = V_T I_{max}$，但这不是典型参数，因为它与试验频率相关。因此，为了比较，通常使用 50Hz（或 60Hz）等效功率：

$$S_{50} = \frac{50}{f_{min}} S_T \tag{3.18}$$

借助试验功率 S_T 的品质因数来计算所需的馈电功率，该功率与电路损耗功率的关系为

$$P_F = S_T/Q \tag{3.19}$$

频率调谐谐振试验系统的品质因数高于电感调谐试验系统的品质因数，这是因为固定电抗器的设计可以减少杂散磁通，比电感调谐系统具有更低的损耗，其品质因数 Q 在 50~150 范围（对于 ACRL 系统，品质因数 Q 约为 20~60）。

需要注意的是，上述提到的馈电功率与刚性网络的电源有关。例如：如果现场使用柴油发电机组供电，建议使用额定功率约为计算 P_F 三倍的柴油发电机组。

示例：对于电缆系统的现场试验，其试验频率范围为 20~300Hz。在该频率范围内，可使用基于 160kV/80A/16H 电抗器的高压交流谐振试验系统。在额定电压下，该系统可以试验的最大电容是多少？在没有试验对象情况下，校验该试验系统需要哪些基本负载？当电缆的比电容为 200nF/km 时，可以试验的电缆有多长？假设试验系统的品质系数 $Q=100$ 时，需要多大的馈电功率？

由式（3.15）确定最大负载：

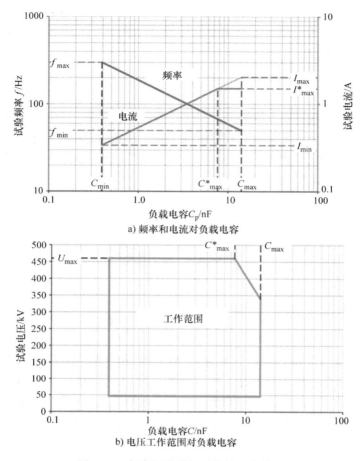

图 3.25　频率调谐谐振系统的工作特性

$$C_{max} = \frac{1}{(2\pi \cdot 20s^{-1})^2 \cdot 16\,VsA^{-1}} = 3962nF$$

由式（3.16）确定基本负载：

$$C_{min} = C_{max}\left(\frac{f_{min}}{f_{max}}\right)^2 = 3962 \times \frac{1}{225} = 18nF$$

在 160kV 电压作用下，18nF 的电容非常大而且昂贵。可以考虑使用该量值的电容，但只能在 50kV 电压量级上使用，并校验在降低的电压下试验系统的性能。

由式（3.17）确定最大电流：

$$I_{max} = 160 \times 10^3\,V\sqrt{\frac{3.962\,AsV^{-1}}{10^6 \times 16VsA^{-1}}} = 79.6A$$

该电流可低于额定值，并且不受电流的限制，可试验的电缆长度为 $C_{Cable}/[200(nF/km)] = (3962nF - 18nF)/[200(nF/km)] = 19.7km$。

所需要的馈电功率由式（3.19）确定：

$$P_F = \frac{I_{max}V_T}{Q} = \frac{79.6A \cdot 160 \times 10^3\,V}{100} \approx 130kVA$$

该电源须由刚性网络提供，如果使用移动电源，则应使用 400kVA 的电动发电机组。

变频所需要的馈电电源由静态频率变换器产生（见图 3.26），其工作原理是：来自电源的三相电首先被整流为直流电压，然后由功率晶体管（IGBT）或 SKIIP 模块电路将直流电源转换为方波 AC 电压（见图 3.26a、图 3.27），振荡电路用作高压滤波器并产生精细的正弦波。表征电路有功损耗的矩形电压与容性试验对象的试验电压之间存在 90°的相位差。对于具有高品质因数的 ACRF 试验系统，必须保证其频率调整的准确度（优于 ±0.1Hz）。电压的大小由脉冲宽度调制确定。变频器连同控制和测量系统可以安装在一个隔室内（见图 3.26b）或使用较低功率的可移动平台（见图 3.28b，也可参见图 10.21）。

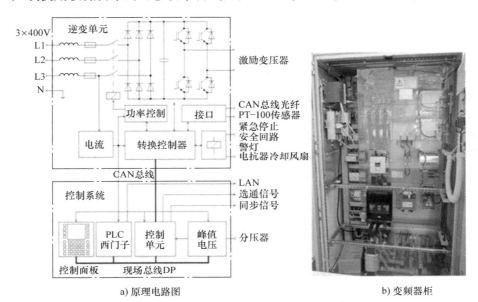

a) 原理电路图   b) 变频器柜

图 3.26 用于频率调谐谐振试验系统的变频器

箱式固定电抗器：如同箱式试验变压器（见图 3.5），箱式固定电抗器（见图 3.28）与高试验功率（50Hz 等效电源高达 50MVA 量级）相关，其油纸绝缘设计源自试验变压器。在中心腿中，磁心具有几个极低杂散磁通量的小间隙，因此，固定电抗器具有比电感调谐电抗器更高的品质因数。单个电抗器的箱体连接至大地，但当更高一级的组件布置在绝缘支架上时，它们可以级联布置（见图 3.28b），这些电抗器主要用于铺设或维修后电缆系统的现场试验。同时，也越来越多地用于海底长电缆的例行试验以及新开发电缆的资格预审（参见第 3.6 节和 7.3 节；Hauschild 等人，1997 年，2002 年；Schufft 等人，1999 年；Gockenbach 和 Hauschild，2000 年）。

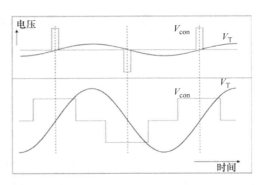

图 3.27 电容性试验对象上的变频器的矩形输出电压（低（上）和高（下）正弦试验电压）

圆筒式固定电抗器：圆筒式电抗器的设计（见图 3.29）与圆筒式变压器的设计类似

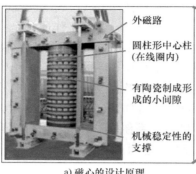

外磁路

圆柱形中心柱
(在线圈内)

有陶瓷制成形
成的小间隙

机械稳定性的
支撑

a) 磁心的设计原理

b)520kV以下试验电压用两只串联电抗器

图 3.28　箱式油纸绝缘固定电抗器

（见图 3.10），它们用于较低试验功率的场合。同时，圆柱形电抗器也非常适合于将一个电抗器叠放在另一个之上的方式形成级联电抗器，适用于试验电压较高、功率较低的试验对象。因此，圆筒式电抗器可用于气体绝缘系统（GIS 和 GIL）的现场试验以及电力变压器的电压试验（见 3.2.3 节、3.2.5 节和 10.4 节）。此外，采用棒芯和相对少的油绝缘可以制作小型、轻质的电抗器。串联或并联的电抗器的组合（见图 3.29b）能够很好地适应不同的试验对象（Kuffel 和 Zaengl，2006 年；Hauschild 等人，1997 年），它们的低热容量极大地限制了电抗器的额定电流和占空比。

a) 主体部分的设计原理

b) 两个250/10kV级联的500kV试验电压电抗器

图 3.29　油纸绝缘圆筒式固定电抗器

　　具有 SF_6 浸渍箔绝缘的固定电抗器：这类电抗器布置在非磁性金属外壳（铝）中，可以直接由法兰连接到气体绝缘试验对象（见图 3.30）。

　　此类电抗器没有设计铁心，但其分裂绕组的匝数非常高。每个半绕组的单层分别布置在导电圆筒上。两个圆筒之间的气隙采用 SF_6 绝缘，以满足电抗器额定电压的设计要求，而外层和外壳之间的电压对应于全电压的一半。由于匝数太多和磁通量的控制等原因，其热设计较为困难，这类电抗器的额定电压可以高至每个单元 750kV，试验电流为几 A 且短期运行，建议仔细澄清这些电抗器所需的负载时间特性。它们可应用于 GIS 及其组件（参见第 3.6 节和第 7.3 节）的试验，如果电抗器设计有磁反馈（作为磁心），则可以改善预期的额定电压

a) SF₆浸渍箔绝缘电抗器的设计原理

b) 电抗器(水平放置)、耦合电容(垂直)和频率转换器(中间的小桌子)

图 3.30　用于 GIS 例行试验的 ACRF 试验系统

和占空比（Belinski 等人，2017 年），在此类电抗器中，也允许使用钢箱。

3.1.2.4　ACRL 和 ACRF 试验系统的比较

对谐振电路中最重要的元件 HVAC 电抗器的比较表明，固定电抗器比可调电感电抗器更简单、更紧凑、更坚固且更便宜。两种解决方案的原理电路图（见图 3.31）表明，ACRF试验系统具有较少的元件，这也是由于其柜体中同样包含开关、变频器和控制器而造成的。

但对于工厂中的大多数试验，存在可变频率的不利因素。IEC 60060 - 1:2010 所能接受的高压交流试验电压的频率容差范围为 45 ~ 65Hz，这对有效调谐范围的负载来讲太小了，它仅对应于最高和最低负载之间的因子 $(f_{max}/f_{min})^2 = 2$。

表 3.2 总结了高压 HV 和超高压 EHV 电缆现场试验的两个原则之间的比较，ACRF 试验系统可接受的频率范围为 20 ~ 300Hz（IEC 62067；IEC 60840），但这对于固定频率为 50Hz或 60Hz 的系统是没有帮助的。在相同电压下，具有下限为 20Hz 的扩展频率范围可使得ACRF系统的试验功率（或 2.5 倍试验对象的电容量）比 ACRL 系统高 2.5 倍。由于电抗器损耗较低，ACRF 系统的品质因数约为 ACRL 系统的两倍，频率范围使 ACRF 的负载范围比ACRL 系统宽约 10 倍，更宽的频率范围和更高的品质因数使得 ACRF 的馈电功率比 ACRL 试

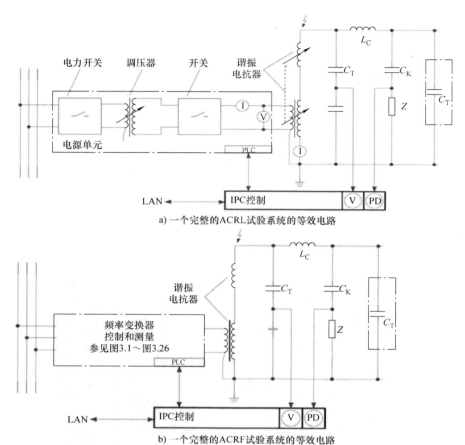

a) 一个完整的ACRL试验系统的等效电路

b) 一个完整的ACRF试验系统的等效电路

图 3.31　基于串联谐振回路的 HVAC 试验系统

验系统低约 5 倍。ACRL 系统的电源需要单相或两相运行，ACRF 系统的变频器使用三相电源供电，具有对称、低负载且现场操作更简单的优势。对于较为恶劣的运输和现场运行条件，无活动部件是 ACRF 系统的一个优势，而 ACRL 系统使用调压器和可调电感器。从表 3.2 和图 3.31 也可以看出，ACRF 系统的部件数量较少。

表 3.2　电缆现场试验的 ACRL 和 ACRF 试验系统的比较

谐振回路	ACRL（电感调谐）	ACRF（频率调谐）
频率	$f_L = 50Hz$（或50Hz）	$f_F = 20 \sim 300Hz$（电缆）
最大试验功率	$S_{Lmax} = 2\pi fCU^2$	$S_{Fmax} = 2.5 S_{Lmax}$
品质因数	$Q_L = 40 \sim 60$	$Q_F = 80$ 至 > 120
负载范围	$C_{max}/C_{min} = L_{min}/L_{max} \approx 20$	$C_{max}/C_{min} = (f_{max}/f_{min})^2 \approx 225$
馈电功率	$P_{eL} = (2\pi fCU^2)q_L$	$P_{eF} = P_{eL}(f_F/f_L) \cdot (Q_L/Q_F)$
供电电源	单相或两相	三相
重量/功率比/(kg/kVA)	$3 \sim 8$	$0.8 \sim 1.5$
移动元件	可调电感器，调压器，变压器	无
主部件数量	6 个部件：可调电抗器、高压分压器/PD 耦合器、励磁变压器、开关柜、控制和测量支架	4 个部件：固定电抗器、高压分压器/PD 耦合器、励磁变压器、控制和测量支架

上述两种试验系统的比较结果清晰表明：如果频率范围足以达到可接受的调谐范围，ACRF 试验系统始终是更经济的解决方案，大多现场试验都是这种情况（见第 7 章），但它也适用于某些工厂试验：电力变压器的应用交流电压试验（IEC 60076 – 3：2012）应在频率大于 40Hz 下进行。假设上限频率为 200Hz 时，可以满足足够的 1 ~ 25 负载范围。对于超长 HVAC 海底电缆（约 10km 长），除了 ACRF 试验之外，没有其他解决方案可以在可接受的经济承受能力下进行。有人讨论使用 IEC 60060 – 3 中给出的 10 ~ 500Hz 全频率范围进行现场试验和工厂试验（Karlstrand 等人，2005 年），实现 ACRF 系统在工厂试验中的更广泛应用需要定义可接受的频率范围，这只能基于对频率影响的新的研究工作，例如：在 10 ~ 100Hz 范围内进行相关绝缘放电过程的研究。

3.1.3 基于变压器感应电压试验的 HVAC 试验系统（ACIT）

以上表明，在谐振试验系统中，容性试验对象（如高压电缆）已成为高压发电电路的一部分。此外，在试验电源或互感器中，试验对象可能成为发生电路的一部分。当在其低压侧通电时，高压侧的试验电压可以由试验对象产生。这种所谓的感应电压试验（IEC 60076 – 3，草案 2011）需要一个馈电电路，该电路与要求的试验电压和被试变压器的电压比相匹配，这时，必须将变压器的非线性磁特征作为试验电路的一部分。

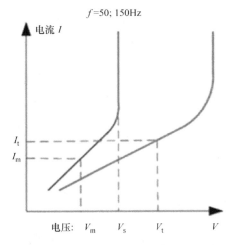

图 3.32　感应电压试验下变压器的电压/电流特性

铁心的饱和效应意味着在试验条件下，试验电压的增加会导致试验电流的急剧增加（见图 3.32）。最后，在工作频率 f_m = 50Hz 或 60Hz 时，不能产生明显高于工作电压的试验电压（见图 3.32）。由于磁通量 Φ 的限制，当饱和度相当大时，电压只能增加到某个值 V_s，电压和磁通量之间存在频率依赖关系：

$$V_s \sim f\Phi_s$$

这表明，当施加更高的试验频率时，"饱和"电压 V_s 只有在一定的"饱和"磁通量 Φ_s 才会增大。因此，感应电压试验必须在较高的试验频率 f 下进行，通常高于两倍的工作频率（$f \geq 2f_m$）。

被试变压器不是一个简单的负载，其特性随频率而变化（见图 3.33）。上面的曲线是总试验功率需求 S_t，下面的曲线是有功功率需求 P_t，两条曲线之差是无功功率。较低频率下，试验对象是感性负载；较高频率下，它是馈电电路的容性负载。两者之间，存在一自补偿频率，如图 3.33 所示在 160Hz 的自补偿频率。如果选择此频率进行试验，则所需的试验功率变为最小。

在变压器试验中，不仅必须在感应电压下测试绕组的绝缘，还应在工作频率的感应电压下测量空载和短路损耗。因此，馈电系统必须提供两个频率点的最小试验电压，即工作频率 f_m 和 $f \geq 2f_m$ 的试验频率。因此，单相和三相运行的变频器是馈电电路的基本部件。

在很长一段时间内，人们一直使用旋转变频器，即所谓的电动发电机（M/G）组，而且大多数变压器试验场合都配备有这样的发电机组（见图 3.34a）。它们由可变转速的电动机（传统上是直流电动机，现在是晶闸管控制的交流电动机）组成，它与同步发电机机械

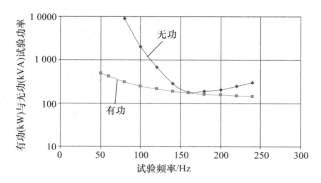

图 3.33 感应电压试验下电力变压器的频率-负载特性

耦合，频率随电动机的转数而变化，同时输出电压也可以调整。在感应电压试验（通常 $f > 100\,\text{Hz}$）情况下，试验对象通常代表可能导致危险过电压的容性负载。为避免这种自激（"失控"）超过 M/G 设置的限制，必须采用足够的电感补偿。M/G 装置输出电压通过匹配（也称为升压）变压器以适应被试变压器的所需输入电压。

　　现代的替代方案是应用基于电力电子模块的静态变频器（SFC）（见图 3.34b；Kübler 和 Hauschild，2004 年；Hauschild 等人，2006 年；Martin 和 Leibfried，

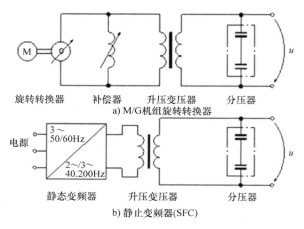

图 3.34 感应电压试验电路中变频器的原理

2006 年；Werle 等人，2006 年；Thiede 和 Martin，2007 年；Winter 等人，2007 年；Thiede 等人，2010 年）。变频器本身（见图 3.35）使用三相电源供电，通过脉冲宽度调制的功率晶体管（IGBT）对电压进行整流，然后将其转换为单相或三相正弦电压，正弦波滤波器对于抑制 IGBT 开断引起的噪声信号是非常重要的。SFC 具有控制频率和电压幅度的功能，可自动将变频器调整为上述自补偿状态，而不会发生自激振荡现象，SFC 需要使用与其匹配的变压器。

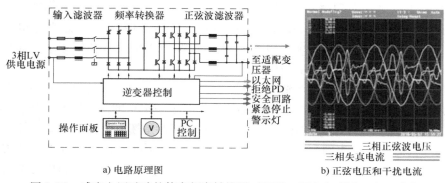

图 3.35 感应电压试验的静态频率转换器（SFC）（Thiede 等人，2010 年）

与 M/G 装置相反，SFC 还能够补偿容性功率的需求，这可能会在高频感应电压试验中起到作用（见图 3.33）。对于以 50Hz 或 60Hz 工作频率下进行的损耗测量，均需要一个可调电容器组用于补偿高感性功率，安装布置在匹配变压器之后进行感应电压试验（见图 3.36）。此外，在补偿单元和试验对象之间还设置了用于降低传导噪声信号的中压滤波器（MVHF）。除了两个不同的变频器外，电路的部件可以相同（见图 3.37），因此，表 3.3 仅比较了两个转换器。

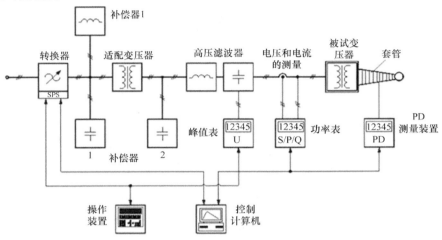

图 3.36　感应电压试验和试验电路

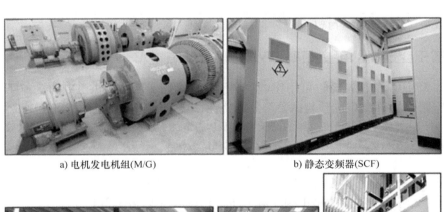

a) 电机发电机组(M/G)　　　　　　　　b) 静态变频器(SCF)

c) 匹配变压器及电容器组的顶端　　　d) 试验变压器、中压　　　e) 试验变压器、中压
　　　　　　　　　　　　　　　　　(MV)滤波器1　　　　　　(MV)滤波器2

图 3.37　感应电压试验电路的部件（Siemens Transformers Dresden 提供）

表 3.3　无附加补偿部件的动电机 - 发电机组（M/G）和静态变频器（SFC）的比较

特点	M/G	SFC
一般特征	特殊参数的电机组	可组合、更换或添加的电源电子模块
最大可用有功功率/MV	5	8
最大可用感性功率/MVA	30①	12①
最大可用容性功率/MVA	必须通过增加电抗器来避免这种负荷	12
频率和范围	通常只有两个固定频率，如 50Hz 和 150Hz	连续可调，如 40 ~ 120Hz
电力电子应用	驱动电动机的控制	整个转换器
PD 噪声抑制需求	是	是
PD 基础噪声水平	通常 <30pC	可以达到 <10pC
最佳电路谐波（THD）	标准值 <5% 满足	标准值 <5% 满足
动态特性	有限，由旋转电机决定	很好，由电力电子的快响应决定
自励磁	可能发生，为了避免，需要在较低的电压下调整电抗器	不会发生
重量和尺寸	大而重，M/G 需要地基	相对较轻和紧凑
设计原理、升级和修复	传统结构，不可能升级	模块设计，电源升级或维护通过附件或更换模块
应用	工厂试验的固定应用	工厂和试验现场

① 电容器组可以扩大感性功率的范围。

3.1.4　基于变压器的可变频率 HVAC 试验系统（ACTF）

如图 3.35 所示的变频器也可用作试验变压器或级联变压器的供电电源。ACTF 试验系统使预先设定频率的 HVAC 试验与试验对象的特性（电容、电感或电阻）相互独立。

注意：请记住，频率调谐谐振电路的试验频率不是固定的，取决于电抗器的电感和试验对象的电容（见第 3.2.2 节）。在振荡 ACRF 电路中，只能产生无功试验功率。当 HVAC 试验电压由变压器产生时，变压器由适合的变频器（类似于变压器试验）供电，可以提供有功和无功试验功率。

ACTF 试验系统有助于进行研究和开发，但尚未应用于设备试验（第 3.1.3 节中提到的除外），因为大多数设备应使用工频交流电压进行试验（见第 3.2.1 节）。

3.2　交流试验电压要求和 HVAC 试验系统的选择

3.2.1　交流试验电压的要求

实验室试验用交流试验电压的要求在 IEC 60060 - 1: 2010 中有所规定，在此进行描述，现场试验的要求在 IEC 60060 - 3: 2006（第 10.2.1.1 节）进行描述。为研究需求，可以使用各种类型的交流电压。

交流试验电压应为近似的正弦波形，其值由峰值决定，因为最高电应力通常决定了击穿过程（见图 3.38）。为了与通常应用的有效（rms）值进行直接比较，试验电压值由下式定义：

$$V_{\mathrm{T}} = \frac{V_{\mathrm{peak}}}{\sqrt{2}} = \frac{V_{\mathrm{peak}+} + |V_{\mathrm{peak}-}|}{2\sqrt{2}} \tag{3.20}$$

如果两个极性的峰值不同，则将两者的平均值作为峰值。对于某些特殊试验应用场合，例如：当加热过程影响击穿的发展过程时，有效（rms）值可以有由下式计算得到：

$$V_{\mathrm{rms}} = \sqrt{\frac{1}{T}\int_0^T V(t)^2 \mathrm{d}t} \tag{3.21}$$

其中，T 是一个周期的持续时间。两个半波的对称性应在 2% 以内。

$$|\Delta V| = \left| \frac{V_{\mathrm{peak}+} - |V_{\mathrm{peak}-}|}{V_{\mathrm{peak}+}} \right| < 0.02 \tag{3.22}$$

根据 IEC 60060 - 1：2010，试验电压频率的容许偏差为 45 ~ 65Hz。

注意：此范围仅与（50 - 5）Hz 的"欧洲"频率和（60 + 5）Hz 的"美国"频率有关。对于所有类型的绝缘，假设在 45 ~ 65Hz 范围内，频率对击穿过程的影响可以忽略不计。一些 IEC 设备标准定义了与以前不同的频率容差范围，但没有研究给出选择该频率范围的物理原因。

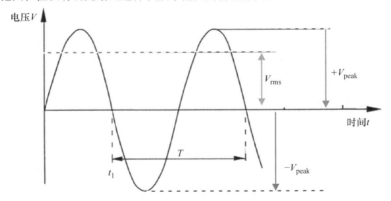

图 3.38　AC 试验电压的参数

对于试验电压波形的偏差，IEC 60060 - 1：2010 将峰值因子定义为峰值与均方根值之间的关系，其应等于 $\sqrt{2}$（±5%），即：

$$1.344 \leqslant \left| \frac{V_{\mathrm{peak}}}{V_{\mathrm{rms}}} \right| \leqslant 1.485$$

该定义仅与峰值电压值有关，它不考虑整个试验电压的波形，这对于耐受和击穿试验可能是足够的，但 PD 也会受到试验峰值电压以外的其他因素的影响。对于此类应用，总谐波失真（THD）考虑了基频（峰值 V_{1peak}）上叠加谐波的峰值 $V_{n\mathrm{peak}}$：

$$\mathrm{THD} = \frac{1}{V_{\mathrm{1peak}}} \sqrt{\sum_{n=2}^{m} V_{n\mathrm{peak}}^2} \tag{3.23}$$

IEC 技术委员会 TC 42 已讨论引入 5% THD 的可接受限值，但未决定将此约束力引入到 2010 年 IEC 60060 - 1 的最新修订版中，做出该决定的一个原因是，峰值因子和 THD 不成正比。表 3.4（Engelmann，2008 年）给出了一个例子：在非常低的输出电压下对额定电压 $V_{\mathrm{m}} = 1200\mathrm{kV}$ 的级联变压器的电压进行评估，并分别以峰值因数、谐波失真度（THD）的

5% 偏差限值进行比较。然而，2.8% 额定电压的输出电压显示出的谐波特别大，其峰值因数和 THD 太高，不能作为可接受的交流试验电压。而额定电压稍微增加至 3% 会使波形得到改善，其峰值因数可以接受，但 THD 并没有得到改善；当电压增加到 24.1% 额定电压时，输出电压具有较好的正弦波且两个指标均可以接受。

注意：谐波含量取决于 HVAC 试验电路的所有元件，因此也取决于调压器的位置。一些来自电源的谐波可能会被试验电路某些部分的共振放大。对于非常低的调压器位置，典型的谐波含量很高。因此，在上述 5% 限值内的峰值因数（或 THD）通常仅规定用于 HVAC 试验系统输出电压 $V_T > 10\%$ 额定电压的情形。当 HVAC 试验系统在较低的试验电压下运行时，必须检验波形。通常，在式（3.23）中，考虑谐波次数 $n = 3$、5、7 和 9 就足够了。

引起大电流脉冲的局部放电可能导致几个周波的试验电压降低 ΔV，IEC 60060 – 1：2010 允许 $\Delta V/V_t < 20\%$，该标准没有规定电压降的持续时间，20% 的降落值也没有物理背景［比较 DC 的电压降（第 6.2 节）］。规定的电压降应理解为正确的措施。下文中，电压降 $\Delta V < 10\%$ 应视为可接受范围，下一次修订的 IEC 60060 – 1 将对此进行更详细的考虑。值得注意的是，必须提及试验电压值的容许偏差。对于 1 分钟（1min）以内的试验时间 T_t，容许偏差为 $\pm 1\%$。对于 $T_t > 1 min$，容许偏差为 $\pm 3\%$。因为对于更长的试验时间，电源电压预期会发生更大的变化，因此试验电压则需要更宽的范围。

注意：容许偏差是指在进行耐受性试验时，例如：在 $V_t = 500kV$、$T_t = 1min$ 条件下，测量和显示的电压值应保持在 495 ~ 505kV 内。如果试验时间为 1h，则试验电压应在 485 ~ 515kV 之间。当考虑电压测量的 3% 可接受不确定度（第 2.3.4 节）时，在 1h 试验期间，真实但未知的实际电压应力可能在 470 ~ 530kV 之间。

3.2.2 多功能应用试验系统

试验系统的选择很大程度上取决于它们的使用。多功能 HVAC 试验系统用于高压研究工作、高压工程培训、测量系统校准或模型绝缘的高压试验。例如：根据试验参数选择用于特定产品组例行试验的 HVAC 试验系统，对于这种特殊用途的应用场合，多功能用途的系统需要对后续应用进行详细分析。通常它们适用于空气绝缘的干式试验，以及气态、液态或固态电介质的模型绝缘试验。这些物体必须承受高达几百千伏的电压应力，在极少数情况下电压高达 1000kV。通常，低于 0.5A 的试验电流就足够了，但是目前，必须进行灵敏度非常高的 PD 测量。

在上述条件下，额定电压 $V_m = 30 ~ 1000kV$、额定电流 $I_m = 0.2 ~ 0.5A$（在极少数情况下高达 $I_m = 1A$）的高压试验变压器（或变压器级联）是多功能试验系统的理想高压发生器，就此而言，圆筒式试验变压器特别适合于此应用场合，其占空比应为数小时，仅对长期试验而言，变压器需要连续运行，控制系统应能够进行手动操作和计算机辅助试验。

高压电路应由基于电容式分压器和峰值电压表或者最好是瞬态记录仪的电压测量系统完成（IEC 61083 – 3 和 4，草案 2011 年），可以测量上述提及的所有参数（第 3.2.1 节）。此外，还应有 PD 测量系统，通常还包括介电参数测量系统。对于高达 200kV 的额定电压和低电流，建议使用模块化 HV 试验系统，对于 500kV 以下的电压，可以使用单个圆筒式变压器，而对于更高的电压，应使用级联圆筒式变压器（见图 3.39）。

3.2.3 用于容性试验对象的交流谐振试验系统（ACRL；ACRF）

HVAC 试验系统的容性负载可以覆盖很宽的范围，可以从无负载条件下数百 pF 的分压

a) 模块化交流/直流电压试验电路

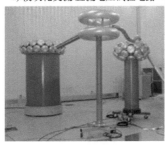

b) 350 kV 圆筒式变压器试验系统

c) 1000kV 圆筒式变压器试验系统 （BTU Cottbus提供）

图 3.39　多功能试验变压器

器到几十 μF 的海底电缆或电容器。基于试验变压器的多功能试验系统与谐振试验系统之间的应用限制不是很严格，但应以可用的电流为表征。利用多功能 HVAC 试验系统中总负载电容 C、试验电压 V_t 和试验电流 I_t 之间的关系：

$$I_t = \omega C V_t \leqslant 1\text{A} \tag{3.24}$$

可获得可试电容的极限曲线：

$$C = \frac{I_t}{\omega V_t} \tag{3.25}$$

图 3.40 示出了这种关系，对于高于1A的总负载电容 C（视情况而定，可能为0.5A），HVAC 谐振试验系统的应用比基于变压器的系统更适合。必须考虑的是，除了试验对象之外，总电容还包括分压器、耦合电容器以及用于谐振电路的电容性基础负载。

高达几十 nF 的典型试验对象是气体绝缘变电站（GIS）、电力变压器和互感器、套管和电缆试样的部件或完整机架。在 HVAC 例行试验中，整个电缆卷筒具有大约 100nF 的电容量。

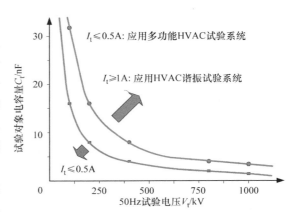

图 3.40　试验容性负载与 HVAC 试验系统试验电压和额定电流的关系（谐振试验系统应用的下限）

GIS 试验情况下，试验对象的电容量可以根据 GIS 管的长度和单相总线的比电容 $C_t \approx$ 60pF/m 来估算。通常，HVAC 试验系统连接到试验总线，并可以在生产车间安装（见

图 3.41）。总线有几个连接点用于 GIS 试验，但只有一个连接点连接到 HVAC 试验系统进行试验，其他连接点相互分开且接地。例如：在第二个连接点，经过试验的 GIS 被拆卸；在第三个连接点，GIS 准备好进行下一次试验。该解决方案不需要任何单独的试验区域，因为试验总线和试验对象具有金属外壳且接地，但试验总线会增加总负载电容量和所需的试验电流。

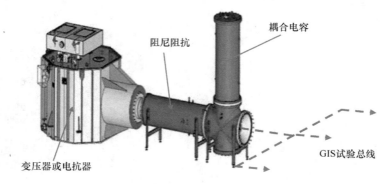

图 3.41　带试验总线的 AC 试验系统

当进行电力变压器外施电压试验时，变压器可看作是一个大约 $C_t \approx 4 \sim 30\text{nF}$ 的电容，在极少数情况下电容值可能会更高。通常使用圆筒式谐振电抗器（见图 3.42），根据 IEC 60076 - 3 标准，并不强制使用固定频率 50Hz 或 60Hz 的试验频率，此外，外施试验电压仅需要满足频率 $f_t > 40\text{Hz}$，不仅可以应用 ACRL 试验系统，还可以应用频率调谐 ACRF 系统。ACRF 试验系统是一种适合该应用场合的非常经济的解决方案。

表 3.4　正弦波形状偏差（Engelmann，2008 年在 1200kV 级联变压器上测量）

电压波形 输出电压 $(V_{peak}/V_T) \times 100\%$ 参数	2.8%	3.0%	24%
V_{peak}/V	48.4	51.6	410
$V_T = V_{peak}/\sqrt{2}/\text{kV}$	32.2	36.5	290
V_{rms}/kV	30.8	37.4	287
$F = V_{peak}/V_{rms}$	1.571	1.380	1.413
比较：峰值因子 $1.334 \leqslant F \leqslant 1.485$	拒绝	接受	接受
THD（%）	25	7	2.5
比较 THD≤5%	拒绝	拒绝	接受

电力电缆的试验是谐振电路的传统应用，液体浸渍式和挤压式电缆的相关标准要求使用

50Hz 或 60Hz 固定试验频率进行交流耐压试验和 PD 试验。因此，ACRL 试验系统适用于每盘卷长达 1000m 的陆地电缆，对于中压电缆来讲，甚至可以对更长的电缆进行试验。依赖于电缆设计（导体和电缆屏蔽之间的关系）和绝缘材料的比电容通常在 0.15~0.4nF/m 之间，被试电缆和试验系统之间的连接必须通过电缆终端实现。对于中压（MV）电缆，应使用固体材料的滑动试验终端或简单的充油试验终端。对于 HV 和 EHV 电缆，使用水终端接头，它们的设计是沿

图 3.42　电力变压器外施电压试验的 ACRL 试验系统

终端绝缘表面场强控制的一个非常典型的例子（Pietsch 等人，2003 年；Saya 等人，2016 年）。

　　虽然电缆内的电场稍不均匀，但电缆终端具有局部高场强，导致沿终端表面的场强分布极不均匀（见图 3.43a）。当绝缘电缆终端被可控导电率的去离子水包围时，场强的分布可以得到改善。在等效电路图（见图 3.43b）中，水由电阻链表示。水的电导率 σ 越高，电场的控制效果就越好。但随着电导率的增加，损耗也随之增加，水会被加热。

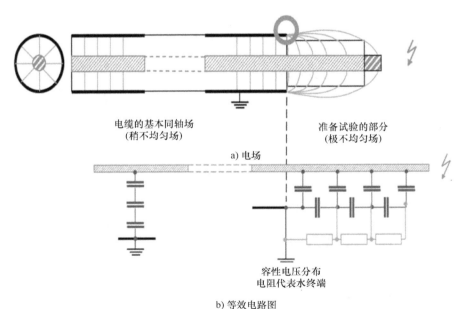

图 3.43　用于试验的电缆终端（原理性的）

　　为避免过热，水必须冷却，通过水调节装置调控水的电导率以适应试验条件的需求（见图 3.44a）。电导率有两个限值，低限值由改善电场所需的最小电导率引起，较高限值由 HVAC 试验系统的可用功率引起，以补偿由于水加热引起的损失以及水调节单元冷却所需的

功率，它决定了电导率的上限。电导率的控制算法由图 3.45 所示的电导率的两个相反因素共同产生。在电缆试验期间，电导率应保持在可接受范围内（Pietsch 等人，2003 年）。

a) 带试验布置的电缆终端系统　　b) 水终端的原理设计

图 3.44　高压电缆试验

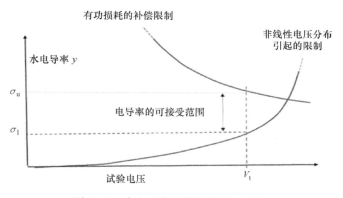

图 3.45　水电导率可接受范围的选择

水终端降低了谐振电路的品质因数，必须检查 ACRL 试验系统是否能够对与水终端相连接的短电缆样品进行试验。

电缆需要表 3.5 所提及的不同的 HVAC 试验，例如：对于 220～500kV EHV 电缆：HVAC 试验电压用于电压耐受试验、局部放电试验、结合大电流加热的加热循环试验（Naderian 等人，2011 年）以及脉冲电压试验后重复进行 HVAC 的 LI 和 SI 电压试验。特别是，对于热循环和资格预审试验（Bolza 等人，2002 年），需要高可靠性的 HVAC 试验系统。因此，必须使用试验变压器，但现在也可使用具有可调电感的谐振试验系统进行这些试验，甚至使用具有可变频率的谐振试验系统。

　　如今，长达数十 km 的海底电缆必须在工厂进行试验，海底电缆的电容负载可能大于 $10\mu F$，此时 ACRL 试验系统变得非常庞大和昂贵，解决方法是采用如图 3.46 所示的 ACRF 试验系统。

　　对于强调为几十 A 的试验电流，使用 ACRL 试验系统可以实现，但是对于更高的试验电流，此处仅推荐使用 ACRF 试验系统，而且最新关于 HVAC 海底电缆的 IEC 草案（Karlstrand，2011 年）也建议使用 ACRF 试验系统。图 3.47 示出了海底电缆的旋转盘、工厂用的 ACRF 试验系统以及带有电缆卷筒的铺设船。

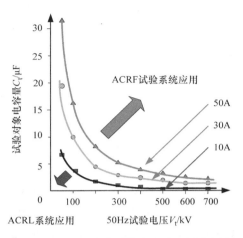

图 3.46　HVAC 试验系统在试验电压和额定电流条件下的试验电容负载（ACRL 和 ACRF 试验系统应用之间的限制）

a) 电缆旋转盘

b) 5个ACRF试验系统用电抗器

c) 铺设电缆船

图 3.47　海底电缆 ACRF 试验系统（由 Abb Karlskrona 提供）

表 3.5　220～500kV 挤压式电缆试验电压（IEC 62067: 2001）

额定电压 V_r/kV	设备最高电压 V_m/kV	导体对地电压 V_0/kV	AC 耐受电压试验		AC 局部放电电压 $1.5V_0$/kV	AC 热循环试验 $2V_0$/kV	雷电电压试验/kV	雷电冲击后 AC 电压 $2V_0$/kV	操作电压试验/kV
			电压 V_t/kV	持续时间 T_t/min					
220～230	245	127	318	30	190	254	1050	254	—
275～287	300	160	400	30	240	320	1050	320	850

（续）

额定电压 V_r/kV	设备最高电压 V_m/kV	导体对地电压 V_0/kV	AC 耐受电压试验		AC 局放电压	AC 热循环试验	雷电电压试验/kV	雷电冲击后 AC 电压	操作电压试验/kV
			电压 V_t/kV	持续时间 T_t/min	$1.5V_0$/kV	$2V_0$/kV		$2V_0$/kV	
330～345	362	190	420	60	285	380	1175	380	950
380～400	420	220	440	60	330	440	1425	440	1050
500	550	290	580	60	435	580	1550	580	1175

容量非常大的电容器也可用谐振电路进行试验，在对串联电容进行所谓的冷负载试验（IEC 60143 - 1：2004）情况下，附加过电压期间（见图 3.48）需要一个小于 10 个周波内的动态变化试验电压。为了更好地控制试验电压，可以使用并联谐振电路实现。试验过程中，必须配置合适的数字记录仪（IEC 61083 - 3：2012 草案）以记录试验电压。

ACRF 试验系统也许是这种特殊应用场合的最佳选择，如图 3.49 所示。GIS 的每个隔离绝缘子在生产后都经过精心的 PD 试验，试验在高达 1000kV 的电压下完成

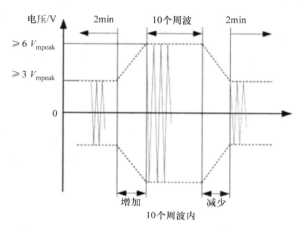

图 3.48　串联电容器动态过载试验（IEC 60143 - 1：2004）

，并且在生产车间内需要使用金属封闭的试验系统。这是因为：所有试验对象都是相同的，因此，可以设计电感以保证频率范围在 45～65Hz 之间。对于该应用场合，ACRF 试验系统是迄今为止最经济的试验系统。

图 3.49　用于 GIS 绝缘隔板的 1000kV 和 600kV 的 ACRF 试验系统
（HYOSUNG Industries，Changwon 提供）

3.2.4　用于阻性试验对象的 HVAC 试验系统

　　HVAC 试验系统的阻性负载或有功负载需要有源试验电源，该试验电源只能由试验变压器产生，即上面提到的所谓的并联谐振电路也就是变压器电路，试验对象的主要特征是由一个或以下因素共同引起的：

　　1）试验绝缘体的体积电阻低于其容性阻抗，例如：强老化的油纸绝缘材料。

　　2）被试绝缘子具有较高的表面电导率，例如：由于雨水、污秽和湿度造成的潮湿和/或污秽的表面。

　　3）空气中的试验物体发生严重的预放电，例如：由非常高交流电压下的引线放电或污秽试验中的电弧引起放电。

　　4）导体上的连续、准静态电晕放电，例如：在架空试验线或电晕试验。试验对象的有功功率需求可能是准静态泄漏电流，例如：用于大体积电阻或电晕放电。但对于许多其他情况，与强放电相关的电流脉冲需要试验变压器提供非常快速的有源电源。如果电压源无法提供足够快的电流，则电压会出现降落。该电压降落会延迟甚至中断预放电至击穿的发展过程，这可能导致错误的、与电源相关联的试验结果。目前，IEC 60060 – 1：2010 规定 20% 的可接受电压降与污秽试验无关。本书中提出 10% 的电压跌落（参见第 3.2.1 节）可能能够更好地与实际试验结果相关联，但标准中新的电压降落值则需要更多的研究。在一定程度上，过弱的 HVAC 电压源可以通过与试验对象并联一电容器来增强（Reichel，1977 年）。

3.2.4.1　用于人工污秽试验的 HVAC 试验系统

　　在污秽的绝缘体表面上，泄漏电流脉冲具有如图 3.50 所示的典型形状（Verma 和 Petrusch，1981 年），将许多测得的脉冲归一化为其峰值电流以及与其相对的相位。电流开始在约 50° 处开始增加，在约 110° 处达到其峰值并在约 170° 处熄灭。泄漏电流的峰值可达到几 A（Rizk 和 Bourdage，1985 年），这就导致电压降落超过 HV 试验系统的内部阻抗，图 3.51 显示了在峰值电流 1.8A 时电压降落 20% 的情形。这种电压降落显著影响试验结果，但在相关的 IEC 60507 标准（1991 年）中，不需要测量电流或电压降落。一些出版物认为 10% 的电压降落是可以接受的。

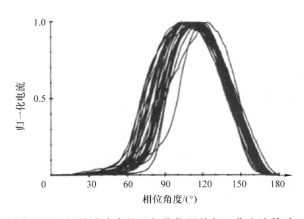

图 3.50　污秽试验中基于相位位置的归一化电流脉冲

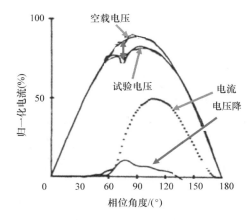

图 3.51　测量的空载电压、泄漏电流、试验电压和电压降落

在污秽试验中（参见第 2.1.4 节），使用旧的 IEC 60507 标准（1991）和 IEC 60 - 1（1989）定义了 HVAC 试验系统的一系列要求，而不是直接测量电压降落。

注意：实际的 IEC 60060 - 1（2010）不包含污秽试验的任何要求，仅包含对 1991 年版本的最新版 IEC 60507 的暗示，但考虑到 10% 的电压降落确实与 IEC 60060 - 1（2010）中提到的 20% 的电压降不一致，污秽试验要求有非常低的电压降落值。

这些要求基于 HVAC 电压源的内部阻抗降落，该阻抗降落由短路电流表示。高内部阻抗意味着低短路电流（见第 3.1.1.1 节）。为避免临界电压降落，短路电流必须具有随试验条件变化的最小值，试验条件可以用绝缘子的特定爬电距离（mm/kV）表示，其表征绝缘子的类型和形状。根据污秽等级选择具有一定特定爬电距离的绝缘子；根据具体的爬电距离，图 3.52 显示了 IEC60507（1991）所要求的最小短路电流 I_{scmin}，以避免试验系统因污秽试验而受到影响。

高于短路电流 I_{scmin} 的要求是必要的，但对"适合的" HVAC 试验系统是不够的，还需要符合：

$$\text{电阻/电抗比：} \frac{R}{X} \geq 0.1 \tag{3.26}$$

根据图 3.2b 得出电抗：

$$X = \left(\frac{1 - \omega^2 LC}{\omega C} \right)$$

和

$$\text{容性电流/短路电流比：} 0.001 < \frac{I_c}{I_{sc}} < 0.1 \tag{3.27}$$

$I_{sc} = 6A$ 被认为是用于污秽试验的 HVAC 试验系统短路电流的绝对最小值，但是对于更高的特定爬电距离，根据图 3.52 可以看出：尚需要达到更高的电流值。当试验系统未达到必要的短路电流 I_{sc} 时，IEC 60507 允许测量最高漏电流脉冲 I_{hmax}。如果 I_{sc}（作为均方根值）和 I_{hmax}（作为峰值）之间的比率满足：

$$\frac{I_{sc}}{I_{hmax}} \geq 11 \tag{3.28}$$

试验结果可被视为独立于试验系统。

在绝缘子串均匀污秽的假设条件下，可以用一个绝缘子确定其闪络特性，这基于以下假设：沿绝缘子串的电压分布是一个电阻性分布，绝缘子串的耐受特性通过将电压参数乘以串中绝缘子的数量来确定。对于并联绝缘子和已知分布函数，根据统计放大规则（Hauschild 和 Mosch，1992 年）推得耐受参数。所描述的仅对单个绝缘子试验原理所使用的强功率 HVAC 试验系统（推荐的额定电流 $I_m = 3 \sim 10A$，短路电流 $I_{sc} > 20A$）仍然限定在额定电压 500kV 以下的绝缘子。因此，污秽试验室和其他污秽试验设备的尺寸通常也受到限制。

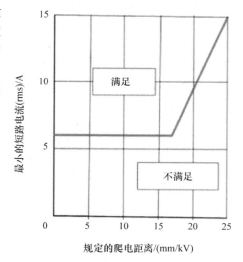

图 3.52 HVAC 试验系统所需的短路电流与爬电距离关系（IEC 60507：1991）

盐雾试验：在盐雾试验的耐受试验程序（IEC 60507：1991）中（参见第 2.1.4 节），绝缘子需在雾状喷水的参考盐度下进行一系列渐进式电压试验的预处理过程，然后，对于耐受试验本身，清洁绝缘子，调节污秽条件（规定的盐度），并在规定的耐受电压水平下进行持续 1h 的试验，试验的重复次数可以设定。每次重复之前，必须仔细清洁绝缘子。如果在所有耐受过程中没有发生闪络，则绝缘子通过试验。

固体层试验：在使用固体层方法（IEC 60507：1991）情况下，在绝缘子开始润湿后施加试验电压（程序 A），或在绝缘子润湿开始之前施加试验电压（程序 B）。对于程序 A 和指定的污秽层条件，施加电压 15min（或直到发生闪络）；对于试验程序 B，试验电压保持 100min（或直到发生闪络）。这两种程序都必须重复三次，如果在三次重复期间没有发生闪络，则绝缘子符合规范。如果仅发生一次闪络并且第四次重复仍然没有闪络，则绝缘子也通过了试验。

IEC 60507：1991 涉及陶瓷绝缘子。目前，还没有标准的复合材料和其他聚合物绝缘子的污秽试验方法，因此，上述方法通常也适用于聚合物绝缘子。Gutman 和 Dernfalk（2010年）、Gutman 等热人（2014 年）提出了用于复合和聚合物绝缘子的改进固体层方法。Dong 等人（2012 年）发现复合绝缘子的形状与污秽方法之间的关系。Pigini 等人（2015 年）、He 和 Gorur（2016 年）以及 Farzaneh（2014 年）公开了关于污秽和冰冻条件试验的进一步经验。这些试验可以通过与疏水性相关的试验来完成（Bärsch 等人，1999 年；Schmuck 等人，2010 年）。可以假设适用于陶瓷绝缘子污秽试验的 HVAC 试验系统也满足聚合物绝缘子污秽试验的要求。

未来可以预见，在污秽试验期间，需要测量试验电压和泄漏电流，并且一定的电压降落（例如 <10%）将成为可接受的试验标准，即使现在，建议在污秽试验期间使用合适的数字记录器记录这些最重要的参数。

3.2.4.2　用于人工降雨试验的 HVAC 试验系统

在人工降雨（或潮湿）试验中（参见第 2.1.3 节）。重流光甚至先导放电与明显的电流脉冲相关，峰值电流没有达到污秽试验的泄漏电流脉冲的幅度，而多功能试验系统不能保证相关的电压降落保持在可接受的限度内（<10%）且不影响放电过程。因此，需要更大功率的 HVAC 试验系统应用于湿式试验。通常，基于变压器且具有额定电流 $I_m = 1A$ 和短路电流 $I_{sc} > 10A$（短路阻抗 $V_k < 15\%$）的 HVAC 试验系统足以满足试验要求。建议与试验对象并联一容量大约 $C_p \approx 1 \sim 3nF$ 的电容器（例如：相关的分压器）。

当串联谐振试验系统应用于湿式试验时，必须使用并联电容器，其电容量甚至要高于上述值。在任何情况下，都应通过数字记录仪记录电压，以确保任何电压降落不超过 10%。电压的监控似乎有助于湿式试验，同时，人们希望对于湿式试验，应在未来的标准中约定基于物理的电压降落的上限。

3.2.5　用于感性试验对象的 HVAC 试验系统：变压器试验

电力和配电变压器、互感器和补偿电抗器具有相当复杂的绝缘系统，并且对于交流试验电压的某些频率，它们均是电压源的感应负载。

例如：应考虑电力变压器：表 3.6 按照施加电压时序概述了电力变压器的主要高压试验，首先在交流电压下进行试验，然后后续再进行脉冲电压试验。这意味着，下面进行的交流试验应提供有关绝缘状况的最终声明。

在交流"施加电压试验"中，短路高压线终端与接地低压侧（绕组、磁心、油箱等）之间的绝缘状态是否良好应通过外部 HVAC 电源进行验证。变压器是一个容性试验对象，可以用谐振电路进行试验（见第 3.2.3 节，图 3.42）。由于相关标准 IEC 60076 - 3 不需要固定频率，但允许频率范围 $f > 40\text{Hz}$，因此，采用频率调谐谐振试验系统进行"施加电压试验"是非常经济的。

表 3.6　不同额定电压电力变压器主高压试验（IEC 60076 - 3）

额定电压 V_m	$\leqslant 72.5\text{kV}$	$72.5\text{kV} \leqslant V_m \leqslant 170\text{kV}$	$\geqslant 170\text{kV}$
雷电全波冲击电压 LI	型式试验	例行试验	感应 LIC 试验
雷电截波试验 LIC	特殊试验	特殊试验	例行试验
操作冲击试验 SI	无应用	特殊试验	例行试验
应用电压试验 AC – AV	例行试验	例行试验	例行试验
感应电压耐受试验 AC – （IVW）	例行试验	例行试验	由 SI 和 AC – IVPD 试验替代
带 PD 测量的感应 电压试验 IVPD	特殊试验	特殊或例行试验	例行试验

对于线路端子和连接绕组绝缘的 AC 感应电压试验，受试变压器自身可产生 HVAC 试验电压，必须使用如第 3.1.3 节详细描述的在其低压侧施加适当的电压励磁。对于三相变压器，该励磁电压应为三相电压。由于磁心的饱和（见图 3.32），AC 试验电压需要的频率为工作频率的两倍以上（$f_t \geqslant 2f_m$）。传统上电压由电动机 – 发电机组产生，但现在越来越多地由静态频率变换器（SFC）产生，通过升压变压器将其升压到必要的励磁电压，用于励磁电力变压器的试验系统还用于热运行试验，以及 50Hz 或 60Hz 工作频率下空载和短路下损耗测量。在那些试验中，变压器始终是一个感应负载，需要始终进行适当的补偿，这可以通过受试变压器低压侧的可切换电容器组来实现的，有时还可以在升压变压器的一次侧进行微调（见图 3.36，图 3.37c），通过 SFC 反馈，频率变换器应该可以调谐到自补偿值（见图 3.33）。

按照 IEC 60076 - 3 标准，电力变压器可以应用于"感应电压耐受试验（IVW）"和之后的"感应电压局部放电测量（IVPD）"，两种情况均在相同的试验频率 f_t 下进行。IVW 试验的持续时间取决于受试变压器的额定频率 f_r 与试验频率 f_t 之间的关系：

$$t_t(\text{s}) = 120\,\frac{f_r}{f_t} \geqslant 15 \tag{3.29}$$

IVW 试验应在 $\leqslant 0.33U_t$ 电压下开始，电压应升高到试验电压 V_t 并在该电压下维持频率相关的试验持续时间 t_t，在此之后，电压应在断开前降至 $\leqslant 0.33U_t$（见图 3.53，点划线）。

IVPD 试验将验证变压器是否存在有害的 PD。在 IVPD 试验中，电压按照最高（增强）水平的阶跃过程进行变化（见图 3.53，实线）。增强级别的持续时间与 IVW 试验相同，仅适用于 $V_m > 800\text{kV}$ 的电力变压器，此持续时间为 IVW 试验的 5 倍。在增强级别之前的 3 个电压电平下，PD 测量进行的时间足够长以具有稳定的测量结果。在增强级别，标准不要求

进行 PD 测量，但也建议进行 PD 测量。再
次之后，立即在规定的 PD 测量水平上记
录 PD 水平 60min。然后，将电压降低到
与电压升高相同的水平，并且如前所述
一样进行 PD 测量，确定 PD 的起始和熄
灭水平。如果在整个试验周期中没有发
生击穿，在 60min 试验过程中记录到的
PD 值均不超过 250pC，PD 水平上升不超
过 50pC 或者没有显示任何上升的趋势，
并且在下一个较低电压下测得的 PD 电荷
不超过 100pC，那么就可以认为通过了
IVPD 试验。指定的 pC 值可根据合同进
行修改。有关更多详细信息，可以参阅
标准IEC 60076 – 3。

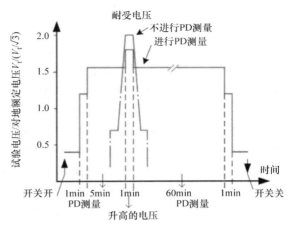

图 3.53　无 PD（点划线）和 PD 测量（实线）的变压器
感应电压试验的试验循环（草案 IEC 60076 – 3：2011）

3.3　HVAC 试验的程序和评估

第 3.3 节的一般统计基础已经在第 2.4 节描述过，更多细节由 Hauschild 和 Mosch
(1992) 给出，也可以参见 Yakov (1991) 和 Carrara 和 Hauschild (1990) 以及 IEC 60060 –
1 (2010) 的附录 A。在下文中，将考虑与高交流电压试验相关的程序。

3.3.1　研发用 HVAC 试验

在试验开始之前，必须定义其明确的统计目标，并将其转换为具有明确定义参数的适当
的试验程序。这可以基于类似的早期实验、文献或自己的预试验来完成，包括澄清是否评估
完整的累积频率函数（作为分布函数的估
计）还是仅评估某个分位数（用于估计耐
受电压或确定的击穿电压）。

样本量：估计值的置信区间的宽度
（分位数、分布函数）取决于放电过程的
分散性（由其标准偏差表示）和样本量
（单独试验的数量），置信度要求越高，需
要的样本量就越大。图 3.54 显示了平均值
（$V_{50\,upper} - V_{50\,lower}$）/$V_{50}$ 置信区域（或区
间）的宽度，取决于方差 $v = s/V_{50}$ 和单独
试验的数量。在方差 $v = 6\%$ 和样本量 $n =$
10 的单独试验方差条件下，置信区间变为
7%。要将其降低到 3%，需要 $n = 50$，最
终选择的样本量也应考虑试验所需的工

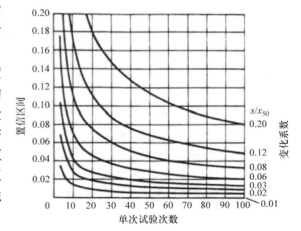

图 3.54　置信区的相对宽度取决于测量结果的
方差和试验样本量（置信水平 95%）

作量。

HVAC 试验程序：HVAC 试验中，通常采用渐进电应力试验程序（见图 2.26，第 2.4.2）。电压从初始电压 V_0 开始，并随着 dV_{peak}/dt 的上升率不断增加，直到发生击穿。击穿电压值是第一个实现击穿的值 V_{b1}。然后，电压迅速降低到 V_0，间隔 Δt_p 后，进行下一个单独试验，共进行 n 次单独试验。上升速率可能会影响结果（例如：表面电荷或空间电荷），因此，建议澄清上升速率对击穿电压测量的影响，并选择能够产生独立结果的速率。

比连续电压更有效的可能是逐级升压试验（见图 2.26b），初始电压应在低于台阶高度至产生连续击穿的电压范围内变化。代替电压上升速率，必须定义电压级差 ΔV_s 和电压等级上的持续时间 Δt_s，这与耐受试验的程序有更好的相关性（见第 2.4.6 节和 3.3.2 节），特别是当在电压等级上的持续时间等于耐受试验的持续时间时（参见第 3.3.2 节）。在独立的假设下（前面的电压等级不影响后续电压等级）可以从该试验结果（累积频率函数）计算与耐受试验直接相关的单应力性能函数（Hauschild 和 Mosch，1992 年），这个原理的实际应用在 Tsuboi 等人（2010a，b，c）的研究成果中进行过描述。

独立性检查：当使用预选参数进行试验并且可以获得 n 个随机击穿电压时，必须检查它们的统计独立性。通过简单的图形方法，将击穿电压（V_{b1} 至 V_{bn}）按照它们出现的顺序以图形方式呈现，视觉评估给出了独立性的印象：如果击穿电压值以平均值随机波动，则独立性假设正确（见图 2.28：上面 3 个 SF_6 压力）。当出现下降或上升趋势时，必须假设其具有依赖性（见图 2.28：较低的 SF_6 压力）。数字独立性试验可用于相关的计算机程序。

理论分布函数逼近：考虑所研究击穿过程的物理模型与应用分布函数数学模型之间的对应关系、良好的匹配和应用的便利性（Hauschild 和 Mosch，1992 年），然后，通过理论分布函数对经验累积频率函数进行调整。表 3.7 表明：可以推荐使用理论分布函数获得击穿的试验数据："无 PD" 意味着绝缘稍微不均匀、没有缺陷并且在没有稳定 PD 的情况下立即发生击穿，"有 PD" 意味着绝缘极不均匀或具有稍不均匀的缺陷，并且由稳定的 PD 发展到击穿。

注意：并非所有实验结果都可以通过一个理论分布函数来近似。通常会出现所谓的混合分布，例如：在具有缺陷的略微不均匀场中（见图 3.55）：当击穿过程发生在缺陷处有初始电子时，击穿电压非常低并且显示出大的分散（平坦曲线 c）。如果击穿电压较高，则分散较低（陡峭的曲线 b）。对于混合分布，通常寻找混合分布较低部分的近似值就足够了。有关更多详细信息，请参阅 Hauschild 和 Mosch（1992 年）。

强烈推荐使用最大似然法（MLM）计算机程序，其应用提供了试验数据的最佳估计。MLM 软件是商业上可获得的，并且评估可以通过不同的分布函数进行近似。除了所选分布函数的参数外，它还提供了分布本身及其量值的置信限制（见图 3.56）。特别是较低的置信限制对于确定绝缘设计准则非常重要，因为它们提供了 "保存侧的数据"。

多级法：当将特定幅值 V 和特定持续时间 Δt（例如：1min）的 AC 电压定义为单应力时，可以应用与

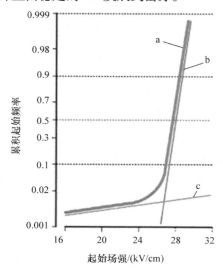

图 3.55　粗糙球面的球 - 板间隙击穿电压的混合分布函数（半径 $r = 75cm$；间隙 $d = 50cm$）

脉冲电压类似的多级试验方法。相关详细信息，可以参阅第 2.4.3 节和第 7.3.1.1 节。

表 3.7　获得近似击穿电压数据推荐的理论分布函数

绝缘和场	空气和气体		液体		固体	
分布函数	有 PD	无 PD	有 PD	无 PD	有 PD	无 PD
Gauss［式(2.48)］	×		×		×	
Gumbel［式(2.49)］		×		×		
Weibull［式(2.40)］				×	×	×

　　寿命试验：在恒定电压下，对一定数量的固体绝缘试样进行耐受试验直至发生击穿，随机变量是施压的时间，统计评估与击穿时间有关，可以通过威布尔分布［方程式(2.50a)］很好地描述。如果在不同的电压下进行此试验，则可以使用 MLM 得出其寿命特性（参见第 2.4.5 节），包括其置信限值（见图 2.41）。对于每一个击穿时间，需要单一的试验对象（样本）。通常，在该寿命试验中，预先给定一定的试验时间（例如：1000h）。统计评估还允许考虑删失的数据，即在预先给定的试验时间内没有击穿的试样数据（Speck 等人，2009年），也就是说试样经耐受了试验时间的耐受而没有发生击穿崩溃。

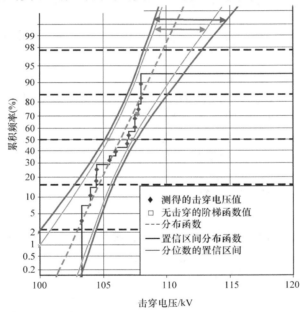

图 3.56　用最大似然法和高斯正态分布函数评价的渐进应力试验结果的表示

3.3.2　HVAC 质量验收试验和诊断试验

　　通常验收试验应验证产品的质量——包括正确的设计、组件的精确生产和设备或系统绝缘的仔细组装，通过单独的耐受性试验，或经受包括 PD 或介电测量（检测耐受试验）的耐受试验。在耐受性试验中，产品必须通过一定程序，并具有相关的试验电压值［（IEC 60071-1:2006）和/或相关的设备标准］，如第 2.4.6 节所述。如果在型式、例行和调试试验中成功通过试验，则可以将产品移交给用户进行运行。

　　在第 2.4.6 节和图 2.42a 中描述了典型的耐受试验程序，其电压连续增加到试验电压值。试验电压值应保持在试验电压水平一段时间，通常为 1min，也可为 1h。

根据逐级试验程序（见图 2.42b）的检测耐受试验要比简单的耐受试验提供更多的有关绝缘的质量信息。在单级和耐受试验期间，应该测量 PD 信息、特殊情况下也包括测量损耗因子。通常，耐受电压等级为规定可接受的 PD 水平，但规定了耐受试验后 PD 的测量水平，该水平的持续时间（最多 1h）可能比耐受试验前的电压等级上的持续时间更长。在质量验收试验中，PD 水平必须低于规定值，但也应考虑在耐受试验前后相同电压水平下 PD 幅度的比较。因此，如果满足以下条件，则验收试验是成功的：

1）在整个试验过程中没有击穿；

2）PD 测量电压下 PD 电平不超过规定的限值；

3）耐压试验后，在 PD 电压下的 PD 水平不应显著高于耐受试验前相同电压的 PD 值。

前两个要求在相关的设备标准中给出，最后一个在设备标准中通常没有提及。另外，建议证明先前的试验电压应力没有放大缺陷处的 PD 现象，既没有表明仍然存在劣化，也没有超过规定的 PD 水平。应该提到的是，在一些传统的情况下，耐受试验程序和 PD 测量程序是分开进行的，而不是在耐受试验共同的循环中进行，但建议采用 PD 监测耐受性试验（见图 3.53）。

对于绝缘老化的状态评估和耐受试验，可以使用合适的移动 HVAC 试验系统离线进行耐受试验。诊断试验的目的是通过适当的电应力和测量来估计剩余寿命，以进行缺陷的检测，试验电压值可以低于质量保证试验，通常在 80% 量级，所选择的测量取决于被试设备、绝缘类型和试验工程师的经验。通常，任何类型的 PD 测量都是最合适的，因为 PD（作为击穿）是弱点现象。

对于诊断试验，建议采用 PD 或 $\tan\delta$ 监测的逐级试验程序，但应与预期的绝缘条件（老化、负载、过压应力、气候条件等（Pietsch 等人，2012 年）相适应。因此，执行的程序（例如：电压等级的选择和持续时间、被测对象的选择）应由试验工程师的试验经验来决定。特别是，PD 测量的持续时间通常必须与实际的观察相关。对于评估而言，可以使用测得的 PD 电荷量，它不仅是一个 PD 参数，而是需要使用全部可用的 PD 特性（见第 4 章）。

3.4 HVAC 试验电压的测量

最初使用球形间隙进行高压交流电压的测量，参见第 2.3.5 节，虽然这种测量方法能够直接测量高达 MV 范围的 AC 高压，但该过程非常耗时。另一个难题是测量不连续，例如：由于试验对象和平行连接的球形间隙不会同时击穿，因此，不能确定试验对象的实际击穿电压。如果将试验变压器的一次电压 V_1 与匝数比相乘，则可以从 V_1 推导出实际试验电压，那么这个关键问题就可以解决。随着 HVAC 电压越来越多地用于电力传输，这一方法在 20 世纪初被广泛采用。然而，这种简单的方法可能会由于试验变压器的内部阻抗上不可避免的电压降落而导致严重的测量误差，这可以从图 3.57 所示的简化等效电路中容易地推断出来。

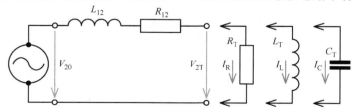

图 3.57 HV 试验变压器的简化等效电路

这里，虚拟电压源 V_{20} 与电感 L_{12}、以及表示转换到 HV 侧的有效阻抗的串联电阻 R_{12} 串联连接，因此，如果一次电压 V_1 乘以匝数比，则得到没有负载时的二次电压：

$$V_{20} = V_1 \frac{w_2}{w_1} \tag{3.30}$$

这里，w_1 和 w_2 分别是变压器线圈一次侧和二次侧的匝数（参见第 3.1.1.1 节），图 3.58 所示的相量图表明：试验对象两端的实际试验电压 $\dot{V}_{2T}$ 明显偏离没有负荷情况下的源电压 $\dot{V}_{20}$，甚至即使在相等的电流幅度下，偏离程度更多取决于负载的类型。

示例： 考虑一个匝数比为 $w_2/w_1 = 1000/1$ 的试验变压器，它在频率 $f_e = 50\mathrm{Hz}$ 时被励磁，因此无负载时，假定一次电压 $V_1 = 100\mathrm{V}$ 会产生二次电压 $V_{20} = 100\mathrm{kV}$。内部电感和电阻应分别假设为 $L_{12} = 1000\mathrm{H}$ 和 $R_{12} = 40\mathrm{k\Omega}$。此外，连接到变压器的每种试验对象都应产生相等峰值电流，即 $I_R = I_L = I_C = 50\mathrm{mA}$，表 3.8 列出了试验对象两端子上出现的电压峰值，表明，在恒定一次电压下，试验变压器 V_{2T} 的输出电压以及因此施加到试验对象的电压在电阻和电感负载下都会降低，在容性负载下会增加。

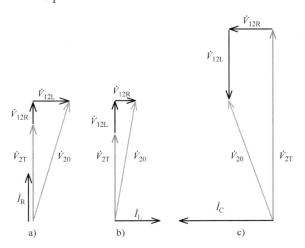

图 3.58　根据图 3.57 试验变压器在不同负载下的
简化等效电路推导出的典型相量图

表 3.8　在恒定电源电压 $V_{20} = 100\mathrm{kV}$ 下不同负载下的二次电压的变化

负载	阻性	感性	容性
试验对象	污秽的绝缘子	互感器	电力电缆（10m）
电路元件的值	$R_T = 2\mathrm{M\Omega}$	$L_T = 5350\mathrm{H}$	$C_T = 1.6\mathrm{nF}$
产生的试验电压	$V_{2T} \approx 97\mathrm{kV}$	$V_{2T} \approx 84\mathrm{kV}$	$V_{2T} = 110\mathrm{kV}$
相对偏差（%）	-3	-16	+10

这种情况下，应该强调的是，二次电压和一次电压之间的比率不仅受流过试验对象的电流的相角和峰值的影响，而且还受到由于磁心饱和和非线性磁滞效应引起的高次谐波的影响。因此，不建议从一次电压推导出 HVAC 试验电压。

静电电压表为直接测量高交流电压提供了另一种选择，参见第 2.3.6 节。然而，这种装置只能以合理的费用制造用于高达约 100kV 的 HVAC 电压的测量。因此，现在优选使用间接方法将高压降低到通过典型的指示仪器可以方便测量的适当的低电压水平，这在 20 世纪 30 年代成为了常见的做法（Raske，1937 年）。

通常，用于间接测量高压的系统包括以下组件（见图 3.59）：
1）转换装置（分压器和互感器）；
2）传输系统（同轴测量电缆或光纤链路）；
3）测量仪器（峰值电压表或数字记录仪）。

3.4.1 电压分压器

为了将高压交流电压降低到足够低的幅度，通常采用阻性、容性或甚至感性转换装置。然而，诸如互感器之类的感应式转换装置，由于它们的价格非常昂贵，因此仅被推荐用于校准，特别是用于 500kV 以上的 HVAC 测量。因此，在 HV 实验室中，通常使用容性、阻性或甚至混合分压器，如图 2.10 所示。为避免错误测量，顶部电极以及分压柱的分级电极必须设计成无 PD 的结构。此外，必须注意保证不会因沉积在分压器柱表面上的灰尘和污秽而引发 PD，因为 PD 是由高的空气湿度而引起的。为了尽量降低 HV 试验设备的负载，通过分压器的电流应限制在 10mA 以下，相当于 $100k\Omega/kV$ 的电阻/电压比。然而，对于电阻分压器，这种要求很难实现，特别是如果设计用于超过 100kV 的额定电压，因为不可避免的对地分布电容将影响分压比，这将在第 7.4 节中进行详细讨论。无需更多说明，电容分压器是测量高压交流电压最方便的解决方案。在费用受限条件下，由于无法设计额定电压 300kV 以上的独立高压电容器，因此，HV 臂通常由叠层电容器组成，如图 3.60 所示。

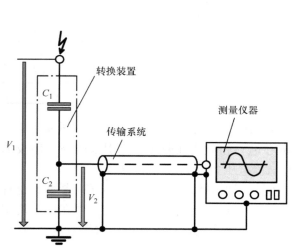

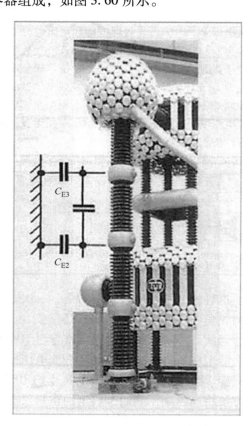

图 3.59 HVAC 试验电压间接测量的系统部件

图 3.60 1.2MV 试验变压器的电容分压器，由 4 个额定电压为 300kV 的单元组成
（TU Dresden 提供）

施加到图 3.59 所示的电容分压器的高电压 V_1 可以从测量的低电压 V_2 推导出如下：

$$V_1 = V_2(1 + C_2/C_1) \approx V_2 C_2/C_1 \tag{3.31}$$

然而，由于分压器柱和地之间存在不可避免的杂散电容的影响，这种简单的关系在实际中不适用。

示例：考虑图 3.61，其中 HV 臂由两个 HV 电容器 C_{11} 和 C_{12} 组成。对于简单的估计，应假设每个 HV 电容器由长度为 l 且直径为 d 的金属圆柱屏蔽，其中每个屏蔽连接到电容器的底部端子。这种情况下，电流和电压分布仅受布置在离地面高度 1.2m 的电容器 C_{11} 的上面屏蔽罩的接地电容 C_e 的影响。使用所谓的天线公式，可以基于以下近似来粗略估计接地电容，该近似适用于条件 $l \gg d$ 下的垂直圆柱面（Küpfmüller，1990 年）。

$$C_e = \frac{2\pi\varepsilon l}{\ln\left\{\dfrac{2l}{d}\sqrt{\dfrac{4h+l}{4h+3l}}\right\}} \qquad (3.32)$$

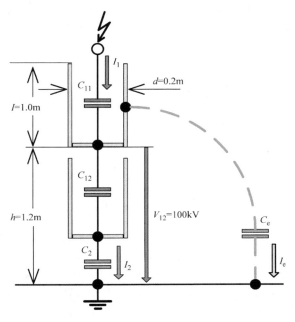

图 3.61　用于估计双级电容分压器接地电容 C_e 的重要参数

这里，$\varepsilon = 8.86\text{pF/m}$ 为大气环境的介电常数。对于定量估计，应引入以下的实际值：$C_{11} = C_{12} = 200\text{pF}$，$d = 0.2\text{m}$，$l = 1\text{m}$，$h = 1.2\text{m}$。带入式（3.32）得到，上部 HV 电容器的接地电容变为 $C_e \approx 26\text{pF}$，约为 C_{11} 的 13%。施加 $V_{12} = 100\text{kV}$、频率 $f = 50\text{Hz}$ 的交流电压，通过 C_{12} 和 C_2 的电容电流 I_{12} 为

$$I_{12} = I_2 = 2\pi f V_{12} C_{12} = 6.28\text{mA}$$

通过杂散电容量的电流为

$$I_e = 2\pi f V_{12} C_e = 0.81\text{mA}$$

可以获得通过上部 HV 电容器 C_{11} 的总电流：

$$I_{11} = I_{12} + I_e = 7.09\text{mA}$$

因此，上部 HV 电容器 C_{11} 两端的电压达到：

$$V_{11} = \frac{I_{11}}{2\pi f C_{11}} = 113\text{kV}$$

由此，得出 HV 臂上出现的总电压：

$$V_1 = V_{11} + V_{12} = 113\text{kV} + 100\text{kV} = 213\text{kV}$$

显然，这比理论值 $2 \times 100\text{kV} = 200\text{kV}$ 高出 6.5%。

换句话说：分压器柱不可避免地受到接地电容的影响，导致 HV 臂的电容的虚拟减小。当堆叠电容器的数量 n 越大，甚至当每个单元的电容值越低时，这一点就越明显。为了估计沿整个 HV 分压器柱的电位分布，通常使用根据图 3.62 的简化等效电路（Raske，1937 年；Hagenguth，1937 年；Elsner，1939 年）。

基于此，高压 HV 臂的有效电容 C_1 由 n 个堆叠电容器组成，每个电容器为 C_{1n}，可大致近似为

$$C_1 \approx \frac{C_{1n}}{n} - \frac{nC_e}{6} \qquad (3.33)$$

理论和实验研究表明：每个电容器的接地电容 C_e 仅略微取决于距地面的高度 h。因此，方程式（3.32）可以简化如下：

$$C_e = \frac{2\pi\varepsilon l}{\ln\left(\frac{2l}{d}\right)} \approx \left(56\,\frac{\mathrm{pF}}{\mathrm{m}}\right) \cdot \frac{l}{\ln\left(\frac{2l}{d}\right)}$$
$$(3.34)$$

带入式（3.33）中，得到

$$C_1 \approx \frac{C_{1n}}{n} - \left(9.3\,\frac{\mathrm{pF}}{\mathrm{m}}\right) \cdot \frac{nl}{\ln\left(\frac{2l}{d}\right)}$$
$$(3.35)$$

示例：考虑一个由 $n = 10$ 个堆叠电容器组成的 2MV 分压器，每个电容器的标称电容 $C_{1n} = 2000\mathrm{pF}$。每个单元的长度和直径应分别假设为 $l = 1\mathrm{m}$ 和 $d = 0.2\mathrm{m}$。在式（3.34）和式（3.35）中代入这些值，得到 $C_e \approx 40\mathrm{pF}$ 和 $C_1 \approx$

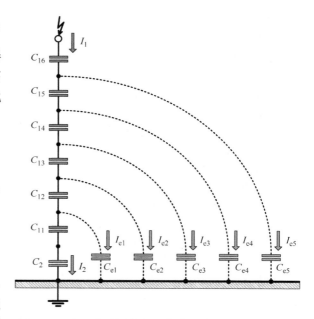

图 3.62　由 6 个叠层高压电容器组成的电容分压器的简化等效电路，只考虑接地电容的影响，而忽略了由周围墙壁和其他金属结构引起的邻近效应

$160\mathrm{pF}$。这意味着，HV 臂的虚拟电容约比理论值值 $C_{1n}/n = 2000\mathrm{pF}/10 = 200\mathrm{pF}$ 低 20%。

在这种情况下，必须强调：即使有效分压器电容 C_1 仅受分压器柱和顶部电极之间的杂散电容的轻微影响，C_1 也不能以足够的准确度计算得到，唯一的方法是通过实验确定实际的分压比，这在许多技术论文和教科书（Zaengl，1965 年；Kuffel 和 Zaengl，1984 年；Schon，2010 年、2013 年）中进行了处理，并且也符合 IEC 60060 - 2：2010 的规定。基本上，西林电桥甚至变比臂电桥在此情况下可以使用，但使用标准测量系统（RMS）进行比对测量更方便，见 2.3.3 节。图 3.63 显示了用于此类标准测量的典型配置，图中，提供标准分压器的标准电容位于左侧，而待校准的分压器位于试验区域的中间，被测交流电压由位于右侧的 1000kV 试验变压器级联产生。

标准电容器由同轴圆柱电极组成，在 LV 侧有保护环，最初由西林和 Vieweg 于 1928 年提出。为了在小间隙距离下实

图 3.63　用于校准 1000kV 容性交流分压器的 800kV HVAC 标准测量系统（RMS）的照片

现高击穿电压，通常在标准电容器中充压缩 SF_6 等绝缘气体，以确保在温度变化时其电容量

具有优良的稳定性。标准分压器的构造原理如图 3.64 所示，该构造强调了同轴排列的电极之间的电容量不受接地电容的影响，因此不必考虑叠层电容器的典型邻近效应。

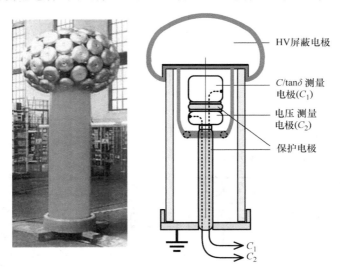

图 3.64　标准充 SF_6 气体电容器（额定电压 800kV，标称电容 100pF）

　　由于"长"同轴圆柱电极的电容与圆柱长度 l 成正比，与外导体半径和内导体半径 r_a/r_i 之比的对数成反比，因此，可采用下面的方法设计压缩气体电容器：

$$C_1 = \frac{2\pi\varepsilon l}{\ln\left(\frac{r_a}{r_t}\right)} \approx \left(55.7\ \frac{pF}{m}\right) \cdot \frac{l}{\ln\left(\frac{r_a}{r_t}\right)} \tag{3.36}$$

　　示例：对于额定电压 ≥500kV 的压缩气体电容器，应选择外半径和内半径 r_a 和 r_i 的比值 $\ln(r_a/r_i)=1$，因此，$r_a/r_i=e=2.718$，使得击穿电压接近最大值。从方程式（3.36）得出：要实现 $C_1=100pF$ 的电容，同轴圆柱电极的长度应为 1.8m。

　　对于额定电压低于 500kV，通过选择比值 $r_a/r_i<\sqrt{e}$，可以显著降低费用。例如：假设 $r_a/r_i=\sqrt{e}$，即 $\ln(\sqrt{e})=0.5$，实现 $C_1=100pF$，电容圆柱电极必须具有仅 0.9m 的长度。

　　为了确定 HV 分压器的动态特性，通常的做法是将已知有效值和可调频率的正弦电压施加到分压器的顶部电极上，并通过已校准的数字示波器、甚至是频谱分析仪记录 LV 臂的输出电压与频率的关系，图 3.65 描述了这种电路的简化框图。

　　为了最大限度地降低可能出现在极高分压比下环境电磁噪声的影响，从而提高信噪比（S/N），用基本上低于 C_2 容量的标准电容 C_{2r} 代替原来的 LV 电容 C_2 以相应地增加分压比似乎是合理的，例如：分压比可高达 1：1000。在这种情况下，动态行为不会受到显著影响，因为这取决于 HV 臂的性能。例如：向分压器的顶部电极施加 500V 的 AC 峰值电压，C_{2r} 上的输出电压将为 500mV，特别是在配备有内置峰值检测器以及平均工具的情况下，使用数字示波器可以以合理的准确度进行测量。为了避免由于数字转换器的输入阻抗（通常在 1MΩ 的数量级）造成的下限频率的增加，标准电容 C_{2r} 两端的电压必须通过阻抗转换器捕获，其中输入阻抗不应低于 10MΩ。

　　示例：考虑 2MV 的电容分压器，其中 HV 臂由 $n=5$ 个堆叠 HV 电容器组成，每个标称电容 $C_{11}=$

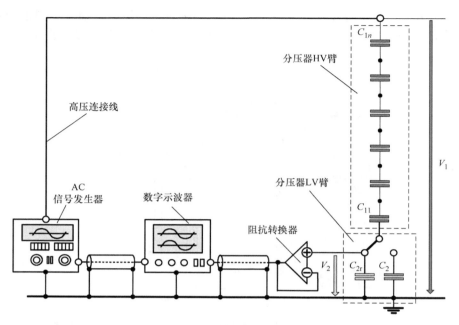

图 3.65   测量分压器有效电容 C_1 的设备

$C_{12} = \cdots C_{15} = 1\text{nF}$，并且假设 LV 臂的 LV 电容器 $C_2 = 877\text{nF}$，忽略高压分压器柱与地之间杂散电容的影响，HV 臂的理论电容将为 $C_{1t} = 200\text{pF}$。如上所述，为了达到校准的目的，用例如 $C_{2r} = 200\text{nF}$ 的标准电容代替电容器 $C_2 = 877\text{nF}$ 似乎是合理的，这使输出电压增加了近 5 倍。例如：向顶部电极施加 $V_1 = 500\text{V}$ 的 AC 峰值电压，出现在 C_{2r} 上的输出电压的峰值将达到 $V_r \approx 0.5\text{V}$，这可以通过现在可用的数字示波器以合理的准确度进行测量。假设阻抗转换器的输入阻抗为 $10\text{M}\Omega$，则 LV 臂的时间常数为：$(200\text{nF}) \cdot (10\text{M}\Omega) = 2\text{s}$，这相当于约 0.08Hz 的下限频率，因此，能够以合理的准确度传递 $f_{1n} = 20\text{Hz}$ 的最低标称频率。

在 $f_{1n} = 20\text{Hz}$ 和 $f_{2n} = 300\text{Hz}$ 之间调谐 AC 信号发生器的频率，还应该假设 C_{2r} 上 $V_{2r} = 0.438\text{V}$ 的恒定电压由数字示波器的内置峰值检测器指示，由此，得出 HV 臂的 "虚拟" 电容

$$C_1 = \frac{C_2}{\dfrac{V_1}{V_2} - 1} = \frac{200\text{nF}}{\dfrac{500}{0.438} - 1} = 172\text{pF}$$

显然，这比给出的理论值 $C_{1t} = 1000\text{pF}/5 = 200\text{pF}$ 低 14%，通过原始电容 $C_2 = 877\text{nF}$ 再次替换标准电容 $C_{2r} = 200\text{nF}$，可获得以下 "真实" 分压比：

$$1/(1 + C_2/C_1) = 1/(1 + 877/0.172) = 1/5099$$

然而，如果忽略接地电容，将获得以下 (不正确的) 分压比：

$$1/(1 + C_2/C_1) = 1/(1 + 877/0.2) = 1/4386$$

在这种情况下，应该注意的是，代表分压器 HV 臂的电容 C_1 受到 HV 分压器柱和周围墙壁之间的净距离以及附近其他导电结构的强烈影响，因此，在 HV 臂的实际电容 C_1 确定之后，不应改变其几何配置。此外，必须考虑到 C_1 也可能受到用于 HV 电容器的介电材料 (例如：油浸纸) 的温度影响。由于不可避免的介电损耗，在较长的试验时间和较高的试验水平时温度上升，这导致扩展测量不确定度的增加。因此，如相关 IEC 出版物中规定，测量不确定度低于 3% 几乎是不可能实现的，特别是当 HV 臂由堆叠的油浸纸电容器组成时。

3.4.2　测量仪器

通过读取仪器指示转换装置输出电压的第一种方法由 Chubb 和 Fortescu 在 1913 年提出，基本电路包括 HV 标准电容器、与两个背对背连接的二极管串联连接，这些二极管中的一个直接连接到地，而另一个通过动圈式仪器连接到地，以便将通过标准电容器的位移电流的正半周或负半周积分。在纯正弦 HVAC 电压情况下，指示仪器的读数与均方根和峰值成正比，但是，测量具有叠加谐波的 HVAC 电压会出现致命的测量误差。

HVAC 电压峰值的另一种测量方法可以追溯到 1930 年，当时 Davis 等使用电容分压器，其中 LV 臂的输出电压通过与存储电容器串联的真空管二极管进行整流。为了使泄漏电流最小化，使用静电电压表来指示存储在电容器两端出现的峰值电压。20 世纪 50 年代，当第一个具有高反向电阻和非常快恢复时间（低至 ns 范围）的半导体整流二极管可用时，采样和保持电路已用于测量 HVAC 电压的峰值，如图 3.66 所示。这种电路的主要优点是整流二极管上不可避免的电压降可以几乎完全补偿。

由于微电子技术的进一步发展，第一个数字峰值电压表已于 20 世纪 70 年代推出。典型的框图和这种设备的照片如图 3.67 所示。这里，集成微型计算机用于调节分压器的变比并用于控制整个测量过程。高分辨率 A/D 转换器可确保在输入电压范围为 10 ~ 1000V、试验频率范围为 0Hz（DC）~ 1000Hz 情况下，测量的不确定度低至 0.5%。

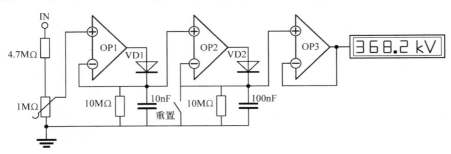

图 3.66　用于测量交流峰值电压的简化电路，其中整流二极管的固有正向传导电压通过运算放大器进行补偿

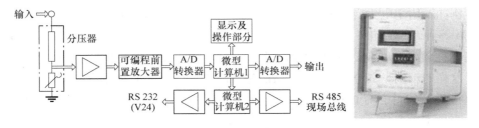

图 3.67　商用数字峰值电压表的框图和照片

如今，数字记录器几乎专门用于测量 HVAC 分压器的输出电压，这些仪器使用先进的数字信号处理（DSP）和专用软件工具，能够测量第 3.2 节中提出的所有 HVAC 试验电压，有关这方面的更多信息，请参见第 7.4 节。原则上，配备有峰值检测器和平均工具的传统数字示波器也能够以所需的准确度测量 HVAC 试验电压。但是，为了确保符合 IEC 60060 - 2:2010

的要求，只能使用校准的数字测量仪器。此外，必须考虑到分压器和测量仪器之间的 BNC 测量电缆的电容（大约 200pF/m）可能会增加 LV 臂的电容 C_2，因此在完整的 HVAC 测量系统完成校准后，不能更换测量电缆。

HVAC 电压测量遇到的另一个问题与测量仪器的输入电阻 R_i 有关。根据经验，特征时间常数 $\tau_m = R_i C_2$ 乘以待测量的最小试验频率 f_{1min} 应该等于或大于 100，即满足：

$$R_i \geqslant \frac{100}{C_2 f_{1min}} \qquad (3.37)$$

示例：考虑 LV 电容 $C_2 = 1\mu F$，最小试验频率 $f_{1min} = 20Hz$。将这些值代入式（3.37）中，得到 $R_i \geqslant$ 5MΩ。由于数字记录仪的输入阻抗通常为 1MΩ，因此，LV 电容器 C_2 的输出应通过高阻值（5MΩ）电阻分压器连接到数字记录仪的输入端，如图 3.67 所示。

还必须考虑测量系统的电磁兼容性（EMC），因为在发生击穿时从试验对象辐射出快速瞬态电压。这种情况下，分压器 LV 臂上出现的瞬态电压可能会突然增加到 kV 范围，最终会损坏测量仪器。因此，输入端必须配备适当的过电压保护单元，该单元通常由放电管和火花间隙以及快速抑制二极管组成。此外，接地回路应保持尽可能低的高频阻抗，以防止接地引线上的过电压，如在第 9.2.2 节中详细讨论的那样。

3.4.3 认可测量系统的要求

根据 IEC 60060 - 2：2010 的规定，应用于高压设备质量保证试验的 HVAC 试验系统应满足扩展不确定度 $U_M \leqslant 3\%$，其中，U_M 应以 95% 的覆盖概率进行评估，有关这方面的更多详细信息，请参见第 2.3.4 节。传统上，需要测量峰值电压 V_p，其中试验电压在 IEC 60060 - 1：2010 中定义为 $V_p/\sqrt{2}$。对于正弦试验电压，此数量等于有效（rms）值。然而，在实际试验中，可能出现叠加的谐波（见第 3.2.1 节），因此术语 $V_p/\sqrt{2}$ 可能与有意义的均方根值有很大差异。在这种情况下，特别是当热过程起到非常重要的作用时，例如：在污秽试验中，不仅应测量电压的有效值 $V_p/\sqrt{2}$，还应测量电压的真有效值。

由于 HVAC 试验系统不仅在标称工作频率下工作（50Hz 或 60Hz），而且要在可变频率下工作，例如：用于电力变压器和电压互感器的感应电压试验以及长电力电缆线的现场试验（Hauschild 等人，2002 年），大于 50/60Hz 的频率范围是有意义的。因此，在最低标称频率 f_{n1} 和最高标称频率 f_{n2} 之间，表示刻度因数归一化幅度的 A_m/A_0 应恒定在 1% 之内。图 3.68 中给出了这样的示例，其分别指 $f_{n1} = 20Hz$ 和 $f_{n2} = 300Hz$。对于这种特定情况，归一化的幅度限制应在图 3.68 中绘制的两线内。为了在较高频率范围内试验电压谐波失真情况下确保可接受的测量不确定度，应在 $f_{n2} \leqslant f \leqslant 7f_{n2}$ 之间的标称频率范围内研究幅频响应，如图 3.68 中的阴影区域所示。这对于测量复合试验电压也是非常重要的，例如：第 8 章所述的瞬态电压叠加在 HVAC 试验电压的情形。

在这种情况下，需要注意的是测量系统主要部件，例如：分压器和测量仪器以及除 BNC 测量电缆以外的传输系统（例如：光纤链接），其型式试验和例行试验必须由制造商进行，参见表 3.9，而完整 HVAC 测量系统的资格进行的性能试验（见第 2.3.3 节）必须由用户负责，见表 3.10。

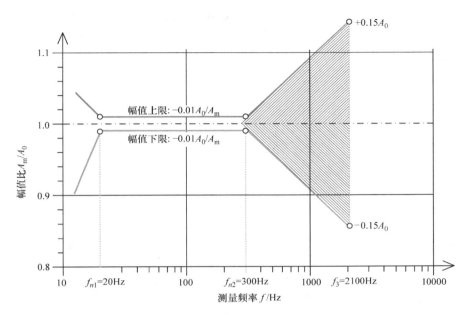

图 3.68　AC 电压测量系统幅 – 频响应的标准化限值，以确保 $20Hz \leqslant f_{1n} \leqslant 300Hz$ 标称频率范围的测量不确定度为 $\leqslant 3\%$。

表 3.9　IEC 60060 – 2：2010 推荐的制造商对认可 HVAC 测量系统的每个部件进行的试验抽检

	型式试验	例行试验
线性度		X
动态特性	X	
短时稳定性		X
长时稳定性	X	
环境温度效应	X	
临近效应	X	
	如适用	
软件效应	X	
	如适用	
转换装置的干耐受试验	X	X
		如适用
转换装置的湿和污秽耐受试验	X	
	如适用	
转换装置的刻度因数	X	X
电缆以外传输系统的刻度因数	X	X
测量仪器的刻度因数	X	X
重复率（推荐）		

表 3.10　IEC 60060 – 2:2010 推荐的用户方对认可 HVAC 测量系统的每个部件进行的试验抽检

	性能试验	性能检查
刻度因数校准	X	
刻度因数检查		X
线性度	X	
	如适用	
动态特性	X	
长期稳定性	X	
	如适用	
临近效应	X	
	如适用	
重复率（推荐）	每年，至少每五年	按照稳定性，至少每年

　　除性能试验外，还需要使用第二种认可测量系统的比较方法或根据 IEC 60052 的球间隙进行性能检查。如果比较测量之间的偏差小于 3%，则可以接受指定的刻度因数，否则，必须重复校准程序确定刻度因数，如上所述和第 2.3 节中所述。

　　为了澄清过大的偏差，强烈推荐分别检查各个组件的刻度因数，包括分压器和测量设备以及非电缆情况下的信号传输链路。为此，应采用扩展不确定度小于 1% 的校准交流电压源，比较测量值之间的偏差不应超过 1%，否则，有必要确定指定刻度因数的实际值再进行测试。

第4章 局部放电测量

摘要：本章主要着眼于高压设备及其组件绝缘薄弱点处的局部放电（Partial Discharge，PD）的测量。由于大多数用于发电、输电和配电的 HV 设备都是由高压交流电（HVAC）供电，因此，本章主要关注交流电压下的 PD 测量。然而，对于 DC 和冲击电压下的 PD 试验，也做简要的考虑。在测量环境中，敏感的局部放电测量常常受到电磁噪声的干扰。因此，本章以及本书中 10.3 节和 10.4 节也将重点介绍在消除干扰噪声方面已经开发的先进功能。为了更好地理解电气 PD 量的测量原理、程序和仪器，首先将介绍 PD 发生的一些基本原理，同时考虑 IEC 60270：2000 中推荐的用于绝缘状态评估的 PD 量；接下来，将重点审查为评估 PD 电荷转移量而提出的现有 PD 模型；此后，考虑了 IEC 60270：2000 中规定的脉冲电荷测量仪的具体内容，包括设计用于获取和显示捕获 PD 数据的 PD 测量系统所需的主要部件，以及校准 PD 测量系统所采用的程序；随后的内容将讨论 PD 故障的定位、PD 事件的可视化以及为减少或消除干扰敏感 PD 测量的电磁噪声而开发的功能；最后，将简要介绍所谓的非常规 PD 测量方法，如超高频范围内的电磁 PD 瞬变的测量以及检测 PD 源发出的超声波信号。

4.1 基本原理

4.1.1 局部放电的产生

局部放电（PD）通常由于电介质材料的缺陷所导致，例如，液体和固体介质中的气泡、暴露在空气中的尖锐边缘，都会造成局部电场的增强，以致超过电介质的固有电场强度，致使引发自持雪崩放电，其中由于碰撞和光电离而从中性气体分子释放的电子以极快的速度迁移，这与以纳秒范围内的时间参数为特征的极快位移电流有关，并在电极处感应出脉冲电荷。因此，可以通过连接到试验对象终端的耦合装置或甚至通过电场传感器来捕获从试验对象辐射出的相关电磁瞬变信号。根据相关标准 IEC 60270：2000 的定义，局部放电是：

注意：仅部分桥接导体间的绝缘，并且可以在或不在导体附近发生。局部放电通常是绝缘体内或表面局部电应力集中的结果。一般来讲，这样的放电表现为持续时间远小于 $1\mu s$ 的脉冲。

对 PD 特征的第一次实验研究可以追溯到 1777 年，当时 Lichtenberg 发现了在琥珀制品的表面（Lichtenberg，1777 年、1778 年）出现星形和圆形的尘埃轮廓，且被长达 40cm 的火花所掩盖。在 19 世纪中叶，除了 Lichtenberg 最初使用的尘埃图形技术外，图像法也成为研究表面和界面放电等 PD 现象的宝贵工具（Blake，1870 年；Toepler，1898 年；Müller，1927年）。20 世纪初，当高电压等级的交流电压越来越多地应用于长距离输电线路时，人们就知道局部放电可以作为最终击穿的前兆，特别是 PD 现象发生在固体介质内嵌入的气态夹杂物附近时。从那时起，各种工具，如光学、化学、声学和电学方法，越来越多地被用来进行局部放电的检测。自 20 世纪 60 年代以来，PD 电气测量已成为高压设备及其部件质量保证的一个广泛既定的试验程序，在下面的章节中将进行更详细的讨论。

基本上，局部放电是由气体分子的电离引起。因此，PD 事件不仅发生在空气环境中，而且还发生在固体电介质或气泡中的气态夹杂物中，甚至发生在液体电介质中的水蒸气中。一般认为，气态夹杂物中的放电过程和大气中的放电过程相似，例如：汤逊（Townsend）、流注放电和先导放电，这些理论自 19 世纪末期和 20 世纪初期以来已被广泛地研究，并出现在大量的技术论文及教材中（Paschen，1889 年，Townsend，1915 年、1925 年；Schumann，1923 年；Meek 和 Craggs，1953 年；Loeb，1956 年；Raether，1964 年；Park 和 Cones，1963年；Devins，1984 年）。

在大气、绝缘油和 PMMA 中，观察到的典型丝状放电照片如图 4.1 所示（Lemke，1967年；Hauschild，1970 年；Pilling，1976 年）。

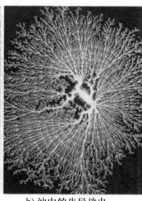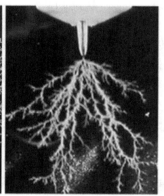

a) 空气中的流注放电　　　　b) 油中的先导放电　　　　c) PMMA中的电树枝
(Lemke, 1967年)　　　　　(Hauschild, 1970年)　　　　(Pilling, 1976年)

图 4.1　放电通道图片

如上所述，由于电子的迁移速度极快，单电子雪崩的形成发生在纳秒范围，这与快速上升的位移电流有关，因此，在试验对象的电极处感应出脉冲电荷，脉冲电荷的产生也在纳秒范围内，正如 1964 年 Raether 和 1966 年 Bailey 在理论上估计的那样，1981 年 Fujimoto 和 Boggs 以及 1982 年 Boggs 和 Stone 使用第一台可用的 1GHz 示波器进行了试验证实（见图 4.2）。由于无法获得电力设备绝缘中 PD 缺陷的根源，因此当采用从试验对象的终端去耦方法时，无法测得 PD 电流脉冲的真实形状。这是因为当 PD 电流从 PD 源传输到试验对象的终端时，PD 信号已不可避免地发生了衰减和分散，从而大大降低了 PD 信号的频率分量。

以图 4.3 所示的示波器屏幕截图为例，由 PD 校准器产生的人工 PD 脉冲被注入到 16m 长的电力电缆中，注入点与连接示波器的近电缆端之间的距离选为 4m。因此，第一个（直接）脉冲传输了 4m，而在远程电缆终端反射的第二个脉冲总共移动了 $(16-4)m + 16m = 28m$。考虑图 4.3b，其中示波器的带宽设置为 200MHz，第二个（反射）脉冲的峰值明显低于第一个到达（直接）的脉冲的峰值。然而，如将示波器的带宽降低到 20MHz，则发现第一脉冲的峰值也明显降低，而第二脉冲的峰值仅受到轻微的影响。换言之，当测量频率尽可能低时，两个脉冲的峰值不再变化，理论上这是由低通滤波和所谓的准积分实现的。这种情况下，峰值与所记录脉冲的时间积分成正比，可看作测量 PD 量"视在电荷"的基础（Kind，1963年；Schon，1986 年；Zaengl 和 Osvath，1986 年）。根据这种方法，在 IEC 60270：2000 和 2015

年发布的相关修订版本中，整个测量系统的上限频率应选择在 1MHz 以下，以获得捕获的 PD 信号的准积分。

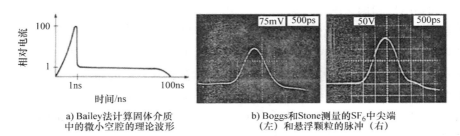

a) Bailey法计算固体介质
中的微小空腔的理论波形

b) Boggs和Stone测量的SF$_6$中尖端
（左）和悬浮颗粒的脉冲（右）

图 4.2　PD 电流脉冲的时间参量

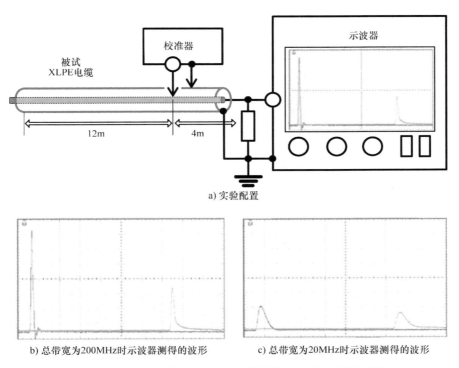

a) 实验配置

b) 总带宽为200MHz时示波器测得的波形

c) 总带宽为20MHz时示波器测得的波形

图 4.3　测量频率对沿 16m XLPE 电缆传输的 PD 脉冲的衰减影响

4.1.2　PD 数量

如上文所述，为了评估运行中高压设备 PD 的严重性，通常采用化学、光学、声学和电学等检测方法，然而，在下文中，根据 IEC 60270：2000 年及 2015 年的修订版发布的本标准修正案的定义，仅考虑在电气 PD 测量过程中获得的 PD 数量。

1. 视在电荷

视在电荷可被视为主要的局部放电参量，在相关 IEC 60270：2000 标准中定义为：在特定的试验电路中，如果极短时间内在试验对象的端子间注入该电荷，将在测量仪器上给出与 PD 电流相同的读数，视在电荷通常以皮库（pC）表示。

另外标准中还指出，视在电荷不等于放电现场局部积累的电荷量，无法直接测量。
这方面更多相关信息可参阅 4.3 节和 4.4 节。

2. PD 起始电压和熄灭电压

起始电压 V_i 和熄灭电压 V_e 是 HV 设备或其组件的重要参数，决定其是否能够通过型式或开发试验甚至制造后的质量验收试验。由于，电力设备（例如：旋转电机的定子棒绝缘等）在运行电压下无法实现完全的无 PD 设计，通常的做法就是确定 HV 设备的 V_i 和 V_e。作为一个实例，图 4.4 为涡轮发电机开发试验的 PC 屏幕截图，施加的电压特性曲线如图 4.4a 所示。图 4.4b 中，在 AC 试验电压上升段记录的 PD 水平与仅在下降的试验电压下记录的 PD 电平略有偏差，如此低的磁滞通常是"健康"绝缘的标志，这也可以通过起始电压 V_i 和熄灭电压 V_e 之间的相对较小的差异来表征。与此不同的是，有害的 PD 缺陷通常可以通过清

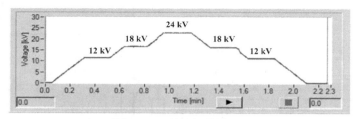

a) 施加50Hz AC试验电压的特征

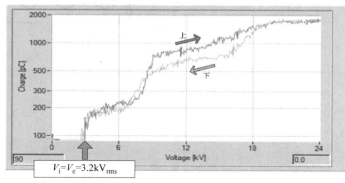

b) "健康"定子棒在试验电压上升段和下降段的PD水平

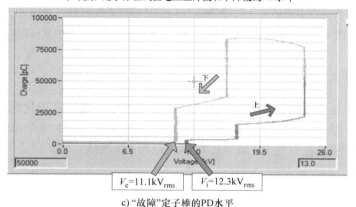

c) "故障"定子棒的PD水平

图 4.4　额定电压为 24kV 的涡轮发电机开发试验过程中的 PC 屏幕截图

晰的磁滞和远低于起始电压 V_i 和熄灭电压 V_e 来识别，如图 4.4c 所示。

　　众所周知，只有当视在电荷超过背景噪声水平时才能检测到 PD 脉冲，因此应保持尽可能低的噪声水平以防错误的试验结果。可参考图 4.5 以便进行更好地理解，图 4.5 是一个有缺陷的、额定电压为 36kV 的 XLPE 电缆终端的局部放电试验结果。在实验室条件下（噪声水平 <0.5pC），测得的 PD 起始电压峰值为 12kV。例如：假设背景噪声水平为 5pC，可测得的 PD 起始电压峰值将增至 25kV，如图 4.5 所示。

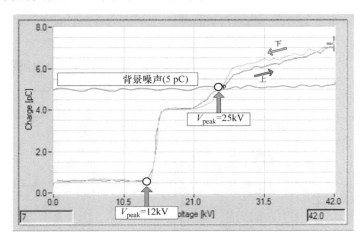

图 4.5　背景噪声水平对起始和熄灭电压的影响（文中有所阐述）

3. 相角

根据国际电工委员会 IEC 60270:2000 标准，相角 Φ_i 可以由式（4.1）确定：

$$\Phi_i = \frac{\Delta t_i}{T_c} \cdot 360° \tag{4.1}$$

式中，Δt_i 为施加的 AC 试验电压负—正交替与 PD 脉冲起始瞬间之间的时间跨度；T_c 为 AC 试验电压的循环持续时间。

　　实际进行的 PD 试验中，每个单独 PD 脉冲的实际相角通常是次要的，而与所施加的 AC 试验电压相位相关的脉冲序列的定性分布有助于识别有害的局部放电源，参阅图 4.6 所示的 Trichel 放电图形的示波器截图可以更好地理解。由于相对较高的脉冲重复率，当将最初选择的 4ms/div 的时间标度（见图 4.6a）改变设置为 0.4ms/div 时，单个电荷脉冲仅出现时间分辨特性（见图 4.6b）。可以看出：Trichel 脉冲随机分布在所施试验电压负峰值区域附近，即分散在相角 270° 附近。

　　另一例子可参考图 4.7 所示的表面和空腔放电示波器图形。图中局部放电脉冲随机分布在试验电压过零点附近，即相角分别分散在 0° 和 180° 附近。可见空腔和表面的 PD 特征相似，但表面放电脉冲的幅值远大于空腔放电，利用此特征可以区分这两种放电。

4. 脉冲重复率

根据 IEC 60270:2000 标准，脉冲重复率由式（4.2）确定：

$$n = \frac{N_p}{\Delta t} \tag{4.2}$$

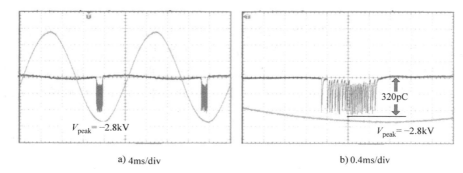

图 4.6　交流试验电压下 3.5mm 针板间隙的 Trichel 放电的视在电荷脉冲，
以 4ms/div 和 0.4ms/div 分别示出

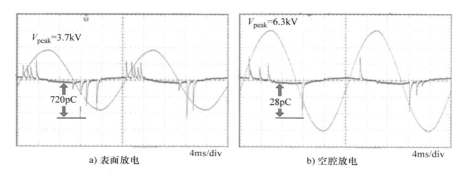

图 4.7　工频试验电压下，表面放电和空腔体放电所获得的视在电荷脉冲的示波器图形

式中，N_p 为 PD 脉冲总数；Δt 为记录的时间间隔。实际测量中仅评估超过某一特定幅值或在特定幅值范围内的脉冲。

可参考图 4.8 所示实例的示波器截图，其数据是从 110kV 电力变压器在线 PD 试验过程中获得的。升高工频（50Hz）电压到 $V_{rms} = 19kV$，每半个周期出现一个视在电荷量幅值超过 60nC 的单极性局部放电脉冲，如图 4.8a 所示，这里选择包含 5 个半周期的记录时间 $\Delta t = 50ms$，因此，脉冲重复数量为 $n = 5/(50ms) = 100s^{-1}$。进一步提高电压水平，至少升到 $V_{rms} = 71kV$ 的最高相—地电压，视在电荷脉冲幅值几乎不变，而 PD 脉冲数量增加到每半周出现 7 个脉冲，即重复率达到 $n = 35/(50ms) = 700s^{-1}$。

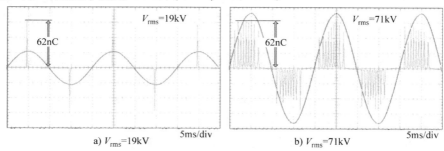

图 4.8　有缺陷的 110kV 变压器套管在起始电压 $V_{rms} = 19kV$ 和
最高相对地电压为 $V_{rms} = 71kV$ 时的 PD 特征示波器截图

注意：进一步的试验研究表明，图 4.8 中显示的极高幅值的电脉冲是变压器套管抽头端子不良接地导致套管中火花放电的结果。

5. 累积视在电荷

IEC 60270：2000 修订版中定义的累积视在电荷 q_n 可由式（4.3）确定：

$$q_n = /q_1/ + /q_2/ + /q_3/ + \cdots + /q_i/ \tag{4.3}$$

式中，$/q_1/$，$/q_2/$，$/q_3/$，$\cdots$，$/q_i/$ 为视在电荷的绝对值；i 为时间间隔 Δt_r 内捕获的 PD 脉冲数量。

实际测量中，仅考虑超过特定阈值水平或在特定视在电荷上限值范围内发生的 PD 脉冲。可参考图 4.9 所示的额定电压为 24kV、有缺陷的 XLPE 电缆终端的 PD 行为以获得更好的理解。将试验电压升高至 $V_{rms} = 12.8kV$，记录的 PD 脉冲序列的最大视在电荷接近 500pC，其中累积视在电荷超过每周期 7000pC。

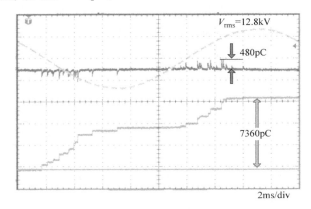

图 4.9　从缺陷 XLPE 电缆终端（额定电压 24kV）获得的示波器截图显示，除视在电荷脉冲外还包含累积的视在电荷，其中记录时间涵盖所施加的工频试验电压的两个半周期（50Hz）（虚线）

6. 平均放电电流

根据 IEC60270：2000 标准，平均放电电流 I_n 由式（4.4）确定：

$$I_n = \frac{1}{T_{ref}} \{ /q_1/ + /q_2/ + /q_3/ + \cdots + /q_i/ \} = \frac{q_n}{T_{ref}} \tag{4.4}$$

式中，T_{ref} 为选定的参考时间间隔；i 为捕获的 PD 脉冲编号。定量的实例可参考图 4.9，在式（4.4）中插入 7360pC 的累积电荷，可得以下平均电流：

$$I_n = \frac{7360pC}{20ms} \approx 0.37mA$$

7. 放电功率

根据 IEC 60270：2000 标准，放电功率 P_n 可由式（4.5）确定：

$$P_n = \frac{1}{T_{ref}} \{ /q_1 v_1/ + /q_2 v_2/ + /q_3 v_3/ + \cdots + /q_i v_i/ \} \tag{4.5}$$

式中，v_1，v_2，v_3，$\cdots$，v_i 是交流试验电压在捕获幅值为 q_1，q_2，q_3，$\cdots$，q_i 的 PD 脉冲信号时的瞬时值，必须考虑的基本关系为 AC 试验电压的相角等于试验对象终端的相角。为了以合理的精度实时测量放电功率，需要使用计算机辅助的 PD 测量系统。

8. 二次方率

根据 IEC 60270：2000，二次方率 D_n 等于在选定的参考时间间隔 T_{ref} 内单个视在电荷的二次方和除以该时间间隔，即

$$D_n = \frac{1}{T_{ref}} \cdot \{ q_1^2 + q_2^2 + q_3^2 + \cdots + q_i^2 \} \tag{4.6}$$

为了以合理的精度确定实时模型中的 PD 参量，不可避免地要使用计算机测量系统。引入这种使用很少的二次方率 D_n 是用来凸显 PD 信号幅值过高的严重性。

4.2 PD 模型

众所周知，由 PD 引起的电磁瞬变仅在试验对象的终端处可检测到，因此，如果该外部脉冲电荷与流过 PD 缺陷的内部脉冲电荷有关，则终端处的测量将有意义。为分析 PD 的电荷转移，代替如图 4.10（Kreuger，1989 年）所示的真实电介质缺陷，通常考虑形状简单的气体杂质，比如球形、椭圆形和圆柱形空腔。通常而言，基于网络和基于偶极子的 PD 模型易于区分，前者由电容等效电路表示，后者由腔壁上沉积的双极性空间电荷表示。

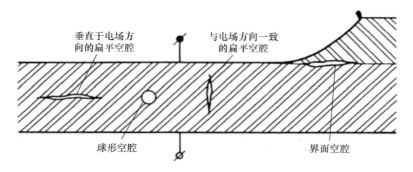

图 4.10　根据 Kreuger（1989 年）的固体电介质中气态夹杂物的典型尺寸

4.2.1 基于网络的 PD 模型

基于网络的 PD 模型可以追溯到 1928 年，当时，Burstyn 从理论上分析了经过小电容连接到交流试验电压源的火花间隙在工频电源每半个周期的击穿时序。该方法的主要目的是为了强调：大型浸渍电力电缆具有相对较高的损耗因数，这是嵌埋在层叠绝缘之间的气态夹杂物中火花放电的结果（Burstyn，1928 年）。后来 Gemant 和 Philippoff 使用 Burstyn 提出的网络对这种简单的方法进行了实验研究，如图 4.11 所示（Gemant 和 Philippoff，1932 年）。为测量每半个周期的击穿时序，火花间隙 F 与高压示波器的水平偏转板并联连接。为改变通过火花隙放电的有效电容，与其并联连

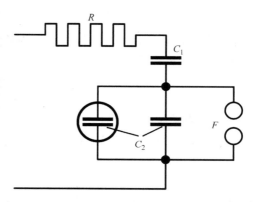

图 4.11　Gemant 和 Philippoff（1932 年）使用的根据所施加的 AC 试验电压水平来测量火花隙的击穿时序的实验装置

接了附加电容器 C_2。图 4.11 中电容 C_1 和电阻 R 的串联是为了限制通过火花隙 F 的瞬态电流。图 4.12 展示了两种典型试验水平下得到的示波器波形记录。研究表明，取决于试验电压水平和放电电容 C_2 的击穿序列与理论估计吻合得很好。

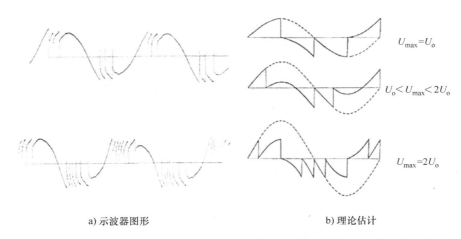

a) 示波器图形　　　　　　　　　b) 理论估计

图 4.12　Gemant 和 Philippoff（1932 年）所得示波器图形与理论估计的对比

除计算击穿序列（取决于试验电压水平和放电电容）外，还要从流过气体填充空腔的内部电荷推测出可检测的外部电荷，即利用如图 4.11 所示的电路。此后，由 Whitehead（1951 年）和 Kreuger（1964 年）进行了改进，如图 4.13 所示。该电路中 C_a 代表试验对象电极间的电介质电容，而 C_b 和 C_c 代表"健康的"电介质柱体的虚拟电容和直观假设的空腔电容的串联连接，该空腔电容通过并联连接的火花隙 F_c 周期性地放电。由于有这三个特征电容，图 4.13 所示的等效电路传统上称为 abc 模型。

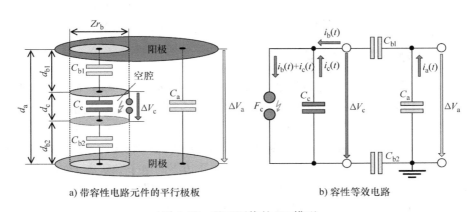

a) 带容性电路元件的平行极板　　　　　　b) 容性等效电路

图 4.13　基于网络的 PD 模型

为分析从 PD 源到试验对象终端的脉冲电荷转移量，通常，假设一个直径为 $2r_b$ 的圆柱，如图 4.13a 所示。为了简化分析，假设"健康的"电介质柱的半径等于气体填充圆柱腔体的半径，这种情况下，等效电容 C_b 和 C_c 可简单地表示为

$$C_{b} = \varepsilon_0 \varepsilon_r \frac{\pi r_b^2}{d_b} \qquad\qquad (4.7a)$$

$$C_{c} = \varepsilon_0 \frac{\pi r_b^2}{d_c} \qquad\qquad (4.7b)$$

式中，d_c 为 PD 缺陷的气态柱体的长度；$d_b = d_{b1} + d_{b2}$ 为两个实心柱体的整个长度（部分长度为 d_{b1} 和 d_{b2}）；ε_0 为空气的介电常数；ε_r 为固体电介质的相对介电常数。假设图 4.13a 中的火花隙在起始场强 E_i 下击穿，空腔电容 C_c 上出现的瞬态电压将降至几乎为零，从而得到 $\Delta V_c \approx E_i d_c$。这意味着存储在电容 C_c 中的内部电荷 q_c 全部被中和并因此完全消失，因此可写为

$$q_c \approx \Delta V_c C_c \approx E_i \varepsilon_0 \pi r_b^2 \qquad\qquad (4.8)$$

如图 4.13b 所示，在串联的等效电容 C_{b1}—C_{b2}—C_a 支路上也会出现上述电势降落 ΔV_c。假设，简化关系 $C_{b1} = C_{b2} = 2C_b$，则可得到电容 C_a 两端的电压阶跃为

$$\Delta V_a = \Delta V_c \frac{C_b}{C_a + C_b} \qquad\qquad (4.9)$$

与试验对象电容 C_a 相乘，可测得的外部电荷由下式表示：

$$q_a = \Delta V_a C_a = \Delta V_c \frac{C_b C_a}{C_a + C_b} \approx \Delta V_c C_b \approx E_i \varepsilon_0 \varepsilon_r \pi r_b^2 \frac{d_c}{d_b} \qquad\qquad (4.10a)$$

$$q_a \approx q_c \varepsilon_r \frac{d_c}{d_b} \qquad\qquad (4.10b)$$

对于专业绝缘来讲，通常能满足不等式 $d_c \ll d_{b1} + d_{b2} = d_b \approx d_a$ 的要求，且使用的电介质的相对介电常数大多小于 5。在此条件下，由式（4.10b）得到

$$\frac{q_a}{q_c} \approx \varepsilon_r \frac{d_c}{d_a} \ll 1 \qquad\qquad (4.11)$$

由于这个关系，试验对象引线中检测到的外部电荷被称为视在电荷，并在 IEC 60270: 2000 中指出，视在电荷不等于放电现场涉及的电荷量，该放电量无法直接测量。

4.2.2 基于偶极子的 PD 模型

基于图 4.13 所示的容性等效电路的经典视在电荷概念被 Pedersen 及其同事摒弃（Pedersen，1986 年、1987 年；Pedersen 等人，1991 年、1995 年），尤其是他们质疑直观假设的空腔电容上的电压降落是火花放电的结果，而认为是电偶极子的形成引起的，而这些电偶极子是由沉积在空腔壁上的双极性空间电荷感应生成。由于这些双极性载流子是在碰撞和光电离过程中由中性气体分子释放，沉积在阳极侧电介质边界的电子和负离子的数量等于沉积在阴极侧电介质边界的正离子数量（见图 4.14）。由于极性相异的空间电荷间的泊松场与施加试验电压产生的拉普拉斯（静电）场相反，气体分子的电离将突然熄灭。分离双极性载流子所需的时间间隔通常在纳秒范围，也是相关电流脉冲的时间参数的表征量。

应用经典连续方程估算流过等效电容 C_a 并由此流过图 4.14 所示的试验对象的瞬态电流，这意味着，由图 4.14b 中电容 C_c 所表示的、流过气态夹杂物的传导电流 $i_c(t)$ 等于通过由电容 C_{b1} 和 C_{b2} 表征的固体电介质柱的位移电流 $i_b(t)$，且该电流继续流过试验对象电容 C_a，引起电压跳变 ΔV_a。这也意味着，在试验样品终端处可测得的外部电荷 q_a 等于内部 PD

电荷 q_c，该参量以流过气体夹杂物的瞬态电流的时间积分给出，这是由双极性载流子的运动引起。显然，这与前述基于网络的 PD 模型推出的经典视在电荷概念是相反的。

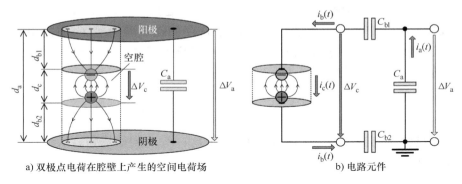

a) 双极点电荷在腔壁上产生的空间电荷场　　b) 电路元件

图 4.14　Pedersen（1986 年，1987 年）的偶极子模型

　　为定量估计 PD 电荷转移量，Pedersen 提出了一种基于麦克斯韦方程的场论方法（Pedersen，1986 年），这种替代概念在过去一直被忽视，而传统的 abc 模型现在也得到了推广（Achillides 等人，2008 年、2013 年、2017 年）。显而易见，其原因是当采用 Pedersen 概念时，PD 电荷的转移难以解释，这需要基于麦克斯韦方程场论的丰富知识（Maxwell，1873 年）；然而，代替在许多技术论文中经常研究和发表的球形、椭圆形和柱形腔体，而是考虑在简化的准均匀电荷场（比如假设电极之间的拉普拉斯场对于载流电荷分离所需的时间跨度是恒定的）条件下进行偶极矩的建模时（Lemke，2012 年、2016 年），可以大大简化 PD 电荷转移量的分析。因此，为估计 PD 电荷转移量，仅仅需要分析相反极性电荷载流子的分离引起的泊松场的变化。

　　为加深理解，首先考虑单电子及相关正离子的运动，它们向电极扩散的过程会被相距 d_c 的两介质层阻碍，如图 4.15 所示。如果在起始场强 E_i 下仅有携带基本电荷为 e 的单个电子在位置 $x = x_i$ 处从中性分子中离解，由于库仑力 $F = -eE_i$ 的作用，电子会被阳极吸引。因此，在行进了最大可能距离 x_i 后，转移到电子上的场能变为

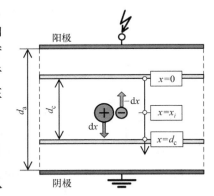

$$W_e = F\int_{x_i}^{0} \mathrm{d}x = -eE_i(0 - x_i) = eE_i x_i \qquad (4.12)$$

　　以类比的方法可获得下面能量的表达式，该能量从场转移到带有元电荷 $+e$ 的正离子上：

图 4.15　用于估计转移到电子和相关正离子中的场能的参数

$$W_p = F\int_{x_i}^{0} \mathrm{d}x = eE_i(d_c - x_i) \qquad (4.13)$$

　　结合方程式（4.12）和式（4.13），电子和正离子在接近固体电介质边界后得到的所有场能为

$$W_t = W_e + W_p = eE_i d_c \qquad (4.14)$$

显然，该表达式与电子从中性分子中释放的实际位置 x_i 无关，因此，中性气体分子 n_i

电离产生的电子雪崩得到的最大场能可简单地表示为

$$W_a = en_i E_i d_c \qquad (4.15)$$

如果想象 PD 事件起始之前（发生在起始电压 V_i 处），将试验样品与高压试验电源断开，则转移到运动电荷载流子上的能量只能来自存储在试验电容 C_a 中的电场能量，如图 4.14b 所示。为简化起见，应假设在 t_d 时刻所有载流子都接近电介质边界，这种情况下，经典的能量守恒定律可以写为

$$W_a = V_i \int_0^{t_d} i_a(t)\,\mathrm{d}t = V_i q_a = en_i d_c E_i = P_m E_i \qquad (4.16)$$

式中，P_m 为双极性载流子产生的偶极矩，$P_m = en_i d_c$；E_i 为初始场强。从试验电容 C_a 中分离的电荷 q_a，可得

$$q_a = en_i d_c \frac{E_i}{V_i} = P_m \frac{E_i}{V_i} \qquad (4.17)$$

在这种情况下，似乎值得注意的是，利用镜像电荷（Shockley，1938 年；Kapcov，1955 年；Frommhold，1956 年）的概念可推得一种类似的方法。许多研究人员常用此方法来解释平板电极间载流子迁移引起的位移电流（Meek 和 Craggs，1953 年；Raether，1964 年）。

一般而言，由 PD 导致的绝缘劣化主要取决于转移到载流子上的场能，因此，无需进一步说明，可以根据方程式（4.15）和式（4.16）得出，用测得的外部 PD 电荷量 q_a 来评估 PD 的严重程度。因此，随着腔体长度 d_c 的增加，进入电极的介电通量密度增加，从而导致最终击穿的危险性增加，如图 4.16 所示。前述基于网络的 PD 模型无此特点，模型中的内部电荷随着腔体长度增加而减少，因为腔体电容 C_c 也随之减少了。

注意： 参考图 4.14 所示的基于网络的 PD 模型，值得指出的是，内部 PD 电荷 q_c 可测量的前提条件是所有正、负极性的载流子都能越过阴极和阳极之间的整个距离。在此条件下，可以非常容易地看出：内部电荷 q_c 变得与测量的外部 PD 电荷 q_a 相等。基于方程式（4.10b）和式（4.17），可以写出如下等式：

$$q_a \approx q_c \frac{d_c}{d_b} = en_i \frac{d_c E_i}{V_i} = en_i \frac{d_c}{d_b} \cdot \frac{E_i}{E_i} = en_i \frac{d_c}{d_b}$$

$$q_c \approx en_i$$

这意味着：从基于网络的 PD 模型推出的虚拟内部 PD 电荷 q_c 等于仅由正离子或负离子携带的电荷量，然而这与气体放电的原理相悖。因为，在空腔放电情况下，正离子的电荷量与电子和负离子的电荷量相等但极性相反。由于沉积在阳极侧和阴极侧介质边缘的双极性空间电荷间的距离非常短，大量正空间电荷由负空间电荷补偿，这也可以从图 4.16a 推得。因此，净电荷仅占正离子单独携带的单极电荷的一小部分，由 en_i 给出，其中 n_i 是电离气体分子的数量。

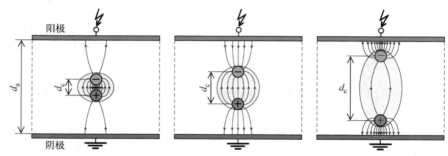

图 4.16　介电通量密度分布取决于正负空间电荷之间的距离 d_c

方程式（4.16）适用于准均匀场条件，原则上也适用于专业电极配置，前提是沿场方向的腔体长度 d_c 远低于电极间距（Lemke，2013 年）。可参考图4.17所示的例子，以嵌入同轴圆柱电极之间的电介质中的球形空腔作为电力电缆的代表。

为简化处理，考虑在相距 d_a 的平板电极间嵌入电介质中的、半径为 r_c 的原始（无空间电荷）球形腔体，这似乎是合理的，因为影响场分布的载流子是在超过起始场强 E_i 的瞬间之后产生的。假设通常满足不等式 $r_c \ll d_a$ 的专业绝缘条件，所谓的场增强因子 k_ε 可由式（4.15）估算（Schwaiger，1925 年）：

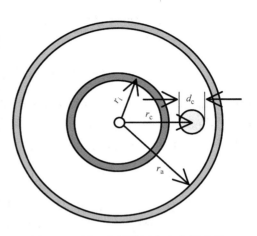

图4.17　用于分析挤压电力电缆中的
PD 电荷转移的参数

$$k_\varepsilon = \frac{3\varepsilon_r}{1+2\varepsilon_r} \tag{4.18}$$

考虑聚乙烯绝缘电缆，其相对介电常数 $\varepsilon_r = 2.3$，则求得 $k_\varepsilon = 1.2$。带入式（4.17），可测得的脉冲电荷可由式（4.17）估计：

$$q_a \approx P_m \frac{1.2}{r_c\left[\ln\left(\frac{r_a}{r_i}\right)\right]} \tag{4.19}$$

然而，定量确定偶极矩 P_m 是一个困难的事情，因为电离分子的数量 n_i 在极宽的范围内随机分布，因此，仅研究最坏状况似乎是合理的，发生时刻为流注放电的开始。对于这种情况，偶极矩可用下面半经验法表示：

$$P_m \approx (270\mathrm{pC/mm})d_c^2\,(0.1\mathrm{mm}<d_c<2\mathrm{mm}) \tag{4.20}$$

将其引入到方程式（4.19），并代入以下假设的几何参数：$r_i=8.5\mathrm{mm}$，$r_a=14\mathrm{mm}$ 和 $r_c=10\mathrm{mm}$，以此组数据表征 20kV 聚乙烯绝缘电力电缆，可得到

$$q_a \approx (67\mathrm{pC})\left(\frac{d_c}{d_0}\right)^2 \tag{4.21}$$

式中，$d_0=1\mathrm{mm}$ 为参考腔体的直径，由此确定的 q_a-d_c 曲线绘于图4.18中。为对比起见，实验数据也绘在图中。文中应注意的是，此处研究的实验数据不是从同轴圆柱电极结构中得到的。尽管如此，计算得到的曲线与测量结果也十分吻合，而由于 PD 脉冲幅值固有的分散性较大，因此，无法预期更好的一致性。

涉及挤压式电力电缆的质量保证试验时，脉冲电荷 q_a 与 PD 起始电压 V_i 的函数最有研究价值。为求解式（4.17），需要知道 E_i/V_i 的比值，确定起始电场

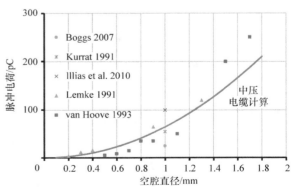

图4.18　20kV XLPE 电缆 PD 脉冲电荷 q_a 与
空腔直径 d_c 的计算和实验数据

E_i 与腔体直径 d_c 之间关系的合适方法可以从 Schumann 曲线（Schumann，1923 年）中推导出来，该曲线表达式如下：

$$E_i \approx E_0 \left(1 + \sqrt{\frac{d_r}{d_c}} \right) \qquad (0.1\mathrm{mm} < d_c < 2\mathrm{mm}) \qquad (4.22)$$

式中，$E_0 = 2.47\mathrm{kV/mm}$，为大气参考条件下环境空气的静态起始场强；$d_r = 0.82\mathrm{mm}$ 是腔体参考直径。将这些值带入式（4.17），可得到以下方法来确定嵌入同轴圆柱电极之间的体电介质中原始球形腔的起始电压：

$$V_i = \frac{E_0}{k_\varepsilon} r_c \cdot \left[\ln\left(\frac{r_a}{r_i}\right) \right] \cdot \left(1 + \sqrt{\frac{d_r}{d_c}} \right) \approx V_i \approx (10.5\mathrm{kV}) \cdot \left(1 + \sqrt{\frac{0.82\mathrm{mm}}{d_c}} \right) \qquad (4.23)$$

结合式（4.21）和式（4.23），可计算出 PD 脉冲电荷 q_a 与初始电压 V_i 的关系，并绘于图 4.19 中。这种情形下，值得注意的是：在 IEC 60502：1997 标准中，对于挤压式绝缘结构的中压电缆，推荐的最大试验电压为 $1.73V_0$，这里 V_0 为相—地电压的有效值。对于此处考虑的 20kV 电缆，相当于峰值电压为 28kV。在图 4.19a 中，该值用圆圈表示，这使得只有当 PD 水平保持在 5pC 以下时，电缆才能通过 PD 试验，该结果与 IEC 60502：1997 的推荐结果完全一致，该建议规定 $1.73V_0$ 条件下的 PD 放电量不得超过 10pC。此外，也可由式（4.23）推知：只有当腔体直径 d_c 小于 0.3mm 时才能保证高于 28kV 的 PD 起始电压。

虽然绘于图 4.18 和图 4.19 中的计算曲线与实际经验是一致的，但这里必须强调的是：定量值只是近似值。这是因为：方程式（4.17）是指在大气正常条件下充满了环境空气的原始空腔。然而，对于专业绝缘来讲，腔体尺寸和气压均不是已知。此外，由于前序的 PD 会造成空间电荷在腔壁处的沉积，从而对后续 PD 建立的偶极矩造成强烈的影响，这也可能是脉冲电荷量值分散大的原因，这在实际中是常常遇到的。

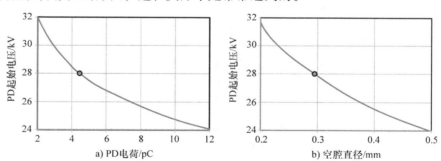

a) PD电荷/pC   b) 空腔直径/mm

图 4.19 中压 XLPE 电缆 PD 起始电压与 PD 电荷和空腔直径的关系

4.3 PD 脉冲电荷的测量

4.3.1 PD 信号的去耦

如 4.1 节中探讨的那样，当电磁瞬态从 PD 发生点传输至试验对象终端时，PD 电流脉冲的频率成分被大大衰减，如图 4.3 所示。不同的是，瞬态 PD 电流的时间积分以及脉冲电荷或多或少是不变的。为更好地理解，可参考图 4.20 所示的在平行平板电极之间的块状电介质中嵌入的充气空腔，这已经在 4.2 节中进行了研究。

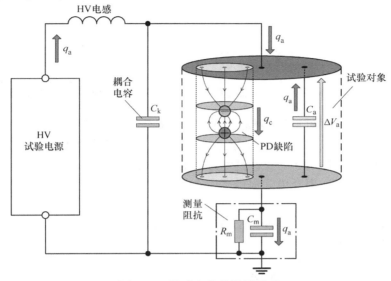

图 4.20　脉冲电荷的测量原理

由于 PD 瞬变信号的特征在于其时间参数低至纳秒范围，因此信号频谱范围可达 100MHz 甚至更高，高压试验电源与试验对象之间的电感阻抗变得非常高。因此，在 PD 过程中，可认为试验对象和高压电源是断开的。在此条件下，流过 PD 缺陷的电荷 q_c 仅由试验对象的电容 C_a 提供，该电容与试验对象两端的快速电压降落 ΔV_a 有关。根据基于偶极子的 PD 模型，流过 PD 缺陷的脉冲电荷 q_c 等于流过试验对象电容 C_a 的电荷量，因此电荷量可写为

$$q_c = q_a = \Delta V_a C_a \tag{4.24}$$

在 PD 过程猝灭且载流子沉积在腔壁处的瞬间，PD 电流衰减至零，高压连接引线的频率成分和有效阻抗都相应地减小。因此，试验对象电容 C_a 将由高压电源再次充电，即电容上的前一个电压降落 ΔV_a 被反极性的信号补偿，这表明：即使再次充电电流的实际波形与起始 PD 电流波形有所不同，C_a 再次充电电流的时间积分和视在电荷也可以用式（4.24）进行评估。如果将试验对象的低压电极连接到地电位，则可以通过测量阻抗来测量 PD 脉冲电荷（见图 4.20）。此外，应通过高压电容 C_k 将试验对象的端子并联，以确保对 C_a 再充电的电流均流经测量阻抗。

为直接测量 PD 脉冲电荷，测量阻抗可配备测量电容 C_m。这种情况下，C_m 上的电压跳变幅值与待测的脉冲电荷成正比。在交变试验电压下，流过试验对象并因此流过测量阻抗的容性负载电流实际上超过 PD 事件引起的信号电平，实例如图 4.21a 所示。为克服这个关键问题，测量电容 C_m 常并联连接一个测量电阻 R_m，以相应地减小叠加的交流信号，如图 4.21b、c 所示。然而，实际经验表明，图 4.20 所示的配备 RC 网络的测量阻抗仅适用于基础 PD 研究的小电容试验试样，如针板面间隙，不适用于高压设备及其组件的 PD 试验。

即使通过在试验对象的低压端和地电位之间连接测试阻抗可以实现最高的测量灵敏度，这种方法通常也是不适用的。一方面，试验对象的接地引线通常不会断开；另一方面，测量阻抗必须能够承载流过试验对象的整个容性负载电流，此外在异常击穿故障下还会出现快速

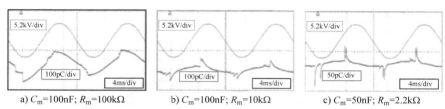

a) $C_m=100nF; R_m=100k\Omega$　　b) $C_m=100nF; R_m=10k\Omega$　　c) $C_m=50nF; R_m=2.2k\Omega$

图 4.21　PD 引起的典型电压信号，由 *RC* 测量阻抗捕获，该阻抗与针板间隙串联共同施加 AC 试验电压

瞬变电流。为克服这一关键问题，测量阻抗通常与耦合电容 C_k 串联，如图 4.22 所示。此处的测量电阻 R_m 与电感 L_s 并联，电感 L_s 流经通过耦合电容的所有交变负载电流，过电压保护单元 O_p 用于抑制异常故障引起的快速过电压，也因此可以避免测量阻抗和处理仪器的损坏。由于图 4.22 中所示的 PD 耦合单元提供了一个高通滤波器，因此，其下限频率 f_1 应选择得尽可能低，优选低于 100kHz。

实例给出了用于电力变压器感应电压试验的耦合设备，将假设以下参数：

1）下限频率：$f_1 = 50kHz$；

2）有效测量阻抗：$R_m = 1k\Omega$；

3）最大施加试验电压水平：$V_a = 200kV$；

4）最高试验频率：$f_{ac} = 400Hz$。

下限频率由下式得出：

$$f_1 = \frac{1}{2\pi C_k R_m} = 50kHz$$

耦合电容的最小电容量如下确定：

$$C_k = \frac{1}{2\pi f_1 R_m} \approx 3.2nF$$

将最高激励频率 $f_{ac} = 400Hz$ 代入，可得到流经耦合电容的容性电流为

$$I_c = 2\pi f_{ac} C_k V_{ac} = 1.6A$$

当该电流流过 $R_m = 1k\Omega$ 的测量电阻器时，将出现高达 1600V 的电压降落。当然，这对操作员来说是危险的，并且还可能损坏相连接的 PD 测量系统。因此，为了降低高压降落，在 R_m 两端应并接电感 L_s（见图 4.22）。

但是，应用此方法时，必须注意下限频率可能会显著超过前面提到的低于 100kHz 的下限频率，为满足此条件：

$$2\pi f_m L_s \geqslant 5R_m \qquad L_s \geqslant 16mH$$

在此考虑最大试验电压的最高频率为 $f_{ac} = 400Hz$，故感性阻抗值为

$$Z_1 = 2\pi f_{ac} L_s = 40\Omega$$

在这种情况下，上述负载电流 $I_c = 1.6A$ 流过耦合电容 $C_k = 3.2nF$，在 L_s 上的压降相对较低，仅为 64V，使用高阶高通滤波器压降还可以进一步降低。

为了能够通过示波器或基于计算机的 PD 测量系统可以以相位—分辨率方式显示 PD 脉冲，PD 耦合单元还可以使用附加测量电容 C_m 来进行配置，如图 4.22 所示。因为 PD 脉冲和 AC 试验电压的频谱差异极大，因此，可以简单地区分这两个信号。考虑图 4.22 中的输出 "PD 脉冲" 和 "试验电压"，例如，如果上面介绍的 $V_{ac} = 200kV$ 最大试验电压电平应衰减到 50V，则需要 1∶4000 的分压比，使用 $C_k = 3.2nF$ 的耦合电容，低压测量电容则需要为 $C_m = 12.8\mu F$。

4.3.2　IEC 60270 标准 PD 测量电路

IEC 60270∶2000 推荐的基本 PD 测量电路如图 4.23 所示。为避免绝缘击穿引起的异常

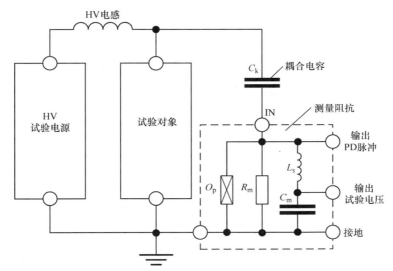

图 4.22　PD 测量电路、测量阻抗与耦合电容串联

高电压给操作员带来的危险，测量阻抗应放置在高压试验区域内。此外还需注意：应确保高压接线在最高试验电压下无 PD 现象。用于回流的接地引线应尽可能短且由宽度至少约 100mm 的铜或铝箔制成，可最大限度地降低高频范围内不可避免的电感，从而防止电磁干扰，有关这方面的更多信息请参阅 4.5.2 节和 9.2.2 节。

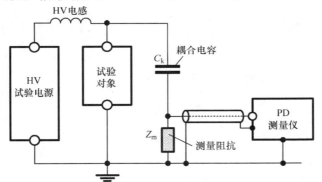

a) 用于接地试验对象的带串联耦合电容的测量阻抗

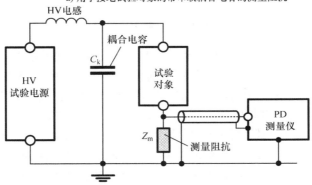

b) 试验对象通过测量阻抗接地

图 4.23　IEC 60270:2000 中推荐的基本 PD 测量电路

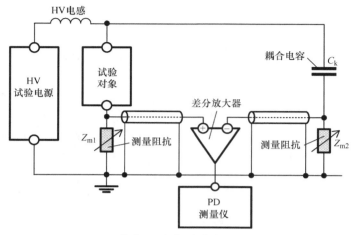

c) 推荐用于降噪的桥接电路

图 4.23 IEC 60270:2000 中推荐的基本 PD 测量电路（续）

最常使用的耦合模式是使用与测量阻抗串联的耦合电容（见图 4.24），已基于图 4.22 进行了探讨。

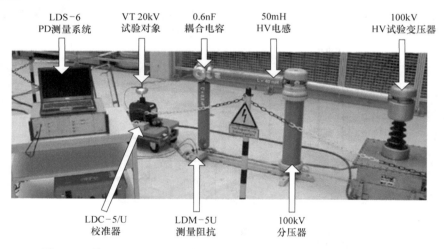

图 4.24 按照 IEC 60270 设计的 PD 测量电路（由 Doble Lemke 提供）

根据图 4.23c，使用平衡 PD 桥，在一定程度上可以消除干扰敏感 PD 测量的电磁噪声。这里，可调节的测量阻抗 Z_{m1} 和 Z_{m2} 分别安装在试验对象和耦合电容器的接地连接引线中，分别提供测量分支和参考分支。相应地调整 Z_{m1} 和 Z_{m2} 以平衡电桥，差分放大器或多或少地可以抑制出现在高压端子处的共模噪声。因此，只有源自试验对象的 PD 信号才能出现在差分放大器的输出端，并由 PD 测量仪测量。为确保高的共模抑制效果，电桥应尽可能对称设计。为此，建议使用互补的、无 PD 现象的试验对象代替耦合电容作为参考。尽管平衡电桥具有噪声抑制的优点，但在实践中通常不采用这种方法，因为电桥两臂必须在用于 PD 信号处理的全带宽上具有等效的频率响应，这给电桥的设计带来了挑战。此外，必须考虑到沿着互补、无 PD 试验对象传播的干扰信号的时间延迟等于沿着被研究试验对象传播的信号的时延。

常用于电力变压器 PD 试验的另一选择是套管抽头耦合模式，如图 4.25 所示。当然，这种耦合模式仅适用于配备有用于 $C/\tan\delta$ 测量的套管末屏的电容式分级套管，该高压套管的电容 C_1 原则上起到了如图 4.23a 所示的耦合电容器 C_k 的作用。

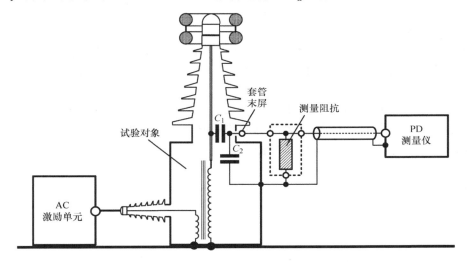

图 4.25　用于电力变压器 PD 试验的套管末屏耦合模式

4.3.3　PD 信号处理

如 4.2.2 节所讨论的那样，流过试验对象连接引线的瞬态 PD 电流的时间积分和由此测得的脉冲电荷与流过 PD 缺陷的电荷量相关，此外，即使从 PD 源传输到试验对象端子时 PD 电流脉冲可能大幅失真，但脉冲电荷基本上是不变的。因此，通过对阻性测量阻抗两端的暂态电压的积分可以测得所谓的视在电荷，这可以通过带通滤波（通常称为准积分）很方便地实现。为达到此目的，信号处理可以在一个频率范围内进行，其中捕获的 PD 脉冲的幅频谱几乎是恒定的（Kind，1963 年；Kuffel 等人，2006 年；Schon，1986 年；Zaengl 和 Osvath，1986 年；König 和 Narayana，1993 年；Lemke，1997 年），如图 4.26 所示。实践经验表明：如 2015 年出版的 IEC 60270：2000 修订版中建议的那样，当上限截止频率限制在 1MHz 以下

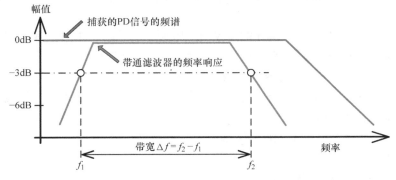

图 4.26　与根据 IEC 60270：2000 推荐用于 PD 脉冲电荷测量的频带相比较的 PD 脉冲频谱

时，对大多数试验对象而言，都可以满足此要求。

用于 PD 信号处理的仪器可根据带宽 $\Delta f = f_2 - f_1$ 分为宽带和窄带仪器。对于宽带 PD 测量仪器，IEC 60270：2000 修订版中建议使用以下频率参数：

1）下限频率：$30\text{kHz} \leqslant f_1 \leqslant 100\text{kHz}$；

2）上限频率：$130\text{kHz} \leqslant f_2 \leqslant 1000\text{kHz}$；

3）带宽：$100\text{kHz} \leqslant \Delta f \leqslant 970\text{kHz}$。

注：根据 IEC 60270：2000，术语"带宽"是指 PD 处理单元的带通滤波器的特征量，定义为 $\Delta f = f_2 - f_1$，通常远大于下限频率 f_1。在此条件下，需强调该术语与 PD 电流脉冲高达 GHz 范围的实际频谱无关，参见 4.1 节。

带通滤波器的 PD 脉冲响应，其上、下限频率分别为 $f_2 = 320\text{kHz}$、$f_1 = 40\text{kHz}$，如图 4.27a 所示。基于网络理论可知：输出脉冲的峰值与输入脉冲的时间积分成比例，且输出脉冲持续时间远超过输入脉冲的持续时间。

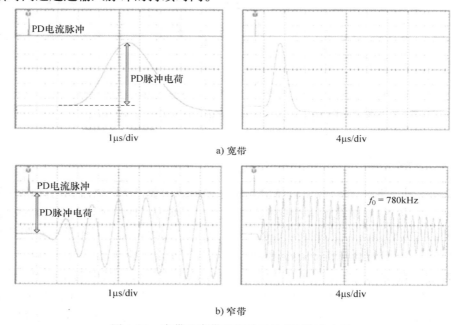

图 4.27 宽带和窄带处理单元的 PD 脉冲响应

宽带：下限频率 $f_1 = 40\text{kHz}$，上限频率 $f_2 = 320\text{kHz}$　窄带：中心频率 $f_0 = 780\text{kHz}$，带宽 $\Delta f = 9\text{kHz}$

在这种情况下，应该注意，积分性能仅由上限频率 f_2 而不是由下限频率 f_1 控制，因此，原则上也可以使用窄带滤波器来实现准积分。为此目的，带宽 Δf 必须选择为远低于中心频率 $f_0 = (f_2 - f_1)/2$。典型的测量示例如图 4.27b 所示，其中涉及窄带放大器的 PD 脉冲响应，其特征在于中心频率为 $f_0 = 780\text{kHz}$，带宽为 $\Delta f = 9\text{kHz}$。这里，振荡响应的最大峰—峰值与窄带放大器中注入的脉冲电荷成正比，这也遵循经典的网络理论（Schon，1986 年）。在 IEC 60270：2000 中，建议对窄带 PD 测量仪器使用以下频率参数：

1）中心频率：$50\text{kHz} \leqslant f_0 \leqslant 1000\text{kHz}$；

2）带宽：$9\text{kHz} \leqslant \Delta f \leqslant 30\text{kHz}$。

窄带放大器的主要优点是抗噪声能力，即通过相应地调整滤波器的中心频率 f_0 就可以有效地消除从无线电广播站接收的连续出现的高频干扰，参见 4.5 节。然而，在这种情况下，必须强调的是：由于振荡响应的持续时间相对较长，可能会出现致命的叠加误差，通常会超过几百 μs。请参见图 4.28 所示的窄带放大器双脉冲响应的应用实例，图 4.28 中，两个后续出现的脉冲之间的时间间隔从最初的 1.4μs 减少到 0.7μs。由此可以看出：在这种情况下，振荡信号的峰—峰值相应减小，对于电缆去耦的 PD 脉冲来讲，这是一种典型的现象，因为 PD 信号在电缆终端会发生反射。此外，对于旋转电机和电力变压器，由于其绕组中的 PD 事件所激发的振荡，也有可能产生叠加误差，这就是为什么通常不推荐窄带放大器测量 PD 脉冲视在电荷的原因。

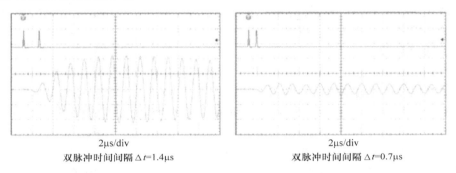

图 4.28　双脉冲距离对窄带 PD 处理单元振荡幅度的影响

4.3.4　PD 测量仪器

4.3.4.1　概述

结合示波器的西林电桥被认为是用于电子 PD 检测的第一种仪器，但测量灵敏度相对较低。在 20 世纪 20 年代，开始第一次使用配备窄带放大器的超外差接收机时，测量灵敏度大幅增加（Armann 和 Starr，1936 年；Dennhardt，1935 年；Koske，1938 年；Lloyd 和 Starr，1928 年；Müller，1934 年；Schering，1919 年）。为了保证 PD 测量的可比较和可重复性，1940 年美国和北美首次规定了测量仪器的要求，即"国家电气制造商协会（National Electrical Manufactures Association，NEMA）"出版的"无线电噪声测量方法"，该标准后来由 NEMA 107 修订为"高压电器的无线电干扰电压测量方法［Methods of Measurement of Radio Influence Voltage（RIV）］"并于 1964 年出版，高压设备 RIV 测量的等效标准也在欧洲由"Comité International Spécial des Perturbation Radioélectrique（国际无线电干扰特别委员会，CISPR）"编辑，并于 1961 年出版。

无线电干扰电压（RIV）通常以 μV 为单位进行测量，并根据人耳的声学噪声印象进行加权。因此，不能期望该参量与以 pC 测量的 PD 脉冲的视在电荷相关，这可以通过实验进行证明（Harrold 和 Dakin，1973 年；Vaillancourt 等人，1981 年）。此外，如前所述，在高 PD 脉冲重复率，甚至在电缆和电感元件中的快速 PD 瞬变激发的反射和振荡情况下，可能会出现致命的叠加误差。因此，"国际电工委员会（IEC）第 42 技术委员会：高压试验和测量技术"决定出版 PD 测量的单独标准版本。"IEC 270"第 1 版于 1968 年问世，除了定义"PD 视在电荷量"以及"起始电压"和"熄灭电压"外，还引入了其他几个 PD 量，例如："重复率"和"连续 PD 脉冲功率"。此外，还规定了校准 PD 测量电路的规则并附有指南，该指南适用于基于示波器记录的 AC 试验电压下典型 PD 缺陷的识别，其中示波器可使用相位分辨法以线性或椭圆时基记录 PD 脉冲序列的特征。

1981 年出版的第 2 版 IEC 270 包含有关校准程序的更多细节，另外还规定了 PD 量 "最大重复 PD 电荷"。HV 设备中介电缺陷可能来源于设计失败和组装工作不良，基于 IEC 270 标准，电气 PD 测量成为跟踪这种介电缺陷的不可或缺的工具。因此，随着对产品质量相关要求的提升，对 PD 测量的需求也与日俱增，最后但并非最不重要的是，设计场强的提高，高压设备寿命的提升对 PD 测量提出了越来越高的要求。

2000 年发行的第 3 版 IEC 60270 可视为第 2 版的修订版，除传统的模拟 PD 信号处理之外，该规范还涵盖了 PD 脉冲信号的先进的数字采集。此外，还增加了一部分涉及 PD 测量系统特性的维护和相关校准，这将在 4.3.7 节中详细讨论。

4.3.4.2 模拟 PD 仪器

模拟 PD 仪器的简化框图如图 4.29 所示。该装置的输入通常配备有衰减器以调节所需的测量灵敏度以及快速过电压保护单元，以避免在试验对象被异常击穿情况下损坏仪器。如前所述，通常通过使用带通放大器来进行所捕获的 PD 信号的期望积分，也可以使用如图 4.29 所示的含有电子积分器的宽带放大器（Lemke，1969 年）。该测试方法能够帮助我们记录捕获 PD 脉冲的真实波形，还能用于 PD 现场定位的时间测量。例如：在电力电缆试验中（将在 4.4 节详细描述），含有电子积分器的宽带放大器能够利用各种选通和开窗特性，有效地抑制脉冲形噪声，具体内容将在 4.5 节介绍。

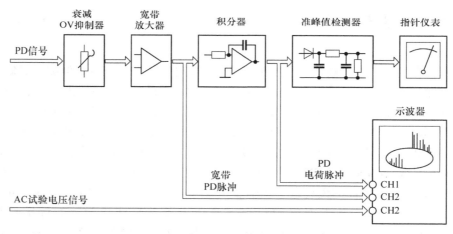

图 4.29 模拟 PD 仪器的简化流程图

按照 IEC 60270: 2000 标准规定，准峰值检测器与指示仪表结合用于测量 "最大重复出现的 PD 幅度"，该单元会对所有读数进行平均，对随机分布的 PD 脉冲幅度的加权特别有用，如图 4.30 所示。该单元的另一个好处是，对于随机出现的重复率相对较低的噪声脉冲要么不显示，要么其幅度显著减小。根据 IEC 60270: 2000 规定，准峰值检波器的充、放电时间常数应选择为 $\tau_1 \le 1ms$ 和 $\tau_2 \approx 440ms$，分别根据图 4.31 完成脉冲序列响应。在这种情况下，应该强调的是，这种方法可确保在工频（50Hz/60Hz）交流电压下或多或少可以得到可重复的试验结果，但在试验频率发生变化时则不然，如通常用于电力变压器和互感器的质量保证试验，其试验频率偶尔会增加到 400Hz。必须考虑将谐振试验装置用于电力电缆的现场 PD 试验时，其试验频率通常在 20Hz 和 300Hz 之间变化（Rethmeier 等人，2012 年）。

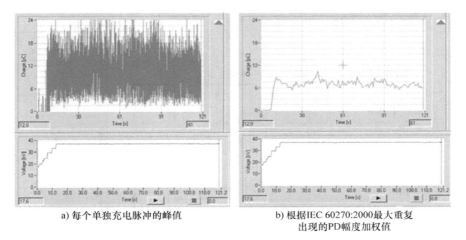

a) 每个单独充电脉冲的峰值 　　　b) 根据 IEC 60270:2000 最大重复
　　　　　　　　　　　　　　　　　　 出现的 PD 幅度加权值

图 4.30　通过计算机 PD 测量系统获得的屏幕截图显示了在交流（50Hz）电压下
中压电力电缆终端的 PD 水平（试验水平为 38kV，记录时间为 120s）

为评估 PD 试验结果，强烈推荐显示相位分辨 PD 模式（PRPDP），因其支持潜在 PD 缺陷的识别，并能够辨识真实 PD 事件中的干扰噪声。为此，可使用内置示波器或外接多通道示波器以及计算机化的测量系统。

如前所述，窄带仪器通常不能用于测量 pC 量级 PD 脉冲的视在电荷，然而，这种设备常用于测量无线电干扰电压（RIV）和研究电子设备的电磁兼容（EMC）能力，因其出色的抗干扰能力，现在也用来进行 PD 检测，尤其是高压设

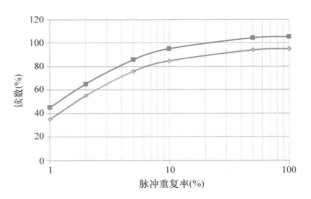

图 4.31　IEC 60270:2000 中规定的脉冲串响应，
用于测量最大的重复出现的 PD 幅值

备的现场 PD 诊断试验。虽然该种仪器是以 μV 量级而非 pC 量级来测量捕获的 PD 信号，无疑 PD 的起始电压和熄灭电压、PD 行为的变化和趋势都能可以通过窄带仪器很好地确定。

4.3.4.3　数字 PD 仪器

由于微电子技术特别是数字信号处理（DSP）技术的最新研究进展，传统的模拟 PD 仪器正日益被先进的数字 PD 测量系统所取代。1978 年，Tanaka 和 Okamoto 首次提出了基于计算机的 PD 测量仪的概念，此后诸多基于计算机的 PD 测量系统的各种解决方案相继提出，比如 Kranz（1982 年）、Haller 和 Gulski（1984 年）、Okamoto 和 Tanaka（1986 年）、van Brunt（1991 年）、Gulski（1991 年）、Kranz 和 Krump（1992 年）、Fruth 和 Gross（1994 年）、Shim（2000 年）、Lemke 等人（2002 年）、Plath 等人（2002 年）。

目前，常采用两种基本的测量原理，其一如图 4.32a 所示，使用带通放大器对捕获的 PD 脉冲进行模拟预处理，以建立前述的视在电荷脉冲，此后进行数字信号处理，其中，

A/D 转换需要相对较低的采样率；另一选择是使用快速 A/D 转换器，对从试验对象捕获的 PD 短脉冲进行数字化处理。

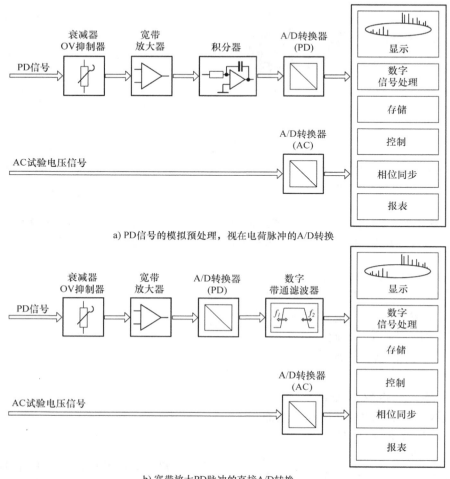

a) PD信号的模拟预处理，视在电荷脉冲的A/D转换

b) 宽带放大PD脉冲的直接A/D转换

图 4.32　数字 PD 仪器的框图

　　PD 脉冲准积分所需的带通滤波器常由可调数字滤波器和数值积分器来实现，数字化 PD 测量系统的主要优点是能够获取、存储和可视化以下 PD 特征参量：

1）t_i：PD 发生瞬态；

2）q_i：t_i 瞬间的脉冲电荷；

3）u_i：t_i 瞬间的试验电压；

4）Φ_i：t_i 瞬间的相位角。

这些参数不仅可以确保评估 IEC 60270:2000 标准中推荐的所有 PD 量（参见 4.1.2 节），还可以使用以下特征参量对复杂的 PD 事件进行深入的分析：

1）基于相位分辨 2D/3D 模式和脉冲序列模式的统计分析，以分类、识别 PD 源和消除电磁噪声。

2）基于波形分析和频谱图，将同质 PD 脉冲聚类，以分离源自不同介电缺陷 PD 事件的特征模式。

3）使用时域反射仪对电力电缆和 GIS 中的 PD 故障进行定位，以及使用多通道技术对旋转电机和电力变压器绕组中的 PD 故障进行定位。

如图 4.33 所示的更多有关计算机化（数字）PD 测量系统的功能细节将在 4.4 节 ~ 4.8 节加以讨论。

图 4.33 计算机化 PD 测量系统（Doble Lemke 提供）

4.3.5 PD 测量电路的校准

校准 PD 测量电路的目的是确定测量 PD 脉冲视在电荷 q_a 所需的比例因子 S_f，这是从 PD 测量仪器的读数 M_p 甚至从示波器或计算机屏幕上显示的信号幅度推导出来的。为此，在试验对象的端子之间注入已知校准的电荷 q_0，得到读数 M_0，则可由以下关系计算视在电荷：

$$q_a = \frac{q_0}{M_0}M_p = S_f M_p \tag{4.25}$$

校准过程基于以下事实：每个 PD 事件都会从 PD 发生点转移脉冲电荷到试验对象电容 C_a 上，并在测试端子间引起瞬态电压阶跃 ΔV_a，参见 4.2 节。当在试验对象端子间注入校准电荷，会出现等效响应，如图 4.34 所示（Lemke 等人，1996 年；Lukas 等人，1997 年）。

示例： 假设校准电荷 $q_0 = 20\text{pC}$ 被注入试验对象端子间，在连接 PD 仪器输出端的示波器上输出 5.4div（格）的信号，则比例因子 $S_f = 20\text{pC}/5.4\text{div} = 3.7\text{pC/div}$。进行实际的 PD 试验时，记录脉冲引起的信号幅值为 8.6div，则视在电荷 $q_a = (3.7\text{pC/div}) \times 8.6\text{div} \approx 32\text{pC}$。

实际上，图 4.34 中的电容 C_{01} 和 C_{02} 仅由一个校准电容器 C_0 代替，C_0 常连接在校准器的内部脉冲发生器和试验对象的高压端子之间，以便校准电荷的注入，如图 4.35 所示。

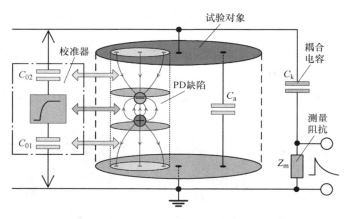

图 4.34   确定 PD 测量系统比例因子的校准程序原理图

以图 4.36b 中所示的示波记录作为测量示例，由 PD 事件引起的阶跃电压（CH1）被注入至 110kV 变压器套管的 HV 端，如图 4.36a 所示。当从套管末屏端子（CH2）去耦时，该信号出现差异，这是由于高压套管（电容接近 200pF）与测量阻抗（配备有 50Ω 的测量电阻器）串联的高通滤波的特性造成的。这种情况下，特征时间常数达到近 10ns，该信号通过 PD 测量仪器进行积分（CH3），以再现与注入阶跃脉冲幅值成比例的信号，并且原则上也可能是由受试变压器中的真实 PD 事件而引起。

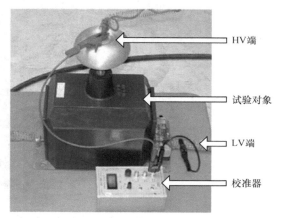

图 4.35   与 20kV 互感器相连的 PD 校准器

为保证 PD 试验结果的可复现性，PD 校准器的阶跃电压波形在 IEC 60270:2000 修订版中规定如下（见图 4.37）：

1）上升时间： $t_r \leqslant 60ns$；
2）稳定时间： $t_s \leqslant 200ns$；
3）阶跃电压持续时间： $t_d \geqslant 5\mu s$；
4）绝对电压偏差： $\Delta V \leqslant 0.03V_0$。

在相对高的容性负载下，阶跃电压波形可能会产生失真，为尽可能地减小这种畸变，校准电容 C_0 应不大于 200pF。此外，应满足 $C_0 \leqslant 0.1C_a$，以通过校准电容 C_0 完成向试验对象电容 C_a 的完全电荷转移。

4.3.6   PD 校准器的性能试验

为验证 IEC 60270:2000 修订版中规定的 PD 校准器的特征时间和电压参数，需进行性能试验。最简单的方法如图 4.38a 所示，将校准器产生的电荷 q_0 注入到测量电容 C_m。为了完成从校准器到 C_m 的全部电荷转移，需要满足关系 $q_0 = C_m \Delta V_m$，且需满足 $C_m \geqslant 100C_0$。如果校准器配备了 $C_0 = 100pF$ 的电容器，则应选择高达 $C_m \geqslant 10nF$ 的测量电容。使用传统的薄膜

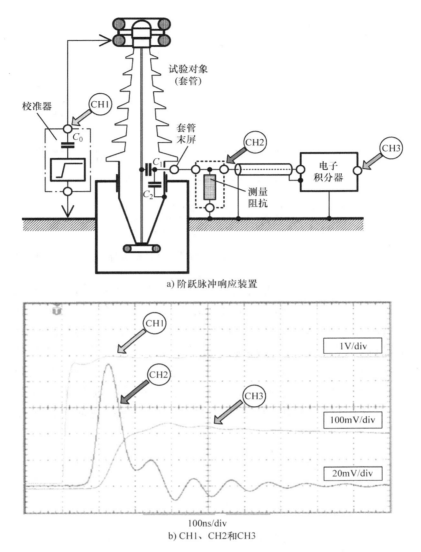

a) 阶跃脉冲响应装置

b) CH1、CH2和CH3

图 4.36 用于演示变压器套管的阶跃脉冲响应的装置和 HV 端子处注入的特征信号（CH1）与
套管抽头分离的特征信号（CH2），以及连接的 PD 测量仪器输出的"视在电荷"（CH3）

电容以保证高温的稳定性，由于固有的电感分量，阶跃脉冲的上升沿可能会出现剧烈失真，
如图 4.38b 所示。该记录涉及 $q_0 = 120pC$ 的校准电荷，该电荷通过 100pF 的串联电容注入
20nF 的测量电容中。为了解决波形失真的问题，应在校准器和测量电容器之间连接一个适
当的阻尼电阻 R_d，其产生的响应与图 4.38c 所示的响应相当；降低有效电感的另一种选择
是使用多个并联的测量电容器。

图 4.38a 所示校准电路的主要问题是，通过传统的数字示波器很难测量低于 50pC 的校
准电荷。因为在 10nF 测量电容器中注入 $q_0 = 50pC$ 的校准电荷会引起电压跳变低至 $\Delta V_m = 5mV$，即必须识别低至 0.2mV 的电压变化，才能获得适当的测量准确度。为了解决这个关
键问题，可以采用电子积分器来相应地提高测量灵敏度（Lemke，1996 年），这种电路的原

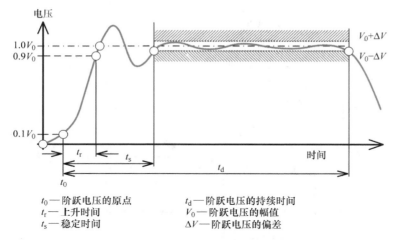

t_0 — 阶跃电压的原点　　　　　t_d — 阶跃电压的持续时间
t_r — 上升时间　　　　　　　　V_0 — 阶跃电压的幅值
t_s — 稳定时间　　　　　　　　ΔV — 阶跃电压的偏差

图 4.37　2015 年发布的 IEC 60270:2000 修订版中 PD 校准器指定的阶跃电压参数

理图如图 4.39 所示，它确保了从校准器到电容器 C_m 的完全电荷转移，即使 C_m 的电容减小为原来的 1/100，即从最初的 10nF 减小到约 100pF，其中后者等于校准电容器 C_0 的值。从图 4.39 所示的示波记录中可以明显看出，该记录指的是大约 3pC 的校准电荷，可以获得一个约 30mV 的足够高的电压阶跃，特别是在示波器配置平均值工具时，可以方便地以所需准确度进行测量。在这种情况下，还应该注意的是，尽管相对较低的积分电容仅为 100pF，但测量信号的衰减时间常数足够高（见图 4.39c）。因此，记录的电压信号 CH2 在 5μs 记录时间内仅略微减小，该时间对应于 IEC 60270:2000 修订版中规定的阶跃电压响应的最小持续时间 t_d。

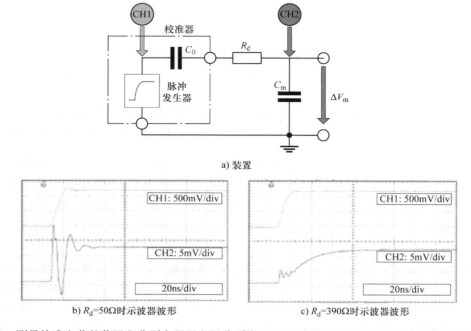

a) 装置

b) R_d=50Ω时示波器波形　　　　　c) R_d=390Ω时示波器波形

图 4.38　测量校准电荷的装置和分别在阻尼电阻分别为 R_d =50Ω 和 R_d =390Ω 下记录的典型示波器波形

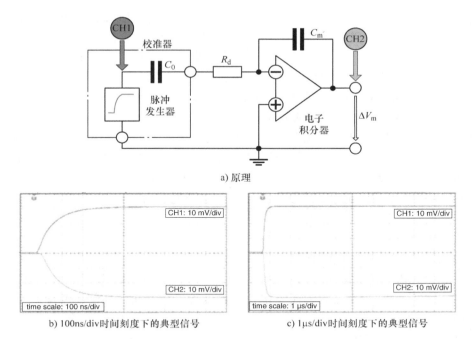

a) 原理

b) 100ns/div时间刻度下的典型信号　　　　　　c) 1μs/div时间刻度下的典型信号

图 4.39　测量 PD 校准器电荷的电子积分器的原理和分别在 100ns/div 和 1μs 时间刻度下记录的典型信号

IEC 60270:2000 标准推荐的另一种方法是将校准电荷注入测量电阻 R_m，如图 4.40a 所示。C_0 和 R_m 的串联连接显然代表一个高通滤波器，因此，R_m 上出现的时变电压 $v_m(t)$ 需再次积分以确定校准器产生的电荷 q_0。为此，可采用具有数值积分功能的数字示波器，其A/D 转换器在采样率 50MS/s 时应具有不低于 10bit 的垂直分辨率，以满足输入信号足够的分辨率的要求。此外，模拟带宽应不低于 50MHz，通常只使用符合 IEC 61083-1:2002 标准的数字示波器。

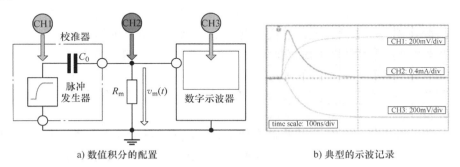

a) 数值积分的配置　　　　　　　　　　b) 典型的示波记录

图 4.40　推荐用于校准电荷 q_0 的数值积分的配置，校准电荷（$q_0 = 150\text{pC}$）

注入 $R_m = 50\Omega$ 的测量电阻和典型的示波记录

4.3.7　PD 测量系统的特性维护

IEC 60270:2000 第 3 版推荐以下三个级别的 PD 测量设备特性的维护水平，PD 测量设备包括耦合设备、PD 测量仪器和 PD 校准器以及必要的连接引线：

1）连接高压试验电路的完整 PD 测量系统的例行校准应在 PD 试验之前进行，校准过程提供在实际测量中使用的整个系统的比例因子 S_f。目前，该程序主要用于调整 PD 测量仪器的读数，以获得 PD 幅值的直接读数，即 S_f 应满足优选值（如 1，2，5，10，20，…）。对这种例行校准，与 1981 年编辑的 IEC 270 相比没有太大变化。

2）应至少每年进行一次完整 PD 测量系统特定特性的确定，或在大修后进行确定。

3）PD 校准器自身的校准，如前所述。

通常，PD 测量设备的制造商必须提供验证特定技术参数的必要指南，独立于此类导则，IEC 60270: 2000 现版（第 3 版）建议采用附加的试验程序，其中结果必须记录在由用户建立和维护的"性能记录（RoP）"中。性能记录应包括以下信息：

1）标称特性（识别；运行条件；测量范围；电源电压）；

2）型式试验结果；

3）例行试验结果；

4）性能试验结果（数据和时间）；

5）性能检查结果（数据和时间；结果：通过/不通过；如未通过：采取措施）。

PD 测量系统和 PD 校准器的验证应作为验收试验进行一次。性能试验应每年进行一次或在任何大修后进行，至少保证每 5 年进行一次。性能检查必须至少每年一次，为保持 PD 测量仪器特性，应进行以下测试：

① 型式试验应由制造商对同一个系列的 PD 测量系统进行，并至少应包括以下参数的确定：

a）与频率相关的传输阻抗 $Z(f)$，以及在峰值带通值下降到 20dB 频率范围内的上/下限截止频率 f_1 和 f_2。

b）在脉冲重复率 N 约为 $100s^{-1}$ 下，用至少三个不同的脉冲电荷幅值（范围在全读数的 10% 到 100% 之间）校准比例因子 k，为证明 PD 测量仪器的线性度，k 的变化应小于 5%。

c）通过施加恒定幅值但连续脉冲间隔递减的校准脉冲进行脉冲分辨率时间 T_r 的校准。

d）脉冲重复率 N 在 $1s^{-1}$ 和 $>100s^{-1}$ 范围内的脉冲序列响应。

② 例行试验常由制造商完成，并应包含以下性能试验所需的所有试验，且每个系列的测量系统都应进行。若制造商无法提供试验结果，则用户需安排相应试验。

③ 性能试验应包括以下参数的确定：

a）与频率相关的传输阻抗 $Z(f)$，以及在峰值带通值下降到 20dB 频率范围内的上/下限截止频率 f_1 和 f_2。

b）在 PD 最低幅值的 50% 和最高规定值的 200% 范围内，验证比例因子 k 的线性度，使用幅值可调的校准脉冲的重复率约为 $n = 100s^{-1}$，比例因子的变化应不超过 5%。

④ 性能检查应包括在带通范围内某选定频率下转移阻抗 $Z(f)$ 的确定，该值与性能试验中的记录值偏差不应超过 10%。

为维护 PD 校准器的特性，应进行以下试验：

① 型式试验应由制造商进行，并应对一个系列的 PD 校准器进行。型式试验应至少包括性能试验所要求的所有试验。如果制造商无法提供型式试验结果，则用户应安排验证 PD 校准器技术参数所需的试验。

② 例行试验常由制造商进行并应包含以下性能测试所需的所有试验，且每个系列的试

验系统都应进行。若制造商无法提供测试结果，则用户需安排相应试验。

③ 性能试验应包括以下参数的确定：

a）所有标称设置的脉冲电荷 q_0 的实际幅度，其中测量不确定度在 5% 或 1pC 内（以较大者为准），是可接受的。

b）阶跃电压 U_0 的上升时间 t_r，允许的测量不确定度在 10% 以内。

c）脉冲重复率 N，允许测量不确定度在 1% 以内。

④ 性能检查包括确定所有标称设置下的校准电荷 q_0 的实际幅值，允许的测量不确定度在 5% 或 1pC 以内，以较大者为准。

4.3.8　PD 试验程序

根据 IEC 60270:2000 进行 PD 试验的主要目的是证明高压设备及其组件绝缘系统的完整性。相关技术委员会为各种 HV 设备规定了制造和维修后的质量保证试验程序，以及由长期经验推导出的试验电压水平和容许脉冲电荷量的限制。由于不同高压设备的试验程序不同，下面仅介绍一个典型应用，即基于图 4.41 所示试验电路的感应电压下单相电力变压器的 PD 试验。

常用的 PD 试验程序一般可分为以下步骤：

1. 高压试验电路的配置

为减小电磁噪声的干扰，待试变压器应良好接地。此外，强烈推荐在低压侧使用低通滤波器。使用套管抽头耦合模式，测量阻抗应尽可能靠近试验对象，且不仅通过测量电缆连接到 PD 测量仪器，还应由铜或铝箔制成的平行接地连线连接。有时也需在套管的上端电极设置屏蔽电极以防止电晕放电，参见图 4.41 和图 4.42。此外，必须注意套管的清洁干燥以防表面放电。要记录相位分辨 PD 模式，除 PD 信号外，还应记录交流电压作为参考，可从与套管抽头连接的测量阻抗上获取，如 4.3.1 节图 4.22 所示。

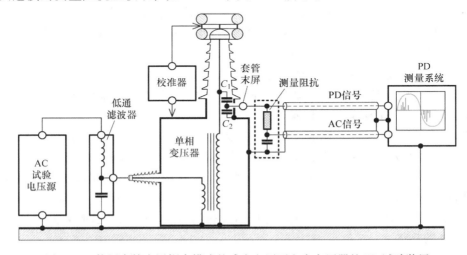

图 4.41　使用套管末屏耦合模式的感应电压下电力变压器的 PD 试验装置

2. 测量频率范围的调整

对于诸如电力变压器的高感性试验对象，从 PD 点传输到套管抽头的可测 PD 信号的频

图 4.42　装在 500kV 单相变压器套管顶端防电晕放电的屏蔽电极

率成分会大幅衰减。故此，上限频率 f_2 应优选为 300kHz 以下，下限频率 f_1 应被调整到 100kHz 以下，以确保宽带范围内进行 PD 信号的处理。然而，大幅降低 f_1 至 100kHz 以下时，由于铁心饱和现象、其他与铁心有关的噪声以及叠加在激励 AC 电压上的偶次谐波，可能会出现严重的干扰信号。

3. PD 校准

校准程序的主要目的是确定注入套管上端电极的校准电荷 q_0 和 PD 测量仪器读数 M_0 之间的比率，亦可求出 4.3.5 节阐述的比例因子 S_f。校准器和变压器油箱间的接地线应尽可能短，以减小电感值。为了提供 PD 测量系统的线性度，应注入不同幅值的校准电荷。例如，若 200pC 的校准电荷能在仪器上产生完整读数，则建议此后将校准电荷降至 100pC 且至少是降到 50pC。此时读数和线性操作仪器预期读数的偏差应低于完整读数的 10%。校准程序完成后，需注意将校准器从试验对象上移除，以避免在接通高压试验电压时造成任何损坏。

4. HVAV 电压下的实际 PD 试验

参照 IEEE C57. 113：2010 标准，用于质量保证试验的试验电压曲线在相关设备标准中规定，典型的试验实例如图 4.43 所示。首先，感应 AC 试验电压水平必须升至额定电压 V_1 的约 50% 以确定 pC 为单位的"通电背景噪声水平"，可接受值不应超过规定视在电荷值的 50%。接着，必须将试验电压升至规定的 1h 试验值 V_2 并保持数分钟，以验证是否存在任何 PD 问题。如果没有 PD 事件发生，试验电压需升高到增强（耐受）水平 V_3 并保持 7200 个周波来观察 PD 的趋势。

注：由于 HVAC 试验电压远高于额定电压，必须相应地提高激励频率，这可以通过可变试验频率的高压试验装置方便实现。故此，在增强电压电平下，PD 试验期间的持续时间以周波数表示，即如果施加的试验频率为 120Hz，7200 个周波等价于 60s 的试验时间。更多详情参阅 3.2.5 节。

最后，施加的 HVAC 试验电压降至 1h 试验电压水平 V_2，这种情况下，在随后的每 5min

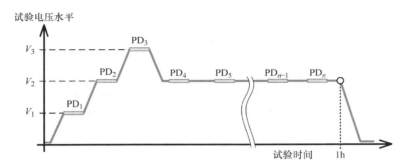

图 4.43　IEEE C57.113 标准推荐的用于充液式变压器和并联电抗器的 HVAC 试验电压曲线

间隔内记录视在电荷，其中记录时间在每个间隔可以限制为约 1min。

5. PD 试验结果评估

如 IEEE C57.113: 2010 标准所述，以 1h 为试验时间间隔并以 pC 为单位，记录最大 PD 脉冲幅值的平均值，变压器通过 PD 试验的条件为：测得的最大 PD 脉冲幅值平均值满足以下要求：

1）低于以 pC 表示的特定值；

2）在规定容许偏差带内；

3）无任何稳定上升趋势；

4）在 1h 试验的最后 20min 内无陡增现象。

在这种情况下，必须考虑，在上述的 5min 试验间隔期间，可能会遇到诸如由吊车的操作引起的零星噪声。若试验结果不满足规定的限制，不应立即判定试验变压器不合格，而应让买方和制造商之间进行协商，以决定采取进一步的措施。

4.4　PD 故障定位

为了评估 PD 的严重性，除了视在电荷和 PD 脉冲重复率之外，还应该知道发生 PD 现象的起源，这对于高聚合物电力电缆尤其重要，其中绝缘体可能由于仅具有几个 pC 的 PD 事件而发生不可逆的劣化。因此，自 20 世纪 70 年代以来，PD 故障的定位成为一种成熟的方法，当时高分子电力电缆越来越多地用于配电网络（Eager 和 Bahder，1967 年、1969 年；Lemke，1975 年、1979 年；Beinert，1977 年；Kadry 等人，1977 年；Beyer 和 Borsi，1977 年）。电力电缆中 PD 故障定位的主要好处：一方面可以澄清典型 PD 缺陷的原因，从而提升电缆的制造技术；另一方面，在单个 PD 故障的情况下，可以不更换整个电缆，而是仅更换 PD 缺陷的部分。在这种情况下，应该注意的是，在例行试验情况下，大多数公认的 PD 故障出现在电缆端部，主要是来源于电场分级所需的应力锥组装不良。

使用所谓的时域反射（TDR）法进行 PD 故障定位时，首先需确定行波速度 v_c，实例参考如图 4.44a 所示。其中，校准脉冲被注入到连接耦合单元的电缆末端，即所谓的近端，由于长电力电缆就像电磁波导一样，近端注入的脉冲首先以波速 v_c 向远端或远距离的电缆端移动，在终端发生信号的反射，然后向近端电缆端传播。结果，在两倍于整个电缆长度（即 $2l_c$）的时间跨度 t_c 后，也可在近电缆端检测到第二个脉冲。因此，使用以下关系式可以简单地计算行波速度：

$$v_c = \frac{2l_c}{t_c} \tag{4.26}$$

假设，PD 故障位于距电缆近端为 x_n 距离处，则 PD 脉冲将从故障点向两个方向传输，即在时间跨度 t_n 内直接向近端传输，以及在时间跨度 t_r 内向电缆远端传输并在终端发生反射，如图 4.44b 所示。反射脉冲传输两倍于远端和 PD 点间的距离 x_r，此后传输距离等于直接 PD 脉冲传播的距离 x_n，由此可得

$$x_r = 0.5 v_c t_r \tag{4.27}$$
$$l_c - x_r = 0.5 v_c (t_c - t_r) \tag{4.28}$$

目前，可用的计算机化 PD 测量系统多配有时域反射（TDR）功能，以定位电力电缆中的 PD 故障（Lemke 等人，1996 年、2001 年）。难点在于尽可能准确地测量直接和反射脉冲的时间差 t_r，这需要以不低于 100MS/s 的采样速率进行 A/D 转换，且信号分辨率为 10bit。要记录 50Hz 试验电压的单个半周期内发生的完整 PD 数据流，存储器深度应在 GB 范围内，总带宽应覆盖 50kHz ~ 20MHz 的频率范围。

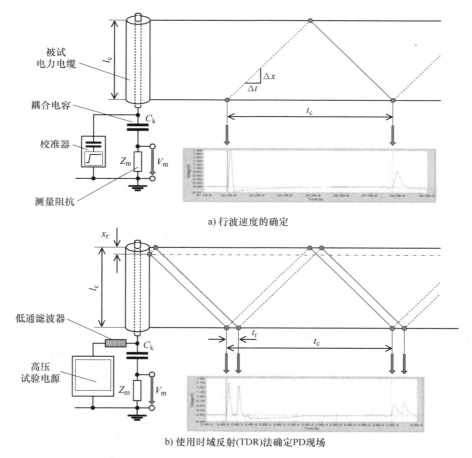

a) 行波速度的确定

b) 使用时域反射(TDR)法确定PD现场

图 4.44　长电力电缆 PD 故障定位的原理

图 4.45 中显示了另一个实际示例，该示例涉及所谓的 DAC 试验电压下，XLPE 电力电缆的现场 PD 试验（Lemke 等人，2001 年）。这里，通过计算机化 PD 测量系统对 PD 故障进行定位，包括以下步骤：

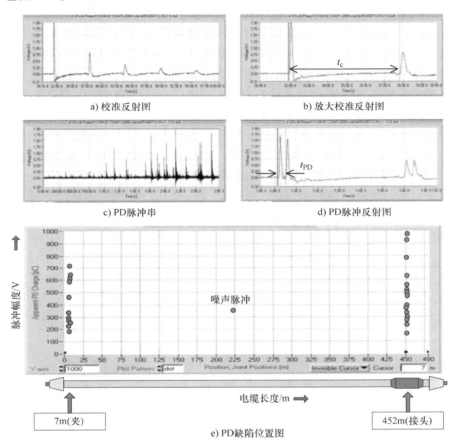

图 4.45　基于计算机的 PD 故障定位系统的屏幕截图（文中已阐述）

a）输入电缆数据：除了基本电缆参数（制造商、电缆类型和绝缘、额定电压、工作电压、最近进行的试验等）外，还应包括要应用的试验电压参数（试验电压水平、每个试验电压水平的 PD 次数）、电缆长度和附件（接头和终端）位置，这些对尽可能精确地定位 PD 缺陷有重要意义。

b）校准：包括确定 PD 脉冲的测量灵敏度和行波速度，如图 4.45a 所示，除近端注入的校准脉冲外，还可能发生几次脉冲反射，其中只有第一个脉冲有意义。因此，放大该信号如图 4.45b 所示，且游标由计算机软件相应设置，以确定时间间隔 t_c，从而尽可能精确地获得基于式（4.26）的行波速度 v_c。

c）PD 测量：记录在预选时间间隔内发生的连续 PD 脉冲（见图 4.45c），并评估脉冲幅值。为此，每个脉冲幅值最初以 V 表示，基于此，在每个试验电压作用下出现的脉冲电荷由软件计算得出，并将其存储在计算机存储器中，以便对数据流进行统计分析。

d）PD 故障定位：为应用时域反射（TDR）光谱，仅提取时间间隔 $t_r \leqslant 2t_c$ 内显示的典型反射脉冲信号，之后，将这些脉冲进行缩放，并相应地设置游标，以测量每个直接注入脉冲和相关的反射脉冲之间的时间间隔，见图 4.45d，由此确定 PD 源与近端或远程电缆终端之间的距离。为了通过平均值提高测量的准确度，测量过程需要重复数次。有时，可以对捕获的信号进行数字滤波，以使得无线电干扰电压对试验结果的影响减少到最小。

e）PD 映射：显示所有确定的故障位置以及沿电缆长度的相关脉冲电荷量，典型的测量示例如图 4.45e 所示，其中涉及一条长 480m 的 20kV 交联聚乙烯电缆，有两个潜在的 PD 缺陷：第一个位于近端 3m 处，第二个位于 452m 处。通常的 PD 故障定位由软件自动进行，仅在决定修复确定的接头或终端时，才另外应用人工操作以证明自动 PD 定位的有效性。有关这方面的更多信息，请参见 7.1.3 节和 10.2.2.2 节。

对于除电力电缆以外的某些 HV 设备，测量到达时间也可用于识别三相系统中有缺陷的部件，图 4.46 给出了一个电力变压器的实例。这里，通过 20MHz 带宽的测量阻抗，宽带 PD 信号与所有三相套管抽头同时解耦。示波器记录显示，"T"相中出现了一个潜在的 PD 源，这是因为：与分别从其他两相"R"和"S"解耦的信号相比，瞬时 PD 信号首先出现，且幅度要明显大很多，这是通过目视检查得到证实的。

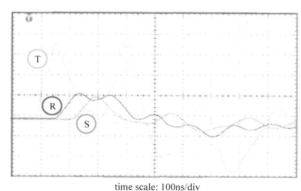

time scale: 100ns/div

图 4.46　使用套管末屏耦合模式从电力变压器的三相（R，S，T）同时去耦得到的 PD 信号

如图 4.47 所示，同步三相 PD 测量也被证明是用于电缆终端在线诊断的可行工具。仅记录时变 PD 水平，可以认为 PD 同时出现在所有三个终端中。但是，显示相位分辨的 PD 脉冲与时间的关系曲线，根据最高的 PD 脉冲幅值，可以清楚地在"红色"相中识别出有缺陷的终端。从三个终端解耦的脉冲在终端的相角相等，表明捕获的信号仅从一个单 PD 源辐射出来，这一结论最终在已确定的终端拆卸后，通过目视检查得到了证实。更换新的电缆终端，未识别到任何显著的 PD 电平。

区分不同 PD 源的另一种方法是分析在三相振幅关系图中显示出来的基于同步多通道 PD 测量的典型脉冲簇（Emanuel 等人，2002 年），这种方法的一个改进是从单个脉冲放电的完整频谱中选择三个不同的频率，形成所谓的三个中心频率关系图，对 PD 进行评估并显示在计算机屏幕上。这一特性不仅提供了放电性质本身的有价值的信息，而且还可用于 PD 缺陷源的定位（Rethmeier，2009 年）。有关这方面的更多详情，请参见 4.6 节。

用于 HV 设备中潜在 PD 缺陷定位的另一个有前景的工具就是所谓的脉冲波形分析，该方法基于一组 PD 脉冲参数的提取，例如：上升时间和衰减时间以及 PD 脉冲宽度（Monte-

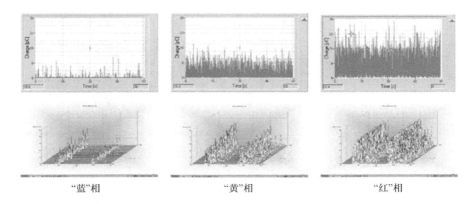

"蓝"相　　　　　　　　　"黄"相　　　　　　　　　"红"相

图 4.47　连接到三相气体绝缘开关设备的电缆终端捕获的特征 PD 信号

nari，2009 年）。显示像星图这样的特征簇，也可以识别出多个 PD 故障，这部分内容将在 4.6 节介绍。

此时应注意的是，除上述电气方法外，声发射（AE）技术也被广泛应用，特别是用于金属封装 HV 设备 PD 缺陷的定位，如气体绝缘开关设备（GIS）、气体绝缘线路（GIL）以及大功率变压器。电学和声学结合的方法也非常有效，能够增强信噪比，更多信息参见 4.8 节。

虽然现在通过先进的计算机化 PD 测量系统可以对 PD 故障进行定位，但也不应忽视商用数字示波器在此领域中的作用。还应强调的是，需要大量的实践经验来判断显示出高 PD 事件发生率的 HV 设备是否真正失效，或是能够继续保持运行，并需要对 PD 进行永久的监测，以识别 PD 事件的突然增加，从而避免发生意外的击穿现象，更多信息将详见 10.3 节。

4.5　降噪

4.5.1　噪声源及其特征

要检测的 PD 信号水平通常在 mV 及以下水平，因此可能受到测量环境中电磁噪声的干扰。为了消除 PD 信号中的干扰，必须知道典型噪声的来源和特征。根据传播方式，常分为辐射噪声和传导噪声。

从无线电台辐射的噪声常被调制并以电磁场的形式进入试验区域，其中 PD 试验电路的高压电极和测量电路的功能就像天线。此外，高压电极表面的尖锐边缘和突起在试验区域附近引起的电晕放电相关联的高频瞬态信号也可归入辐射噪声。

电磁噪声也可能源于电源甚至 HV 试验设备本身的开关过程，这些过程随机地甚至周期性地出现。它们通过导体传输到 PD 试验区域，因此分类为传导噪声。这也可以指浮动电位上的金属部件之间的火花，例如：由接地不良等引起的火花放电。在 PD 试验中经常遇到的典型传导噪声的屏幕截图如图 4.48 和图 4.49 所示。

4.5.2　降噪工具

为了尽量减少辐射噪声的影响，通常的做法是建立电磁屏蔽良好的测试实验室，如

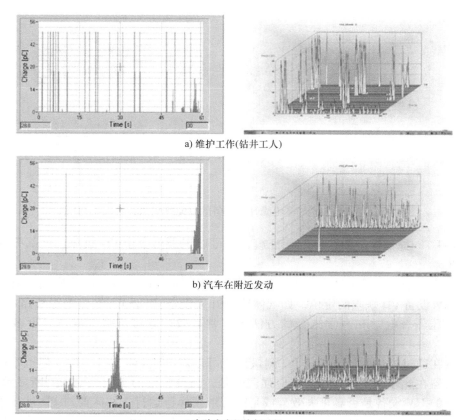

a) 维护工作(钻井工人)

b) 汽车在附近发动

c) 实验室中切换起重机

图 4.48　随机脉冲噪声的特征

9.2.2 节所述，其中必须考虑 HF 技术的基本理论。特别是用作感应天线的导线环的横截面应保持尽可能低，以最大程度地减少由辐射噪声而产生的干扰电压的感应。此外，接地连接引线最好使用 Cu 或 Al 箔以减少电感。

如果 PD 测试实验无法很好地屏蔽辐射电磁噪声，在某些条件下使用根据图 4.23c 所示的平衡电桥电路可能会有所帮助。实践经验表明：对于相对较小的试验对象，如电压互感器和套管，信噪比可以提高 10 倍。然而，对于较高的试验对象（比如电力变压器），这种方法通常无效。

电桥法的一种选择是脉冲极性鉴别，最初由 Black（1975 年）提出，其中不需要平衡过程，由于从两个桥臂解耦的 PD 脉冲呈现相反的极性，因此可以方便地将它们与辐射的电磁噪声区分开，因为电磁噪声显示出单极性的特征。然而，对于较高的试验对象，该方法通常不适用，因为通过两个桥臂传输的 PD 脉冲可能会激发振荡，从而失去真正的极性。

从理论观点来看，在更高的频率范围内进行 PD 信号处理时（比如，根据 IEC 60270：20060270 的修正规定，频率基本大于 1MHz 限制），信噪比可以大大提高。这个概念最初由 Lemke（1968 年）采用，其中 PD 脉冲首先通过 20MHz 的宽带放大器放大，然后通过电子积分器进行积分，以获得脉冲电荷。这种替代概念与经典方法的比较如图 4.50 所示，其中，

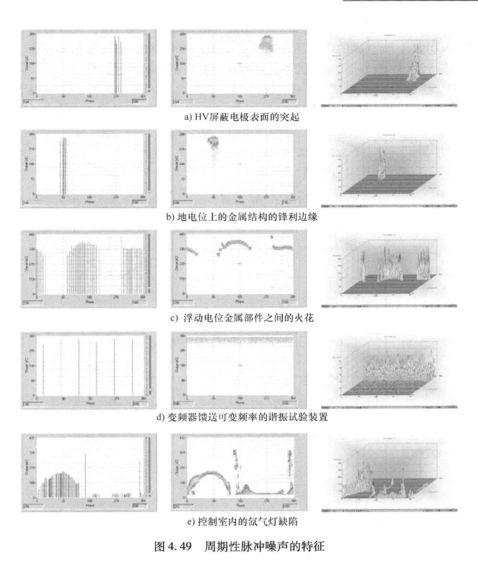

a) HV屏蔽电极表面的突起

b) 地电位上的金属结构的锋利边缘

c) 浮动电位金属部件之间的火花

d) 变频器馈送可变频率的谐振试验装置

e) 控制室内的氙气灯缺陷

图 4.49　周期性脉冲噪声的特征

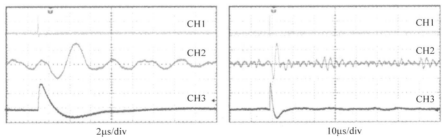

图 4.50　XLPE 电缆中注入 20pC 校准脉冲获得的示波截图

注：CH1：从宽带测量阻抗捕获的输入信号；CH2：常规带通滤波后的信号；

CH3：非常规宽带放大后进行电子积分的信号（$f_2 = 20\text{MHz}$）

示波记录涉及在 20kV 的 XLPE 电缆中注入 20pC 的校准脉冲（CH1），可以看出，由于低通滤波（$f_2 = 600\text{kHz}$）而获得的电荷脉冲无法清晰识别（CH2），而通过初始宽带放大（$f_2 = 20\text{MHz}$）和随后的电子积分所获得的电荷脉冲没有受到明显的干扰（CH3）。

图 4.51 说明了上述非常规 PD 测量仪器的基本概念，该仪器配备了各种用于消除噪声的工具（Lemke，1979 年；Hauschild 等人，1981 年；Lemke，1981 年），其中操作原理包括

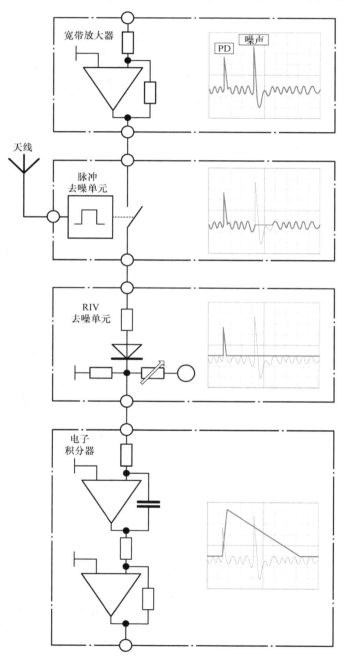

图 4.51 配有前述各种去噪工具的非常规宽带 PD 测量系统的框图

以下特征：

1）从测量阻抗上捕获的 PD 信号的宽带放大，带宽高达约 20MHz 似乎是合理的。

2）周期性甚至随机出现的脉冲状噪声的自动选通，为了接收用于触发选通单元的噪声信号，应将棒形或环形天线安装在尽可能靠近假定的噪声源的位置。

3）无线电干扰电压（RIV）的消除，通过自动控制调整 RIV 抑制单元的阈值水平使其略高于噪声水平来实现。

4）对降噪后的 PD 信号进行电子积分，以测量宽带放大的 PD 信号的脉冲电荷。

图 4.52 给出了典型的示波器记录，说明了各种降噪工具的工作原理。图 4.52a、b 中显示的屏幕截图涉及射频（RF）噪声的抑制，这个问题已经基于图 4.50 讨论过。这种情况下，应该提到的是，上述噪声消除方法基于捕获的 PD 脉冲的宽带预放大和后续的电子积分，也被用于手持式、电池供电的 PD 探头，该探头用于在役 HV 设备的现场 PD 诊断（Lemke，1985 年、1988 年、1991 年）。使用开窗和选通单元也可以有效地消除周期性或甚至随机出现的脉冲状噪声，该开窗和选通单元是通过天线自身捕获的噪声脉冲触发的，参见图 4.52c、d。

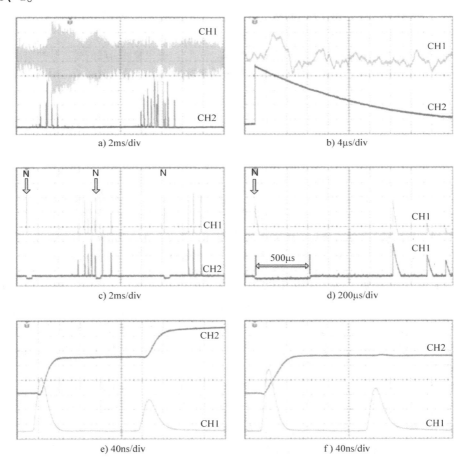

图 4.52　配备电子积分器和各种去噪工具的宽带 PD 测量系统的示波器记录

如图 4.52e ~ f 所示，还可以防止由于电力电缆中的 PD 事件而在直接注入的脉冲上反射叠加而导致的测量误差。此处，按照 IEC 60885 - 3:2003 的建议，通过电子反射抑制器消除图 4.46e 中记录的叠加反射脉冲。为此，直接（第一到达）PD 脉冲触发选通单元，然后该脉冲会锁闭，以防止反射（第二）PD 脉冲的输入。该工具对距离大于 0.2μs 的双脉冲运行可靠（Lemke，1979 年、1981 年）。

即使今天的数字 PD 测量系统通常配备了各种去噪软件工具，也不应忽视最初为传统模拟 PD 信号处理开发的"窗口"和"选通"硬件也适用于数字 PD 仪器，其中，在 A/D 转换之前进行噪声的消除（Lemke，1996 年；Lemke 和 Strehl，1999 年）。图 4.53 显示了一个实例，涉及一个额定电压 110kV、有缺陷互感器的 PD 试验，施加可变频率的 AC 试验电压，相位分辨 PD 模式产生了两个独特特征的噪声叠加，如图 4.53a 所示。在幅度和相位角上分散的随机分布点是由脉冲状噪声引起的。可以看出，这些与施加的 92Hz 试验频率无关，但显然与 60Hz 的电源频率相关。为了消除这种噪声信号，在 HV 试验设备的电源附近安装了一个电感式传感器，以触发选通单元，该选通单元是在计算机 PD 测量系统中实现的。这种情况下，随机分布的脉冲可以完全消除，如图 4.53b 所示。此外，在变频器附近安装了一个另外的电感式传感器，以便捕获来自用于触发第二个选通单元 IGBT 的开关脉冲，从而抑制源自变频器的严重噪声，如图 4.53c 所示。

注意： 在使用 ACRF 试验系统的实际试验中（见 3.2.3 节），由变频器引起的噪声脉冲通常在稳定的相角处出现，因此可以简单地通过识别，在此情况下进行噪声脉冲选通不是绝对必要，因其可能导致 PD 信息丢失。

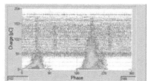 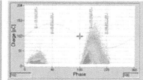 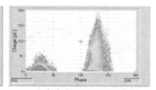

a) 无噪声消除的PD特征   b) 来自电源的噪声   c) 来自变频器IGBT的噪声
                                 脉冲的选通   脉冲的附加选通

图 4.53 有缺陷 110kV 互感器的相位分辨 PD 模式受到源自所用的谐振试验装置的主电源
（60Hz）和频率转换器（92Hz）的脉冲状噪声的干扰

不同于上述测量示例，图 4.53b 中所示的噪声脉冲也可以离线消除，即在完成实际测量之后，为此，开发了"开窗"软件工具。考虑图 4.54 作为示例，其中涉及经典的 2D 和更复杂的 3D 显示模式。在这种情况下应注意，目前大多数可用的数字测量系统配备有软件包，以区分脉冲状噪声和实际 PD 事件，而同时适用于此的硬件工具很少在计算机化 PD 测量仪器中使用。

由于数字信号处理的最新进展，已经开发出有前景的、基于集群分离分析法的降噪软件工具。这方面的一个例子是使用同步三相 PD 测量建立星图（Plath，2002 年；Kaufhold 等人，2006 年），图 4.55 中示例示出了电力变压器的 PD 试验。

图 4.55 中，由电晕放电引起的外部噪声显示出几乎相等的幅度，在三相中均被检测到，并由图 4.55 中的三个蓝色星团表示。然而，源自"黄色"相的 PD 脉冲产生了不同颜色的簇。使用经典的相位分辨 PD 模式（PRPDP）识别，在该相中识别到了潜在的 PD 缺陷。原

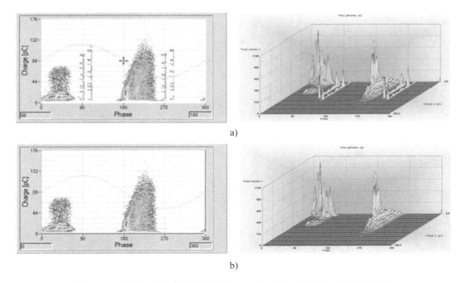

图 4.54　源自变频器的相位分辨局部放电模式和同步出现的
脉冲噪声截图和通过选通去噪的局部放电模式和脉冲噪声

则上，还可以增加通过三相 PD 测量获得的矢量以建立三相幅值关系图。在这种情况下，将仅建立一个噪声簇，它位于靠近中心点的位置，而单相的 PD 出现在中心点之外，这就导致可以忽略干扰串现象的结论。

基于集群分离的另一种方法是对获取的 PD 脉冲波形进行分解。为达到此目的，在频域或时域中使用 PD 脉冲特征参数，例如：上升和衰减时间以及脉冲宽度（Cavallini 等人，2002 年；Rethmeier 等人，2008 年）。如图 4.56 所示的典型测量示例，涉及有缺陷的电缆终端的试验，其中的 PD 测量是在屏蔽不良的测试实验室中进行的。从试验对象

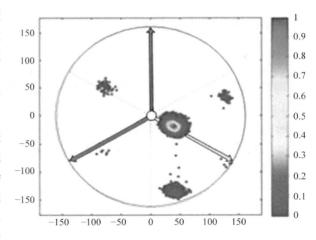

图 4.55　三相星图显示了由外部噪声引起的每相的
三个典型簇以及单个簇，表明潜在的 PD 缺陷位于
所研究的电力变压器的"黄色"相（Plath，2002 年）

捕获完整 PD 数据流后得到了如图 4.56a 所示的强干扰相位分辨 PD 模式，根据图 4.56b 所示的试验序列分析时域中的脉冲形状，可以清楚地将特征 PD 模式与噪声特征分开，如图 4.56c所示。原则上，这种方法也适用于多源 PD 的分离（Plath，2005 年）。

这种情况下应强调，先进的去噪工具只有经验丰富的测试工程师可以使用，因为不仅需要熟悉基本的测量原理，还要熟悉所用工具的操作原理、功能及可能遇到的问题。即使在先进的计算机化 PD 测量系统中经常使用复杂的去噪软件，也不应忽视电磁干扰。通常可以通过多通道数字示波器简单地与 PD 脉冲区分开，因此可以用传统的模拟功能，如前述窗口和门控，方便地消除噪声。

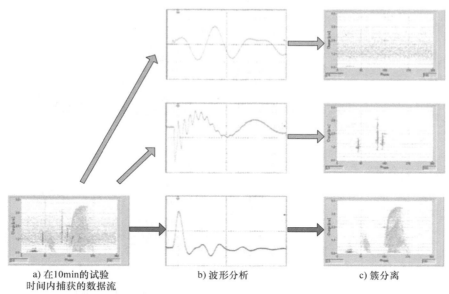

a) 在10min的试验　　　　　b) 波形分析　　　　　c) 簇分离
时间内捕获的数据流

图 4.56　根据 Cavallini 和 Montenari （2007 年）使用簇分离对 PD 信号去噪

4.6　PD 事件的可视化

通过示波器或计算机化 PD 测量系统可视化相位分辨 PD 模式（PRPDP）的主要目的是识别典型的 PD 源。用于此目的的第一个工具是 1928 年由 Lloyd 和 Starr 使用的电子束管，也称为 Braun 管。将 AC 试验电压信号连接到水平偏转板并通过测量电容桥接垂直偏转板，可以记录 Lissajous 图形，如图 4.57a 中示例所示。在这种情况下，似乎值得注意的是，该电路原则上代表了一个积分桥，它能够根据所谓的平行四边形方法测量放电的功率损耗，该方法最早由 Dakin 和 Malinaric 于 1960 年使用。

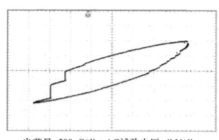
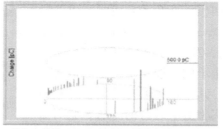

电荷量: 500pC/div; AC试验电压: 4kV/div　　　最大电荷量: 500pC; 最大AC试验电压: 24kV
a) 积分电桥测量电容上的电压　　　　　　　b) 传统的椭圆显示模式

图 4.57　自 20 世纪 60 年代以来所使用的所谓 Lissajous 图形技术显示在
施加 AC 试验电压的单个周期内发生的 PD 脉冲电荷

当第一台 PD 探测器应用时（Arman 和 Starr，1936 年；Mole，1954 年），经典的 Lissa-jous 图形技术也有所修改，以显示叠加在椭圆环上的脉冲电荷群，其中，时基覆盖单个 AC 信号周期，如图 4.57b 所示。后来，使用线性时基成为记录相位分辨 PD 模式（PRPDP）的常见做法，如图 4.58 所示。该表述涉及针—板试验样品，常用于基础 PD 研究，特别是用于对典型 PD 缺陷进行分类。

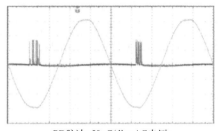

PD脉冲: 50pC/div; AC电压: 4kV/div; 时间: 4ms/div

a) 起始电压下的空气放电

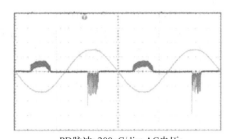

PD脉冲: 200pC/div; AC电压: 10kV/div; 时间: 4ms/div

b) 在试验水平的空气放电电压远高于气动电压

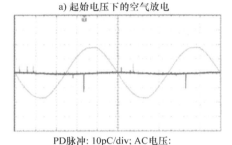

PD脉冲: 10pC/div; AC电压: 10kV/div; 时间: 4ms/div

c) 在起始电压下XLPE中的空腔放电

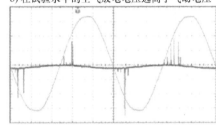

PD脉冲: 100pC/div; AC电压: 2kV/div; 时间: 4ms/div

d) 初始电压下的表面放电

图 4.58 工频（50Hz）AC 电压下获得的针—板试样相位分辨 PD 模式的示波器截图

评估 PD 事件的重要的发展阶段是：1969 年，Bartnikas 和 Levi 提出了用脉冲高度分析仪进行 PD 放电率的测量；1978 年，Tanaka 和 Okamoto 提出了第一个基于微型计算机的 PD 测量系统。在刚开始 PD 测量计算机化时，在单个 AC 周期内出现的脉冲串通常是如图 4.59 所示的瀑布图。

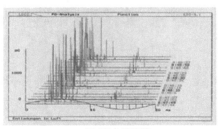

XLPE电缆终端

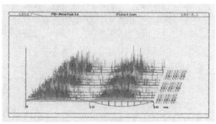

XLPE电缆接头

图 4.59 缺陷电缆附件 PD 特征的瀑布图

当今的 PD 测量数字系统会为采集的每个捕获 PD 脉冲存储一个向量 $[q_i; u_i; t_i; \varphi_i]$，其中各参量分别为

1）q_i：单个 PD 电流脉冲电荷；
2）u_i：施加试验电压的瞬时值；
3）t_i：PD 发生时刻；
4）φ_i：PD 发生时刻的相位。

基于此，通常显示如图 4.60 所示的累积（积分）相位分辨 PD 图。自 20 世纪 80 年代以来，这种显示模式被广泛用于相位分辨 PD 模式的识别中（Kranz 和 Krump，1988 年；Ward，1992 年；Fruth 和 Gross，1994 年）。由于在实时模式下获取的 PD 数据流可以完全存储在计算机存储器中，所以即使在实际的 PD 试验完成之后，也可以再次调用这些数据并在所谓的重放模式（如实际 PD 事件）中进行可视化，如图 4.61 所示（Lemke 等人，1996 年；Lemke 和 Strehl，1999 年）。

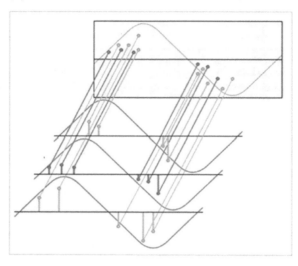

图 4.60　显示累积相位分辨 PD 模式的原理

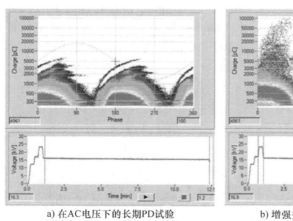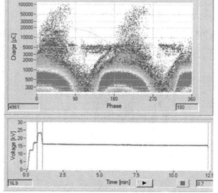

a) 在 AC 电压下的长期 PD 试验　　　　　　　b) 增强交流电压下的短期 PD 试验
（试验水平 18kV，试验持续时间　　　　　　　（试验水平 24 kV，试验持续
10 min，等于 30000 个 AC 周波）　　　　　　　时间 2min，等于 6000 个周波）

图 4.61　使用重放模式可视化得到的水力发电机定子线棒开发试验过程中
最初获取并存储在计算机存储器中的相位分辨 PD 模式

除了图 4.61 所示的传统二维图之外，还经常使用 3D 呈现的重放模式，这对于区分电磁干扰与实际 PD 事件特别有用，如基于图 4.48 和图 4.49 所讨论的那样。此外，相位分辨的 PD 模式可以使用椭圆或线性时基以传统方式显示，如图 4.62 所示。

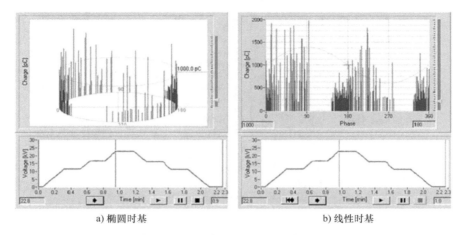

a) 椭圆时基　　　　　　　　　　　　　b) 线性时基

图 4.62　使用重放模式可视化得到的在施加 50Hz AC 试验电压下单个周期内
发生的相位分辨 PD 脉冲（参见试验电压曲线明显的光标位置）

另一种偶尔使用的 PD 模式识别方法是 Hoof 和 Patsch（1994 年）提出的 PD 脉冲序列分析，该算法基于对三个后续 PD 脉冲之间测得的电压差的评估，如图 4.63a 所示。参考脉冲 "n" 和前续脉冲 "$n-1$" 之间的电压差 ΔV_{n-1}，以及参考脉冲 "n" 和后续脉冲 "$n+1$" 之间的电压差 ΔV_n，以 ΔV_{n-1} 与 ΔV_n 绘制在同一张图中，如图 4.63b 示出一个涉及旋转电机中所测得的槽放电的实例。

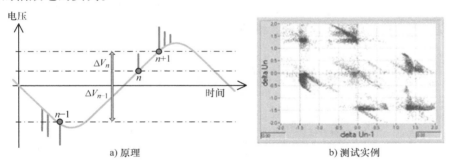

a) 原理　　　　　　　　　　　　b) 测试实例

图 4.63　PD 脉冲序列分析的原理和测试实例（从电力电缆终端中的空腔放电获得）

为对典型的放电源进行分类，Tanaka 和 Okamoto 建议（1986 年）基于以下统计算子建立了 PD 指纹图谱：

1）标准偏差；

2）偏斜度；

3）陡峭度；

4）互相关性。

此后，用这些统计算子建立 PD 指纹以识别和分类典型 PD 源的可行性已由 Gulski 及其同事证实（Gulski，1991 年）。要创建特征 PD 指纹，通常会显示如图 4.64 所示的以下统计参数：

1）Hn（phi）：每个相位窗口内发生的 PD 脉冲数量与相角的关系；

2）Hq（phi）peak：每个相位窗口内发生的 PD 脉冲峰值与相角的关系；

Characteristic data record		pos.	neg.		0.5	1.0	1.5	2.0
Hn(phi)	max	0.92	1.00					
	mean	0.11	0.13					
standard deviation		0.22	0.26					
	skewness	2.15	1.93					
	kurtosis	3.46	2.22					
	cross corr.		0.07					
Hq(phi) peak	max	1.00	0.74					
	mean	0.19	0.12					
standard deviation		0.31	0.20					
	skewness	1.35	1.24					
	kurtosis	0.25	-0.08					
	cross corr.		0.08					
Hq(phi) mean	max	1.00	0.60					
	mean	0.16	0.12					
standard deviation		0.23	0.17					
	skewness	1.19	0.96					
	kurtosis	0.23	-0.83					
	cross corr.		0.05					

图 4.64　工作中高压电缆终端的 PD 指纹图谱

3）Hq（phi）mean：每个相位窗口内 PD 脉冲平均值与相角的关系，平均值由每个窗口内的总电荷量除以该窗内脉冲数量得到。

基于针对各种类型故障建立并存储在计算机存储器中的 PD 指纹图谱，可以将这些指纹彼此进行比较，其中还必须考虑试验条件。实践经验表明，根据图 4.65 所示的图表为绝缘状态评估提供了有价值的工具，从而为维护决策提供了有价值的工具。

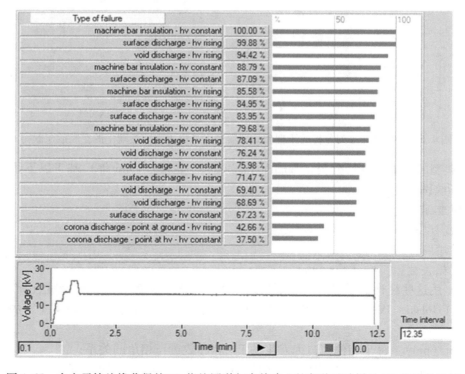

图 4.65　由定子棒绝缘获得的 PD 指纹图谱与先前建立的各种试验样品 PD 指纹的比较

4.7 甚高频/超高频（VHF/UHF）范围内的 PD 检测

4.7.1 概述

按照 IEC 60270：2000 进行 PD 测量，上限截止频率必须限制在 1MHz 以下，如本标准修订版中所建议，并在 4.3 节中详细讨论。然而，在这种情况下，信号幅度大幅度衰减，因此需要良好屏蔽的测试实验室进行敏感的 PD 试验。显然，当在 VHF/UHF 范围内捕获 PD 信号时，可以显著增强信噪比。这种非传统方法首先被 Fujimoto 和 Boggs（1981 年）用于气体绝缘变电站的质量保证试验，后来这种方法因其优点已经成功地用于高压/超高压（HV/EHV）电缆附件的现场 PD 诊断试验（Pommerenke 等人，1995 年），甚至在现场条件下对电力变压器的 PD 诊断进行了验证（Judd 等人，2002 年）。此外，各 CIGRE 工作组已广泛研究了 VHF/UHF 范围内非常规 PD 检测的能力和限制。这些研究的主要问题在技术手册第 444 号（2010 年）和第 502 号（2012 年）中进行了总结。基于这些出版物，IEC 62478：2015 为 VHF/UHF 的 PD 测量系统设计提供了有价值的建议，包括捕获从试验对象辐射的 PD 瞬变所需的传感器。

由于 PD 脉冲的频谱极宽，涵盖射频范围（RF：3～30MHz）、甚高频（VHF：30～300MHz）和超高频（UHF：300～3000MHz），过去已经开发出各种类型的 PD 耦合器，常被分为电容式、电感式和电磁式传感器，下面将简要介绍。

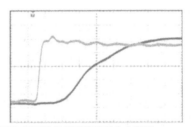

a) 根据IEC 60270: 2000设计的高容性耦合电容器
（电容为2000 pF，额定电压为24 kV）

4.7.2 PD 耦合器的设计

4.7.2.1 电容式 PD 耦合器

为了从试验对象的终端获得 PD 信号，IEC 60270：2000 中推荐的经典耦合器件提供了一个与测量阻抗串联的高压耦合电容，这种耦合器件的上限截止频率（见图 4.66a）通常限制在 10MHz 以下，等效于约 30ns 的上升时间。为了提高上限频率，必须降低耦合电容，因为这与减少其内部电感有关，这决定了可实现的上限截止频率（见图 4.66b）。因此，通过最简单的金属盘式电容传感器可以获得最高的测量频率。这种简单方法的可行性最初已经得到了证明，可以通过手持式 PD 探头检测和精确定位 PD

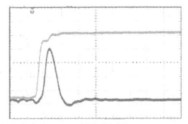

b) 低容性耦合装置(电容为50pF，额定电压为12kV)

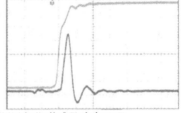

c) PD探测用圆盘形C传感器(电容<5pF)

图 4.66 电容式 PD 耦合器的阶跃电压响应

源，如图 4.66c 和图 10.43 所示，在 10.4.4 节也进行了描述。这种类型的电容式传感器（通常称为 C 传感器）用来接收电磁 PD 瞬变的电场分量。

图 4.67 为用于电力电缆接头中的 PD 检测的同轴 C 传感器的结构草图。其中，涂覆电缆绝缘层的外半导体层的一部分被移除以接收电场分量，该电场分量由于 PD 事件激发的行波而从内部电缆导体辐射，可达到的测量灵敏度主要取决于传感器电极和内部电缆导体之间的有效电容 C_s，并且其值在 pC 范围内。

实例：考虑介电常数 $\varepsilon_r = 2.2$ 的聚乙烯绝缘电力电缆，假设电缆外部和内部导体之比为 $r_a / r_i = e \approx 2.7$，则对于长度为 $l_a = 100\text{mm}$ 的同轴 C 传感器，可以得出以下近似值：

$$C_s \approx 2\pi\varepsilon_0\varepsilon_r l_a \approx 12\text{pF}$$

假设，接收到的 PD 信号通过与其特征阻抗 Z_m 匹配的测量电缆传输，则可以使用以下方法粗略地计算出现在 Z_m 上以及峰值检测器输入端的峰值电压 V_p 为

$$V_p \approx C_s Z_c Z_m \frac{I_p}{t_r}$$

式中，I_p 和 t_r 分别为 PD 脉冲电流的峰值和上升时间；Z_c 为电力电缆的特征阻抗。假设空腔放电产生上升时间 $t_r = 1\text{ns}$ 且峰值 $I_p = 1\text{mA}$ 的电流脉冲，可获得上述电路参数（$C_s = 12\text{pF}$，$Z_c = 30\Omega$，$Z_m = 50\Omega$）可监测的峰值电压为 $V_p = 18\text{mV}$，这些均可以通过数字示波器很好地测量到。

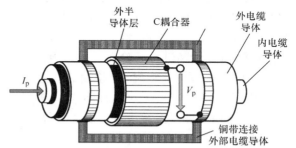

图 4.67 连接电力电缆的容性 PD 耦合器的结构图

4.7.2.2 电感式 PD 耦合器

电感式 PD 耦合器，通常指的是 L 传感器或"轭流线圈"，其工作原理与高频脉冲变压器（HFCT）相当，其中一次线圈由导体形成，属于试验对象，即匝数是 $n = 1$。为捕获初级导体周围的完整磁通量，二次线圈通常围绕高导磁性铁氧体磁心绕制而成。在这种情况下，通过初级导体的瞬态 PD 电流 $i_p(t)$ 会在二次线圈中感应出瞬态电压 $v_p(t)$（见图 4.68）。此种情形下，应该强调 PD 耦合器与 Rogowski 线圈的相似性，唯一的区别是 Rogowski 线圈的绕组没有缠绕在可渗透的磁心上（见 7.5.2 节）。

一个简单的 PD 耦合单元如图 4.68 所示，其中，L 传感器安装在电力电缆终端的接地连接引线周围。为了表征其动态特征，建议根据图 4.69 确定时域中的阶跃电流响应。比较图 4.69c 和图 4.69d 中所示的示波图记录，可以得出结论：通过减小二次线圈的匝数，即从原来的 $n = 10$ 下降到 $n = 1$，传输脉冲的长度可以大大减少，与预期效果相同。由此得出：通过经典的 L 传感器，几乎不能实现短于 $1\mu\text{s}$ 的脉冲长度的测量。因此，仅能传输 RF 范围（3 ~ 30MHz）中

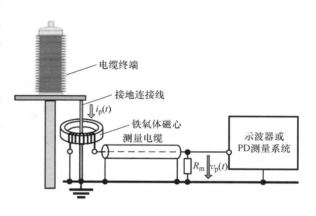

图 4.68 电力电缆终端连接的 L 传感器

的 PD 信号、而不能传输范围 VHF/UHF（>30MHz）中的 PD 信号。

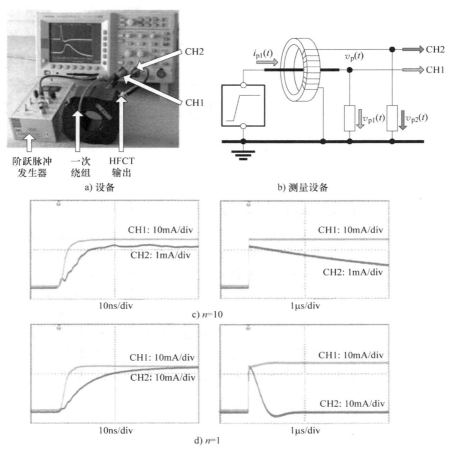

a）设备　　　　　　　　　　　b）测量设备

c）*n*=10

d）*n*=1

图 4.69　测量感应 PD 传感器阶跃电流响应的设备，和用于
具有 *n* = 10 绕组和 *n* = 1 绕组的脉冲变压器获得的示波图记录

4.7.2.3　电磁 PD 耦合器

电磁（EM）PD 耦合器的工作原理原则上与在近场区域中工作的天线相当，这意味着输出信号由电场分量 **E** 和磁场分量 **H** 矢量确定，如麦克斯韦方程式所示：

$$\mathrm{rot}\boldsymbol{H} = \varepsilon \frac{\delta \boldsymbol{E}}{\delta t}, \mathrm{rot}\boldsymbol{E} = -\mu \frac{\delta \boldsymbol{H}}{\delta t} \tag{4.29}$$

根据试验对象的几何配置，采用各种 EM 传感器来检测 VHF/UHF 范围内的 PD 信号，例如：杆状、圆盘状或锥形天线。后者通常用于气体绝缘变电站的 PD 诊断（Pearson 等人，1991 年）。安装在 GIS 隔间法兰上的锥形 UHF PD 传感器示意图如图 4.70 所示。通常，这种天线能够接收频率高达约 1.5GHz 的 PD 信号，上限截止频率与特征时间常数成反比，特征时间常数来自传感器电极和接地法兰之间不可避免的杂散电容乘以连接测量电缆的特征阻抗（Meinke 和 Gundlach，1968 年；King，1983 年；Küpfmüller，1984 年）。

为了检测电力电缆附件中的 PD 故障，在 2 ~ 500MHz 频率范围内工作的所谓定向耦合传感器（DCS）的可行性也已得到成功的证明（Pommerenke 等人，1995 年），设计原理与电容式传感器相当，唯一的区别是 PD 信号是从两个传感器端捕获的，这两个传感器端通常被称为"端口"。在两个接头侧安装一对 DCS，可以将源自接头内部的 PD 信号与噪声甚至源自连接到两侧的电缆的 PD 信号区分开来。这是因为接头内部的 PD 事件引发了端口"B"和"C"处的脉冲，其幅度明显高于端口"A"和"D"处发生的脉冲（见图 4.71）；另一个好处是可以使用一个传感器来校准另一个传感器。实践经验表明，即使在嘈杂的现场条件下，测量灵敏度也可以达到 pC 范围内。

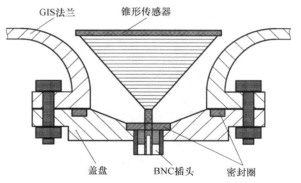

图 4.70　安装在 GIS 隔间法兰上的锥形 UHF PD 传感器示意图

为了从试验对象的接地引线捕获 PD 信号，可以使用如前所述的高频电流互感器（HFCT）。然而，这种 PD 耦合器存在的一个问题是测量频率通常限于 RF 范围（3 ~ 30MHz）。一种有前景的替代方案是使用称之为脉冲变压器的传感器，它基于传输线逆变器的概念，如图 4.72 所示（Lemke 等人，2003 年）。这里，使用长度为几 cm 的同轴电缆，其中，内导体以其特征阻抗连接在输出端，而外导体连接在输入端，且内导体和外导体分别在输入和输出处接地。在这种情况下，磁场和电场分量的脉冲极性反转，且均以相对低的衰减传输到 UHF 范围（Lewis，1959 年）。基于这一概念的 PD 耦合器的可行性已经在实践中得到成功的验证，特别是应用于电缆接头和电缆终端的现场 PD 监测（见图 4.73）。

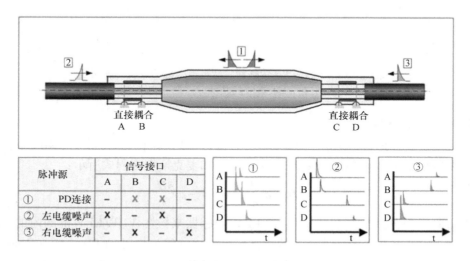

图 4.71　安装在电力电缆接头两侧的一对定向耦合传感器（DCS）的工作原理

4.7.3　VHF/UHF 范围内 PD 检测的基本原理

如 4.7.1 节所述，在 VHF/UHF 范围内 PD 检测的主要优点是相对较高的信噪比。使用该技术，基本上可以区分宽带和窄带 PD 检测方法。宽带 VHF/UHF 测量系统配备了一个高

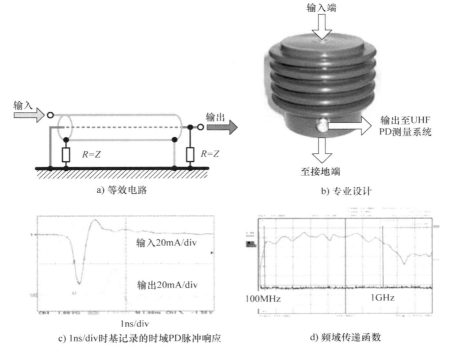

a) 等效电路   b) 专业设计

c) 1ns/div时基记录的时域PD脉冲响应   d) 频域传递函数

图 4.72 基于传输线逆变器概念的 UHF PD 耦合器

a) 周期PD监测的柔性PD传感器   b) 连续PD监测的固定PD传感器

图 4.73 连接到 GIS 电缆终端的 UHF – PD 耦合器

灵敏度的宽带放大器和一个非常快速的峰值检测器，用于评估放大 PD 信号的峰值，如图 4.74a所示。使用窄带方法，激发阻尼振荡，其中还使用快速峰值检测器来评估包络的最大幅度，如图 4.74b 所示。

　　用于 VHF/UHF 范围内的宽带和窄带 PD 信号处理的峰值检测器可延长输入信号，其持续时间通常在 ns 范围内，最高可达 μs 范围。在这种情况下，可以通过传统的 PD 测量系统进行进一步的信号处理，可以方便地显示相位分辨的 PD 模式。图 4.75 显示了 VHF/UHF 范围内 PD 检测常用基本原理的概况。

　　在这种情况下，还应该提到的是，还可以应用数字示波器对 VHF/UHF 范围内的宽带

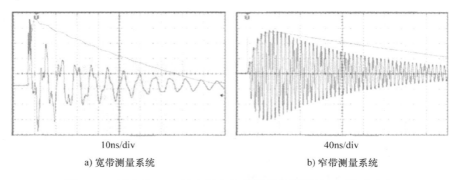

10ns/div   40ns/div

a) 宽带测量系统   b) 窄带测量系统

图 4.74　研究的 UHF 放大器和相关峰值检测器的 PD 脉冲响应

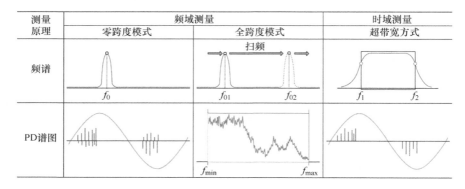

图 4.75　UHF/VHF PD 检测原理概况

PD 进行检测，因为目前这些示波器在商业上可用于高达 GHz 范围的实时测量。对于窄带 PD 检测，经典的频谱分析仪也适用，全量程模式甚至零跨度模式均可以使用，如图 4.76 所示。

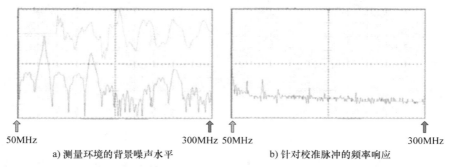

50MHz   300MHz 50MHz   300MHz

a) 测量环境的背景噪声水平   b) 针对校准脉冲的频率响应

图 4.76　全跨度模式（50～300MHz）频谱分析仪获得的示波器截图

使用全跨度模式时，记录捕获的 PD 信号的频谱以及叠加的噪声，以确定预选的开始和停止频率。为了区分由 PD 事件引起的干扰噪声和信号，在实际 PD 试验执行之前记录最初的背景噪声水平，如图 4.76b 所示。全跨度模式的主要问题是无法显示经典的相位分辨 PD 模式。为了克服这个关键问题，通常优选零跨度模式，其原则上与用于无线电干扰电压（RIV）测量的技术（见 4.3.3 节）相似，这意味着可通过调节中心频率使得噪声水平变为最小，这可以使用全跨度模式方便地确定。

4.7.4　UHF/VHF PD 检测方法的可比性和可复现性

如前所述，与传统的符合 IEC 60270：2000 的视在电荷测量相比，非传统 UHF/VHF PD 检测方法的主要优点是信噪比得到显著的提高，这为在嘈杂现场条件下进行 HV 设备的灵敏 PD 诊断试验提供了机会，使用通常的 IEC 方法是不可能的，其推荐的上限频率限制在 1MHz 以下。然而，在这种情况下，必须强调的是，在 VHF/UHF 范围内工作的 PD 仪器输出端出现的 PD 脉冲的幅度与视在电荷脉冲的幅度不相关。图 4.77 所涉及的有缺陷电缆终端的测量示例也强调了这一点。

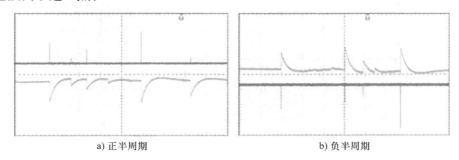

a) 正半周期　　　　　　　　　　　　b) 负半周期

图 4.77　有缺陷的电力电缆终端捕获的相位分辨 PD 模式脉冲的示波器截图，其通过 VHF 测量系统和根据 IEC 60270 设计的 PD 仪器同时测量

可以看出，在 VHF 测量系统输出端出现的 PD 脉冲的大小与视在电荷脉冲的大小不成比例，图 4.78 所示的图形表示强调了这一点，该图形表示来自图 4.77 所示的 10 个后续屏幕截图。其中绘制的是出现在 UHV 测量系统输出端的每个电流脉冲的峰值与相关的视在电荷脉冲的关系图。

尽管 UHF/VHF PD 检测方法存在无法在 pC 量级上进行校准的缺陷，但也存在许多益处。如前所述，相比 IEC 方法，信噪比基本上得到了提高，这为嘈杂现场条件下确定 PD 起始电压以及 PD 趋势

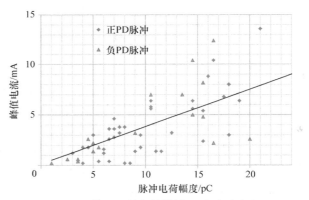

图 4.78　比较 PD 研究的结果显示了通过 VHF 方法评估的 PD 电流脉冲的幅值与视在电荷脉冲幅值之间的关系

提供了机会。此外，应用"飞行时间"进行 PD 谱图的测量（这将在 10.4.1 节中进行描述），该技术有利于几何扩展 HV 设备（如 GIS）中潜在 PD 缺陷的定位（Pearson，1991 年）。

4.8　声学 PD 测量

PD 事件不仅辐射电磁波而且还辐射声压波，其中声信号覆盖几 kHz 到几百 kHz 之间的频率范围。检测声发射（AE）波的主要益处是该方法具有电磁抗扰度能力。为了防止由泵

和风扇引起的其他机械振动的影响以及由于磁致伸缩和 Barkhausen 效应而从变压器的铁心发出的声学噪声，通常选择超声频率范围进行 AE 信号的捕获，优选在 40kHz 和几百 kHz 范围。

超声波 PD 检测最初用于定位由于电晕放电引起的空气传播的噪声，例如，识别 HV 试验设备的屏蔽电极处的干扰放电，以及在损坏的帽盖针形绝缘子中引发的有害放电。为此目的设计的手持式电池供电的超声波 PD 探测器的照片如图 4.79 所示。

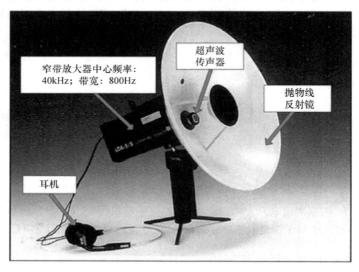

图 4.79　超声波 PD 探测器的图片（由 Doble Lemke 提供）

在 20 世纪 50 年代后期，超声波 PD 检测技术也被用于识别和定位高压设备中 PD 缺陷引发的结构噪声（Anderson，1956 年）。此后，该技术成为气体绝缘变电站预防性 PD 诊断的广泛应用工具（Graybill，1974 年；Lundgaard 等人，1990 年；Albiez 和 Leijon，1991 年），甚至用于大型电力变压器中 PD 故障的定位（Harrold，1975 年；Nieschwitz 和 Stein，1976 年；Howels 和 Norton，1978 年；Lundgard 等人，1989 年；Fuhr 等人，1993 年）。除了幅度之外，超声信号的形状对识别和定位潜在的 PD 缺陷也是非常有用的，因为频率成分以及接收的声信号的幅度随着与 PD 源的距离增加显著衰减。

然而，仅使用单个超声换能器，其定位过程非常耗时，特别是在间歇性 PD 事件的情况下。作为替代方案，所谓的三角测量现在已经成为一种常见的做法。为此目的，使用三个或更多个换能器来进行"飞行时间"测量，如图 4.80 所示。对于同质介质，PD 源和 AE 换能器之间的距离 x_1、x_2 和 x_3 与测量的"飞行时间"成比例，用 t_1、t_2 和 t_3 表示，这可以从示波记录中推导出。因此，图 4.80 中所示的轨迹穿过 PD 源所在的点。

为了实现定位测量不确定度的最小化，通常的做法是将超声技术与电 PD 测量技术结合起来，这为在 PD 事件引发瞬间通过电信号触发示波器提供了机会，如图 4.81a 所示。捕获的电信号的时间滞后在小于 1μs 的范围内，如果与声学信号的"飞行时间"相比，可以忽略，因为声信号在油中的传输速度仅为 1.2mm/μs。在噪声条件下，通过使用所谓的平均模式可以显著提高信噪比，如图 4.81b 所示。此外，电声联合方法进一步证实：确实检测到的是 PD 缺陷而不是干扰的声学噪声。

在实验室条件下，触发示波器所需的电信号通常通过耦合电容器或者甚至是套管抽头（如果可用）从试验对象捕获，但是，在嘈杂的现场条件下，使用 VHF/UHF 技术来增强信噪比更为有利，如 4.7 节所述。然而，在这种情况下，必须强调的是，根据图 4.80 的三角测量仅对连续介质中传播的声波提供合理的结果，其中声压波的速度保持恒定。对于复杂设计的 HV 设备，如电力变压器，波速受到差异明显的结构材料的影响，如铜、钢、木材、层压板和绝缘油。因此，与在 PD 源和超声换能器之间沿最短的距离传播的直接声波不同，此情况下必须考虑两个速度截然不同的波阵面，这些通常被称为纵向（压力）和横向（剪切）波。在不赘述的情况下，应该提到

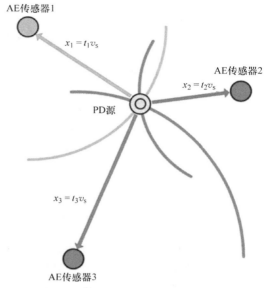

图 4.80　PD 故障定位的三角法原理

最短路径通常不是最快路径，如图 4.82 所示。这一现象是由声波的不同速度造成的，例如：声波在油中可以达到的传播速度约为 1.25mm/μs，钢中为 5.1mm/μs。如今，可以使用配备了高级软件包的先进计算机系统求解在真实 HV 设备中获得的波速的非常复杂的方程。

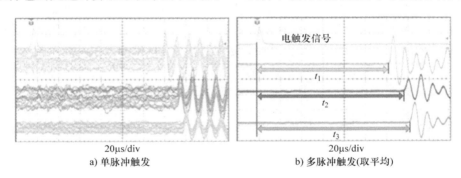

图 4.81　飞行时间测量原理，其中声学信号由连接到 110kV 仪用变压器（互感器）油箱的三个超声波传感器接收，此处示波器由电信号触发

除了一系列 AE 传感器阵列、信号传输单元（电缆或光纤链路）和采集系统（数字示波器或基于计算机的测量系统）之外，HV 设备中 PD 源的声学检测和定位设备需要完成信号的处理、对捕获的超声数据进行可视化及存储。为此目的，通常应用以下类型的超声换能器：

1）压电传感器；
2）结构 – 声共振传感器；
3）加速度计；
4）电容式传声器；
5）电光换能器。

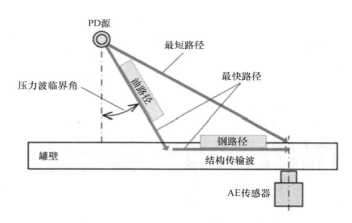

图 4.82　油中 PD 源与置于电力变压器油箱上的声学传感器之间的最短和最快路径

由于换能器的声阻抗与所研究的 HV 设备的金属外壳的声阻抗差异显著，换能器表面通常覆盖有硬环氧树脂以确保有效的信号传输，同时也提供了换能器和试验对象的金属部件之间所需的绝缘。此外，由于发射的声波可能在换能器和 HV 设备的外壳之间的界面处反射，因此应特别注意耦合方法。因此，应使用声学耦合剂凝胶或油脂来使反射影响最小化。

通常，将前置放大器集成在超声换能器中以增强信噪比似乎是有益的。如上所述，由于磁致伸缩和 Barkhausen 效应，由泵和风扇引起的干扰机械振动以及由变压器的铁心发出的噪声可以被有效地抑制，因为，这种声学噪声与从实际 PD 源发出的声压波不相关。使用工作在 40kHz 左右中心频率的窄带放大器也可能有助于获得合理的试验结果。在这种情况下，脉冲响应的特征在于振荡，其中包络通常覆盖长于数百 μs 的时间跨度。因此，可能会出现后续声信号的叠加，如图 4.83 所示。其中，这也是声学 PD 检测方法不能定量评估 PD 量大小的原因。另一个缺点是，如果穿过各种绝缘结构，超声信号会发生强烈的衰减和分散，因为它们具有低通滤波器的特性，其中信号衰减几乎与特征频率的二次方成比例（Beyer，1987 年）。

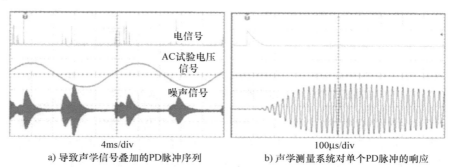

图 4.83　窄带超声测量系统的 PD 脉冲响应，其中心频率为 42kHz，带宽为 800Hz

第 5 章　介电性能测量

摘要：高压设备的绝缘老化不仅是由高电场强度引起，而且还由在正常运行条件下产生的热应力和机械应力引起，这些因素会导致与整体绝缘性能逐渐劣化相关的化学过程的发生，最终可能会使高压设备出现薄弱点，在极端情况下可能会导致最终的击穿，引起 HV 设备的异常停电，同时还会造成物理、环境和经济损失。为确保 HV 设备的可靠运行，鼓励在制造后进行高标准的质量保证试验，以及在运行中使用先进的预防性诊断工具。正如第 4 章所述，自 20 世纪 60 年代以来，PD 测量已成为追踪 PD 介电缺陷的必不可少的工具，而自 20 世纪初以来，当首条 100kV 以上的高压输电系统架设时，整体介电特性的测量（如电容和损耗因子测量）已成为 HV 设备绝缘状态评估的关注点。在这种情况下，应该注意，介电特性通常是在不同于工作频率（50/60Hz）的试验频率下确定的，因此，在接通和关断直流电压后，也可以通过测量介电响应来获取绝缘状态有价值的信息，这也将在下面进行介绍。

5.1　介质响应测量

假设一个平行平板电极之间设置有固体介质的电容器，突然施加一个具有一定升压速率的直流电压，电容器将被快速地充电。然而，此后立即可以测得到一个相对小的电流，这不仅是由介电材料的体积电阻率引起的，而且还与极化现象相关。这是由于在库仑力（Coulomb，1785）作用下，正、负电荷发生位移，这意味着在一定时间周期之后会建立偶极矩，但在零电场条件下，正、负电荷会相互中和抵消。反之亦然，在断开直流电压且试验样品的电极短路之后会发生去极化现象，一定时间过后，载流电荷将重新返回到其原始位置，这就是所谓的“返回电压”（有时也称为“恢复电压”）。只要所研究的电容器的电极不短路，一定的弛豫时间之后，该电压可以在试验样品的电极端部测得。这种现象最初是由 Maxwell 在 1888 年发现的，并且 Wagner 基于 1914 年的如图 5.1 所示的等效电路，对此做了详细的解释。该网络由基本电容器 C_0 和表征电容直流电阻的并联电阻器 R_0 组成。另外，引入了表示弛豫时间常数 $\tau_1 = R_1 C_1$，$\tau_2 = R_2 C_2$，$\cdots$，$\tau_n = R_n C_n$ 的各种 $R-C$ 元件来表征与典型极化现象关联的过渡频率，例如，载流电荷的俘获、界面极化、取向极化甚至离子和电子的极化。

如今，恢复电压测量（RVM）已经成为评估 HV 设备及其部件整体绝缘状况的最成熟的诊断工具之一（Boening，1938 年；Nemeth，1966 年、1972 年；Reynolds，1985 年；Csepes 等人，1994 年；Lemke 和 Schmiegel，1995 年；Gubanski 等人，2002 年），用于 RVM 方法的基本电路以及典型电压信号如图 5.2 所示，这里，试验样品首先由幅度为 V_e 的恒定 DC 电压激发。为产生此电压，开关 S_1 突然闭合，而开关 S_2 保持打开。由于连续的直流应力，基本电容 C_0（见图 5.1）被快速充电。与此不同的是，其他电容 C_1，C_2，C_3，$\cdots$，C_n 的充电会有一定的时延，这是由于前面提到的弛豫时间常数 τ_1，τ_2，$\cdots$，τ_n。在经过数十分钟甚至更长时间的某个直流加压时间 t_1 之后，开关 S_1 打开（见图 5.2）。随后立即短路试验样品，在时刻 t_1 关闭开关 S_2 数分钟或甚至更长时间。在这种情况下，基本电容 C_0 完全放电，而电容 C_1，C_2，C_3，…，C_n 由于特征弛豫时间常数 τ_1，τ_2，…，τ_n 而仅部分放电。

在 t_2 时刻，当开关 S_2 再次打开时，储存在电容 C_2，C_3，…，C_n 中的剩余电荷会引起基本电容 C_0 的再次充电。因此，所谓的恢复电压 $v_r(t)$ 是可以通过试验对象两电极间的电压来进行测量的，

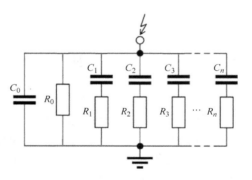

图 5.1　固体电介质等效电路

然而，C_0 也由于并联电阻 R_0 而放电，其中，R_0 代表被研究的电介质材料的体积电阻。结果，初始电压升高后，其特征参数为初始斜率 $\mathrm{d}v_r(t)/\mathrm{d}t$ 和时刻 t_3 出现的最大值 V_r，恢复电压再一次衰减，最终趋于零，如图 5.2b 所示。

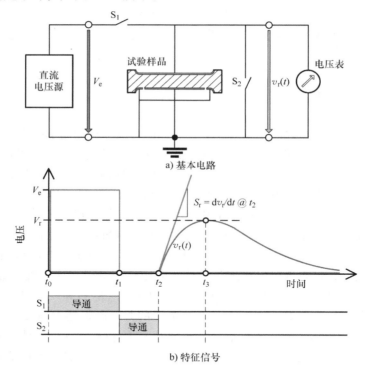

a) 基本电路

b) 特征信号

图 5.2　恢复电压测量（RVM）

通过建立所谓的极化谱图获得关于绝缘状态的附加信息。为此，在恒定直流试验电压下，逐步增加直流应力周期 t_1 和短路持续时间 $(t_2 - t_1)$，进行一系列恢复电压的测量。考虑可重现的测量，比率 $(t_2 - t_1)/t_1$ 通常保持恒定并且选择为 50%。在这种情况下，针对每个试验序列，绘制时刻 t_2 的初始斜率 $\mathrm{d}v_r(t)/\mathrm{d}t$ 和返回电压的峰值 V_r 与充电时间 t_1 的关系。图 5.3 显示了一个实用的测量示例，数据是从以含水量为参数的油浸纸绝缘材料的去极化试验获得的。通常，恢复电压的每个最大值属于主导地位的弛豫时间常数，其与典型的老化现

象明确相关,这为绝缘状态评估提供了机会,例如:用于电力变压器和电力电缆的含油浸纸水分含量和解聚的状态评估。

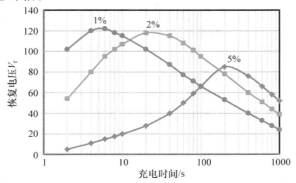

图 5.3　含水量 1% 、2% 和 5% 情况下测量的油浸纸去极化谱图

另一种方法是利用如图 5.4a 所示的基本电路来分析极化和去极化电流。根据上述提出的恢复电压测量方法,试验样品首先受到直流阶跃电压 V_e 的作用,此时,S_1 保持闭合直到时刻 t_2。在这种情况下,主电容 C_0 通常在不到 1s 的时间内被完全充电。

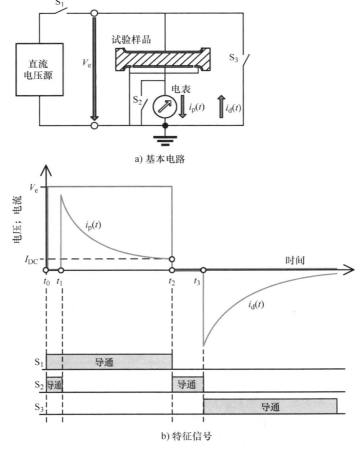

图 5.4　极化和去极化测量原理

为了避免充电电流过大引起的过载造成试验样品的接地引线中敏感电流表的损坏，该仪器最初被开关 S_2 短路，但为了测量以不同时间常数对部分电容 C_1，C_2，C_3，$\cdots$，C_n 充电的相关极化电流 $i_p(t)$，开关 S_2 在时刻 t_1 很快被打开，如图 5.1 所示，该电流或多或少地以指数方式衰减到稳态值 I_{DC}，其值由直流电阻 R_0 控制。

下一步骤在 t_2 时刻开始，此时开关 S_2 再次短路并且开关 S_1 断开，以使试验样品与直流源断开。此后，开关 S_3 闭合，使得主电容 C_0 几乎完全放电。此后几 s，即在时刻 t_3，开关 S_2 打开，而 S_3 保持闭合。在这种情况下，测量与时间相关的去极化电流 $i_d(t)$。即使该电流的极性与极化电流的极性相反，极化电流的时间函数也或多或少地可以拟合为指数函数。唯一的区别在于，由于试验对象的端子短路，在第一阶段期间出现的电阻性电流分量是不可检测的。

在这种情况下，应该注意的是除上述之外，其他工具也可以用来评估绝缘状况，例如等温弛豫电流的测量（Simmons 等人，1973 年；Beigert 等人，1991 年）。原则上，为评估绝缘状态，所采用的电路均对上述的电路做了或多或少的修改。例如，下面将简要介绍所谓的恢复电荷的测量，该测量基于去极化电流的电子积分（Lemke 和 Schmiegel，1995 年），图 5.5 给出了为该程序开发的电路原理图以及典型电压信号。

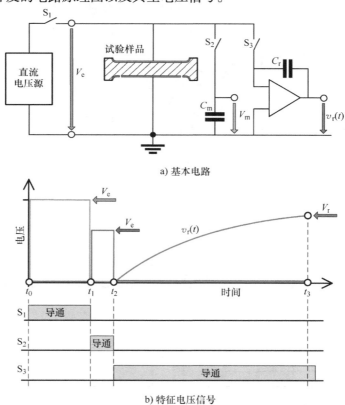

a) 基本电路

b) 特征电压信号

图 5.5　恢复电荷测量开发的基本电路和特征电压信号

与通常恢复电压和极化/去极化测量一样，通常是将约为几 kV 的直流阶跃电压 V_e 施加在试验对象的电容上。根据实际经验，预加电应力持续时间最好设定在 $2 \sim 10\text{min}$ 之间。这段时间内，开关 S_1 关闭，而所有其他开关仍保持断开状态。第二步，从时刻 t_1 开始，开关

S_1打开，随后开关S_2关闭。在满足$C_m \gg C_0$条件下，原存储在试验对象主电容C_0中的电荷量将几乎完全转移到测量电容器C_m中。因此，试验对象电容C_0可以简单地由在时间间隔$t_1 - t_2$内通过C_m的电压V_m和在时间间隔$t_0 - t_1$内通过C_0的激发电压V_e之比得到：

$$C_0 \approx C_m \frac{V_m}{V_e} \tag{5.1}$$

下一步从瞬间t_2开始，当开关S_2打开时，断开测量电容器C_m与试验对象的连接。几 s 后，开关S_3闭合，以便将先前存储在试验对象电容中的剩余电荷转移到集成电容器C_r中。基础的研究表明，时间间隔$t_1 - t_0$和$t_2 - t_1$最好设定为接近 10s 的数值。对一个已知电容C_r，它提供有源积分器的决定性部分，从输出电压$v_r(t)$中简单地推导出来储存在C_r中的恢复电荷$q_r(t)$为

$$q_r(t) = C_r v_r(t) \tag{5.2}$$

测量通常在稳态条件出现的瞬间t_3完成，即电子积分器的输出电压$v_r(t)$几乎保持恒定，通常在大约 10min 后出现。用于评估绝缘状态的合适参量是极化因子F_p，它提供了测得的最大恢复电荷Q_r与主电容C_0在直流应力时段期间存储的总电荷Q_m之间的比值。结合方程式（5.1）和式（5.2），极化因子可以表示为

$$F_P = \frac{Q_r}{Q_m} = \frac{C_r}{C_m} \frac{V_r}{V_m} \tag{5.3}$$

比率C_r / C_m原则上提供了测量系统的比例因子，因此，极化系数F_p与电压V_r和V_m之比成正比，V_r和V_m可分别通过C_r和C_m来测量。基于交联聚乙烯（XLPE）电力电缆的实际经验，只要满足条件$F_p < 10^{-4}$，绝缘状态就可以被评价为"良好"。

示例：图 5.6 记录了 20kV 等级运行老化的 XLPE 电缆的典型电压信号，为了得到合适的读数，选择以下极化因子来设置测量仪器：

分压比	$R_2 / R_1 = 1 : 400$
测量电容	$C_m = 100 \mu F$
等效电容	$C_r = 1 \mu F$

通过式（5.1）和式（5.3），可以从图 5.6 的记录中得出以下数值。

测量电压	$V_e = (5V) \times 400 = 2000V$
主电容	$C_0 = (100\mu F) \times (2.3V) / 2000V = 145nF$
极化因子	$F_p = [(1\mu F)/(100\mu F)] \times [(0.64V)/(2.3V)] = 28 \times 10^{-4}$

当极化因子远超出上述限值$F_p < 10^{-4}$时，可以认为已经产生严重的水树现象，这可以通过显微镜的微观观察证实。

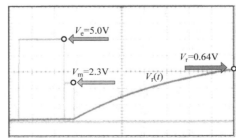

图 5.6　老化的 MV XLPE 电缆上进行恢复电荷测量记录

5.2 损耗因子和电容的测量

由于 HVAC 设备的绝缘主要受到 50/60Hz 工频电压的影响，因此，主要关注暴露于这种低频交流电压下绝缘材料的介电特性。在这种情况下，如图 5.1 所示的等效电路基本上可以简化为如图 5.7 所示的电路模型，可以假定为试验对象的电容 C_s 与电阻 R_s 的串联（见图 5.7a），或者甚至是试验对象电容 C_p 与电阻 R_p 的并联（见图 5.7b）。这里的 R_s 或 R_p 原则上反映了介电材料的热损耗。

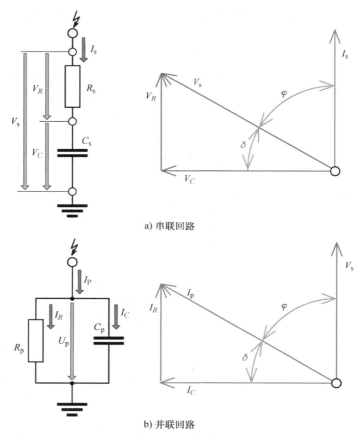

a) 串联回路

b) 并联回路

图 5.7 损耗因子 $\tan\delta$ 定义的等效电路和相关矢量图

由于专用绝缘体的电阻率随温度的升高而降低，电流密度可能会增加，特别是在耗散功率对流区域受限，就会出现所谓的热点，热点的出现加速了绝缘的劣化并导致最终的绝缘击穿。因此，自 20 世纪初，当 HVAC 越来越多地用于长距离电力传输时，介电损耗测量就成为 HV 设备质量保证试验不可或缺的工具。

如图 5.7a 所示的等效电路，电流 I_s 流经电容 C_s 和串联电阻 R_s，引起试验电压 V_s、矢量电压 V_C 和 V_R 之间各自的相移 δ_s。从实用角度来看，评估 $\tan\delta$（通常称为损耗因子）是比较方便的，它由矢量电压 V_R 和 V_C 的比值得到：

$$\tan\delta_S = \left| \frac{V_R}{V_C} \right| = \left| \frac{I_S R_S}{I_S/(j\omega C_S)} \right| = \omega C_S R_S \qquad (5.4)$$

至于图 5.7b 中 C_P 与 R_P 并联的情况，损耗因子的关系如下：

$$\tan\delta_P = \left| \frac{I_R}{I_C} \right| = \left| \frac{V_P/(j\omega C_P)}{V_P R_P} \right| = \frac{1}{\omega C_P R_P} \qquad (5.5)$$

一方面，将式（5.4）与流经 C_S 和 R_S 的电流 I_S 相乘；另一方面，将式（5.5）乘以 C_P 和 R_P 的试验电压 V_P，可以很容易地证明图 5.7 所示的两个电路的损耗因子相等，且可以简单地用有功（电阻）和无功（电容）功率之比表示：

$$\tan\delta_P = \left| \frac{V_R I_S}{V_C I_S} \right| = \left| \frac{V_P I_R}{V_P I_C} \right| = \frac{P_R}{P_C} \qquad (5.6)$$

由经典网络理论可知，每个串联电路都可以转换成并联电路，反之亦然。考虑图 5.7a、b 所示的等效电路，如下关系适用（Kupfmuller，1990 年）：

$$C_P = C_S \frac{1}{1+(\omega C_S R_S)^2} = C_S \frac{1}{1+(\tan\delta_S)^2} \qquad (5.7)$$

$$R_P = R_S \left[1 + \frac{1}{(\omega C_S R_S)^2} \right] = R_S \left[1 + \frac{1}{(\tan\delta_S)^2} \right] \qquad (5.8)$$

$$C_S = C_P \left[1 + \frac{1}{(\omega C_P R_P)^2} \right] = C_P \left[1 + (\tan\delta_P)^2 \right] \qquad (5.9)$$

$$R_S = R_P \frac{1}{1+(\omega C_P R_P)^2} = R_P \frac{(\tan\delta_P)^2}{1+(\tan\delta_P)^2} \qquad (5.10)$$

这些关系使得我们能够根据平衡条件下基于西林电桥的设置来确定损耗因子，具体如下所述。

5.2.1　西林电桥

为了测量绝缘材料的相对介电常数 ε_r 以及高压下的电容和损耗因子，通常采用 1919 年提出的西林桥式电路，如图 5.8 所示。桥式电路原理上是由两个并联的分压器组成，在下文中称为测量支路和标准支路。在如图 5.8 所示的电路中，测量支路的高压臂由如图 5.7a 所示的 C_S 和 R_S 等效串联的被测样本构成，而标准支路的高压臂由无损耗标准电容器 C_N 构成。

由于测得的支路高压臂和低压臂的电压矢量 V_S 和 V_3 与它们的阻抗成比例，可以写成：

$$\frac{V_S}{V_3} = \frac{(1/j\omega C_S) + R_S}{R_3} = \frac{1+j\omega C_S R_S}{j\omega C_S R_3} \quad (5.11)$$

考虑到标准支路，矢量电压 V_N 和 V_4 的比例如下：

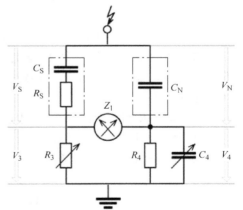

图 5.8　西林电桥的电路组成

$$\frac{V_N}{V_4} = \frac{1}{j\omega C_N} \frac{R_4 + (1/j\omega C_4)}{R_4/j\omega C_4} = \frac{1+j\omega C_4 R_4}{j\omega C_N R_4} \qquad (5.12)$$

为了平衡桥电路，调节可调元件 R_3 和 C_4，使得图 5.8 所示的指示仪器 Z_I 的读数接近零。显然，这是在测量分支的 LV 臂上出现的电压幅度和相位与标准分支的 LV 臂上出现的电压和相位相等时，平衡得以实现。基于此平衡准则，表达如下：

$$\frac{V_S}{V_3} = \frac{V_N}{V_4} \tag{5.13a}$$

$$\frac{1 + j\omega C_S R_S}{j\omega C_S R_3} = \frac{1 + j\omega C_4 R_4}{j\omega C_N R_4} \tag{5.13b}$$

$$\frac{1}{j\omega C_S R_3} + \frac{R_S}{R_3} = \frac{1}{j\omega C_N R_4} + \frac{C_4}{C_N} \tag{5.13c}$$

仅对除以 $j\omega$ 的这些项进行比较，就可以得到如下关系，使我们能够在平衡条件下从西林电桥的设置中确定等效串联电容 C_S：

$$C_S = \frac{C_N R_4}{R_3} \tag{5.14}$$

比较剩下的项，可以得到以下假设的串联电阻 R_S，从平衡条件下的 R_3、R_4 和 C_4 的设置中推导出来：

$$R_S = \frac{R_3 C_4}{C_N} \tag{5.15}$$

综合以上各式，损耗因子可用下式计算：

$$\tan\delta_S = \omega C_S R_S = \omega \frac{C_N R_4}{R_3} \frac{R_3 C_4}{C_N} = \omega C_4 R_4 \tag{5.16}$$

可购买到的西林电桥通常配备有固定的 LV 电阻器 R_4，用于试验对象接地。如果在 50Hz 交流电压下进行 C_S 和 $\tan\delta_S$ 的测量，则将该电阻器精确调节到 $R_4 = 318.5\Omega$，将其代入方程式（5.12）中即可获得：

$$\tan\delta_S = (314 s^{-1}) \times (318.5 V \cdot A^{-1}) C_4 = C_4 / (10\mu F)$$

显然，这大大简化了损耗因子的确定。例如，假设平衡条件满足 $C_4 = 0.027\mu F$，可以得到：

$$\tan\delta_S = 0.027\mu F / 10\mu F = 0.0027 = 2.7 \times 10^{-3}$$

在这方面应注意，关于 HV 设备绝缘状况的附加信息，除了可以根据方程式（5.14）得到等效电容 C_S、根据式（5.16）得到损耗因子 $\tan\delta_S$ 外，还可以确定这些量在工作条件下随时间变化的趋势。

上述处理涉及到的元件 C_S 和 R_S 串联的等效电路如图 5.7a 所示。如前所述，每个串联电路都可以转换成并联电路。因此，为了确定图 5.7b 中的并联元件的量值，式（5.9）和式（5.10）必须与式（5.14）和式（5.15）合并。由此，可得并联电容为

$$C_P = \frac{C_S}{1 + (\omega C_S R_S)^2} = C_N \frac{R_4}{R_3} \frac{1}{1 + (\omega C_4 R_4)^2} \tag{5.17a}$$

由于绝缘损耗因子通常认为小于 1，即：满足 $\tan\delta_S = \omega C_4 R_4 \ll 1$，式（5.17a）可简化为

$$C_P \approx C_N \frac{R_4}{R_3} \tag{5.17b}$$

基于式（5.8），并联电阻 R_P 表示为

$$R_P = R_S \frac{1 + (\omega C_S R_S)^2}{(\omega C_S R_S)^2} = R_3 \frac{C_4}{C_N} \frac{1 + (\omega C_4 R_4)^2}{(\omega C_4 R_4)^2} \tag{5.18a}$$

假设满足 $\tan\delta_S = \omega C_4 R_4 \ll 1$，可以得到简化式如下：

$$R_P \approx R_3 \frac{C_4}{C_N} \frac{1}{(\omega C_4 R_4)^2} = R_3 \frac{C_4}{C_N} \frac{1}{(\tan\delta_S)^2} \tag{5.18b}$$

将上述表达式代入式（5.5），损耗因子可表示为

$$\tan\delta_P = \frac{1}{\omega C_P R_P} = \frac{(\omega C_S R_S)^2}{\omega C_S R_S} = \omega C_S R_4 = \tan\delta_S \tag{5.19}$$

显然，式（5.19）等同于式（5.16），这是意料之中的。

对于诸如电力电缆、电力变压器和旋转电机等高容性试验对象，必须考虑到流经试验对象的容性电流会加热测量电阻 R_3。为防止测量电阻 R_3 的损坏，这个电阻器必须并联一个阻值已知的电阻器（阻值 $\ll R_3$）进行分流，以承担几乎全部的流过试验对象的电流。

由于聚乙烯绝缘电缆等绝缘体的损耗因子通常低于 10^{-4}，因此，西林电桥的低压元件的阻抗可能受到杂散电容的影响，因此，LV 部件应进行相应的屏蔽。然而，将屏蔽电极连接到地电位就像旁路作用一样，会导致通过低压臂的 AC 压降产生不受控的相移。为了解决这个关键问题，通常使用具有可调节电位的辅助支路来屏蔽 LV 部件（Wagner，1912年），这可以有利地通过使用具有极高输入阻抗和较低输出阻抗的阻抗转换器自动移动屏蔽电极的电位来实现，如图 5.9 所示。

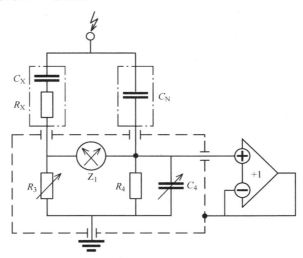

图 5.9　带有屏蔽电极自动电位控制辅助支路的西林电桥

另一个挑战是测量接地 HV 设备的损耗因子，例如：电力变压器、旋转电机和电力电缆，这种方法通常称为接地样品试验（Grounded Specimen Test，GST），需要断开 HVAC 试验电压与地电位的连接（Poleck，1939 年）。然而，在这种情况下，试验结果也可能受到 HV 试验电源和桥路电路之间的非受控杂散电容的强烈影响。为了解决这个关键问题，必须修改西林电桥，如图 5.10 所示。在开始实际损耗因子测量之前，通过打开开关 S_X 并闭合开

关 S_4，试验样品与 HV 端子断开，相应地调节辅助元件 R_5 和 C_5，以实现桥路的预平衡。之后 S_4 打开，S_X 关闭并在高电压下开始进行 $C - \tan\delta$ 测量，其中仅调节元件 R_3 和 C_4 以平衡电桥电路。

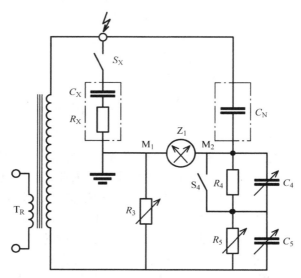

图 5.10　接地试样（GST）$C - \tan\delta$ 测量的改进型西林电桥

对于三相布置（如电力变压器）的 GST 测量，提出了对桥式电路的各种修改，如 GST - 保护接地、GST - 屏蔽接地等。更多有关 HV 设备 $C - \tan\delta$ 测量的基本配置信息，请参阅标准 IEC 60250: 1969 和 IEC 60505: 2011。

5.2.2　自动 $C - \tan\delta$ 电桥

经典的西林电桥能够测量低至 10^{-5} 的 $\tan\delta$ 变化以及小于 1pF 的电容。损耗因子的测量不确定度约为 1%，电容测量的不确定度约为 0.1%。然而，西林电桥测量方法的主要缺点是平衡过程耗时，因此，无法测量快速变化的介电特性。为克服这一缺点，20 世纪 70 年代，首次推出微型计算机时，提出了基于计算机的全自动 $C - \tan\delta$ 测量电桥（Seitz 和 Osvath，1979 年）。

图 5.11 示意性地展示出自动 $C - \tan\delta$ 电桥所采用的基本概念。此处，流过试验样本的电流 I_X 由流过标准电容器 C_N 的电流 I_N 补偿。为实现此目的，使用微型计算机控制的高精度差动电流互感器，具有 W_1 和 W_2 绕组的一次线圈作为电桥的低压臂并在磁心中产生反向磁通量。

剩余磁通由具有 W_3 绕组的二次线圈检测，输出信号通过微型计算机控制进一步的数据信号处理。

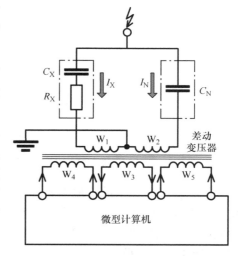

图 5.11　全自动西林电桥的概念

因此，通过分别用绕组 W_4 和 W_5 调节流经辅助线圈的电流，可以完全补偿通过差动变压器磁心的磁通量。当电桥平衡时，计算机根据施加的交流测试电压电平计算 C_X 和 $\tan\delta$ 的实际值。

　　由于数字信号处理（DSP）的进步，目前可以使用先进的基于计算机的 $C - \tan\delta$ 测量系统（Kaul 等人，1993 年；Strehl 和 Engelmann，2003 年），其简化框图如图 5.12 所示。该电路基本上由两个电容分压器组成，测量支路包含由 $C_X + R_X$ 串联连接表示的试验对象，并通过测量电容器 C_M 接地。标准支路包含无损耗 HV 标准电容器 C_N，其通过标准电容器 C_R 接地。

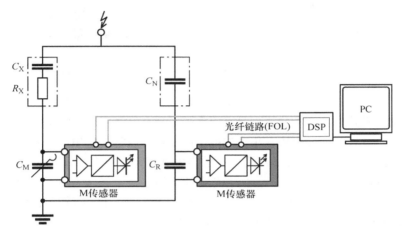

图 5.12　基于 DSP 的计算机 $C - \tan\delta$ 测量系统的设计

　　与自动 $C - \tan\delta$ 电桥不同，其中通过试验对象的电流 I_X 由参考电流 I_N 补偿，不需要精确平衡。这是因为：损耗因子与包括电容 C_M 和 C_R 的 LV 臂上的实际电压幅度无关，介电特性也可以通过直接测量从 C_R 和 C_M 捕获的电压矢量来确定，参见图 5.13。因此，似乎足以将 C_M 上的电压仅调整到峰值，该峰值几乎接近 C_R 上电压下降的峰值，其中百分之几十的偏差都是可接受的。

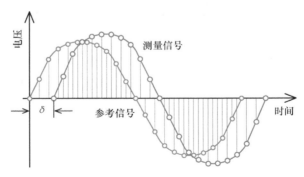

图 5.13　基于 DSP 的 $C - \tan\delta$ 测量系统使用的参考和测量信号的数字化

　　基于 DSP 的 $C - \tan\delta$ 计算机测量系统的主要组成部分如图 5.14 所示。通过电池供电的无电位执行传感器捕获 C_M 和 C_R 上的 LV 信号降落，两款传感器都配备了具有极高输入阻抗（ $>1GX$ ）的低噪声差分放大器、快速 A/D 转换器（采样率为 10kHz，分辨率 16 位）和电光接口。数字化信号通过光纤链路（FOL）传输到计算机的 $C - \tan\delta$ 测量系统，该系统还将控制信号从计算机传输到两个传感器。通过使用数字信号处理器（DSP）执行的快速离散傅里叶变换之后，实现数据的采集、计算、存储和显示。

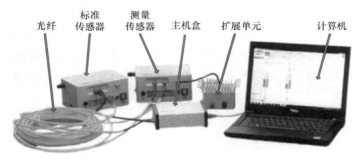

图 5.14　基于 DSP 的 C – tanδ 计算机测量系统的组件（Doble – Lemke GmbH 提供）

实时多任务软件可以计算施加的 HVAC 试验电压的每个周期的介电量，使用平均模式可以实现非常高的测量精度。由于测量原理是基于在频率独立但频率选择性模式下非平衡电桥相位角的确定，因此，实际试验频率可在很宽的范围内变化，通常在 0.01Hz 和 500Hz 之间。

所有测量的参量都可以在实时模式下以数字方式显示。此外，可以使用 Excel 兼容的数据格式输出，诸如损耗因子、电容、通过试验对象的电流、试验频率和试验电压电平（以 rms 或峰值）数据。另一个优点是各种介电参量可以显示在 PC 屏幕上，例如所施加的 AC 试验电压（以图 5.15 中示例性示出参数为例），甚至可以记录与时间的关系，这对于趋势研究是有用的。在工频（50/60Hz）试验电压下，可以实现损耗因数低于 10^{-5} 的"内在"测量不确定度，然而，"扩展"测量不确定度主要受标准电容器 C_N（西林和 Vieweg，1928年；Keller，1959 年）的状态控制。

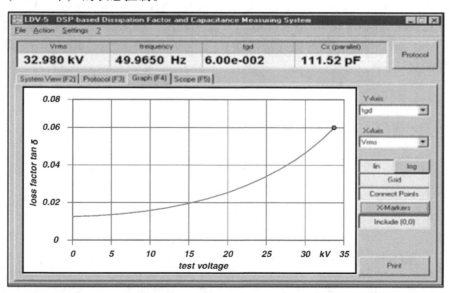

图 5.15　老化电机线棒损耗因子与试验电压关系的屏幕截图

必须注意的是，测量不确定度不仅受计算机测量系统的控制，而且还受试验样品设计的影响。为了尽量减少杂散电容和表面寄生电流的影响，强烈建议使用如图 5.16 所示的所谓的保护电极。

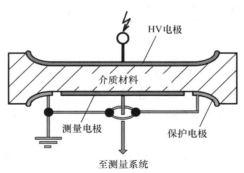

图 5.16 使用保护电极进行 C−tanδ 测量的试验样品的电极配置

第6章 直流高电压测量

摘要：HVDC 试验电压代表 HVDC 传输系统中绝缘的电应力。如今，HVDC 传输系统用于高功率传输长距离点对点的连接，这些链路是通过 HVDC 架空线和 HVDC 电缆，尤其是海底电缆实现的。预计在不久的将来，HVDC 输电技术的应用将会增加，并且还将建立 HVDC 输电网络（Shu，2010 年）。因此，HV 试验以及直流电压下的 PD 和介电测量也变得越来越重要。由于空间和表面电荷甚至可以在低于 PD 起始电压的条件下产生且受到热效应的强烈影响，因此，HVDC 绝缘的设计和试验必须在对作用电场有一定理解的情况下进行。关于这些现象已有许多出版物（例如，Hering 等人，2017 年；Ghorbani 等人，2017 年；Christen，2014 年）。本章从产生 HVDC 试验电压的不同电路开始，然后，考虑符合 IEC 60060 - 1：2010 规定的 HVDC 试验电压要求以及试验系统组件的重要性，研究带载条件下试验发生器和试验对象之间的相互作用，其中，试验对象包含海底电缆等容性负载，以及潮湿、污秽和电晕试验时的阻性负载；随后，简要介绍 HVDC 试验电压的试验程序；最后，描述如何通过适当的电阻分压器测量系统和合适的测量仪器来测量以及如何测量直流电压，例如，在直流电压下进行 PD 的测量。

6.1 用于产生 HVDC 试验电压的电路

如今，HVDC 试验电压通常通过对变压器的 HVAC 电压进行整流而产生（见第 3.1.1节）。现代固态整流元件，就是下面所说的"二极管"（硅二极管），能够产生所有必要的试验电压和电流，但由于受到反向电压仅为几 kV 的限制，这就要求将这些二极管串联起来才能形成高压的整流器，其反向电压可高达几百 kV 甚至几 MV。当考虑产生 HVDC 试验电压的电路时，所有提到的整流器都是由许多二极管组装而成的 HV 整流器（见第 6.2.2 节）。

6.1.1 半波整流（单相单脉波电路）

当高压整流器、负载电容器 C（例如，容性试验对象或滤波电容器）和阻性负载 R（例如，阻性分压器或阻性试验对象）连接到简单的 HVAC 变压器电路的输出端时（见图 6.1a），就产生了 HVDC 电压。整流器在一个极性的半波内断开而在相反极性的半波闭合。只要"刚性"变压器输出端的 HVAC 电压高于充电的电容器的电压，它就会工作。一旦电容器充上任何电荷，电容的放电就会开始，并且在电压达到其最大 V_{max} 后整流器停止工作时，电容的放电就会变得非常明显（见图 6.1b）。电容器放电到最小电压 V_{min}，直到整流器再次工作一段短时间 ΔT（也可以用相位角 α 表示）。这意味着输出电压不是恒定的，它显示出所谓的"纹波"电压 δV，定义为

$$\partial V = \frac{V_{max} - V_{min}}{2} \tag{6.1}$$

放电电流 $i_L(t)$ 与电荷 Q 有关，电荷 Q 在短时间 ΔT 内须由变压器的电流脉冲 $i(t)$ 来

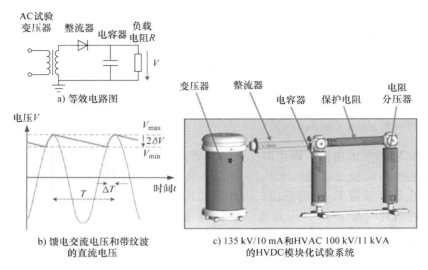

a) 等效电路图

b) 馈电交流电压和带纹波
的直流电压

c) 135 kV/10 mA和HVAC 100 kV/11 kVA
的HVDC模块化试验系统

图 6.1　单相单脉波半波整流

代替:

$$Q = \int_T i_L(t)\,\mathrm{d}t = IT = 2\partial VC = \int_{\Delta T} i(t) \tag{6.2}$$

术语"单相、单脉波电路"反映了馈电电压是单相的, DC 充电由每个周期的一个电流脉冲来实现, 利用平均直流电流

$$I = \frac{V_{\max} + V_{\min}}{2R}$$

以及周期 T 与馈电交流电压的频率 f 之间的关系, 可以得出重要的纹波系数:

$$\partial V = \frac{IT}{2C} = \frac{I}{2fC} \tag{6.3}$$

纹波系数越低, HVDC 试验电压就越平滑。随着负载电阻值的增加（这意味着负载的减少）、负载电容值的提高和充电交流电压频率的增加, 纹波减少。但是, 在半波整流的情况下, 纹波仍然很大。另外, 式（6.2）显示: 馈电 HVAC 变压器电路必须能够提供足够的电流 $i(t)$。

在进行潮湿和污秽试验时, 如果试验对象发生相对较高脉冲电流的严重预放电时, 由于变压器不能提供瞬态的能量需求, 将会出现电压跌落, 因此, 必须从滤波电容器 C 中获取 HVDC。为了限制这个电压降落 d_V, 滤波电容量值应足够大。

注意: 根据 IEC 60060: 2010, 电压降落是"试验电压在短时间达几 s 内的瞬间降低"。这里, 将按照这个定义来使用。在文献中, 例如, Kuffel 等人（2006 年）或 Kind and Feser（1999 年）, 术语"电压降落"用作空载和负载情况之间的连续电压降低, 尤其是多级级联情况下。在下文中, 术语"电压降低"将用于该现象, 电压降低是由于"正向电压降"和整流器的内部电阻而引起的。

具有半波整流的 HVDC 电源通常功率不够强, 它们被用作 HVAC 试验系统的 HVDC 附件, 特别是用于演示电路和学生的培训（见图 6.1c）。半波整流会造成 HVAC 电源的非对称负载, 甚至可能导致变压器的饱和效应。如果变压器具有对称的绕组输出（这意味着绕组的中点接地）（见图 6.2）, 则交流电压的相反极性将有助于滤波电容器 C 的充电并且可以避免变压器的饱和效应，因为每个整流器工作一个半波。因此，会出现两个充电的电流脉冲，单相、双脉冲电路的纹波将减半，两路半波整流电路也是 HVDC 级联发生器的基本级。

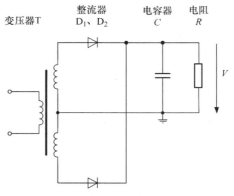

图 6.2　单相双脉波半波整流

6.1.2　倍压和多级电路（Greinacher/Cock-croft – Walton Cascades）

利用图 6.3a 所示的电路，输出电压可以加倍：所谓的倍压电容器 C_1 被充电到电压 V_{C1}，然后，整流器 D_1 上的电压在该值 V_{C1} 附近振荡。因此，如果忽略电路中的损耗（$R \to \infty$），则滤波电容器被充电到馈电交流电压峰值的 2 倍（见图 6.3b）。有损耗（意味着一个负载电阻 R）时，输出电压降低到理论空载值以下。对于带有倍压电路的 HVDC 附件的常规设计，将其连接到额定直流电流小于 10mA、纹波系数 $\delta V/V = \delta \leqslant 3\%$ 的 HVAC 发生器（见图 6.3c），其电压降低可能约在 10% 量级，因此，应该选择足够大的滤波电容。

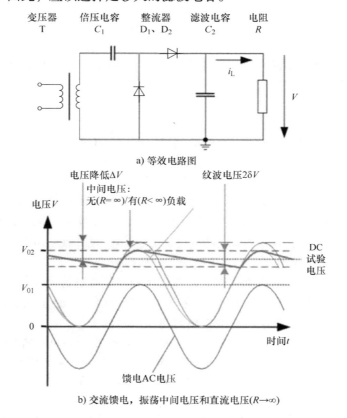

a) 等效电路图

b) 交流馈电，振荡中间电压和直流电压（$R \to \infty$）

图 6.3　单相单脉波半波整流倍压电路

倍压电路应被理解为 Greinacher（1920 年）首次提出的用于核物理的 HVDC 电源的多级电路的基本级，1932 年由 Cockcroft 和 Walton 进行了改进。三级级联的 HVDC 电路原理如下

（见图 6.4）：电容的左列包含倍压电容［有时也称为"阻塞电容"（Kind 和 Feser，1999年）］，右列包含滤波电容（见图 6.4a）。当忽略电压降落和负载电阻时，峰值为 V_{max} 的交流电压 $V_{AC}(t)$ 在第一个倍增电容器的 $1V_{max}$ 的直流偏置附近振荡，并在滤波柱的第一级输出端输出值为 $2V_{max}$ 的直流电压 V_1（见图 6.4b）。在第二阶段，直流偏置是 $V_{12}=3V_{max}$，滤波柱的电压是 $V_2=4V_{max}$。因此，第三级输入端的直流值是 $V_{13}=5V_{max}$，发生器的输出的直流电压是 $V_3=6V_{max}$。

每级的直流电压是馈电交流电压的峰值电压 V_{max} 的 2 倍。在稳定运行和额定电压下，整流器所需的反向电压为 $2V_{max}$。倍压电容（最低级除外）必须能够承受 $2V_{max}$ 的直流电压应力加上馈电电压的交流电压应力；滤波电容器必须承受 $2V_{max}$ 的直流电压；最低级倍压电容仅承受一半的电压，但对纹波的影响最大。因此，最低级倍压电容应具有 2 倍的电容值，这有利于电压分布并减少纹波。图 6.4c 所示的 1500kV 电压为 500kV 的级联电路，其输入的额定电压为 $250kV/\sqrt{2}=177kV$（rms）。

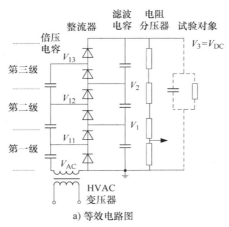

a) 等效电路图

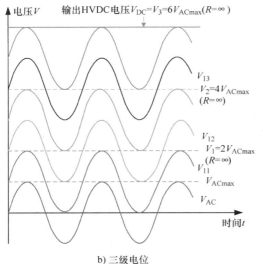

b) 三级电位

c) 1500 kV/30mA，每级 500 kV 发生器

图 6.4　Greinacher 级联（单相单脉波多级电路）

对于单相单脉波多级电路，纹波还取决于多级电路的级数，通过试验对象的连续电流 I 由滤波电容器提供。通常，滤波柱列中的所有电容器具有相同的电容量，这对于瞬态应力（例如，在试验对象发生击穿时）情况下线性电压分布是必需的。如果没有电荷通过整流器转移到振荡倍压电容器中，则每个滤波电容器放电引起的纹波可以用式（6.3）进行计算。但是，实际上，电荷转移会导致更高的纹波 δV，对于具有 n 级级联电路，其电压降低 ΔV 可以估算如下（Elstner 等人，1983 年）：

$$\partial V = \frac{I}{fC} \frac{n + n^2}{4} \tag{6.4}$$

$$\Delta V = \frac{I}{fC} \frac{2n^3 + n}{3} \tag{6.5}$$

实际输出电压（$V_\Sigma - \Delta V$）与 HVDC 多级发生器累积空载充电电压 $V_\Sigma = nV_1$ 之间的关系可以理解为效率因子（通常用于脉冲电压发生器）

$$\eta_{DC} = \frac{V_\Sigma - \Delta V}{V_\Sigma} \tag{6.6}$$

在实际情况下，电压降落可能明显高于式（6.5）所表示的值，式（6.5）仅仅考虑了发生器的电路参数，主要原因是馈电电路中的杂散电容会导致电压降落的进一步加大（Spiegelberg，1984 年）。

Greinacher 级联发生器是 HVDC 试验中应用最多的发生器，通过手动或电动机转动发生器内部的整流器可以输出极性反转的电压，它们非常适合于容性试验对象，但在阻性负载情况下，这种电路是有限制的。当滤波电容 C 和馈电电压的频率 f 增加时，可以减小纹波并提高效率因子。传统上，电动发电机组可以产生更高频率的交流馈电电压，但如今应使用静态变频器。此外，应限制 HVDC 发生器的级数，且级电压应尽可能的提高。对于 100mA 以上额定电流的应用需求，应采用更高效率的电路。

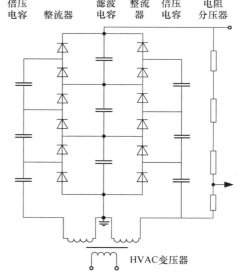

图 6.5 对称 Greinacher 级联
（单相双脉波多级电路）

6.1.3 更高电流的多级电路

与单相双脉波电路（见图 6.2）类似，也可以设计倍压电路，它们就是所谓的对称 Greinacher 级联的基础级，一个电流为数百 mA 的单相双脉波多级电路（见图 6.5），该原理也可以应用于三相电路。

图 6.6 显示了一个三相 6 脉波多级电路，在馈电三相电压的一个周期内有 6 个充电脉波，因此，该电路适用于高达几 A 的高幅值试验电流。

表 6.1 比较了传统和对称 Greinacher 级联以及三相 6 脉波多级电路的纹波值和电压降落，它们与级数 n 对电压降落和纹波的影响有关。在所有电容器具有相同电容 C 的假设下，

它们是有效的，只有最低级倍压电容器具有 2C 的电容量。此外，在所有情况下，负载 R 所需的电流 I 和试验频率 f 是相同的。

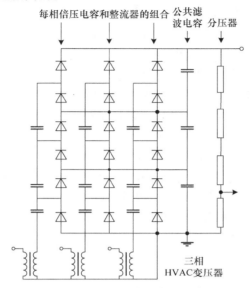

图 6.6　三相 6 脉波多级电路

表 6.1　n 级倍压电路的电压降落和纹波的比较

（对于 n = 5 级，术语"x"和"y"是根据第 2 行和第 3 行的因子）

电路参数的类型	Greinacher 级联电路 （单相、单脉波倍压电路） （见图 6.4）	对称 Greinacher 级联电路 （单相、双脉波倍压电路） （见图 6.5）	三相、6 脉波倍压电路 （见图 6.6）
电压降落 ΔV	$\dfrac{I}{fC}\dfrac{2n^3+n}{3}$	$\dfrac{I}{fC}\dfrac{2n^3-3n^2+4n}{12}$	$\dfrac{I}{fC}\dfrac{2n^3-3n^2+4n}{36}$
纹波系数 δV	$\dfrac{I}{fC}\dfrac{(n^2+n)}{4}$	$\dfrac{I}{fC}\dfrac{n}{4}$	$\dfrac{I}{fC}\dfrac{n}{12}$
实例 $n=5$　$\Delta V=\dfrac{I}{fC}x$	$x=85$（假设 100%）	$x=16.25$（19%）	$x=5.4$（6.3%）
实例 $n=5$　$\delta=\dfrac{I}{fC}y$	$y=7.5$（假设 100%）	$y=1.25$（16.7%）	$y=0.42$（5.6%）

表 6.1 的结论是从级数 n = 5 的多级电路的比较得出的，结果表明：当使用对称的 Greinacher 级联而不是传统的级联时，电压降落和纹波都会降低约 5 倍；使用三相级联电路时，可以进一步将性能提升 3 倍。如前所述，研究的电路具体应用如下：

1）对于小于 100mA 的额定电流，可以使用传统的 Greinacher 级联（见图 6.4），

2）对于几百 mA 的额定电流，可以使用对称的 Greinacher 级联（见图 6.5），

3）对于大于 500mA 的额定电流，可以使用三相多级电路（见图 6.6）。

6.1.4　带级联变压器的多级电路（Delon 电路）

当适合的变压器级联将交流馈电电压提供给 HVDC 多级电路的每个级（有时称为"Delon 电路"）时，各级的影响得到补偿，并且纹波和电压降低减少到根据表 6.1 所示的级数 n = 1 的电路情况。图 6.7 显示了最简单的级数 n = 2 的多级电路，它们都基于单相双脉波整

流电路（见图 6.2），级联的变压器不接地，且必须隔离 HVDC 的电压应力。最低级变压器的二次绕组（见图 6.7）连接到最低一级的滤波电容器，并且必须隔离的最小直流电位为 V_1。变压器绕组（也在电位 V_1 上）连接到下一级变压器的一次绕组，其直流电位为 $3V_1$。因此，第二级和所有其他变压器必须隔离，其直流电位为 $2V_1$。通常，所有变压器的设计相同，其直流隔离电压为 $2V_1$。这个直流绝缘可以细分为一次和转移（第三级）绕组。

带有级联变压器的多级电路可以设计中等额定电流的 HVDC 电源，且具有相对较低的纹波和较低的电压降落。这也可以通过馈电方式进行修改，例如，Greinacher 级联不仅馈入最低级，而且可以馈入较高的任意一级，甚至单次充电到较高一级都可以改善纹波和电压降低。图 6.8 示例显示了具有 7 级并馈入第一级和第五级的 2000kV 的级联电路和发生器。

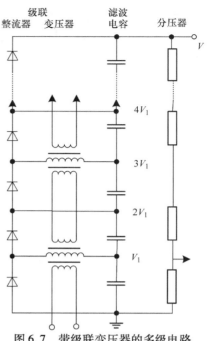

图 6.7 带级联变压器的多级电路

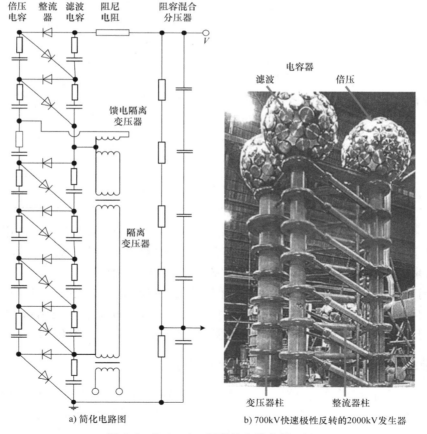

a) 简化电路图   b) 700kV 快速极性反转的 2000kV 发生器

图 6.8 Greinacher 级联馈电进入第 5 级

级联变压器 HVDC 电源的第二种应用是用于模块化 DC 试验系统。一个 400kV 的充油模块可能包含两个 200kV 级的单相单脉波倍压电路（见图 6.9），每级电路都配有自己的变压器级联级（见第 3.1.1.3 节），整流电路的元件包括滤波电容器，模块内部还设计有分压器。然后，在一个非常节省的空间中，可以一个模块上方接一个模块地安装几个模块以组成 HVDC 试验系统，极性反转由电机驱动实现。

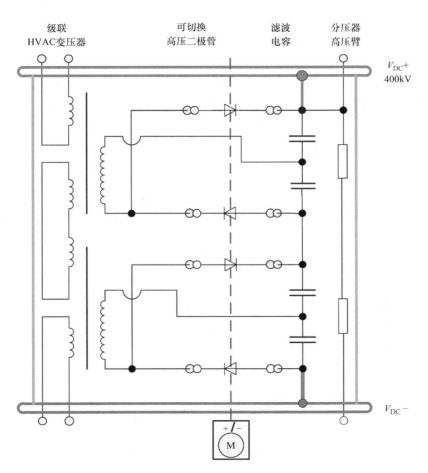

图 6.9 具有两个内部级的 HVDC 模块的简化电路图

图 6.10a 显示了包括用于 PD 测量的抑制阻抗和耦合电容的试验系统。连接电源和控制单元后，系统即可进行电压试验。这种用于电流高达数十 mA 的 HVDC 试验系统也可以轻松组装并用于现场试验，如果需要更高电压和电流的发生器，模块可以切换为并联。具有 5 级且两个低较级的并联模块的固定 2200kV HVDC 发生器如图 6.10b 所示。

a) 2个800kV/30mA模块　　　　b) 7个并−串联的2200kV/10mA模块，两个
　　　　　　　　　　　　　　　发生器都带有外部抑制阻抗和PD耦合电容

图 6.10　模块化 HVDC 发生器（两个图中模块的大小相同）

6.2　HVDC 试验电压的要求

　　根据 IEC 60060 – 1：2010（见图 6.11），讨论 HVDC 试验系统设计的一些必要特征。试验系统和试验对象（负载）之间有紧密联系，因此，描述一下容性和阻性试验对象的作用，以便于发生器回路及其参数的选择。

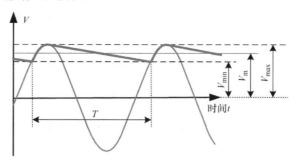

图 6.11　直接试验电压的定义

6.2.1　对 HVDC 试验电压的要求

　　根据 IEC 60060 – 1：2010，与其他试验电压的峰值（V_{max}）参数不同，HVDC 试验电压值的参数为一个充电过程周期 T 内电压的算术平均值：

$$V_{\mathrm{m}} = \frac{1}{T} \int_{t_1}^{t_1+T} v(t)\,\mathrm{d}t \tag{6.7}$$

对长达 1min 的试验持续时间，试验电压值的容许偏差为 1%，但对于更长的试验持续时间，3% 是可接受的。平均值 V_{m} 的定义主要来源于传统电压表（动圈式仪表）的电压测量，该电压表测得是电压的平均值。必须考虑峰值电压 $V_{\max}$ 决定击穿过程，且必须应用于研究工作。

利用纹波电压 δV [式 (6.1)]，可以得到无量纲的纹波系数 δ 与试验电压值的关系：

$$\delta = \frac{V_{\max} - V_{\min}}{2V_{\mathrm{m}}} \times 100\% \leqslant 3\% \tag{6.8}$$

峰值电压（决定绝缘中的放电现象）与试验电压之间具有 $\delta \leqslant 3\%$ 的要求是可以接受的，高的纹波系数还会引起局部放电起始电压的降低。因此，对于验收试验的两个方面，使波纹系数尽可能低是有用的。

特别是在潮湿和污秽试验期间，大量的预放电引起明显的电流脉冲使得试验电压值 V_{m} 降低到较低值 $V_{\mathrm{m\,min}}$，HVDC 试验系统应能够提供最高几 s 的瞬态放电电流脉冲，且满足瞬时电压降落不超过 10%：

$$d_{\mathrm{V}} = \frac{V_{\mathrm{m}} - V_{\mathrm{m\,min}}}{V_{\mathrm{m}}} \times 100\% \leqslant 10\% \tag{6.9}$$

遗憾的是，IEC 60060 – 1：2010 没有规定电流值及其持续时间，例如，假设的矩形脉冲或所需电荷的任何指标。更多详细信息请参阅第 6.2.3.2 节。一些出版物认为 $d_{\mathrm{V}} \leqslant 10\%$ 的要求太高了（例如，Hylten – Cavallius，1988；Köhler 和 Feser，1987），另见第 6.2.3.2 节。

纹波系数 δ 和电压降落 d_{V} 的参考值始终与测得的试验电压值 V_{m} 相关联。因此，电压降 ΔV [式 (6.5)] 不是试验电压的参数，而是 HVDC 试验系统的参数，它表征了所用试验系统的利用率，并且在需要新的试验系统时必须加以考虑。

6.2.2 高压直流试验系统组件的一般要求

上面讨论的电路图是简化的，因为仅考虑了理想元件和静态条件。另外，HVDC 发生器还必须承受瞬态电压应力，例如，在试验对象发生击穿或极性快速反转的情况下。如果不采取相应的对策，杂散电感和电容将影响发生器内的电压应力分布。此外，必须考虑较高的击穿电流。

6.2.2.1 防止瞬态应力

试验对象的快速击穿可以激发 HV 试验电路的振荡，该振荡由发生器的电容和/或不可避免的杂散电容和电感组成。此外，二极管和馈电变压器也不是理想元件，它们具有一定的阻抗，所有这些将形成一个非常复杂的等效网络，这里将不予考虑，只是总结了相关计算的最重要的实际结果。振荡可能导致发生器中非线性的电压分布和部件的过应力，避免部件损坏的唯一方法是采用发生器保护方案。首先，是发生器和分压器或试验对象之间的外部阻尼电阻（见图 6.8a）。其次，所有的电容中均有一个内部的阻尼电阻，还有就是整流器应配备一个均压电容器，以便在瞬态应力下能够实现线性的电压分布，同时均压电容器中还配有内部阻尼电阻，用于限制过电流和过电压。整流器由许多二极管串联组成，图 6.12 显示了用于整流器静态和瞬态电压应力的二极管保护电路的实例（Kind 和 Feser，1999 年）。在发生器保护方案中，应在发生器特别危险部分安装保护间隙或避雷器，例如，在位于最上面的整流器或馈电 HVAC 变压器的输出端。

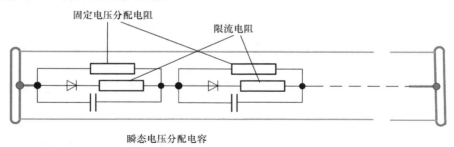

图 6.12　整流器中二极管保护电路的示例

　　注意：只有在通过外部阻尼电阻连接的试验对象发生击穿时，保护方案才会作用。发生器任何点和任何接地或通电的物体之间的击穿（例如，由于 HV 试验大厅中的错误布置）都可能改变保护方案中单个部件之间的关系，造成发生器的整流器和/或电容器受到危害。

6.2.2.2　极性反转和断开

　　对于 HVDC 绝缘来讲，电压的反转是非常强的电应力，主要是因为在极性反转前后的稳态条件下都存在空间和/或表面电荷（例如，Okubo，2012 年；Wang 等人，2017 年；Tanaka 等人，2017 年；Azizian A. 等人），因此，几种标准都有在型式试验中进行极性反转的要求。所使用的 HVDC 试验系统必须具有电动机驱动的极性反转，如图 6.9 所示。图 6.13a 为一列 3 个整流器的极性反转原理：假设整流器连接到一列滤波电容器和一个容性试验对象（Frank 等人，1983 年；Schufft 和 Gotanda，1997 年）。反转周期从 t_1 开始，切断馈电交流电压和整流器的转向，电容通过分压器的电阻部分缓慢放电（比较图 6.8a）。当整流器在 t_2 接近相反电极时，在它们的电极和相应的固定电极之间发生火花放电。在几 ms 非常短的时间内，电容通过整流器柱快速放电至零。此刻，交流电压再次接通，并且电容以相反的极性充电（t_3）。充电时间取决于回路的时间常数，该时间常数由需充电的电容（发生器的电容加上试验对象的电容）、充电电路的阻抗和 HVAC 馈电回路可提供的功率共同确定，充电时间可以在几 s 到几十 s 的范围内，这对于大多数试验应用来说是足够的。

　　在某些条件下，需要更快的极性反转，例如，

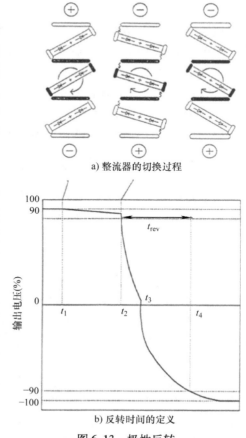

a) 整流器的切换过程

b) 反转时间的定义

图 6.13　极性反转

在 200ms 内。为此，反转时间定义为输出电压的 90% 与相反极性的 90% 电压值之间的间隔（见图 6.13）；然而，如果放电阶段足够快，则充电阶段必须加速。充电阶段的加速可以通过以下方式实现：选择充电电压的额定值远远高于所需的充电电压值，并在达到所需电压的 90% 时（t_4）中断充电。为避免相反极性的过冲，必须使用脉冲控制馈电电压达到精确的电压值。

HVDC 电压不能简单地断开，当电压降低时，充电的电容必须通过电阻器放电。由于电阻分压器和其他对地电阻也会引起放电过程，因此，当馈电停止时，电容电压会不断降低，其时间常数在一般在几 s 范围内（见第 6.2.3.1 节）。缓慢的放电可以通过放电棒得到加速，放电棒由阻尼电阻、钩子（通过金属线连接到试验场的接地）和绝缘隔离棒（见图 6.14）组成。放电后，使用同一接地棒的接地钩代替放电接点接地（见图 6.14b）。

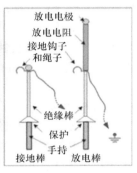

图 6.14　小型 HVDC 发生器的接地

如上所述，当 HVDC 试验系统设计为用于极性反转试验时，电容器可以通过旋转整流器的方式进行放电。在断开馈电交流电压后，接地过程首先通过分压电阻放电，当电压下降至额定电压的约 1/3 时，整流器动作。极性反转机构不适应于更高的电压，以避免整流器承受过度的电压应力。在发生器放电后，电容器柱只能使用永久的接地系统，这可以通过接地绳来实现，额定电流高达数十 mA 的发生器可以通过接地开关来完成（见第 9.2.6 节和图 9.28）。对于大电容量电容的放电，请参见 第 6.2.3.1 节。

新的 HVDC 发生器应配备完善的保护方案和可靠的放电和接地系统。当不使用发生器时，应小心接地。出于安全原因，多级发生器的每一级的所有电容器必须通过金属绳直接接地，该金属绳最好能够通过电动机驱动的发生器移动。建议对不符合这些要求的发生器的保护方案和接地系统进行升级。

6.2.2.3　电压控制、滤波电容和频率的选择

HVDC 发生器的输出通过馈电交流电压控制，这意味着控制器是交流发生电路的一部分。传统上可以使用调压器，如今主要是采用脉宽模式运行的晶闸管控制器。电压脉冲越宽，输出电压越高。交流电压的形状对输出直流电压并不重要，因为 HVDC 发生器可以理解为将交流电压的谐波连接到地的滤波器。直流输出电压几乎不受传导噪声信号的影响。晶闸管控制器可以在不到 1ms 的时间内切换，这对于所提到的快速极性反转是必要的。当在直流电压下进行非常敏感的 PD 测量时，晶闸管控制器的开关脉冲可能会干扰 PD 测量。这种情况下，建议使用调压器来代替晶闸管控制器或者附加的晶闸管控制器。

关于电压降落和纹波，电容量和频率的调整是可以互换的（见表 6.1），这意味着系统可以通过增加电容量或增加馈电电压的频率来进行提升。当然，两者都可以用于优化设计，但还必须考虑到电容器的频率范围是有限的，频率 >300Hz 的电容器明显比工频频率的电容器价格上要贵，因此，选择电容量和馈电电压频率应考虑经济情况。目前没有优化的一般规则，每个设计和参数组合必须单独考虑以获得合理的经济解决方案。

过去，HVDC 试验系统中使用电动发电机组来产生高于 50/60Hz 的交流电压。如今，可以使用静态变频器（见图 3.26 和图 3.35），并将可选择的更高频率与晶闸管控制器的优势结合起来，可以预期未来 HVDC 试验系统的电源和控制将基于稳态频率转换器来实现。

6.2.3　HVDC 试验系统与试验对象的相互作用

高压试验需要根据相关标准考虑包括试验对象在内的试验电路。HVDC 输电系统的标准正在快速发展，目前还不能给出最终的结论，IEC 115 技术委员会正在准备 HVDC 输电系统必要的基本标准。HVDC 输电组件的研究包括它们的 HV 试验，例如，在 IEC 115/154/CD：2017 中所给出，人们应该运用有关物理过程的知识来跟踪标准的相关发展，以下将对此进行阐述。

6.2.3.1　容性试验对象

HVDC 电缆的试验：当直流电压连接到挤压电缆时，可以控制外部施加的电压，但由于空间电荷的形成，电缆绝缘中的电场强度分布还取决于电缆材料、时间和温度（Maruyama 等人，2004 年；Pietsch，2012 年），电缆样品的 HVDC 试验证明了这一点（见图 6.15）：

1）对于用于 HVAC 电缆的 "AC XLPE"，可以在电缆样品的 HVDC 充电期间和一段时间内观察到内部电极处的最大场强分布，如同同轴系统所预期的那样（见图 6.15a）：拉普拉斯场）。5h 后，由于空间电荷，场强的最大值已经转移到外部电极（虚线）；但是当达到稳态条件时（例如，2180h 后），相反极性的空间电荷在内部电极附近处的场强达到极大值场强，这对于真正的 HVDC 电缆是不可接受的。

2）因此，在聚乙烯中使用特殊添加剂开发的 "DC XLPE"，可以防止内部电极（导体）附近的高空间电荷场（见图 6.15b），这保证了绝缘体非常均匀和非常稳定的稳态电场［5h 后的场强分布（点状）和 2180h（红色）实际上是相同的］。同样，电场的分布特性取决于施加的 DC 电压，并且不会发生改变，"DC XLPE" 是非常适用于 HVDC 的电缆。

试验持续时间的选择必须考虑绝缘体的空间电荷行为且这是非常困难的，其中，还包括不同的充放电过程。

对于通常 3 ~ 10mA 的充电电流，充电可能需要几 min。例如，将 10km 长的 HVDC 电缆系统（约 2μF）充电到 250kV 的试验电压，在恒定充电电流为 5mA 时需时接近 2min。即使在那么短的时间内，也不能排除空间电荷的产生。达到试验电压值后，场强分布向趋于稳态（见图 6.15b）。

对于泄漏电流非常低的试验对象，在断开馈电电压后，最高电压值可以保持数 h。为避免严重的安全问题，所有电容器必须立即放电和接地（见第 6.2.2.2 节和第 9.2.6.2 节）。必要的放电和接地开关必须精心设计并配置阻尼电阻 R_d，以适应不同电容量的试验对象，阻尼电阻将放电能量转化为热能消耗。在试验电压 V_t 下，与时间相关的放电电流，例如，最大放电电流 I_{emax} 和放电时间常数 τ_e 由下式给出：

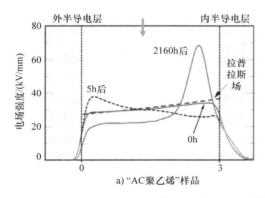
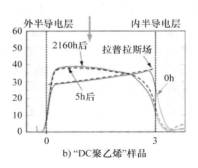

a) "AC聚乙烯"样品　　　　　　　b) "DC聚乙烯"样品

图 6.15　场强分布受空间电荷的影响（正文中解释）

$$i_e(t) = I_{emax} e^{\frac{-t}{\tau_e}}, \text{且 } I_{emax} = \frac{V_t}{R_d} \text{和} \tau_e = R_d C_c \qquad (6.10)$$

在所提到的 10km 电缆和 $V_t = 250kV$ 的实例中，存储的 62.5kJ 能量可以在数 s 内放电完成，而阻尼电阻必须能够吸收这些能量。因此，线绕电阻需要进行仔细的热特性设计。关于恢复电压（见第 5 章），有必要保证发生器和容性试验对象在不使用的情况下保持接地。

CIGRE 工作组 B1.32 总结了 DC XLPE 绝缘材料行为的技术水平，并发布了关于挤压式 HVDC 电缆试验的技术报告 496（2012），该报告被当作是一个标准。该报告包括在运行条件下使用相 - 地电压 V_0 作为参考电压进行的传输电缆的电气试验：

电缆系统的资格预审试验应证明在约 100m 长的电缆系统中所有部件具有令人满意的长期性能，该试验仅在开发过程中进行一次，并且包括在有和没有电缆加热设备产生的负载电流情况下（不超过 360 天），在 $V_t = 1.45V_0$、不同周波的长持续时间的电压试验，通过极性反转（$2 \times 1.25V_0$）和复合电压试验完成（叠加电压试验：DC/LI 和 DC/SI），最后进行详细检查。

一般在提供电缆系统之前都要进行型式试验，以证明其具有令人满意的性能特征。在试验电压 $V_t = 1.85V_0$ 下，对典型电缆系统的电缆回路进行为期 30 天的试验，型式试验包括：负载循环、极性反转（$2 \times 1.45V_0$）试验，DC/LI 和 DC/SI 复合电压试验，然后进行 HVDC 试验。

对每个制造部件（电缆或附件）都要进行例行试验（工厂验收试验），以验证它们是否符合特定的要求。电缆的每个输送长度应接受 $V_t = 1.45V_0$、持续 1h 的负 DC 电压试验。CIGRE WG 表示，除了 DC 试验电压之外，还可以考虑进行 PD 测量的 AC 电压试验，其前提是电缆的设计允许在 AC 电压下使用。此外，对于电缆附件，PD 监控的 AC 电压试验可能也是有用的。

现场验收试验（安装试验之后）应证明所安装的电缆系统的完整性，安装的电缆系统应进行 $V_t = 1.45V_0$ 的负 HVDC 试验，详细信息必须在供应商和用户之间达成一致。

HVDC 超长电缆：如果对大型海底电缆（例如，电压 $V_m = 550kV$、电缆长 200km，相当于 70μF，参见图 1.3）进行调试试验（$V_t = 1.45V_m = 800kV$），被试电缆系统的充电、尤其是放电会变得非常困难，电缆中的储存能量约为 22MJ，Felk 等人已经对该实例的放电特性进行了研究（2017 年）。

由于电缆绝缘本身的电阻而导致的放电将花费将近10h，这意味着，电缆受到的电应力要比电缆的试验时间长得多（如1h），此外，没有任何线绕电阻器具有承受该能量的热容量。因此，提出了一种基于充水垂直电阻器的HVDC放电装置。电缆试验（见图3.44）中，用于水终端的水处理单元可以控制水的电导率，该处理单元通过向水中加入盐来增加水的电导率，并通过专用的去离子化树脂床降低电导率。水由于其自身的电阻而被加热，所以它也在处理单元中被冷却。水在电阻器中循环，电阻器由内管（水上升）和外管（水下降）组成。必须仔细设计两个管之间以及垂直方向上的电场，热设计应避免电阻器外表面凝水。电阻器可以连接400kV模块，每个模块的水量约为70L。例如，800kV水电阻器由两个模块组成，并且始终与被试电缆并联连接。

控制水的阻抗使其在充电和试验电缆期间非常高（这意味着对HVDC电压源的影响非常小），而在电缆放电时，其阻抗非常低。水的热容量很高，22MJ的能量使水温仅增加40K！当开展新的试验时，水必须冷却并去除电离。

液体浸渍纸绝缘（LIP）HVAC电缆：在某些方面，HVAC LIP电缆系统的HVDC试验是DC电压应用于AC绝缘的典型示例，尤其是在现场试验中（见第10.4.2节）。因此，HVDC电缆系统的HVDC试验不会引起新的问题，非常小的HVDC试验系统能够为LIP电缆系统的大电容进行充电，同时发现：在AC运行应力下，电缆的使用寿命与合适的HVDC试验结果之间的某种关联关系。

HVDC气体绝缘系统：为了将HVDC电缆连接到HVDC电源，必须使用气体绝缘系统（GIS）来构建安全的隔离间隙，以测量电压和电流并布局避雷器（Hering等人，2017年）。这种系统的电容量不是很高，但是气体（最好是SF_6）与固体垫片的绝缘非常敏感。其原因是：电场的变化经历了从充电过程中的容性静态电场、极性反转或过电压转变为稳态DC条件下阻性流场的变化。然后，该电场还受到固体隔离物上的电荷累积以及热效应的附加影响。同时，颗粒的运动也可能表现出"萤火虫"现象，即在其中一个电极附近悬浮着尖锐的PD产生的颗粒。HVDC输电条件下的局部放电很少、随机且难以测量（见第6.5节）。选择试验电压并达成一致的试验程序时，必须考虑所有这些现象（CIGRE JWG D.1/B.3.57，2017）。CIGRE联合工作组推荐进行非常详细的电气型式试验，包含：

1）DC耐电压试验；

2）AC耐电压试验；

3）DC和AC电压下的局放测量；

4）极性反转DC试验（见第6.2.2.2节）；

5）DC/LI复合电压试验（见第8.2.3节）；

6）DC/SI复合电压试验（见第8.2.3节）；

7）负载条件试验（在额定电流下耐受试验）；

8）对单个部件进行绝缘系统试验（耐受和PD≤5pC）。

相对于型式试验的高强度，例行试验和现场验收试验应简单且高效。使用DC电压无法达到此目的。作为可接受的折衷方案，这些试验应在AC电压下进行，并通过PD测量来完成。

最后，正在讨论的原型机安装试验，类似于电缆系统的资格预审试验（见上文）（Neumann等人，2017年），该试验将证明完整的气体绝缘HVDC系统的长期性能（预期寿命为

50 年）。这是一个包含为期 30 天的负载循环以及复合 DC/LI 和 DC/SI 电压的长时间试验（参见第 8.2.3 节）。对于负载循环试验，应注入对应于额定电流的 DC 电流，这需要一个在 HVDC 电压下工作的特殊电流源（Neumann 等人，2017 年）。

6.2.3.2　阻性试验对象（潮湿和污秽试验）

由于低表面电阻和/或重度预放电，潮湿和污秽试验需要有功电流，HVDC 试验系统对所需电流的限制导致在稳定运行中的永久性应力下试验电压（电压降低 ΔV）的限制，以及瞬态应力情况导致的瞬时电压降落（d_V），在这两种情况下，试验都无法正确进行。因此，许多研究工作与所需电流的幅度和形状有关（例如，Reichel，1977 年；Rizk，1981 年；Matsumoto 等人，1983 年；Kawamura 和 Nagai，1984 年；Merkhalev 和 Vladimirsky，1985 年；Rizk 和 Nguyen，1987 年；CIGRE TF 33.04.01，2000 年）。因此，IEC 技术标准 61245：2015 给出了 HVDC 污秽试验的提示，以及 HVDC 试验系统的必要规定（纹波系数≤3%，电压降≤10%，电压过冲≤10%，连续和瞬态电压元件的电压测量），在一些出版物中描述了 HVDC 污秽试验的实例，例如，Windmar 等人（2014 年）。

尽管电压降低仅是可以接受的，但当使用足够额定电流的 HVDC 试验系统时，可以通过非常大的滤波电容器将电压降 d_V 降低到可接受的值，可能是通过附加的电容器（Reichel，1977 年；Spiegelberg，1984 年）或通过具有更高馈电电压的反馈控制（Köhler 和 Feser，1987 年）。

根据上述参考文献，泄漏电流脉冲（见图 6.17）随着表面电导率从大约 10mA 增加到大约 1~2A 量级，但随着电流幅度增加，泄漏电流脉冲的持续时间从大约 10s 开始减小到数百 ms 范围，单脉冲的最大电荷可能在 200~300mC 量级，计算时用三角形或矩形电流脉冲代替实际脉冲（见图 6.16）。在这种脉冲下可接受的电压降落在 5%（Hylten - Cavallius，1988 年）和 8% 之间（IEC 61245：1993；Köhler 和 Feser，1987 年）。Merkhalev 和 Vladimirski（1985 年）估计了当出现电荷 q_p 的电流脉冲时测得的污秽绝缘子的闪络电压（V_{FL}）与具有有限平滑电容 C_{sL}（电荷 Q）的不规则的 Greinacher 发生器的关系。该平滑电容器 C_{sL} 被用于与具有电容值 C_{sO}（电荷 Q_{sO}）的发生器进行比较，该电容 C_{sO} 不影响闪络电压（V_{FO}）：

$$\frac{V_{FL}}{V_{FO}} = 1 + 0.5\left[1 - \exp\left(\frac{-q_p}{Q_{sL}}\right)\right] \tag{6.11}$$

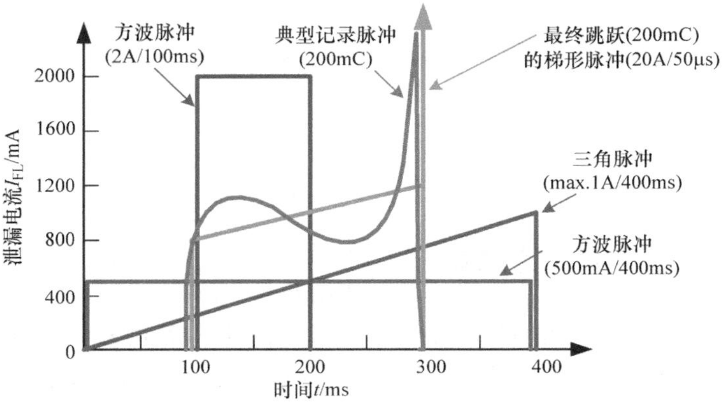

图 6.16　泄漏电流脉冲（红色）及其计算简化替代脉冲

测得的过高闪络电压 V_{FL}（由发生器不足引起）与正确值 V_{FO} 之间的偏差取决于电流脉冲的电荷（$q_p \approx 200mC$）与平滑电容器的电荷 Q_{sL} 之间的关系。如果存储在平滑电容器中的电荷超过电流脉冲的电荷 10 倍（这意味着 $Q_{sL} \approx 10$，$q_p = 2000mC$），那么可以得到术语"$\exp(-q_p/Q_{sL}) \approx 0.9$"和"$V_{FL}/V_{FO} \approx 1.05$"，发生器对闪络电压的影响低于 5%，这意味着，对于上面考虑的 $V_r = 300kV$ 的发生器，平滑电容器 C_s 为

$$C_s = \frac{Q_{sL}}{V_r} = \frac{2As}{0.3MV} \approx 6\mu F$$

将是必要的。当使用强大的馈电和优化的多级电路（例如，三相、6 脉波）时，这种非常高的电容量是难以实现的（Hauschild 等人，1987 年；Mosch 等人，1988 年），如果仅考虑所需的电荷，那么问题就大大简化了。更详细的计算表明：对于 $q_p = 200mC$，高峰值、短持续时间的矩形漏电流脉冲比较长持续时间、较低的电流脉冲产生了更高的电压降落（见图 6.17），这与试验系统的内部阻抗有关。因此，随着级数增加，电压降落（即上述的电压降低）增加。泄漏电流脉冲的形状、最大值和持续时间还取决于试验电压的幅值、应用的污秽试验方法和被试绝缘子的参数。

为了检查 HVDC 试验系统对污秽试验的适用性，建议在漏电流脉冲（例如，200mC）下对整个试验电路的行为进行计算机模拟。此外，可以使用图 6.18（Mosch 等人，1988 年）中所示的早期电路仿真结果来选定脉冲的假定形状（比较图 6.16）：它比较了由梯形脉冲（记录的电流很好描述了 200mC 的脉冲，包括非常快速的、最终跳跃的 200mC 脉冲，模拟了残余污秽层的快速加热）和瞬间的最终先导放电（2A、100ms 的短矩形脉冲）所引起的电压降落。对比结果表明，矩形脉冲具有更大的电压降落，最后一次阶跃的充电需求只有几个 mC。因此，为模拟 HVDC 发生器的性能，假设短矩形电流脉冲的持续时间很短，这对于电压降落的估计而言就足够了。

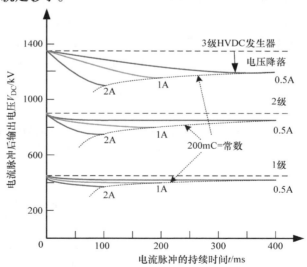

图 6.17　高压 DC 发生器的输出电压（见图 6.19），取决于矩形泄漏电流脉冲的振幅和持续时间

当 HVDC 发生器由具有反馈控制的晶闸管控制器馈电时，可以通过合适的调节器间隔将电压降落限制到预选值，例如，达到 $d_V \leqslant 5\%$ 的要求（IEC 61245:2013 草案）。反馈控制意味着要测量试验电压和泄漏电流（见图 6.19），并用于控制馈电的 HVAC 电压。当记录到

一定的电压降落时，在泄漏电流脉冲的持续时间内施加更高的馈电 AC 脉冲。图 6.20 显示：随着泄漏电流的增加，所需的馈电脉冲的频率以及相应的输出电压的纹波频率也会增加。必须进行调节间隔的选择，避免太高的电压降落和过冲（IEC 61245：2013 草案要求≤10%）。当今，大多数 HVDC 污秽试验通常是通过由带反馈控制的 HVDC 试验系统进行的（Seifert 等人，2007 年；Jiang 等人，2010 年，2011 年；Zhang 等人，2010a、b）。

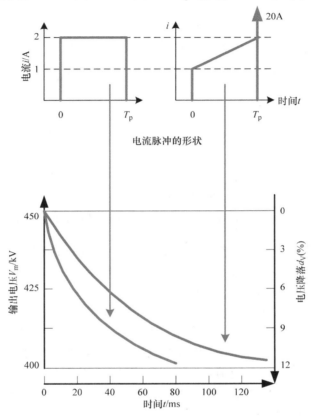

图 6.18 矩形和梯形电流脉冲的电压降落

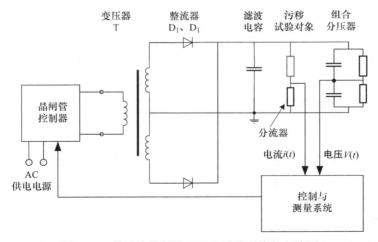

图 6.19 带反馈控制的 HVDC 试验系统的电路图

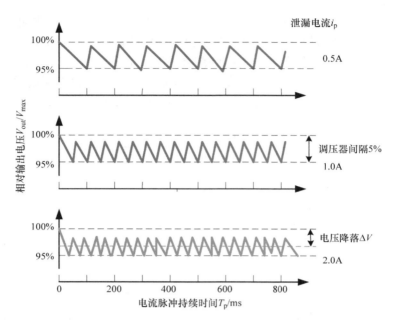

图 6.20 不同泄漏电流、相同脉冲电荷 $Q_p = 200mC$ 下计算反馈控制发生器的输出电压

高压 DC 污秽试验不必在完整的绝缘子串上进行，试验串中的一个绝缘子就足够了，因为可以假设在一条均匀污秽的绝缘子串中具有线性的电压分布。因此，用于污秽试验的强大 HVDC 试验系统的试验电压通常限于 600kV 以下。

与此相反，对于在人工降雨条件下的绝缘子，不能假设均匀的电压分布，因此必须进行湿式试验直至最高的 DC 试验电压。这意味着额定电压为 2000kV 的 HVDC 试验系统能够进行 1000kV HVDC 传输系统开放式空气绝缘的试验。由重流光放电过渡到先导放电引起的电流脉冲的特征在于高达 10mC 的电荷量，这些电荷量由发生器提供，无需反馈控制且额定电流仅为几百 mA。如果它也可用于污秽绝缘子的湿式试验，则可以采用更高的额定电流和反馈控制（Su 等人，2005 年）。

6.2.3.3 电晕笼和 HVDC 试验线

空气绝缘 HVDC 传输系统的有功损耗的大部分是由局部放电引起的，通常被称为"电晕"放电，HVDC 传输线的束导线的设计通常通过在电晕笼和/或试验线上进行试验来验证。电晕笼是一种同轴电极系统，其外电极直径可达几 m，由金属棒实现，待研究的束导线形成 HVDC 电极的内电极。外电极通过阻抗接地，以测量电晕电流脉冲或平均电晕电流。HVDC 试验线是未来 HVDC 架空线的一对一模型，它应证明在运行条件下所有组件的性能。电晕笼和试验线都是室外布置，需要户外 HVDC 试验系统（Elstner 等人，1983 年；Spiegelberg，1984 年）。

这种试验系统必须能够提供数百 mA 的连续电流，避免由于连续电晕放电而产生的电压降落，并且具有高达几 A 的短期电流能力，避免由于漏电流脉冲而引起的电压降落。对于试验线而言，必须进行两种极性的试验电压试验，这可以通过两个独立的 HVDC 试验系统或一个具有双极输出的试验系统来实现（见图 6.21）。该系统是 600kV/3.3A 的 HVAC 试验系统的双极性 HVDC 附件，由两个单相单脉波倍压电路组成，正负极性各一个。

　　试验系统本身必须在应进行试验的所有环境条件下耐受其输出电压，必须仔细规定这些试验条件（例如，温度范围、大气压范围、湿度高达 100%、雨水、自然污秽）的细节，以及考虑在某些试验条件下额定电压的可能降低，所有部件的外表面应配备硅橡胶伞裙（见图 6.21）。

图 6.21　连接至 600kV/3.3 A HVAC 试验系统的 ±1000kV/500mA 的双极 HVDC 附件（Kepri Korea 提供）

6.3　HVDC 试验的程序和评估

　　针对所有连续电压而开发的 HVAC 试验的程序和评估（参见基于第 2.4 节的第 3.3 节）也可用于 HVDC 试验，因此，在本节中将不再重复所述方法，仅提及少存在的不同之处。

　　连续或逐步增加直流电压的渐进电压应力试验（见图 2.26）用于确定累积频率分布，其试验结果可以通过理论分布函数来近似，可以根据表 3.7 的推荐进行近似。第 3.3.1 节的论述也适用于寿命试验。

　　与 HVAC 试验相比，很难保证 HVDC 试验的独立性。其原因在于：在直流电压下，局部放电（和闪络的痕迹）会导致寿命很长的表面和空间电荷现象。因此，先前的应力可能会影响后续应力的作用结果。在进行进一步的统计评估之前，绝对有必要检查试验结果的独立性。在试验期间应进行图形检查（见图 2.28），如果存在独立性问题，则应修改试验程序，修改量（例如）可以是电压上升速率的变化、闪络后试验对象的仔细清洁、每个应力循环应用新的试验对象或在两个应力循环之间施加低 AC 电压（通过交变电场"清洁"）。当研究固体绝缘材料时，通常每个试验循环都需要一个新的试样。

　　在质量验收试验中，对 DC 电压试验推荐采用第 2.4.6 节和图 2.39a 中描述的程序（IEC 60060-1:2010），应该在击穿电压较低的极性下进行试验。如果不清楚的话，就有必要进行两种极性的试验。这对于 PD 监测的耐受试验（第 3.3.2 节）也是适用的，但应考虑 DC 电压下局部放电的随机性（见第 6.5 节），这可能需要在不同电压水平上持续更长的时间（见图 2.39b）。可以考虑使用除局部放电之外的其他测量指标，例如，泄漏电流或绝缘电阻，用于诊断耐受性试验。

6.4 HVDC 试验电压测量

最初使用球间隙测量高达数百 kV 的高幅值 DC 电压，正如在 2.3.5 节中已经指出的那样，基于在清洁实验室条件下通过实验方法确定球形间隙击穿曲线，在 20kV 和约 2000kV 之间的电压，可以实现约 3% 的测量不确定度（Schumann，1923 年；Weicker，1927 年；Weicker 和 Hoercher，1938 年；IEC Publication 52：1960 年）。然而，球间隙的击穿电压不仅受到附近接地物体（Kuffel，1961 年）的影响，而且还受到电极粗糙度以及沉积在电极表面上的灰尘和污秽物，以及环境空气湿度和密度的影响。由于带电粒子总是被吸引到电场强度增加的方向，这迫使灰尘颗粒沉积在电极表面上，因此，不推荐采用球间隙进行高于 200kV 的 DC 电压的测量（见表 2.7）。

根据实验的结果（Peschke，1968 年；Feser 和 Hughes，1988 年），也可以通过大气中的棒 – 棒间隙以合理的准确度进行 DC 电压的测量。考虑空气湿度和密度的校正因子，对于 20 ~ 1300kV 的直流电压范围，如修订标准 IEC 60052：2002（见 2.3.5 节）所规定，2% 的测量不确定度是可以实现的。然而，采用空气间隙测量高电压的主要缺点是测量过程不连续，且非常耗时。因此，自 20 世纪 20 年代，火花间隙越来越多地被静电电压表（Starke 和 Schröder，1928 年）取代，因为它们能够连续测量高压。20 世纪 30 年代，还引入了基于高阻转换器件的测量系统，其中高电压由电流表或电压表指示，如图 6.22 所示（Kuhlman 和 Mecklenburg，1935 年）。如今，转换装置通常配备了一个电阻分压器，有时通过电容并接以记录叠加在固定 DC 电压上的附加电压变化，例如，DC 电压的纹波以及极性反转时的与时间相关的电压形状。

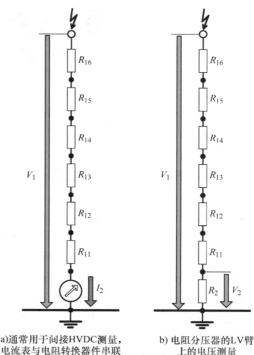

a)通常用于间接HVDC测量，电流表与电阻转换器件串联

b) 电阻分压器的LV臂上的电压测量

图 6.22　基本原理

用于 DC 测量的电阻分压器的重要设计参数是流过转换装置的直流电流。由于沉积在高压分压器柱表面的灰尘和污秽物引起寄生的泄漏电流，从而影响电阻分压器的分压比，特别是在高空气湿度下，通过转换装置的直流电流应选择不小于 0.5mA（IEC 60060 – 2：2010）。如上所述，带电粒子总是被吸引到电场强度增加的方向上，这就使得灰尘颗粒沉积在分压器柱的表面上。然而，降低 HV 臂的电阻以最大程度地减少灰尘和污秽的影响，不仅要受到 HVDC 试验电源可接受的额外负载的限制，而且还受到允许的工作温度的限制，这是因为：HV 分压器柱电阻的降低会引起分压器工作温度的急剧增加。

　　示例：考虑一个 100kV 分压器的 HV 柱，其总电阻为 10 MΩ，由 100 个低压电阻串联组成，每个电阻的额定值为 100 kΩ 和 1kV。当施加 100kV 的 DC 电压时，通过电阻转换装置的电流将达到 10mA，因此，HV 分压器柱中的功率耗电接近 1kW，这不仅导致分压器工作温度的升高，造成分压比的改变，但也可能损坏 HV 臂，这就是为什么流经 HV 臂的电流应保持尽可能低的原因，但不低于 0.5mA，以防止灰尘和污秽对分压器分压比率的影响，如上所述。在这种情况下，形成 HV 臂的每个 LV 电阻器上的电压降达到 0.5kV，等效于 1 MΩ/kV 的特定值。

　　这个示例强调：大约 0.5mA 的分压器电流似乎是一个比较合理的选择，因为从发热角度来看，电流应该尽可能低。但是，如上所述，低于 0.5mA 的电流会导致寄生泄漏电流对测量不确定度的影响。

　　为了限制沿阻性 HV 臂径向和切向的电场梯度，与 HV 高压臂串联连接的 LV 电阻通常缠绕在螺旋形的绝缘圆柱体上，如图 6.23 所示。照片显示了 Peier 和 Greatsch（1979 年）设计的 300kV 的 DC 分压器。HV 臂由 300 个 LV 电阻器组成，每个电阻器为 2 MΩ，底部 2 MΩ 的电阻器作为 LV 臂，因此，其分压比为 1∶300。为了实现沿着电阻螺旋线的电位分布可与单独的顶部电极（即没有电阻分压器柱）引起的静电场分布相比，电阻器螺旋的螺距应相应地变化，如 Goosens 和 Provoost（1946 年）最初提出的那样设计脉冲电压分压器，见第 7.4.2 节。HV 电阻柱安装在充油的 PMMA 圆筒中，以改善 HV 柱中功率耗散的对流，在 300kV 时功率仅达到 150 W。这意味着，通过 HV 电阻器的最大电流达到 0.5mA，这符合上述要求。即：一方面可以最大限度地减少灰尘和污秽对沿 HV 分压器柱的寄生泄漏电流的影响；另一方面，可以减少 HV 分压器电阻中的功率消耗，从而防止电阻的阻值发生明显的变化。使用经过温度处理人工老化的线绕式 LV 电阻器，可以实现约为 3×10^{-5} 的测量不确定度。

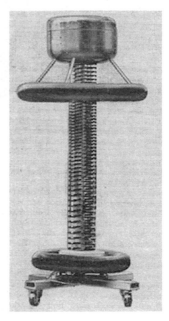

图 6.23　Peier 和 Greatsch 设计的高准确度 DC 分压器的照片（额定电压 300kV，HV 电阻 600MΩ，总高 2.1m）

　　在这种情况下，应提到的是，德国国家计量研究所（PTB Braunschweig）用作高准确度标准测量的上述电阻分压器不适用于工业试验领域的 DC 电压测量，这是因为：串联连接的线绕电阻器存在相对较高的自感，试验对象的意外击穿与快速变化的过电压相关联，这就会导致强烈的非线性的电压分布，并由此而损坏 HV 臂。为了提高分压器的能量容量，原则上可以使用金属氧化物膜或碳组合物电阻器作为替代。然而，主要的问题是它们相对较高的温度系数，造成测量不确定度的增加，特别是在延长的试验持续时间内导致 HV 臂的温度升高，即使通过长期温度处理实现人工老化可以使这种影响减少到最小化，但也必须考虑到这样的条件是非常耗时的。因此，仅在非常特定的情况下使用这种方法。

　　避免出现意外击穿时可能损坏电阻分压器的最佳解决方案是使用混合分压器，例如，阻容性分压器，甚至电容均压分压器。通过将堆叠电容器连接到电阻分压器柱的特定位置以实现最佳的测量性能，如图 6.24 所示的照片。根据经验，这种混合分压器的 HV 柱的电容应选择在 200 pF 量级。此外，应使用表面较大的屏蔽电极，以防止局部放电的发生，局部放电也可能影响分压比。

为了测量 HVDC 分压器的输出电压，原理上可以使用能够指示算术平均值的经典模拟仪器。然而，更好的方法是使用示波器甚至数字记录仪测量实际试验条件下的 DC 电压，即除了静态 DC 电压外，还包括典型的动态电压，例如，纹波、电压降落以及表征极性反转特征的参数。经认可的 DC 电压测量系统的要求已经在 IEC 60060 - 2:2010 中规定，因此，算术平均值应使用扩展不确定度 $U_M \leqslant 3\%$ 的测量系统来测量，其对应于的覆盖概率为 95%。为了确定测量系统的动态特性，可以在输入端施加正弦电压，当频率在基波脉冲频率 f_r 的 0.5 ~ 7 倍变化时，测得的输出电压幅度差应在 3dB 以内。

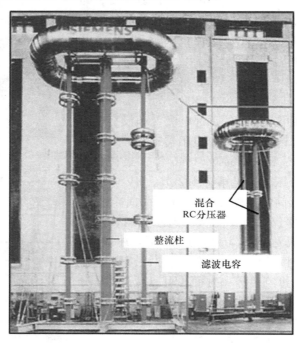

图 6.24　DC 发生器和阻容分压器（2MV、1mA），用于测量静态和动态电压

如果存在 IEC 60060 - 1:2010 中规定的最大纹波，则不得超过上述不确定度的限值。应使用扩展不确定度 ≤1% 的 DC 试验电压算术平均值或扩展不确定度 ≤10% 的纹波幅度进行纹波幅值的测量，以较大者为准（IEC60060 - 2:2010）。为了测量 DC 电压的平均值和纹波幅度，可以使用单独的测量系统，或者可以使用同一个转换装置，并结合两个单独的 DC/AC 电压测量模式。纹波测量系统的刻度因数应在基本纹波频率 f_r 下确定，扩展不确定度为 ≤3%，刻度因数也可以确定为各种组件刻度因数的乘积。在（0.5 ~ 5）f_r 频率范围内测量纹波测量系统的幅度/频率响应，幅度不低于基本纹波频率 f_r 处幅值的 85%。

为了测量上升和下降的 DC 试验电压以及极性反转时的纹波和电压波形，DC 测量系统的特征时间常数应为 ≤0.25s。在污秽试验情况下，时间常数应小于出现瞬变（电压降）的典型上升时间的 1/3。

HVDC 测量系统的型式和例行试验结果可以从制造商的试验协议中获得，其中应对测量系统的每个部件进行例行试验。完整测量系统的性能试验以及性能检查必须由用户自己或校准服务人员负责，性能试验应包括校准时刻度因数的确定以及纹波的动态行为，应每年、至少每 5 年进行一次试验。性能检查涵盖刻度因数的检查，应至少每年或根据测量系统的稳定性进行；有关此问题的更多信息，可以参阅第 2.3.3 节和第 2.3.4 节。

6.5　直流试验电压下的 PD 测量

　　20 世纪 30 年代后期，当高直流电压越来越多地用于物理、医疗和军事应用，例如：X - 射线设备、阴极射线管、电子加速器、图像增强器和雷达设施，直流电压下的气体放电物理现象引起了特别的关注，当时已经出版了许多技术论文和教科书，主要涉及各种气体甚至真空中放电的基本原理（Trichel，1938 年；Loeb，1939 年；Raether，1939 年），在 Meek and Craggs（1978 年）的教科书中也可以找到关于此主题的极好的研究。20 世纪 60 年代，当首条长距离 HVDC 输电线路投入运行时，局部放电的测量变得非常重要，尤其是在制造后评估 HVDC 设备（例如，电缆和电容器）的绝缘完整性时（Rogers and Skipper，1960 年；Salvage，1962 年；Renne 等人，1963 年；Melville 等人，1965 年；Salvage 和 Sam，1967 年；Kutschinski，1968 年；Kind 和 Shihab，1969 年；Müller，1976 年；Densley，1979 年；Meek 和 Craggs，1978 年；Devins，1984 年）。

　　在两个极性的 DC 电压下气隙中发生的 PD 现象或多或少与在工频 AC 电压下发生的具有可比性，这尤其适用于在某些条件下空气中的尖锐负电极处点燃的所谓的 Trichel 脉冲（Trichel，1938 年），如图 6.25 所示。由于它们在幅度和重复率方面也经常出现，Trichel 脉冲可以有利地用于 PD 测量系统的性能检查，（例如）以确定实际脉冲的极性，当通过 PD 测量系统解耦、传输和处理时，该脉冲极性通常是反转的。

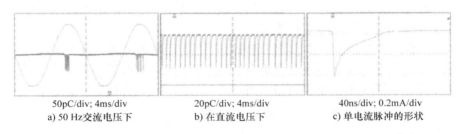

50pC/div; 4ms/div　　20pC/div; 4ms/div　　40ns/div; 0.2mA/div
a) 50 Hz交流电压下　　b) 在直流电压下　　c) 单电流脉冲的形状

图 6.25　在接近初始电压的测试水平下记录点 - 面气隙的 Trichel 脉冲

　　然而，为了评估 HV 设备及其部件的绝缘状况，设备内部放电的机制（例如，空腔、界面和表面放电）尤其引起了人们的兴趣。为了解释在直流电压下由于腔体放电引起的 PD 序列以及电荷转移，图 4.13 中所示的经典 a - b - c 模型（见第 4.2 节）已相应地进行了修改（Fromm，1995 年）。因此，3 个特征电容与高欧姆电阻并接，以模拟恒定 DC 应力下电极之间的电压分布，以及评估连续放电之间经过的时间，这一时间通常被称为恢复时间，恢复时间由从直观假设的腔体电容和介电材料的电阻率推导出的时间常数决定（Fromm，1995 年；Beyer，2002 年；Morshuis 和 Smit，2005 年）。

　　作为替代方案，根据 Pedersen（1986 年）的偶极子模型也可用于解释 PD 电荷转移以及恢复时间（Lemke，2016 年），下面将简要讨论。为此，假设平行平板电极之间的体电介质中存在气态夹杂物，应考虑气态夹杂物中的 PD 事件。基本上，这一过程可以划分为以下 3

个阶段（见图 6.26）：

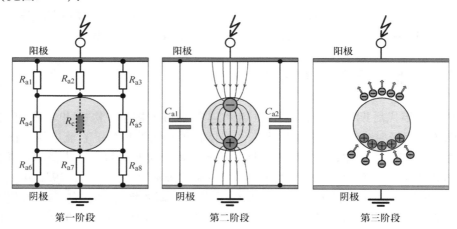

图 6.26　DC 应力下腔体放电的典型基本阶段

1）第一阶段：初始化电离过程。非常缓慢升高施加的 DC 电压，电极之间的电位分布、特别是气体腔中的场强由图 6.26a 中所示的阻性元件控制。然而，评估初始电压似乎是不可能的，因为固体电介质的体积和表面电阻率随着场强的增加而急剧下降，并且还受到温度的强烈影响。

2）第二阶段：偶极矩的建立。假设在静态起始电压下引燃自持放电，从中性气体分子释放的电子数量总是等于正离子数量，如第 4.2 节所述。结果，偶极矩的建立是因为所有正离子都沉积在阴极侧的腔壁上，而电子和负离子（通过电子与中性分子的附着而形成）沉积在阳极侧的腔壁上。由于偶极矩与施加的 DC 试验电压产生的静电场方向相反，气态夹杂物内的场强减小，因此自持放电过程将突然淬灭。

3）第三阶段：偶极矩的消散。即使绝缘材料的电阻率非常高，也可以认为沉积在阴极侧电介质边界的正离子通过从固体电介质中脱陷电子的附着被缓慢中和，这些脱陷电子是由于正空间电荷附近的强场增强而引起的。同时，先前沉积在电介质壁上的电子将进入该边界并进一步通过固体电介质传播到阳极方向。由于电子的漂移速度以及相关的电子电流极低，因此，建立初始场条件并因此引燃下一次放电所需的恢复时间变得非常长。实践经验表明，两个连续 PD 事件之间的时间可能接近几 min。

示例：考虑在挤压式电力电缆的 XLPE 绝缘层中嵌入气态夹杂物的放电情况，假设电场强度 $E_p = 20kV/mm$，出现在靠近腔体的 XLPE 绝缘层中，并且固体电介质的导电率为 $K = 10^{-17} (\Omega/mm)$，仅由电子携带电流密度将达到 $G_e = E_p \times (2 \times 10^4 \times 10^{-17})A/mm^2 = 0.2pA/mm^2$。假设，单个 PD 事件导致 $n_g = 10^8$ 个气体分子电离，正空间电荷 $q_+ = en_g = (1.6 \times 10^{-19}C) \times 10^8 = 16pC$ 将沉积在阴极侧电介质的边界处。该电荷将被与空腔相邻的固体电介质中脱陷的电子缓慢地中和。假设，这种中和现象发生在 $A_c = 1mm^2$ 的区域，穿过电介质边界并中和正空间电荷的电子电流可以通过 $I_e = G_e A_c = 0.2pA$ 来进行评估。基于此，得到中和沉积在阴极侧电介质边界处的正空间电荷所需的时间跨度为 $t_r \approx q_+ / I_e = 16pC/0.2pA = 80s$。

现在，考虑在阳极侧电介质边界处沉积的负空间电荷，当离开气体空腔时由电子引起的电流也可以被评估为接近 0.2pA，因为这些电子将继续通过固体电介质，即从阳极侧电介质边界到阳极。因此，所有电子（包括附着到中性气体分子并因此形成负离子的电子）将在约 80s 的时间跨度内离开空腔。换句话说：自由场条件下，初始空间电荷将在约 80s 的弛豫时间后完成。

在 DC 试验电压下进行 PD 试验时，必须考虑到仅下面两个 PD 量可以测量：

1）在时刻 t_i 出现的单个 PD 事件的脉冲电荷 q_i。

2）恢复时间 Δt_i，与 PD 脉冲的重复率成反比。

为了测量这两个 PD 量，原理上，基本的测量电路是可用的，其中，基本的测量电路包括耦合单元（见图 4.23）和测量系统以及 IEC 60270：2000 中规定的用于工频 AC 电压下进行 PD 试验的校准程序。这种情况下，应该记住，在恒定 DC 应力下的脉冲重复率极低，如上所讨论，从图 6.27 和图 6.28 中可以明显看出，因此，必须选择适当长的试验时间。但是，在这种情况下，由于其持续时间短（通常少于 $100\mu s$），因此，从常规 PD 测量系统输出的单个电荷脉冲很难通过传统的数字示波器显示出来。因此，该信号必须被大大拉伸，通常达到 s 级范围，或者甚至显示为"累积脉冲电荷"，如图 6.27 和图 6.28b 所示。这种显示模式的另一个好处是累积脉冲电荷的斜率与平均 PD 电流成正比，这可以被视为附加的有价值信息（Lemke，1975）。为了防止具有这种功能的测量设备的饱和，必须在过载出现之前进行触发复位，如图 6.27b 所示。

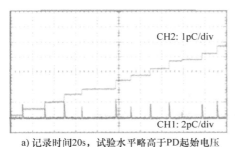 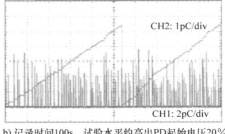

a) 记录时间20s，试验水平略高于PD起始电压　　b) 记录时间100s，试验水平约高出PD起始电压20%

图 6.27　在 DC 电压下记录的电荷脉冲串（CH1）和累积脉冲电荷（CH2），用于嵌入于 PE 电缆样品中的气体夹杂物中的放电

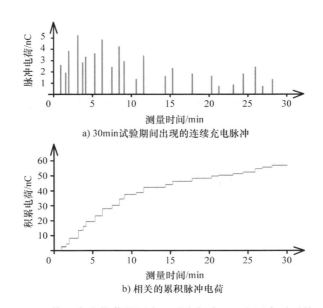

a) 30min试验期间出现的连续充电脉冲

b) 相关的累积脉冲电荷

图 6.28　IEC 60270 修正案中推荐的图表显示在恒定 DC 电压水平下的 PD 试验结果

由于 PD 脉冲通常在很宽的范围内分散，这涉及到幅度和重复率，因此，强烈建议对显著的 PD 量进行统计分析。为此，PD 测量系统还应配备一个这样的单元，可以计算超过预选阈值水平的 PD 脉冲数（见图 6.29）。

原则上，这种脉冲高度分析仪早在 1989 年就已经被 Bartnikas 和 Levi 采用。实际经验表明，HVDC 设备及其部件的 PD 试验应该至少持续 30min。在这种情况下，应按照 2013 年颁布的 IEC 60270（Ed.3）：2000 修正案，重新定义以下定义：

1）累积的视在电荷 q_a：在指定时间间隔 Δt_i 内发生的、超过一定阈值的所有单个脉冲的视在电荷 q 的总和。

2）PD 脉冲计数 m：指的是在指定的时间间隔 Δt_i 内超过指定阈值水平的 PD 脉冲的总数。

此外，在上述修正案中，建议以图形方式显示测量的 PD 试验结果，如图 6.28 和图 6.29中所示。

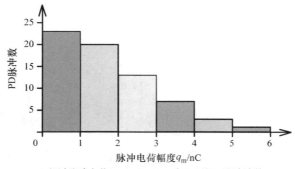

a) 超过脉冲电荷0、1、2、3、4和5nC的PD脉冲计数

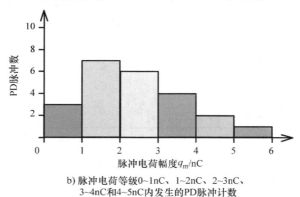

b) 脉冲电荷等级0~1nC、1~2nC、2~3nC、
3~4nC和4~5nC内发生的PD脉冲计数

图 6.29　IEC 60270：2000 修订版中推荐的用于 PD 数据统计分析的图表

第7章 强雷电和操作冲击电压试验

摘要：雷电冲击（LI）过电压和操作冲击（SI）过电压分别由直接或间接雷击甚至由电力系统中的开关操作而引起。它们对绝缘产生瞬态的、远高于由工作电压引起的电压应力。因此，电力系统的绝缘必须按照能够承受雷电冲击（LI）过电压和操作冲击（SI）过电压进行设计，并且必须通过使用雷电冲击（LI）试验电压和操作冲击（SI）试验电压的耐受试验来验证其设计的正确性。本章讨论非周期和振荡的雷电冲击（LI）和操作冲击（SI）冲击电压的产生及其在 HV 试验中的应用要求。特别关注 LI/SI 发生器和试验对象之间的相互作用。分析了试验脉冲与标准化脉冲形状的偏差，例如，雷电冲击（LI）电压峰值处的过冲，描述了根据 IEC 60060 – 1：2010 和 IEEE St. 4（2013 草案）对记录脉冲的评估，这通过组件的描述和 LI/SI 试验电压的正确测量程序来实现，还包括雷电冲击（LI）电压试验中的试验电流的测量以及操作冲击（SI）、雷电冲击（LI）和快前沿瞬变冲击（VFT）试验电压下的 PD 测量。

7.1 脉冲试验电压的产生

7.1.1 脉冲试验电压的分类

雷击可能在（比如）传输线上产生峰值范围从数 kA 到约 200 kA（在非常罕见的情况下，甚至高达 300 kA）的电流脉冲传输波。Okabe 和 Takami 对超高压输电系统研究（Takami，2007；Okabe 和 Takami 2009，2011）认为，峰值电流高达 300 kA、波前持续时间在 $0.1 \sim 5 \mu s$ 之间（"外部"过电压）的雷电冲击（LI）过电压计算结果是基于架空输电线路的浪涌阻抗、杆塔的接地电阻以及所涉及部件的阻抗。图 7.1 显示了 GIS 和电力变压器的过电压，然而，GIS 中的过电压的形状和峰值随电流脉冲波前时间而变化，而变压器的过电压不受电流脉冲波前时间的影响。在这两种情况下，过电压的波前时间约为 $1 \mu s$，但过电压显示出振荡。IEC 60071 – 1：2006 和 IEC 60060 – 1：2010 将所有波前时间 $T_1 < 20 \mu s$ 的脉冲电压定义为雷电冲击（LI）电压，标准 LI 试验电压是非周期性脉冲，雷电冲击（LI）电压的特征为 $T_1 = 1.2 \mu s$ 和半峰值时间 $T_2 = 50 \mu s$，简写为 1.2/50。在图 7.1（Okabe 和 Takami，2011 年）情况下，雷电冲击（LI）过电压很好地由标准雷电冲击（LI）试验电压 1.2/50 表示。

由于系统相关组件的电感和电容形成的内部振荡电路的激励，电力系统中的"接通"或"断开"的开关过程会发生"内部过电压"。操作冲击（SI）过电压也会出现一个或几个频率的振荡，这些频率明显低于雷电冲击（LI）过电压的振荡频率（见图 7.2）。在 IEC 60060 – 1：2010 中定义所有波前时间 $T_1 > 20 \mu s$ 的脉冲电压统称为操作冲击（SI）电压。操作冲击（SI）试验电压的形状和参数不仅应代表操作冲击（SI）过电压，还应使用与雷电冲击（LI）试验电压相同的试验发生器产生（见第 7.1.2 节）。操作冲击（SI）电压的峰值

时间约为 $T_p = 250\mu s$，应满足距离约 5m 的非均匀气隙的最小击穿电压（见图 7.3，根据 Thione，1983 的平均特性）。因此，标准操作冲击（SI）试验电压是非周期性脉冲，其特征参数为峰值时间 $T_p = 250\mu s$ 和半峰值时间 $2500\mu s$，简写为 250/2500，它们应代表所有各种操作冲击（SI）过电压。

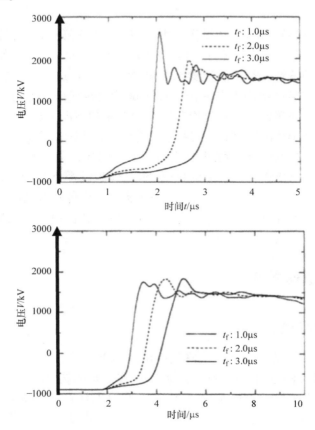

图 7.1　由不同波前时间的 200 kA LI 电流脉冲引起的 LI 过电压叠加在 GIS（上图）和电源变压器（下方）的负交流电压峰值上

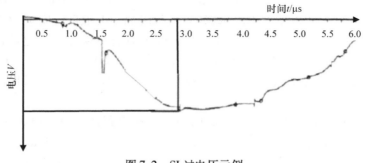

图 7.2　SI 过电压示例

对于现场试验，也可以应用振荡冲击电压（Oscillation Lightning Impulse，OLI；Oscillation Switching Impulse，OSI）（IEC 60060 - 3：2006），振荡雷电冲击（OLI）和振荡操作冲击

（OSI）试验电压发生器的效率因子约为雷电冲击（LI）和操作冲击（SI）电压的两倍（见第 7.1.3 节）。虽然振荡雷电冲击（OLI）和振荡操作冲击（OSI）试验电压的使用是为了获得更容易运输和处理的试验系统，但也应该强调的是 OLI 和 OSI 试验电压可以很好地代表相关的过电压（与图 7.1 和图 7.2 相比）。此外，用于现场电缆系统 PD 试验的所谓"阻尼交流电压"（IEC 60060 – 3:2006，DAC）属于 OSI 电压。试验变压器也可以产生 OSI 电压（见第 7.1.4 节）。

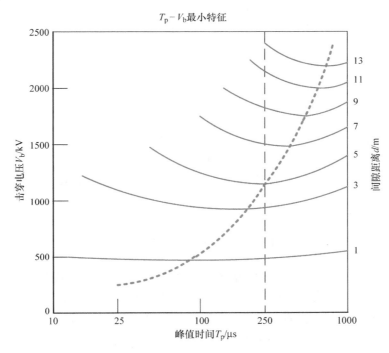

图 7.3　长气隙的 SI 击穿电压取决于峰值时间

最后但并非最不重要的是，应该提到的是，在 SF$_6$ 绝缘系统（GIS）中进行隔离开关切换时，会产生比雷电冲击（LI）过电压更快的过电压，它们由快前沿试验电压（FFV）表示，并通过切换被试 GIS 中的隔离开关而产生（参见第 7.1.5 节）。

7.1.2　标准雷电/操作冲击试验电压的基本电路和多级电路

7.1.2.1　基本 *RC* 电路

冲击电压基本电路的原理应通过其等效电路来解释（见图 7.4a）：当脉冲电容器 C_i 通过充电电阻器 R_c 充电至开关间隙 SG 的 DC 击穿电压 V_0 时，脉冲电压 V_i 由所连接的元件而产生（见图 7.4b）：负载电容 C_1 通过波前电阻 R_f 充电形成冲击电压的前沿；同时，脉冲电容器 C_i 通过波尾电阻 R_t 放电并形成冲击电压的尾部。两个过程的叠加使得峰值电压 V_{ip} 低于开关间隙的击穿电压 V_0。两个电压之间的关系得到"一级"（基本）冲击电压发生器的效率因子（也就是：利用因子）。

$$\eta = \frac{V_{ip}}{V_0} < 1 ; \quad \eta = \eta_s \eta_c \tag{7.1}$$

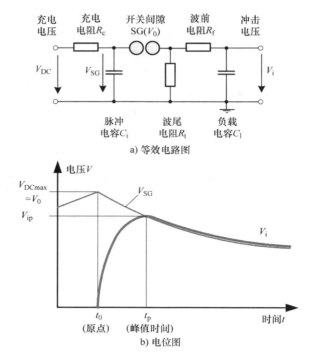

图 7.4 冲击电压发生器的基本等效电路

效率因子 η 可以理解为取决于冲击形状的效率 η_s 与取决于电路参数的效率 η_c 的乘积（Hylten – Cavallius，1988 年）。形状效率 η_s 随着所产生的脉冲的波尾与波前时间的比值而增加：当产生雷电冲击（LI）脉冲电压（1.2/50）时，该比值大约为 40；而当产生操作冲击（SI）电压（250/2500）时，该比值仅为 10；电路效率 η_c 主要取决于脉冲和负载电容之间的关系：脉冲电容 C_i 相对于负载电容 C_l 越大，电路效率 η_c 越高，整体雷电冲击（LI）电压效率因子相对较高（$\eta = 0.8 \sim 0.95$）；而操作冲击（SI）电压效率因子显著降低，仅为 $\eta = 0.7 \sim 0.8$。

注意：除了图 7.4a 所示的电路外，有时还会在教科书中讨论第二个基本电路，该电路的尾部电阻不在波前电阻之前而在波前电阻之后，该电路的效率系数较低。因此，它没有实际上的应用，这里不再讨论。

冲击电压的波前时间主要由时间常数 τ_f 决定，波尾时间由 τ_t 决定：

$$\tau_f = R_f C_l; \ \tau_t = R_t C_i \tag{7.2}$$

通常，一个冲击电压发生器都配置有一个脉冲电容 C_i 和一个固定值的基本负载电容 C_l。波前时间能够通过波前电阻 R_f 的正确选取来调整，半峰值时间由合适的波尾电阻 R_t 调整。在固定值的 C_i 和 C_l 条件下，操作冲击最大峰值电压只有雷电冲击最大峰值电压的约 80%。

注意：在较旧的教科书中给出了脉冲电压时间参数及其效率的分析计算。目前，分析计算被适应性强且商业化的软件程序所取代，这样还可以更详细地考虑试验对象的特性和试验室中的杂散电容的特征，提供更精确的结果。

脉冲电容 C_i 的选取与最大充电电压 V_{0max} 共同决定发生器的脉冲能量：

$$W_i = \frac{1}{2} C_i V_{0max}^2 \tag{7.3}$$

然而发生器的最大充电电压取决于所要求的试验电压，脉冲电容必须根据预期总负载选取（通常是基本发生器负载加上试验负载），来保证 $C_i \gg C_1$。

7.1.2.2　多级 *RC* 回路

基本电路（见图 7.4a）通常适用于电压低于 200kV 的学生培训和演示。对于更高的电压，应用 E. Marx 在 1923 年提出的多级电路（见图 7.5a，没有短路条）。

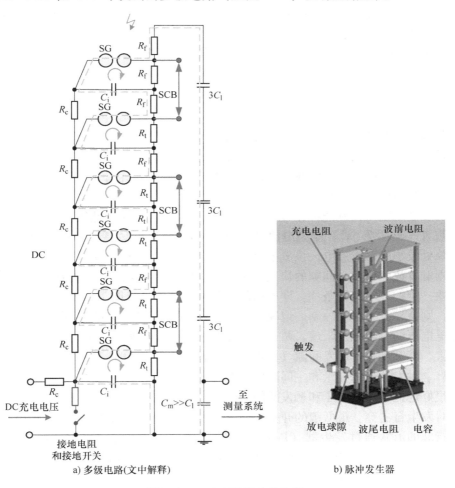

a) 多级电路(文中解释)　　　　b) 脉冲发生器

图 7.5　$n = 6$ 多级脉冲发生器

所有 n 级的脉冲电容器 C_i 通过充电电阻 R_c 充电，充电电阻 R_c 串联连接成一列（一柱）。当充电电阻选择正确时，最高级的充电电阻比最低级的充电电阻大 n 倍，但这不起任何作用，这是因为充电时间选择得足够长，能够使得所有的脉冲电容器均等充电。目前，使用具有晶闸管控制的恒定电流（简称恒流）充电电路，当脉冲电容器充电到预置电压 V_0 时，触发开关间隙击穿，脉冲电容器开始通过每一级的波尾电阻放电（见图 7.5a：蓝色路径），形成冲击电压的波尾。同时，外部负载电容 C_1（电容分压器的基本负载加上发生器对地的杂散电容和试验对象的电容）由所有脉冲电容器和波前电阻（绿色路径）的串联连接进行放电，形成冲击电压的波前。具有 DC 电压 V_0 充电的 n 级（见图 7.5b）冲击电压发生器提供

效率因子 η 的输出脉冲电压：

$$V_{in} = n\eta V_0 \tag{7.4}$$

$V_{0n\,max} = nV_{0max}$ 称为发生器的累积充电电压，通常称之为脉冲试验系统的额定电压，因为 $V_{0n\,max} > V_{in\,max}$，因此必须对冲击试验系统的额定电压进行估算。为了计算相关的输出电压，就需要了解所有相关的冲击电压波形形状的效率因子。

为了计算其电路元件，通常将多级发生器（n 级，元件 R_f；R_t；C_i；C_l）转换为具有这些元件的等效基本电路：

$$R_f^* = nR_f$$
$$R_t^* = nR_t$$
$$C_i^* = C_i/n$$
$$C_l^* = C_l \tag{7.5}$$

在计算基本电路的电路元件之后，可通过式（7.5）的重新变换来确定多级发生器。电阻，尤其是波前电阻的热设计决定了允许的冲击电压的重复率，当冲击电压产生的冲击电流在电阻中流经时，电阻被冲击电流加热，在产生下一个冲击之前，电阻应该充分冷却，试验过程中不得超过电阻规定的最高温度。

可控的安全触发是高性能冲击发生器的特征。通常，只在最低级配备所谓的"触发"，即三电极装置（见图 7.6a）。小型电池供电的触发装置可以产生数 kV 的电压脉冲，从而引发导向间隙处较小的触发放电，该放电触发了最低一级主间隙的击穿。如果主间隙中的场强足够高，则触发放电将为主间隙的快速击穿过程提供了导通用的电荷载流子和光子，主间隙的击穿需要一定的最小电压条件，即所谓的下限触发限值（见图 7.6b）。如果触发间隙处的电压过高，则会在没有触发控制的情况下发生击穿，这种击穿形式称为自击穿，自击穿电压提供了充电电压的上限触发限值，两个触发电压极限之间的触发范围（见图 7.6b）应尽可能宽。通常，其宽度在非触发间隙（上部曲线）耐受电压的 5% ~ 20% 之间，宽度取决于触发器的设计、触发放电的能量和主间隙的 DC 电压幅值。

必须很好地控制充电电压和触发瞬间，以保证整个发生器的安全触发，避免"不触发"或不触发时发生自击穿。最低级的开关间隙一旦发生击穿，第二级将会发生过电压，过电压现象将以行波的形式通过发生器（Pedersen，1967 年），最终将导致所有其它间隙的击穿。过电压必须保持足够高以引发所有必要的击穿，这取决于所要产生的冲击的形状（例如，波前阻尼电阻）和对地的杂散电容，这些杂散电容会使得过电压有所增加，而纵向杂散电容会使得过电压有所减少（Rodewald，1969a，b）。基于这些研究，已经引入了附加的触发措施（例如，支撑间隙和点火电容器）以维持大型发生器的过电压的高度（Rodewald，1971 年；Feser，1973 年、1974 年）。具有对称充电的发生器（第 7.1.2.4 节；图 7.7）能够在没有附加措施的情况下安全触发（Schrader，1971 年）。

多级发生器的模块化设计有助于未来通过附加级扩展到更高的电压，它还能够通过并联连接实现在较低电压下获得较高的脉冲能量［见图 7.5a，红色短路棒（SCB）］，例如，满足试验电力变压器低压绕组或中压电容器的试验要求，冲击试验电流也可以由具有多级并联的冲击电压发生器产生。

7.1.2.3　回路电感的考虑

直到本小节，所有解释都没有考虑冲击试验电路中无法避免的电感问题，电感不是载流

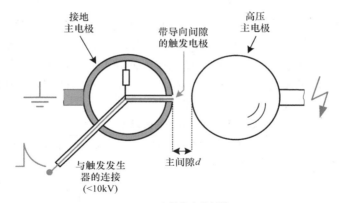

a) 触发火花间隙

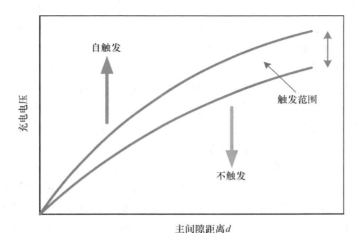

b) 触发范围的原理

图 7.6 冲击电压发生器的触发

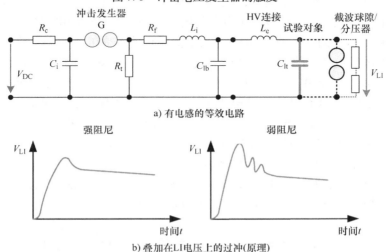

a) 有电感的等效电路

b) 叠加在 LI 电压上的过冲(原理)

图 7.7 考虑电感的 LI 电压产生电路

导体的特性，而是除了它之外的磁场的特性：它是由闭合电路中的电流产生的磁通量特性，该磁通量受导体和所考虑的电路的几何形状以及电路元件彼此之间位置的影响（Rodewald，

2017 年）。对于实际应用，电感可由"与频率相关的电阻"表示，通常简称为"电感"（用符号 L 表示）。在等效电路图中，这些电感 L 按照电路条件串联到承载电流并产生磁通的元件上（例如，从发生器到试验对象的 HV 引线和接地回路）。对电感影响最大的是导体附近的磁场，因此，例如，以较长长度（$l \geq 1m$，对地的距离 $>1m$）的 HV 引线的电感为例，其电感量可以根据引线的横截面和长度进行估算（见表 7.1）。

表 7.1 高压引线的假设电感

导线长度/ m	单导线/（μH/m） $d = 2mm$	金属薄片/（μH/m） $w = 10cm$	金属管/（μH/m） $d = 10cm$	金属薄片（$w = 50cm$）或者带有 间隔的两金属薄片/（μH/m）
1	1.37	0.70	0.59	0.40
10	1.83	1.26	0.96	0.84

电感和电容形成振荡回路，在非周期性冲击上形成阻尼振荡叠加，其阻尼取决于波前电阻。对于操作冲击（SI）电压，有数百 Ω 的波前电阻，能够完全抑制振荡；或多或少的阻尼振荡和"过冲"（仅少于 1 个振荡周期）只有雷电冲击（LI）电压才有，因为雷电冲击（LI）电压发生器配置有数十 Ω 的波前电阻（见图 7.7）。雷电冲击（LI）和操作冲击（SI）电压发生回路的电感包括发生器的内部电感和被试品及其连线的外部电感。

内部电感 L_i 包括电容、电阻及元件之间连接导线的电感。据估计，1m 长的回路（例如，图 7.5a 中的虚线路径）电感约为 1μH。要减小发生器的内部电感就要求其具有紧凑型设计以及尽可能短的回路，高性能发生器中，每级的内部电感应该 $L_i < 4μH$。通常，用户不能轻易影响发生器的内部电感，当仅适用部分级数就能够产生足够的电压时（称之为"部分运行"），回路应该很短并应排除发生器未使用部分和基础性负载（分压器）。对于旧型号的发生器，应该检查波前电阻的电感：波前电阻必须设计为低感电阻，可以通过双股线对绕的结构实现，也就是两个独立的、足够靠近的导线以相反的方向缠绕在玻璃纤维管上，导线的磁场具有相反的方向，并相互补偿与电阻管长度相对应的剩余电感；第二个可能性是使用绝缘电阻丝编织成曲折织物的电阻带，电阻带可以在市场上购买到。当使用两个或多个并联电阻而不是用单个电阻时，也可以减少电阻的电感，而最终形成的电阻值相同。

外部电感 L_e 是试验对象（即使试验对象主要是电容）的电感、HV 至试验对象和分压器的引线电感以及接地回路的电感。高压引线和接地回线应特别短，并且经常会受到影响。随着雷电冲击（LI）试验电压的增加，发生器和试验对象之间的距离变长，并且在试验 UHV 设备中无法控制振荡和过冲（见第 7.3 节）。在一定程度上，通过适当选择 HV 引线的几何形状，也可以减小回路的电感，表 7.1 给出了与连接线形状和长度相关联的电感值。高压引线或接地回线不应使用细线，因为细线的电感大于宽度 $w \geq 10cm$ 的铜箔或直径 $d \geq 10cm$ 的金属管的电感。使用更宽的金属箔或者两个平行且嵌入间隔为 d 的垫块的金属箔可以进一步减小电感。同样将上述电阻器带作为 HV 引线和外部阻尼电阻器也是非常有用的。为了保持冲击电压的形状，必须减小内部波前电阻，但外部电阻会提高包括效率因子的阻尼效率。

过冲补偿 可以设计为 $L/C/R$ 组合（串联或并联补偿单元）的低通滤波器，安装在发生器内部或外部作为单独部件。图 7.8 表示了两个补偿单元的原理图。

串联补偿单元（见图 7.8b；Wolf 和 Voigt，1997 年）可以防止高频电流流经包括试验对象的负载电容。补偿电阻 R_c 和补偿电感 L_c 的串联连接必须调整为波前电阻 R_f 和内部电感器

L_i 的串联连接；补偿电容器 C_c 也必须与负载电容 C_1 相关。必要的调整涵盖了一定范围的负载情况，但如果需要微调，则必须采用补偿单元。对于较大的冲击电压发生器，可以将串联补偿单元分别配置到发生器的不同级中（具有级电压的元件，例如，200kV），而无需具有高额定电压的组件（例如，3000kV）。

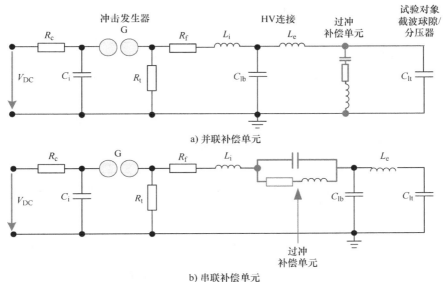

a) 并联补偿单元

b) 串联补偿单元

图 7.8　过冲补偿单元的等效电路图

并联补偿单元（见图 7.8a，Schrader 2000 年；Hinow 和 Steiner，2009 年；Hinow，2011 年）始终是一个独立的单元，可以与一个截波间隙和分压器相结合组成一个紧凑单元（见图 7.9）。其调整必须考虑由内部和外部电感引起的固有频率范围，这两个原理的效率大致相同。特别是对于 UHV 设备的雷电冲击（LI）电压试验，补偿单元的处理非常耗时，并且不适合工业试验领域的运行。可以通过加大波前电阻、增加阻尼的方式来轻松解决这个问题，但这需要更大的雷电冲击（LI）电压脉冲的波前时间的容许偏差（详见第 7.2.1 节）。

7.1.2.4　冲击电压试验系统设计的细节

LL/SI 冲击电压试验系统（见图 7.10）包括由 HV 发生器组成的 HV 电路。该 HV 发生器可选择性地由过电压补偿单元、HV 截波间隙和包括 HV LL/SI 分压器的测量系统组成。

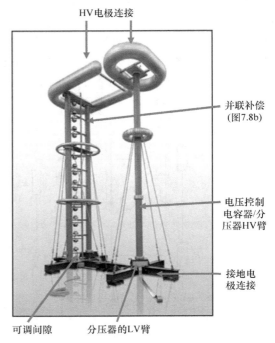

图 7.9　与分压器和截波间隙相结合的并联补偿单元

试验对象也是高压回路的一部分，这部分内容将在第 7.3 节考虑。此外，它还包括控制和测量系统、带有闸流管控制器的开关柜以及直流电压发生器。之后还会给出主要元件的一些特性。对于发生器,可参见上述说明。

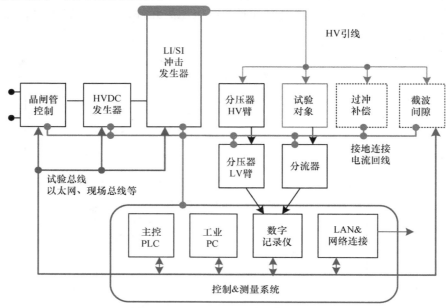

图 7.10   LI/SI 电压试验系统的元件

对称充电的发生器:对于大型的冲击电压发生器,每级的充电电压通常为 200kV。由于电容额定电压的限制,通常将两个 100kV 的电容串联以实现 200kV 的充电需求。为了保证同一级的两个电容同等放电,电位电阻 R_p 必须连接在两个电容的连接点上(见图 7.11a 和图 7.12a)。对于 Schrader (1971 年)发明的特殊电路,可以采用 ±100kV 的对称充电方式(见图 7.11b 和图 7.12b),这需要一个对称输出为 ±100kV 的充电单元。

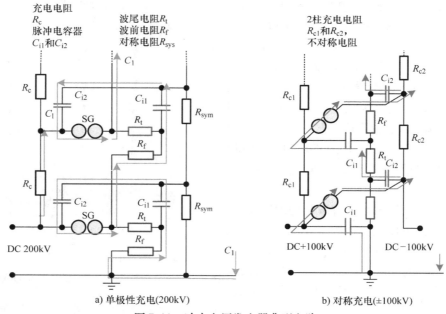

a) 单极性充电(200kV)   b) 对称充电(±100kV)

图 7.11   冲击电压发生器典型电路

对于每个极性，充电电阻 R_c 都是单独成列（或柱）的，但不需要电位电阻 R_p。对于每级由两个电容串联的大型冲击试验系统，对称充电有很多优点：在第一行中，可以设计具有低电感、短 HV 回路的一级发生器（见图 7.12d）；具有对称充电的大型发生器的安全触发不需要上述附加措施。由于没有电压依赖的电路元件，冲击形状（由时间参数描述）与峰值电压无关（见图 7.13），而且，用于产生具有更高能量的冲击多级并联的连接是非常简单的。

a) 单级充电发生器(Heafely提供)

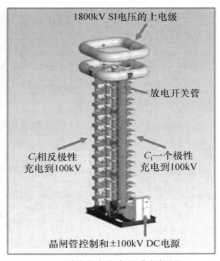

b) 对称充电发生器(内部视图)

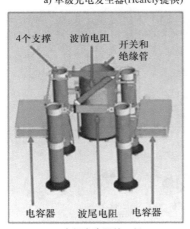

c) 多级发生器的一级

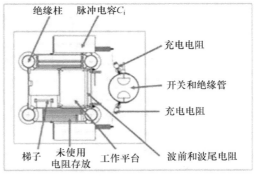

d) 对称充电发生器的截面

图 7.12　单级对称充电的冲击电压发生器

雷电冲击截波（LIC）电压和截断间隙：电力系统中外部过电压由避雷器限制至保护水平，这意味着过电压被截断并跌落到保护水平，电压跌落的时间非常短，其陡度非常高，这会在带有绕组的设备（例如，电源、配电变压器和互感器、电抗器、旋转电机）中引起非常高的非线性应力。必须对 HV 端子上的主要承受应力的绝缘层进行相应的设计，并通过雷电冲击截波（LIC；图 7.14a）电压试验进行验证。

雷电冲击截波（LIC）试验电压由如上述描述的雷电冲击（LI）试验电压通过独立的截

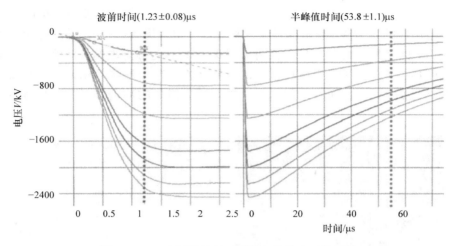

波前时间(1.23±0.08)μs   半峰值时间(53.8±1.1)μs

图 7.13   LI 电压形状的再现性与峰值电压值无关

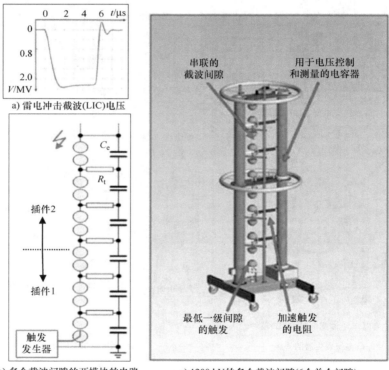

a) 雷电冲击截波(LIC)电压

b) 多个截波间隙的两模块的电路

c) 1200 kV 的多个截波间隙(6个单个间隙)

图 7.14   截波雷电冲击产生

波间隙截波产生。对于高达约 600kV 的 LIC 电压，可以使用通用的球–球间隙；对于更高的电压，技术上而言必须使用多个截波间隙（见图 7.14b、c），多个火花间隙的电压击穿要比单个大球隙的电压击穿快得多。截波间隙由多个球–球间隙串联连接组成，通常是发生器每一级对应一个截波间隙，每个间隙的一个球体固定并布置在固定的绝缘柱上，另一个固定在合适的绝缘支撑上并可通过电机驱动器进行移动，其间隙距离可根据相应的电压值进行调整。并联电容器列控制着电压的线性分布（Rodewald，1972 年），该列也可用作阻尼电容分压器，分压器通常是一个独立的组件（见第 7.5 节）。发生器截波瞬间可以与如上所述的发生器一样进行触发控制（见图 7.6）。此外，还可以使用带有过冲补偿单元的组合（见图 7.9）。

HV 组件的电极：在 HV 测试实验室（见图 7.15a）中，为避免 HV 回路与周围环境之间的气体间隙发生击穿，冲击电压发生器和其他 HV 组件需要与接地或通电物体之间保持有足够的净距离 D，必要的净距离取决于决定击穿过程预放电的类型。HV 组件电极的最佳设计不仅可以确保 LI/SI 试验系统的正确运行，还可以确保它们在测试实验室中的最小占用空间。

注意：根据图 2.1，该净距离不应与试验对象的净距离混合，这里的净距离考虑到试验对象的电压分布不受周围环境影响。在此，发生器的运行不应受到不良放电或甚至击穿的干扰。

在雷电冲击（LI）试验电压下：流注放电确定了空气中非均匀电场的击穿电压。HV 试验室中的雷电冲击（LI）电压发生器的电场就是这样的非均匀电场。因此，特定击穿电压等于流注放电的电压需求，对于具有较大曲率的电极，正极性电场强度约 5kV/cm，负极性电场强度约为 10kV/cm。这意味着对于 3MV 的雷电冲击（LI）电压发生器，最小净距离应为 6 m（加上一定的安全裕度，比如说 20%）。电极的曲率可以相对较小（见图 7.15b），因为不需要避免流注放电。

注意：强烈的极性效应是空气中流注放电的典型特征，内部绝缘没有明显的极性效应。如果是内部绝缘，例如，对于电力变压器，需要使用雷电冲击（LI）电压进行试验，当在负雷电冲击（LI）电压下进行试验时，应避免套管的空气部分发生闪络。

在操作冲击（SI）电压下：流注和先导放电的组合决定了发生器和周围环境之间的击穿电压。试验系统的 HV 组件的电极应确保不会出现先导放电，这意味着电极半径必须设计得更大一些（见图 7.15c）。由于先导梯度较低（约 1kV/cm），增加与周围的距离所得到的效果非常微弱。因此，建议根据现场实际条件，通过电场的计算来优化 HV 组件的电极。粗略提示，该距离必须至少比雷电冲击（LI）电压大 20%，并且操作冲击（SI）电压下电极的表面场强应低于 20kV/cm。

当采用发生器和相应的高压组件来产生雷电冲击（LI）和操作冲击（SI）电压时，即使最大的操作冲击（SI）试验电压比最大的雷电冲击（LI）试验电压低 25%，电极仍应由最大的操作冲击（SI）试验电压决定。为了实现试验区域的最优利用，发生器在实验室可以借助气垫等装备进行移动，户外发生器的设计原理也是一样的（见图 7.15d）。操作冲击（SI）电压发生器也需要使用较大的电极，但在雨天情况下，其最大输出电压必须大幅地减小。

1）控制和测量系统：通常，LI/SI 电压试验系统的计算机辅助子系统（见图 7.10；另见第 2.2 节）可以根据试验电压值和特定的试验程序调节发生器（见第 7.4 节）、LI/SI 电压和相关冲击电流的测量（见第 7.5 节和第 7.6 节）。它可用于下面一种、两种或全部三种模式的试验。LI/SI 电压参数测量和评估的手动操作：操作者必须控制试验系统，包括：电压和冲击间隔时间的调整，试验结果的评估和显示（试验记录）。必须控制充电和触发过程，当控制和测量组件未连接到一个系统时，充电和触发过程必须由操作员完成，这种传统

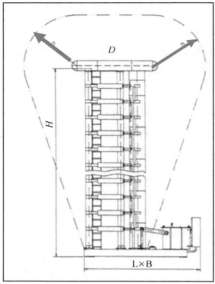

a) LI/SI电压发生器周围的必要净距离   b) 仅用于产生LI电压的试验系统(2000 kV)

c) 用于在距离天花板有限距离环境   d) 用于SI和LI电压产生的4200kV
LI/SI电压产生的1800kV试验系统   户外试验系统(KEPRI，韩国提供)

图 7. 15   LI/SI 电压试验系统 HV 组件的电极

模式很少应用于工业试验和研究工作，但是可以应用于学生的培训。

2）计算机支持的操作和试验结果显示：试验电压可以在手动操作条件下进行精确调整，这意味着开关间隙的距离、充电 DC 电压的调整和试验数据的显示可以通过系统完成。如果控制和测量组件已连接，则该模式可以适用于工业试验和研究工作中较大且昂贵的试验对象。

3）根据预先给定的试验程序，通过计算机控制进行自动试验：用于试验程序的 PC 软件由操作者事先配置，HV 试验、评估和显示可以自动完成，操作者无需干预，但操作者可以随时中断或终止试验。该模式适用于非常相似甚至相同试验对象的大规模试验，或用于研究工作中的统计研究。

控制系统提供指令，用于断路器的接通和断开，针对预选电压和由晶闸管控制器调节的适当充电电压，调整发生器的开关间隙。基于电压测量，计算机控制检查电压值是否在预先给定的时序和偏差范围内。基于对电压形状的评估，记录击穿情况以进行试验的评估。此外，相关电流的评估可能表明试验是成功还是失败，试验记录的格式完全取决于用户的意图。

开关柜和 DC 整流装置：LI/SI 电压试验系统具有相对低的功率需求，大约为数十 kW。开关柜包含电源开关和操作开关、电源电压和电流测量的互感器、以及保护设备。内置晶闸管控制器可实现连接的整流器单元的恒定充电电流输出，该 DC 整流器单元通常是倍压电路（见第 6.1.2 节和图 6.3）或对称充电，具有对称输出的半波整流器（见图 6.2 的改进）。依据冲击发生器的额定功率和能量，充电电压对应于级电压（$100 \sim 200\text{kV}$），充电电流在数十 mA 到数百 mA 之间。确定冲击电压重复率的充电持续时间取决于发生器的总能量，通常在 $10 \sim 60\text{s}$ 之间。对于特殊应用，还可以实现更快的充电过程和更高的重复率。

7.1.3　振荡冲击电压电路

根据 IEC 60060 – 1：2010 或 IEEE St.4：1995，对于非周期性雷电冲击（LI）电压的工厂试验，电路中的电感是分布元件，但是，电路中定义的电感 L_s 建立了该串联电感与负载电容 C_1 的振荡回路。该电路受到发生器脉冲电容器触发放电的激励（见图 7.16a），输出电压为一个围绕发生器脉冲电容放电曲线的衰减振荡，振荡频率为其固有频率：

$$f_0 = \cfrac{1}{2\pi\sqrt{L_s\,\cfrac{C_1 C_i^*}{C_1 + C_i^*}}} \tag{7.6}$$

对于具有 n 级的发生器，必须应用 $C_i^* = C_i/n$ 和 $R_t^* = nR_t$［见式（7.5）］。总负载 $C_1 = C_{1b} + C_{1t}$ 是基本负载和试验对象负载的总和，固定串联电感 L_s 取代了波前（阻尼）电阻。根据 IEC 60060 – 3：2006，振荡频率 $f_0 > 15\text{kHz}$ 的冲击电压被认为是"振荡雷电冲击（OLI）电压"（见图 7.16a），例如，$f_0 < 15\text{kHz}$ 作为"振荡操作冲击（OSI）电压"（见图 7.17a）。对于纯容性试验对象，阻尼由电路中的损耗决定，主要由非周期冲击的波尾电阻 R_t 决定。由于振荡操作冲击（OSI）电压的波尾电阻比振荡雷电冲击（OLI）电压更高，因此，OSI 电压不仅表现出更低的频率，而且表现出更大的阻尼（见图 7.17a）。

理论上，振荡冲击（OLI 或者 OSI）电压能够达到的峰值为相关非周期冲击（LI 或者 SI）电压的两倍。实际上，能够达到该值的 90%，效率因数为

$$\eta_{\text{OLI}} = \frac{V_{\text{OLI}}}{V_{0\Sigma}} \approx 1.7 \sim 1.8 \text{ 和 } \eta_{\text{OSI}} = \frac{V_{\text{OSI}}}{V_{0\Sigma}} \approx 1.3 \sim 1.4 \tag{7.7}$$

例如，图 7.18 显示了试验对象（负载）的电容量对效率因子和峰值时间的显著影响。与非周期性冲击电压相比，当需要移动冲击试验系统进行现场试验时，高效率因子尤为重要。因此，振荡雷电冲击（OLI）电压和振荡操作冲击（OSI）电压已被提议用于现场试验（Kind，1974 年；Feser，1981 年），同时，它们在 IEC 60060 – 3：2006 中已被标准化，更多相关详细信息可参见第 10.2.1 节。

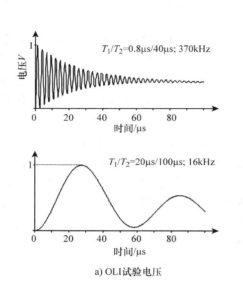

$T_1/T_2 = 0.8\mu s/40\mu s;\ 370kHz$

$T_1/T_2 = 20\mu s/100\mu s;\ 16kHz$

a) OLI试验电压

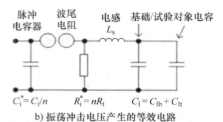

b) 振荡冲击电压产生的等效电路

c) 850kV、LI电压和1600kV、OLI电压的900kV
冲击试验系统(Courtesy of Siemens提供)

图 7.16　振荡雷电冲击（OLI）电压

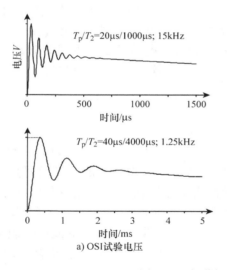

$T_p/T_2 = 20\mu s/1000\mu s;\ 15kHz$

$T_p/T_2 = 40\mu s/4000\mu s;\ 1.25kHz$

a) OSI试验电压

b) 900kV SI电压和1600kV OSI电压
的1200kV冲击试验系统

图 7.17　振荡操作冲击（OSI）电压

当发生器的最大累积充电电压必须设计为 $V_{0\Sigma max}$ 时，基本负载电容和串联电感也必须能够承受远高于 $V_{0\Sigma max}$ 的最大振荡冲击电压[见式(7.7)]。振荡雷电冲击（OLI）电压和振荡操作冲击（OSI）电压基本负载电容的绝缘设计实际上是相同的，而串联电感的设计却存在很大的差异（比较图 7.16c 和图 7.17b）。对于振荡雷电冲击（OLI）电压，需要一个低值电感，这是很容易实现的；与此相反，振荡操作冲击（OSI）电压则需要一个非常大的电感。此时，杂散电容必须考虑在内，它会沿着线圈产生一个非线性的电压分布。为了避免这种情况，需要通过环形电极进行纵向电压的控制。振荡操作冲击（OSI）电压的线圈比振荡雷电冲击（OLI）电压的线圈更长、更厚、更重，而且已经发现振荡操作冲击（OSI）电压试验的益处很少，因此，主要应用振荡雷电冲击（OLI）电压试验（见10.3.1节）。

应该提到，双极振荡冲击电压也能基于冲击电压回路而产生（Schuler 和 Liptak，1980年），将电感与负载电容并联，且应用双极振荡雷电冲击（OLI）电压进行旋转电机的试验。

双极振荡操作冲击（OSI）试验的特殊情况适用于中压电缆：电缆由 DC 电压充电，然后通过适合的开关（触发管或半导体 HV 开关）与电感 L_s 和可能的电阻器 R_d 串联放电，放电引起阻尼振荡（见图7.19）。根据术语

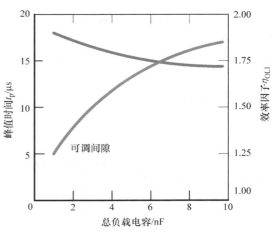

图 7.18　一个冲击电压系统的 OLI 特性

"阻尼交流电压"（DAC）（IEC 60060 – 3：2006），这种双极性振荡电压成功用于中压电缆系统的诊断 PD 测量，但电缆的整个试验应力是长 DC 斜坡电压（持续时间在 1 ~ 100s 之间），然后是更短的 DAC 电压（持续时间约为 100ms）。充电持续时间和试验频率取决于电缆的电容（长度），而振荡的阻尼取决于电路中的损耗。因此，整个试验电压应力条件无法从一种电缆试验复制到所有的电缆试验。有时，电压会被用于耐受性试验（见图7.19c），但并不建议采用这种方式进行试验（有关 DAC 电压的更多详细信息，参见第10.2.2.2节）。

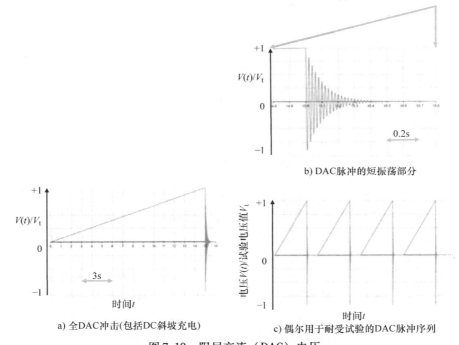

b) DAC脉冲的短振荡部分

a) 全DAC冲击(包括DC斜坡充电)

c) 偶尔用于耐受试验的DAC脉冲序列

图 7.19　阻尼交流（DAC）电压

7.1.4　变压器产生的 OSI 试验电压

当通过控制电容器组向 HV 试验变压器的低压（LV）侧进行激励时，该放电脉冲会引

起振荡，并按照变压器的电压比传输到试验变压器的 HV 侧（Kind and Salge，1965 年；Mosch，1969 年），电路原理图（见图 7.20a）与变压器电压比一起传输至等效电路（见图 7.20b）中，该等效电路可以用于计算振荡操作冲击（OSI）电压的形状和频率（Schrader 等人，1989 年）。

形状和频率由变压器的杂散电感 L_0 以及电容器组 C_B 和负载电容 C_1^* 的串联连接来确定：

$$C = \frac{C_B C_1^*}{C_B + C_1^*} \tag{7.8}$$

冲击参数受到可调节元件、电感 L_R 和阻尼电阻 R_p 的影响。根据总电容 C 和总电感 $L = L_0 + L_R$，可以得到频率和峰值时间：

$$f = \frac{1}{2\pi\sqrt{LC}} \text{和} \; T_p = \frac{1}{2f} = \pi\sqrt{LC} \tag{7.9}$$

电路输出（见图 7.20c）是一个频率 100 ~ 1000Hz 的双极振荡操作冲击（OSI）电压，这意味着峰值时间 $T_p > 500\mu s$。

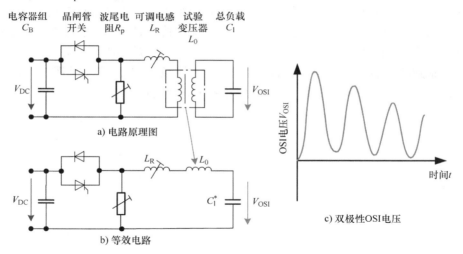

图 7.20　通过变压器产生单极性 OSI 电压

　　双极性振荡操作冲击（OSI）电压可以通过改进电路产生（见图 7.21a、b）（Schrader 等人，1989 年），负载电容的充电方式与单极振荡操作冲击（OSI）电压相同，但当第一个峰值达到时，通过晶闸管的短路开关致使在 HV 输出端产生双极性的振荡操作冲击（OSI）电压（见图 7.21c），电容器组则不再参与振荡过程。

　　即使在最佳的条件下，由于试验变压器存在杂散电感，无法产生比上述更短的峰值时间，在很多情况下，峰值时间明显更长。当三阶级联变压器用于振荡操作冲击（OSI）产生时，杂散电容取决于馈入电压的类型（见图 7.22）（Schrader 等人，1989 年）。馈入最低级变压器一次侧意味着最高的杂散电感和最低的频率，例如 100Hz；当馈电馈入到级联变压器的中间级（第二个变压器的第三绕组）时，频率增加了两倍（200Hz）；当同时向三个变压器的第三绕组输入馈电时，杂散电感降低到情况 a）的 1/40，相应地，频率增加到 600Hz 以上。此原理已经应用到上述提到过的 3MV 的级联变压器上（Frank 等人，1991 年）（见图 3.15 和图 7.23）。每一级上都有一个带有整流器的电容器组，通过变压器绕组提供的低频交流电压在各级上产生 DC 电压。三电容器组同时向一个变压器的第三绕组放电,使得振荡操作冲击(OSI)电压可高达 4.2MV。极高的振荡操作冲击(OSI)电压在空气中产生的先导放电与自然雷电十分相似(Hauschild 等人,1991 年)。

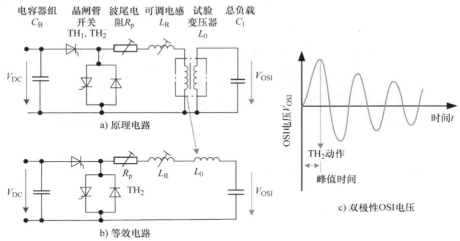

图 7.21　通过变压器产生双极性 OSI 电压

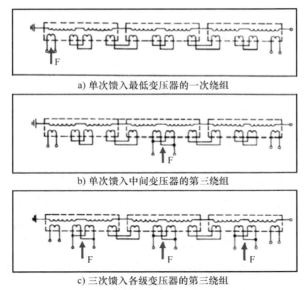

图 7.22　三级级联变压器的馈电模式 OSI 电压的产生

7.1.5　用于快前沿冲击电压的电路和固态发生器

快前沿过电压 VFF 是由于 GIS 隔离开关的动作、GIS 母线中的连续反射、架空线路绝缘的陡雷电冲击(LI)电压击穿或避雷器动作引起。核爆炸(EXO - EMP)中预计也会出现类似的电压,可以用振荡冲击来表征,其第一个波前约几十 ns 至几百 ns,并且叠加了更高的频率分量(Feser,1997 年)。图 7.24 示出了 VFF 电压的典型示例(CIGRE WG 33.03 1998)。UHV AC,特别是 UHV DC 输电系统的发展,增强了对 VFF 试验的需求(Szewczyk

图 7. 23　带有 OSI 附件和三重反馈模式的 3MV 变压器级联

等人，2016 年；Rodrigues Filho 等人，2016 年）。

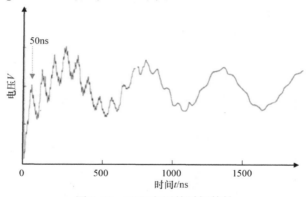

图 7. 24　VFF 电压的时间特性

　　GIS 的 VFF 电压试验通过隔离开关规定的开断过程来进行（IEC 61259：1994），目前没有与 VFF 试验电压要求相关的水平标准。对于研发中可能会受到 VFF 过电压影响的组件，VFF 冲击电压通常由带有陡化电路的 Marx 冲击电压发生器产生（见图 7.25），主要由一个电容器和一个压缩气体绝缘的高击穿场强的快速球间隙开关组成。这个球间隙开关与试验对象串联，使得上升时间可以达到几十 ns 的数量级。一个没有陡化电路和波前电阻的冲击电压发生器，能够产生上升时间低至 100ns 的冲击电压。

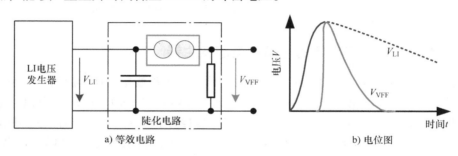

图 7. 25　VFF 试验电压的产生

UHV 设备的最新发展已引起人们对 VFF 电压应力下压缩气体绝缘行为的关注（Ueta 等人，2011 年；Wada 等人，2011 年），可以应用金属封闭的压缩气体绝缘的陡化电路产生 VFF 电压（见图 7.26）。在串联间隙之前的现场隔间中，布置了一个阻抗（电阻器或电感器）以产生不同的叠加振荡。当其位置因间隙相关位置发生变化时，就会出现不同的叠加振荡（数 MHz 到 20MHz），试验对象位于同一金属外壳内。

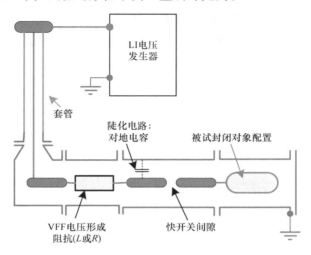

图 7.26　气体绝缘 VFF 研究的原理电路

固态发生器：对于低输出电压和特殊应用，电力电子技术的进步推动了基于固态元件而不是开关间隙的冲击发生器的发展［例如，Shi 等人，（2015 年），Elserougi 等人，（2015 年），Kluge 等人，（2015 年）］。因此，也可以将它们推荐用于（低压设备的）高压 HV 试验（IEC 61180:1994），即使尚未适应于高压和中压设备的试验，但这种趋势也应引起关注。

7.2　LI/SI 试验系统的要求和冲击电压试验系统的选择

前面章节的内容表明：可以产生各种各样的冲击电压波形。对于研究工作、开发甚至诊断试验，可以使用多样化的波形。但对于质量试验，施加的冲击电压应该能够表示在一定的容差范围内可再现的外部（闪电）和内部（操作）过电压，对这些试验电压的要求在 IEC 60060 - 1:2010 或 IEEE Std. 4（2013 草案）等标准中已经给出，下面将给出解释。

7.2.1　LI 试验电压和过冲现象

7.2.1.1　IEC 60060 - 1:2010 或 IEEE Std. 4 对 1.2/50 标准 LI 电压的要求

对于平滑的雷电冲击（LI）电压，直接的参数评估能根据下述的参数定义完成，但是当雷电冲击（LI）试验电压呈现振荡或过冲时，雷电冲击（LI）试验电压参数就应该使用源自"试验电压函数"（见图 7.27）得到的所谓"k 因子"进行评估。

根据有/无振荡雷电冲击（LI）电压的比较，可凭借经验确定用于 $V_m \leqslant 800\text{kV}$ 设备［式（7.10a）；图 7.27a］、特别是 UHV 设备［式（7.10b）；图 7.27b］试验的 k 因子如下：

$$k(f) = 1/(1 + 2.2f^2/\text{MHz}) \quad V_{\text{m}} \leq 800\text{kV} \text{ 设备试验} \tag{7.10a}$$

$$k(f) = 1/(1 + 7.5f^2/\text{MHz}) \quad \text{UHV 设备试验} \tag{7.10b}$$

k 因子表明：长持续时间（低频）过冲比短时间（高频）过冲对绝缘击穿电压具有更强的影响，这就是众所周知的绝缘击穿电压 – 击穿时间特性（Kind 等人，2016 年）。作为引入这种新型评估的第一步，IEC 60060 – 1：2010 推荐将式（7.10a、b）应用于 $V_{\text{m}} \leq 800\text{kV}$ 设备的所有绝缘类型的评估，必要的改进方法见第 7.2.1.2 节。应按照以下步骤从记录曲线 $V_{\text{r}}(t)$ 确定试验曲线 $V_{\text{t}}(t)$（见图 7.28，更多详细信息，参见 IEC 60060 – 1：2010 的附录 B）。

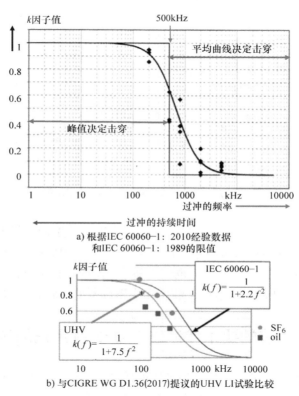

a) 根据 IEC 60060 – 1：2010 经验数据
和 IEC 60060 – 1：1989 的限值

b) 与 CIGRE WG D1.36(2017) 提议的 UHV LI 试验比较

图 7.27 试验电压的功能

1）使用参数 V_0、τ_1 和 τ_2 确定的基准曲线 $V_{\text{b}}(t)$ 作为指数函数的估计：

$$V_{\text{b}}(t) = V_0(\text{e}^{(t/\tau_1)} - \text{e}^{(t/\tau_2)}) \tag{7.11}$$

基准曲线［式（7.11）］代表没有过冲的记录曲线并通过其峰值 V_{B} 表征，而完整记录曲线用其极值 V_{E} 表征（见图 7.28）。

2）找出剩余曲线作为记录曲线和基准曲线（见图 7.28a）的差异：

$$V_{\text{R}}(t) = V_{\text{r}}(t) - V_{\text{b}}(t) \tag{7.12}$$

3）使用具有与试验电压函数 $H(f) = k(f)$［式（7.10a、b），详细描述见 IEC 60060 – 1：2010，附件 B 和 C］相等传递函数（幅频响应）的数字滤波器，并用它对剩余曲线的频谱 $V_{\text{R}}(F)$ 进行滤波，得到频域中的滤波的剩余曲线

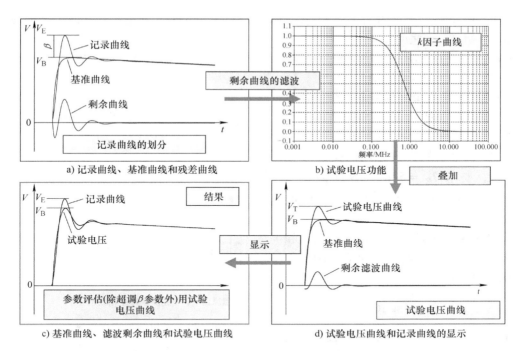

图 7.28　试验电压曲线的确定和表示

$$V_{RF}(f) = k(f) \cdot V_R(f) \qquad (7.13)$$

在重新转换到时域之后，得到过滤后的剩余曲线 $V_{RF}(t)$（见图 7.28b）。

4）将滤波的剩余曲线叠加在基准曲线上，得到试验电压曲线（见图 7.28c）：

$$V_t(t) = V_b(t) + V_{RF}(t) \qquad (7.14)$$

5）在结果的表示中，可以显示记录曲线和试验电压曲线（见图 7.28d）。

注意：应该提到的是，这里不考虑零水平问题的处理，有关零水平和评估软件的详细信息，请参阅 IEC 60060 – 1:2010，附录 B 和 C 以及 IEC 61083 – 2:2013，参见 Lewin 等的滤波曲线（2008 年）。

应当注意，除了计算机辅助评估之外，试验电压曲线 V_T 的人工计算在 IEC 60060 – 1:2010（附录 B. 4）和 Berlijn 等人的研究中进行了描述（2007 年）。该程序不考虑剩余曲线的整个频谱，而是仅考虑过冲的单个主频率 f_{os} 处相应的修正因子 $k(f_{os})$，通过简单地乘以剩余电压 $V_{Rmax}(t)$ 的最大值获得。将结果叠加在预估的基准曲线上，可以获得试验电压 V_T 值。相反，当过冲是频率混合的结果，并且较高频率的噪声信号叠加在记录曲线上时，滤波[式(7.13)]也起作用，不建议进行手动评估。

在 $V_E = V_B$ 平滑记录曲线[式(7.11)]情况下，由于 $k(f) = 1$，得到 $V_R(t) = V_{RF}(t) = 0$。IEC 60060 – 1:2010 要求雷电冲击（LI）试验电压的所有参数从试验电压曲线上进行评估。当雷电冲击（LI）试验电压满足以下要求时，它就是 1.2/50 标准雷电冲击（LI）试验电压：

试验电压值 V_T 为试验电压曲线（见图 7.28 和图 7.29）的最大值。在雷电冲击（LI）电压试验中，所需的试验电压值必须能够在 ±3% 容许范围内调整。

波前时间 T_1 是一个虚拟参数，定义为试验电压 30% 和 90% 时间间隔的 1.67 倍（见图

7.29 中的 A 和 B）。波前时间 $T_1 = 1.2\mu s$ 有 $\pm 30\%$ 的容许偏差，这意味着实际的波前时间必须在 $0.84 \sim 1.56 \mu s$ 之间。

　　注意： 对于高容值的电缆或电容器试验对象，容差上限可以大于或等于 $5\mu s$ 或者更大；而对于特高压设备，大约 $2.5\mu s$ 的容许上限正在讨论中。

　　半峰值时间 T_2 是虚拟参数，是视在原点与电压经过试验电压一半瞬间之间的时间，视在原点是时间轴与通过图 7.29 中的点 A 和 B 绘制的直线之间的交点（见图 7.29），要求 $T_2 = 50\mu s$，容许偏差为 $\pm 20\%$，意味着实际值必须在 $40 \sim 60 \mu s$ 之间。

　　相对过冲幅度 β 为记录曲线的极值和与该极值相关的基本曲线最大值之间的差值（IEC 60060 – 1：2010）。

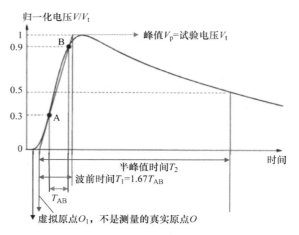

图 7.29　全 LI 试验电压的参数定义

$$\beta = \frac{V_E - V_B}{V_E} \leq 10\% \qquad (7.15)$$

IEEE Std. 4（2013）的最新版本建议过冲最大为 5%，但由于"允许接受波形"接受"过冲方法"的历史平滑曲线，因此，允许将过冲增加到 10%（IEEE 标准 4：1995 和 IEC 60060 – 1：1989）。

　　质量试验除了需要雷电冲击（LI）试验电压外，还需要有表征保护设备动作后绝缘应力的雷电冲击截波（LIC）试验电压（如避雷器或保护间隙）。雷电冲击截波（LIC）试验电压也可能由高压电路中的任意击穿引起，但接下来只考虑带截断间隙的受控击穿（见 7.1.2.4 节）。

　　雷电冲击（LI）电压能够在波前（见图 7.30a）或波尾（见图 7.30b）截断。截断瞬时定义为通过点 C（$0.7V_{CH}$）和 D（$0.1V_{CH}$）的直线与电压跌落前电压水平的交点。截断时间 T_C 为视在原点 O_1 到截断时刻的时间。电压跌落持续时间 T_{CO} 定义为 C、D 时间间隔的 1.67 倍。截断的虚拟陡度 S_C 用截断时的电压 V_{CH} 和电压跌落时间 T_{CO} 计算得到：

$$S_C = \frac{V_{CH}}{T_{CO}} \qquad (7.16)$$

IEC 60060 – 1：2010 仅规定了 $T_C = 2 \sim 5\mu s$ 波尾截断的雷电冲击（LIC）电压（见图 7.30b），IEEE Std. 4 也对标准 $T_C = 0.5 \sim 1.0\mu s$ 波前截断的雷电冲击（LIC）电压进行了规定（见图 7.30a）。

　　注意： 根据 IEC 的观点，带绕组的试验试样不需要进行波前截断的 LIC 电压试验，因为尾部截断的 LIC 电压会在试验对象中产生更高的梯度和相应的更不均匀电压分布。传统的 IEEE 观点更多地考虑了由保护装置限制的高过压的表现，似乎在 IEEE Std. 4 的未来版本中，也将应用 IEC 实例。

　　线性上升的波前截断雷电冲击（LIC）电压是一近似恒定陡度上升的、直到在电压 V_E 下截断的电压。根据 IEEE 标准，线性上升的波前截断的雷电冲击（LIC）电压主要应用于试验实践中，由极值 V_E、波前时间 T_1 和陡度定义：

$$S_F = \frac{V_E}{T_1} \qquad (7.17)$$

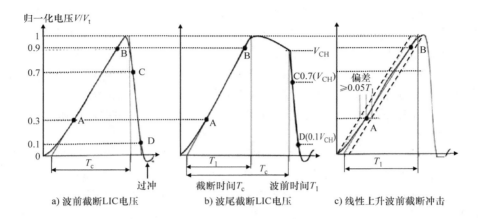

a) 波前截断LIC电压　　　　b) 波尾截断LIC电压　　　c) 线性上升波前截断冲击

图 7.30　截断雷电冲击波

电压增量被近似认为从 30% 到截断瞬间之间是线性的，陡度的容许偏差用通过 AB 的平均线（见图 7.30）T_1 的 $\pm 0.05 T_1$ 带宽来表征。线性上升波前截断雷电冲击（LIC）电压参数在水平标准中没有特别说明，但在设备标准中有说明。

电压值： 波尾截断的雷电冲击（LIC）电压的评估可采用适合 k 因子计算求得，为此，需要两份记录，一份是所进行试验的波尾截断 LIC 电压，另一份是低电压下的全波参考雷电冲击（LI）电压，而不改变高压试验电路（开关间隙和发生器的充电电压除外）和测量系统的设置。标准雷电冲击（LI）电压曲线用于确定基准曲线，记录的雷电冲击截断（LIC）电压曲线与基准曲线一样处理。更多详情，请参见 IEC 60060 - 1:2010（附录 B.5）。波前截断冲击不会出现过冲问题，评估如图 7.30a 所示。

7.2.1.2　过冲处理的现状与未来

如上所述，根据 IEC 和 IEEE 标准进行的评估方法是朝着正确评估过冲雷电冲击（LI）试验电压方向迈出的重要第一步，也是新思想和传统思维之间的协调。因此，下面尝试解释进一步改进 k 因子方法的可能方向，让我们考虑与 IEC 60 - 1:1989（见图 7.27）比较的新评估方法。

如第 7.1.2.3 节所述，电路中的电感和电容可能会引起振荡，这些振荡会受到电路中电阻损耗的阻尼。当振荡出现在峰值区域并且增加雷电冲击（LI）试验电压的峰值时，振荡对击穿行为具有显著的影响。在强阻尼的情况下，振荡减小到单个半波，这称为"过冲"。下文中，术语"过冲"还应包括较低阻尼的振荡。

IEC 60 - 1:1989 先前的版本容许振荡，过冲的上限为平滑峰值的 5%，如果振荡的频率不小于 0.5MHz 或过冲持续时间不超过 1μs，则应绘制一条平均曲线，以便进行过冲的测量。试验电压值是过冲频率 $f < 0.5$MHz 记录曲线的峰值；而对于过冲频率 $f > 0.5$MHz，试验电压则是绘制的平均曲线的最大值，对于平均曲线来讲，没有如何估计的规则。在 0.5MHz 处评估的这种突然变化（见图 7.27）在物理上是错误的，在该频率下评估引起的误差高达 5%，这对操作员或评估软件的提供商来说具有一定的任意性。因此，迫切需要对此进行改变。在 20 世纪 90 年代中期，CIGRE 工作组 33.03 和一个相关的欧洲研究项目（Garnacho 等人，

1997 年，2002 年；Berlijn，2000 年；Simon，2004 年）开始进行过冲影响的实验研究，将平滑雷电冲击（LI）电压和振荡短冲击的组合电压（见 8.1.1 节）应用于空气、SF_6、浸油纸和聚乙烯等绝缘样品，试验系列的试验电压值通常限制在 200kV 以下。通过实验，得到了 50% 的雷电冲击（LI）击穿电压，应用于过冲冲击的击穿（极值 V_E）、平滑标准冲击的击穿（峰值 V_{LI}），并且能够确定明确定义的基本曲线［式(7.11)；最大值 V_B］。对于每个样本，将不同过冲频率下的结果组合为频率相关的试验电压因子（试验电压函数）：

$$k(f) = \frac{V_{LI}(f) - V_B(f)}{V_E(f) - V_B(f)} \tag{7.18}$$

发现：随着频率的增加，试验电压因子明显下降（见图 7.27，测量点），但试验结果的分散很大，尚未确定不同种类绝缘的影响作用，因此，一个通用的 k 因子曲线已经得到评估［见图 7.27 和式(7.10a、b)］，该曲线已经超出了标准范围（参见第 7.1.2.1 节）。

按照有效 IEC 60060 – 1：2010 标准进行的雷电冲击（LI）参数评估结果与根据 IEC 60 – 1：1989 进行的雷电冲击（LI）参数评估结果不同，即使新的评估提供了更好的物理效果，但这些差异可能会对设备的设计和试验产生某些影响。根据旧的和新的程序（见表 7.2）对许多雷电冲击（LI）电压（例如，符合 IEC 61083 – 2：2013）的评估结果表明了影响的结果：如果存在 $f < 0.5MHz$ 的过冲，则现在有必要将雷电冲击（LI）试验电压提高多达 3%，波前时间会更短，半峰值时间会变长；而对于 $f > 0.5MHz$，则需要施加降低多达 6% 的雷电冲击（LI）试验电压，波前时间增加，半峰值时间减少。这些结果显示出了这种趋势，但这不仅包括程序上的差异，还包括由软件引起的不确定度，Pepper 和 Tenbohlen（2009 年）公开了旧、新方法的进一步比较结果。根据 IEC 60060 – 1：2010 得出的过冲值通常高于旧版本，造成这一意外结果的原因是：旧"平均值曲线"缺失规则，导致通过旧版"用户友好"软件获得的极大值高于新软件定义的"基本曲线"［见式(7.11)］。过冲的定义［见式(7.15)］实际是不正确，它没有考虑过冲的持续时间（Hinow 等人，2010 年），因为记录曲线的极值 V_E 是参考值。考虑到持续时间的过冲定义可以遵循 German 提出的 TC 42 建议，这时将根据试验电压曲线定义过冲幅值，雷电冲击（LI）电压的其他参数也是如此（Hinow 等人，2010 年）：

表 7.2 根据 IEC 60060 – 1：2010 和 IEC 60 – 1：1989 的 LI 参数评估的差异

参数	过冲频率 $f < 0.5MHz$	过冲频率 $f > 0.5MHz$
试验电压值 $(V_{2010} - V_{1989})/V_{1989}$	0 ~ – 3%	+ 2% ~ + 6%
波前时间 $(T_{1\,2010} - T_{1\,1989})/T_{1\,1989}$	0 ~ – 6%	0 ~ + 15%
半峰值时间 $(T_{2\,2010} - T_{2\,1989})/T_{2\,1989}$	0 ~ + 5%	– 4% ~ 7%
过冲 $(\beta_{2010} - \beta_{1989})/\beta_{1989}$	与频率无关	
	– 10% ~ + 40%	

$$\beta^* = \frac{V_T - V_B}{V_T} \tag{7.19}$$

两个定义（见图7.31）的比较表明：β^* 值总比 β 低，对于 $f < 0.5\text{MHz}$ 的过冲频率，β^* 值通常高于 $f > 0.5\text{MHz}$ 的情况。就过冲的持续时间而言，这似乎是一个看似合理的特征。

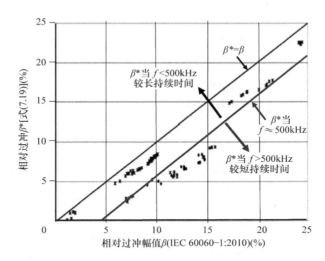

图 7.31　［IEC 定义式(7.15)］和 β^*［式(7.19)］过冲幅度的比较

另一点是对频率的依赖性，从过冲的持续时间可以对频率进行估算（Garnacho 等人，1997 年），但根据众所周知的击穿电压 – 击穿时间特性，击穿过程受有效时间的影响（见7.3 节）。该特征可以通过统计时延和形成时延来描述，后者可以用形成电压—时间区域来描述（Kind 1957；Kind 等人，2016 年），这也可能适用于过冲处理（Hauschild 和 Steiner，2009 年；Garnacho，2010 年；Ueta 等人，2011c）。然后，过冲可以通过高于特定电压值 V_X 的电压—时间区域来表征（见图7.32），这可能是极值（见图7.32a、b）或试验电压值 V_T（见图7.32c）的一定百分比。然后，例如，相对过冲幅度将通过以下公式计算：

$$\beta^0 = \frac{1}{V_T T_t} \int_{T_t}^{T} (V_t(t) - V_T)\,\mathrm{d}t \tag{7.20}$$

这里，过冲持续时间 $T_t = \sum_{i=1}^{n} t_i (V_i \geq V_T)$。

β^0 的限值就是形成电压—时间区域的限制，其考虑到电压和时间的真实作用电压应力组合。

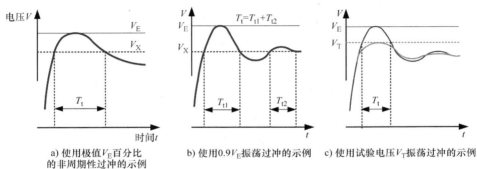

a) 使用极值 V_E 百分比　　b) 使用0.9V_E振荡过冲的示例　　c) 使用试验电压 V_T 振荡过冲的示例
的非周期性过冲的示例

图 7.32　与形成时间模型相结合的过冲的定义

当应用与过冲持续时间有关的过冲定义时，应用试验电压—持续时间函数似乎非常合适。非周期过冲的时间和 $T_t \approx 0.5/f$ 的频率有关，我们就可以从式（7.10）推到新的试验电压函数：

$$k^*(T_t) = \frac{4T_t^2/\mu s^2}{4T_t^2/\mu s^2 + 2.2} \tag{7.21}$$

此函数（见图 7.33）不仅可以提高对物理本质的理解，还与雷电冲击（LI）电压的时间参数有直接相关的线性关系。$T_t = 0$ 的情况意味着没有过冲，持续时间的确定甚至比频率的确定更简单。因此，还将考虑以下情况：仅略微衰减了的振荡（见图 7.32b），以及第二个峰值有助于形成电压—时间区域。代替 IEC 60060 – 1: 2010 ［式（7.10a、b）］中的试验电压函数，可以使用相对过冲幅度的不同定义，如式（7.20）所示。

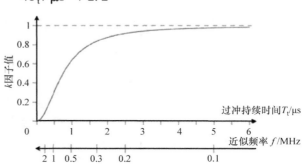

图 7.33　依赖于过冲持续时间的试验电压函数

对于更高电压和不同的绝缘样品，其试验电压函数目前正在研究中，例如，Garnacho（2010 年）、Garnacho 等人（2014 年）、Hinow 与 TU Cottbus（2011 年）、Ueta（2010，2011b）、Diaz 和 Segovia（2016 年）等开展的研究。现有的函数［见式（7.10a、b）］基于少量试样且仅限于 $V_T < 200kV$ 的实验，因此，击穿速度非常快，并且具有某一平均特性的假设似乎是不正确的。对于大型绝缘和/或相对较慢的击穿过程，例如，用于 UHV 传输的长间隙或大型变压器的绝缘（Tsuboi 等，2011 年、2013 年；Ueta 等，2012b），其 k 因子曲线必须将其向左（低频）移动（见图 7.34），而对于非常快速、小型和紧凑的绝缘击穿过程（SF_6、固体、真空等），k 因子曲线只向右（更高的频率）偏移了一点。但是到目前为止，IEC TC42 尚未得出该国际研究工作的最终结论。

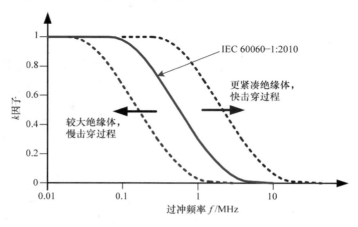

图 7.34　试验电压函数的预期修改

可以假设，不同的电场、不同的绝缘材料，甚至不同的过冲量条件下，试验电压函数都会有不同的特性。此外，还必须考虑评估算法和确定试验电压函数（Okabe 等人，2015 年）的显著不确定度。对于未来的标准 IEC 60060 - 1，应使用所有可用的试验结果，以寻找一个适合于所有绝缘参数评估的、在可接受容差范围内的通用试验电压函数。

如上所述［方程式（7.11）］，提取基础曲线的拟合方法是正在进行的一系列研究的主题（Satan 和 Gururaj，2001 年；Kuan 和 Chen，2006 年；Ueta 等人，2011a、b、c、d，2012a、b；Garnacho 等人，2013 年；Pattanadesh 和 Yutthagowith，2015 年）。一种基准曲线新评价方法的引入可能会导致雷电冲击（LI）电压参数评价的差异，与试验电压函数相反，似乎并不迫切需要引入一种新的方法来确定平均曲线。首先，必须证明，目前的方法对于实际情况是不够的。

关于 UHV 设备的试验，CIGRE 工作组 D1.36（2017 年）总结了目前的知识：结果表明：对于 UHV 试验对象，当试验对象的电容达到 10nF 量级时，不能满足 $T_1 \leq 1.56\mu s$ 和 $\beta \leq 10\%$ 的试验要求（另见下文根据第 7.2.1.3 节）。在进行 $V_m > 800kV$ 的 UHV 设备试验时，建议将容差上限增加至 $T_1 = 2.5\mu s$，可接受的过冲增加至 $\beta \leq 15\%$。此外，将 UHV 雷电冲击（LI）试验的试验电压函数（见图 7.27b）改为上述式（7.10b），并提出了一种改进的基本曲线估计程序，希望 IEC TC42 将在此基础上提供下一版 IEC 60060 - 1 标准。

最后但并非最不重要的一点是，已经提出通过过冲补偿来减少雷电冲击（LI）电压试验中的过冲的讨论（见第 7.1.2.3 节）。

7.2.1.3 雷电冲击（LI）试验系统和试验对象之间的相互作用

大多数试验对象都为试验系统提供了容性负载，例如，绝缘子、套管、GIS、电力变压器或者电缆试样。个别情况下，试验对象具有电感性特性，如电力变压器的低压绕组。因为户外绝缘不在潮湿或者污秽环境下进行雷电冲击（LI）电压试验，因此阻性试验对象不起任何作用，通过等效单级电路可以解释对试验对象的影响（见图 7.4）。

容性试验对象：负载电容 $C_l = C_b + C_i$（通常为发生器基本负载 C_b 与试验对象的电容 C_{to} 之和）决定波前时间常数 τ_f［与波前电阻 R_f 一起，方程（7.2）］、波尾时间常数 τ_t（与脉冲电容 C_i 和波尾电阻 R_t 一起）以及电路效率因数 η_c［与发生器脉冲电容一起，方程式（7.1）］：

$$\tau_f = R_f \left(\frac{C_i(C_b + C_{to})}{C_b + C_{to} + C_i} \right) \tag{7.22a}$$

$$\tau_t \approx R_t (C_i + C_b + C_{to}) \tag{7.22b}$$

$$\eta_c \approx \frac{C_i}{C_i + C_b + C_{to}} \tag{7.23}$$

波前时间 T_1［以 τ_f 为特征，式（7.22a）］很大程度上取决于试验对象的电容，因为通常 $C_i \gg C_b + C_{to}$，因此，$\tau_f \approx R_f(C_b + C_{to})$，一般情况下 $C_{to} > C_b$。在许多情况下，当试验对象电容增加一倍时，波前时间几乎增加一倍。考虑波前时间的容许偏差，（0.84 ~ 1.56μs）的宽度小于其下限的两倍（见图 7.35），发生器的波前电阻 R_f 必须相应地进行调整。对于一个固定值 τ_f 或者波前时间 T_1，所需 R_f 及其波前时间的上、下限容差可分别计算出来（见图 7.35a）。图中，在相同的电阻值 R_f 下，通过一平行于 X 轴的直线与两条曲线的焦点，能够确定可容许的负载电容的范围，而我们可以采用一个等效电阻 R_{f1}，来得到标准的雷电冲击（LI）电压。对于更高的负载电容，必须使用更低的电阻 R_{f2}。如果波前电阻太小，会产生不可接受的过冲，从而限制标准 LI 冲击电压的产生。对于图 7.35a 的示例，当波前电阻接近 100Ω 时可以得到标准的雷电冲击（LI）电压（例如，对于 10 级发生器，每级 10Ω）。图 7.35 的简化图忽略了引起过冲的电路电感的重要影响（达到标准可接受 $\beta=10\%$）。过冲受到波前电阻的阻尼，该电阻必须超过最小值。根据 CIGRE WG D1.36（2017），对于 $T_1 \leqslant 1.56\mu s$，根据电容负载（单位：μF）（$C_1 = C_b + C_{to}$）和总电路电感的粗略估算（单位：μH）（$L_s = L_{generator} + L_{hv\ lead} + L_{test\ object} + L_{current\ return}$），最小可接受的波前电阻（单位：$\Omega$）：

$$R_{fmin}^* = 1.45 \sqrt{L_s/L_1} \tag{7.24}$$

由于 UHV 负载电容（高达 $10\mu F$）特性可能很难满足过冲 $\beta \leqslant 10\%$ 的试验要求，因此，UHV 设备的试验标准（目前正在准备中）应该允许有更高的雷电冲击（LI）电压过冲（达 $\beta=15\%$）和/或更长的波前时间（更高的波前电阻），使得过冲能够充分地衰减。

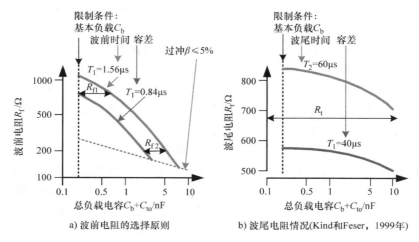

图 7.35 负载电容对 10 级 2000kV/400kJ 发生器波前和波尾电阻选择的影响

为了调整波前电阻，每个雷电冲击（LI）电压发生器都有几套电阻，通常，多套电阻的设计方式使得电阻可以并联或者甚至串联，以便组合起来形成变化的波前电阻值来满足一定范围电容负载的要求，每一电阻值都覆盖一定的负载范围。通常情况下，一套雷电冲击（LI）电压试验系统配备 3 套波前电阻，通过不同的并联连接可以实现 7 种不同的电阻值。为了有效处理大型雷电冲击（LI）电压发生器，未使用的电阻应存放在通过内部固定的梯子可以轻松取到的台阶上（见图 7.12d）。每个冲击试验系统应该配备有指导说明，说明应为哪些试验对象的负载电容配置哪一个电阻，以覆盖一定范围的试验对象（见图 7.36）。

半峰时间 T_2（由参量 τ_t 表征，图 7.22b）不受试验对象电容量的强烈影响，因为它主要由脉冲电容 C_i 决定（见图 7.35b），一个波尾电阻足够覆盖半峰值时间 $40 \sim 60\mu s$ 的整个容许偏差范围。

电路效率因子能够很容易通过式（7.23）进行估算，带有基本负载的发生器在 $C_i \gg C_{to}$ 时，总效率因子通常可以达到 $\eta \approx 0.95$。随着试验对象电容量的增加，效率因子会略微下降，因此，不建议在负载电容 $C_{to} > 0.2C_i$ 条件下使用。

感性试验对象与电容组合，例如，对电力变压器的低压侧进行试验（见图 7.37a）。电感 L_{to}、尤其是与脉冲电容 C_i 一起形成振荡电路，并导致冲击波尾，该冲击波尾的特征在于

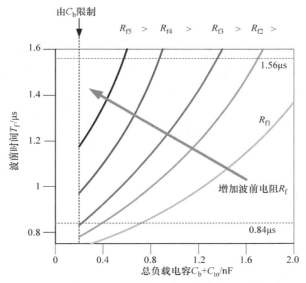

图 7.36　与试验对象电容量关联的波前电阻的选择

振荡而不是指数函数。振荡使得半峰值时间 T_2 有所缩短，通常会超出容许偏差范围（$T_2 < 40\mu s$），导致反极性过冲和效率因子的降低（见图 7.37c）。对 T_2 的影响尤为严重，且影响程度随着发生器冲击电容 C_i 的减小而增加（见图 7.37c）。由于受试变压器低压侧的雷电冲击（LI）试验电压相对较低，因此，可以将多级发生器的几级并联起来以增加 C_i。如果这还不够，可以通过所谓的"Glanninger 附件"来解决问题：将电感 L_g 与波前电阻 R_f 切换为并联，电阻 R_g 与试验对象的电感 L_{to} 切换为并联（见图 7.37b）。当 "Glanninger" 电感 $L_g < L_{to}$ 选择合适时，电感仅在较低的频率（冲击的波尾部分）时将波前电阻短路，并且能够使半峰值时间充分延长，但冲击电压在 L_g/R_{rf} 和试验对象（$L_{to}//R_g$）之间分配，会导致效率因子的进一步降低。"Glanninger" 电感应为 $L_g = (0.01 \sim 0.1)L_{to}$ 量级，"Glanninger" 电阻选择为 $R_g \approx R_f L_{to}/L_g$，"Glanninger 附件" 是一个切换到发生器并联连接级的独立单元。

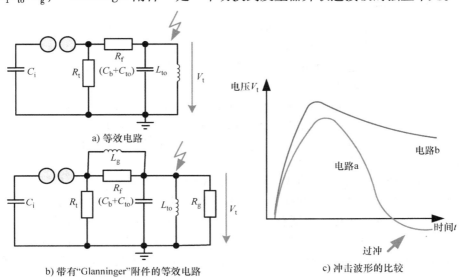

图 7.37　带有电感的负载试验

7.2.2　SI 试验电压

7.2.2.1　IEC 60060 - 1 和 IEEE Std. 4 的要求

因为满足操作冲击（SI）电压波前时间参数需要一个非常大的波前电阻，因此对于操作冲击（SI）试验电压来讲，过冲并不是一个问题。记录曲线也有一个清晰的起始点，即所谓的"实际原点"，并不需要视在原点（见图 7.38），因此，可以直接从记录的曲线来评估参数。当操作冲击（SI）电压满足以下要求时，它就是一个标准的操作冲击（SI）试验电压：

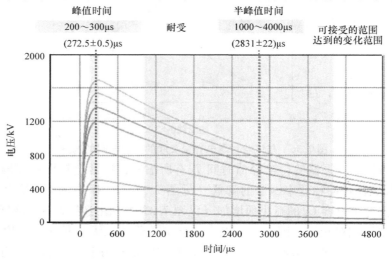

图 7.38　250/2500 SI 试验电压的记录曲线及其不同峰值的再现

试验电压值 V_t 为记录电压曲线的最大值（见图 7.39），在操作冲击（SI）电压试验中，所需的试验电压值必须在 ±3% 的容许偏差范围内调节。

峰值时间 T_p 为实际原点与操作冲击（SI）电压最大值之间的时间间隔，它代替雷电冲击（LI）电压的波前时间 T_1，峰值时间也可由斜线与时间轴的交点 $T_{AB} = t_{90} - t_{30}$（见图 7.39a）来决定，根据：

$$T_p = KT_{AB}, 其中, K = 2.42 - 3.08 \times 10^{-3} T_{AB} + 1.51 T_2 \times 10^{-4} \qquad (7.25)$$

这里，T_p、T_{AB} 和 T_2 的单位为 μs。

标准操作冲击（SI）试验电压要求 $T_p = 250\mu s$，容许偏差为 ±20%，这意味着实际波前时间必须在 200 ~ 300μs 之间。

注意： 当 20 世纪 60 年代后期引入操作冲击（SI）电压试验时，根据波形外观形状对峰值时间进行评估，这一原则不适于计算机评估，因此，基于交叉点的评估已引入到 IEC 60060 - 1：2010 标准。

因为 $T_p = 250\mu s$ 等效峰值时间使用了几十年，并且基于传统原因并不应该对此进行改变，$T_1 \approx 170\mu s$ 量级的波前时间的定义目前还没有被引入。

Sato 等人（2015 年）研究中的式（7.25）只对标准操作冲击（SI）电压有效，对非标准操作冲击（SI）电压（如 20/4000μs，经现场 SI 电压试验认可）的应用可能导致高达 25% 的失效率，Sato 等人给出了更适合于全范围操作冲击（SI）电压的公式。

半峰值时间 T_2 是一实际参数，为实际原点和电压穿过试验电压峰值一半时刻点的时间间隔（见图 7.39a）：要求 $T_2 = 2500\mu s$，容许偏差 ±60%，这意味着实际值可以在 1000 ~ 4000μs 之间。

注意：T_2 的极大容许偏差与具有饱和现象设备的试验有关，例如，变压器和电抗器的铁心饱和现象。在这种情况下，操作冲击（SI）电压引起磁心的饱和，从而导致电压的快速跌落（见图 5.39b）。对于这样的试验，引入额外的参数——90% 以上的时间和归零的时间（见下文）。宽的容许偏差范围是可以接受的，因为空气中的击穿过程——先导放电的发展（见图 7.3）——由 SI 电压前沿的陡度决定，而波尾发展的影响则非常小。

超过 90% 时间 T_{90} 为操作冲击（SI）电压超过 90% 最大值（见图 7.39b）的持续时间。

零点时间 T_z 为实际原点到操作冲击（SI）电压通过零值时刻点之间的时间间隔（见图 7.39b）。

参数不能混淆，因为 250/2500 操作冲击（SI）试验电压必须通过（V_t；T_p；T_2）表征，具有饱和效应的试验设备应使用不同的操作冲击（SI）设置（V_t；T_p；T_{90}；T_z）。

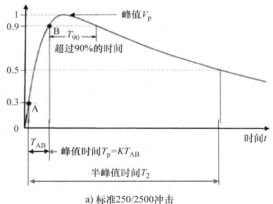

a) 标准 250/2500 冲击

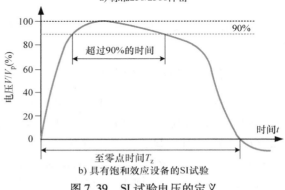

b) 具有饱和效应设备的 SI 试验

图 7.39　SI 试验电压的定义

7.2.2.2　HVSI 试验系统和试验对象之间的相互作用

考虑极性的影响：内部绝缘的雷电冲击（LI）和操作冲击（SI）电压试验都应在负极性下进行，以避免套管或终端在空气中发生闪络。尽管不均匀的空气绝缘在正极性下具有低得多的击穿电压，但对于内部绝缘，几乎没有（有时甚至是略微）相反的极性效应。此外，LI/SI 试验系统 HV 部件的控制电极和绝缘结构的设计主要由产生的最大正极性的操作冲击（SI）电压来确定。空气中不均匀场的正极性特定操作冲击（SI）击穿电压可以降至 1kV/cm 的量级，而在雷电冲击（LI）电压下，可以假设为 5kV/cm。

容性试验对象：在第 7.1.2 节中已经表明，效率因子可以理解为波形效率和电路效率的乘积［式 (7.1)］。操作冲击（SI）电压的波形效率因子 η_s 远低于雷电冲击（LI）电压的，对于雷电冲击（LI）电压，电路效率因子 η_c 可以根据式 (7.23) 进行估算；而对于负载电容 $C_1 = C_b + C_{to} = 0.2C_i$，电路效率变为 $\eta_c = 0.83$；在波形效率 $\eta_s = 0.75$ 的条件下，总效率因子仅为 $\eta = 0.62$［式 (7.3)］。峰值时间对负载电容变化的敏感性低于雷电冲击（LI）电压的波前时间；半峰值时间的容许偏差非常大，以至于试验对象的变化对波尾电阻的选择没有任何作用。当订购 LI/SI 试验系统时，必须考虑最大预期试验对象的电容量，以便进行每级冲击能量的选择［式 (7.3)］。

阻性试验对象：外绝缘的潮湿和污秽试验也是在操作冲击（SI）电压下进行的，尤其是 EHV 和 UHV 设备。污秽试验对象的电阻对操作冲击（SI）电压发生器总波前电阻（可达数十 kΩ）的影响可以忽略。但试验期间，几 A 的严重放电会引起明显的电压降落，这不仅是潮湿和污秽试验的问题，也是长空气间隙先导放电研究的问题。像上面描述的 AC 和 DC 电压，当电流冲击的幅值和时间已知或者假设时，电压降落就可以计算出来。已经观察到峰值高于 10A、持续时间数十 μs 的冲击电流（Les Renardieres Group，1977 年），在预先给定的冲击电流下可接受的电压降落尚无任何标准。无论如何，对于上述提到的试验，都应使用高冲击能量的冲击发生器。

具有衰饱和效应的感性试验对象： 对于电力变压器试验，IEC 60076 - 3：2013 标准要求 $T_p > 100\mu s$、$T_{90} > 200\mu s$ 和 $T_z > 1000\mu s$。为了延长零值时间，如果需要，可以用相反极性且较低值（$V_e > 0.7V_t$）的操作冲击（SI）电压进行磁心的预磁化。此外，在操作冲击（SI）电压试验之后，应通过施加相反极性的较低操作冲击（SI）电压来对磁心进行去磁。

7.3 LI/SI 电压试验的程序和估值

击穿和标准耐受电压试验以及其统计背景在 2.4 节已经描述过，下面的解释是关于特殊 LI/SI 试验程序的。

7.3.1 研发用击穿电压试验

多级法（The multiple - level method，MLM）是最重要的试验方法，主要用来确定绝缘试样的性能函数（见 2.4.3 节和图 2.31），性能函数描述的是 LI/SI 电压应力和完全击穿概率之间的关系。MLM 试验可以很容易在具有空气自恢复特性的绝缘体试样上进行，独立性试验可检查绝缘的独立性，表 2.8 对试验程序进行了解释。通常，当两个 LI/SI 电压之间间隔不短于数秒时，空气间隙的试验结果就是独立的。

用于表面为固体绝缘的空气或 SF$_6$ 绝缘（例如：绝缘子），在进一步评估试验之前，独立性检查比单独检查气体更重要。如果试验结果表明具有依赖性，则应修改试验程序，例如，通过增加两次冲击之间的时间间隔。同样，在间断期间，短时间施加相反极性的较低冲击电压或较低的 AC 电压可有助于获得独立性的试验结果。

对于液体浸渍和固体绝缘，MLM 应用要求每个 LI/SI 电压应力均作用于新的试验样品。这是一项非常难的事情，试验样品的有限再现性对测得的性能函数的分散性产生了附加的影响。对于这样的试验对象，可以应用渐进应力方法进行检查（PSM；图 2.26c），在一个样品上施加一系列冲击直至击穿。单个试验样本在 PSM 试验中提供的信息比在 MLM 试验中提供的信息更多。

统计评估应该使用基于最大似然法的强大软件包（Speck 等人，2009 年），这提供了（见图 7.40）击穿概率的估计，包括使用 7 个电压水平的置信区域、性能函数的点估计（中间的红线）、置信限值（蓝色限制）以及分位数的置信限值（粉色线条）。图 7.40 显示了基于正态（高斯）分布的评估，可以针对不同的分布函数重复进行此操作，以获得最佳匹配，所有可能的结论都可以从图 7.40 中得出。

当某些特定分位数（例如，V_{50} 或者 V_{10}）的评估值足以代替整个性能函数时，可以应用上升 - 下降往复方法进行试验（见第 2.4.2 节，图 2.38 和图 2.39）。对于这个试验程序，最大似然评估也是满足要求的，也建议使用这种方法。

7.3.2 LI/SI 质量验收试验

按照标准化程序进行并通过的质量验收 LI/SI 试验可以验证绝缘配合（见第 1.2 节），

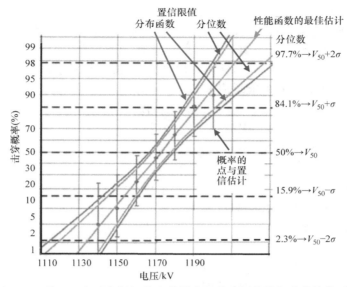

图 7.40   基于正态（高斯）分布的最大似然法评估的气隙的性能函数

见第 2.4.6 节、图 2.43 和 IEC 60060 – 1: 2010。

对于外部、自恢复绝缘（主要是大气环境）的试验，以下两个程序是可以接受的（见第 2.4.6 节）：

A1. LI/SI 试验电压低于 10% 击穿电压：$V_t < V_{10}$。

A2. 施加 15 次 LI/SI 试验电压，击穿次数 $k \leqslant 2$。

对于内部、非自恢复绝缘（所有固体或者液体浸渍绝缘），质量验收试验过程中没有出现击穿；因此，可以应用下列程序：

B. 施加 3 次 LI/SI 试验电压，没有出现击穿现象（$k = 0$）。

对于由自恢复（SF_6 气体）和非自恢复（固体绝缘子）部分组成的绝缘，必须证明击穿发生在自恢复部分，这可通过对击穿的试样进行 LI/SI 试验电压下的一定数量的耐受次数来表征，也可以通过 PD 测量进一步表征，显示其 PD 放电水平没有增加。有效程序由 IEC 或者 IEEE 的相关设备委员会规定，下文给出了 LI/SI 质量验收试验程序的一些示例：

外绝缘试验（IEC 60071 – 1）：程序 A1（$V_t < V_{10}$）要求根据性能函数进行 V_{10} 的估算，该性能函数可测得低击穿概率；或者对于已知的 V_{50} 和标准偏差 σ，从式 $V_{10} = V_{50} - 1.7\sigma$ 获得；或者根据每个电压等级，进行 7 个冲击的往复试验数据获得（见第 2.4.4 节）。当上述必要参数无法获得或很难确定时，程序 A2（$n = 15/k = 2$）适用于所有其他情况。有必要提一下，雷电冲击（LI）电压试验适用于干式绝缘（见第 2.1.2 节），而 SI 电压试验适用于湿式绝缘（见第 2.1.3 节）。

气体绝缘变电站试验（GIS）（IEC 62271 – 203: 2003）：GIS 绝缘包括自恢复部分、SF_6 气体和非自恢复部分、绝缘垫片的表面和环氧树脂。LI/SI 电压试验与许多电介质、热、功率和机械测量以及试验相结合。应用标准波形并应用程序 A2（15/2），必须保证在非自恢复部分中不发生击穿或闪络。如果最后 5 次冲击没有这种破坏性放电，则认为通过验证。如果在第 10 次冲击之后发生第一次击穿，则总冲击数必须相应地延长。在最坏情况下，第 15 次出现击穿，则试验冲击的总数变为 20。

注意：重要的是要指出："水平"标准 IEC 60071 - 1:1993 只需要三个冲击电压，并且在一次击穿的情况下，需要有 9 个附加的电压冲击，且在此期间不允许发生破坏性放电。该程序具有较高的不确定度，因此，这种试验程序被认为并不充分，在 2003 年建立了"垂直" GIS 标准。

电力变压器试验（IEC 60076 - 3/FDIS: 2013）：所使用的发生器应超过最小的冲击能量值，该标准根据经验公式推荐的能量值 W_{imin}（J）为

$$W_{imin} > \frac{100 \cdot 2\pi f T_2^2 (V_t^2) S_r}{ZV_m^2 \eta^2} \tag{7.26}$$

这里，被试变压器的参数为

V_m——额定相 - 相电压（V）；

f——额定频率（Hz）；

Z——与试验端子相关的短路阻抗（%）；

S_r——三相额定功率（VA）。

试验参数：

V_t——雷电冲击（LI）试验电压值（V）；

T_2——雷电冲击（LI）电压半峰值时间（μs）；

η——每单位效率因数。

对于 $V_m > 72.5$kV 的电力变压器，雷电冲击（LI）电压试验为例行试验，而对较低额定电压的电力变压器来讲，则为型式试验。对于 $V_m > 170$kV 的变压器，试验还包括雷电冲击截波（LIC）电压。对 $V_m > 170$kV 变压器来讲，操作冲击（SI）电压试验为例行试验，但对较低额定电压的变压器来讲则为特种试验。冲击应该为通常容许偏差范围内的标准 1.2/50 波形，允许根据 k 因子进行评估，但是 IEC 60076 - 3:2013 定义了一些与 IEC 60060 - 1:2010 存在差异的地方：

只要过冲不超过 5%（$\beta \le 5\%$），极值就可能作为试验电压值。如果过冲超过了 5%，波前时间可能增至 $T_1 = 2.5$μs 并且必须进行雷电冲击截波（LIC）试验。目前仍然需要保持 $\beta \le 5\%$，试验电压值就是极值的规定值。只有在极个别情况下，当不能避免的过冲 $\beta > 5\%$ 时，依据 IEC 60060 - 1:2010 的评估将用于额定电压 ≤800kV 的电力变压器。对于 UHV 电力变压器，验收双方可以约定更长的波前时间，通过协议，可将半峰值时间的下限容许偏差降低到 $T_2 = 20$μs，试验应以下列顺序进行：

1）（0.5 ~ 0.6）V_t 的全波雷电冲击（LI）参考电压；

2）全波雷电冲击（LI）试验电压 V_t；

3）两个 1.1V_t 雷电冲击截波（LIC）试验电压；

4）两个全波 LI 试验电压 V_t。

如果进行操作冲击 SI 电压试验，它在 LI/LIC 试验之后和 AC 电压试验之前，包含：

1）一个操作冲击（SI）（0.5 - 0.7）V_t 参考电压；

2）三个操作冲击（SI）试验电压 V_t。

如果没有内部击穿使电压崩溃，则两个试验都是成功的。此外，对于雷电冲击（LI）试验，标准雷电冲击（LI）电压和雷电冲击（LI）试验电压的归一化电压形状，以及在两个电压电平下测得的冲击电流的归一化波形（参见第 7.5 节）应相同。

电缆的 LI/SI 试验（IEC 62067:2006）： 电缆的例行试验不包括 LI/SI 试验电压。一般认为通过 AC 耐受试验和灵敏的 PD 测量足以验证产品的性能，但在规定的时间间隔内，还

需要进行更详细的电缆样品试验（型式试验的重复部分），以进一步确认产品的质量。

电缆型式试验包括一系列单一的试验，包括 LI/SI 电压试验，这些试验在热循环电压试验后的热电缆试样上进行，其中，包括每天 20 个单循环试验和 PD 测量。首先，SI 试验进行正 10、负 10 的 SI 电压试验，如果没有发生击穿，则表示样品已经通过试验，并且可以根据相同的程序进行雷电冲击（LI）电压试验，在 LI/SI 试验之后重复进行 PD 试验。

此外，对带有接头和终端的、长约 100m 的完整电缆系统进行资格预审试验，总试验持续时间约为一年，最少 180 个热循环，雷电冲击（LI）试验电压应施加到整个试验组件或每个加热循环后长度至少为 30m 的样品，试验温度应介于最高导体温度和最高温度以上 5K 之间的范围内。该试验包含正 10、负 10 的电压作用，如果没有发生击穿，则通过试验。

由于电缆样品的电容在 0.15 ~ 0.3nF/m 之间，30m 样品的试验对象的电容量可能达到 9nF，100m 电缆的电容量达到 30nF。这些电容量非常大，因此，标准雷电冲击（LI）电压允许的波前时间可以在 $T_1 = 1 ~ 5\mu s$ 内，T_2 在标准值 $T_2 = 40 ~ 60\mu s$ 内。对于 SI 试验电压，应采用通常的容许偏差。

7.4　LI 和 SI 试验电压的测量

最初采用了球间隙对高冲击电压的峰值进行测量，如第 2.3.5 节所述。但是，目前这种直接测量方法仅建议用于包括线性试验在内的性能检查。有时，可以应用如第 2.3.6 节所述的电场探头，特别是用于时间参数低至 ns 范围、非常快的瞬态电压的测量（Feser 和 Pfaff，1984 年）。本节涉及使用 HV 转换装置的间接测量方法，该 HV 转换装置通过传输系统（例如，BNC 电缆或甚至光纤链接）连接到 LV 测量装置。由于转换装置的设计是一项极具挑战性的任务，因此下面的处理主要集中于这一问题，涉及该问题的更多细节也可以在 2013 年出版的 Schon 教科书中找到。

7.4.1　分压器的动态特性

雷电冲击（LI）电压，特别是在波前截断的雷电冲击（LIC）电压，可覆盖高达 10MHz 甚至更高的频谱范围。为了证明刻度因数在如此宽的频带内是否保持恒定，必须了解整个 HV 测量系统的动态特性。由于动态特性主要是由提供转换装置的分压器决定的，因此，下面仅研究该分压器部件。基本上，可以在频域或时域中确定传递函数，常用的第二种方法的装置如图 7.41 所示。

通常，施加幅度为几百 V、上升时间在 ns 范围的阶跃电压。为了实现如此短的上升时间，通常使用汞润式继电器，通常也称为簧片继电器。如果以约 100Hz 的重复率进行开断，则可以通过所谓的平均模式有效地抑制干扰背景噪声。由于邻近效应，必须注意分压器的布置与实际 HV 试验条件的一致性，在进行性能试验后，无论是 HV 的连接导线还是测量电缆都不应更换。

其中，动态特性主要受分压器柱与地之间杂散电容及其他接地结构的影响。为了更好理解，考虑如图 7.42a 的电阻分压器的等效电路。这里，HV 臂被细分为 n 个相等的元件，部分电阻器以及相关接地电容被假定为沿整个 HV 分压器柱线性分布。

$$R_{11} = R_{12} = \cdots = R_{1n} = R_1/n$$
$$C_{e1} = C_{e2} = \cdots = C_{en} = C_e/n$$

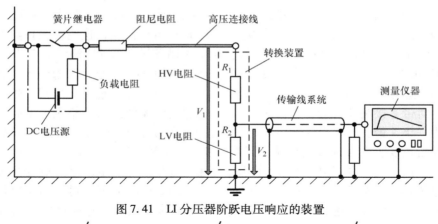

图 7.41　LI 分压器阶跃电压响应的装置

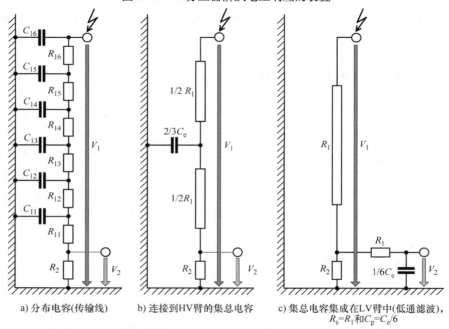

a) 分布电容(传输线)　　b) 连接到HV臂的集总电容　　c) 集总电容集成在LV臂中(低通滤波，$R_s=R_1$和$C_p=C_e/6$)

图 7.42　非屏蔽阻性分压器的等效电路

　　在这种情况下，沿 HV 分压器柱的电位分布可以用双曲线函数近似，这与长传输线相当（Raske，1937 年；Elsner，1939 年；Asner，1960 年）。由于提供的 HV 臂电阻 R_1 远大于提供的 LV 臂电阻 R_2，因此，可以应用经典的拉普拉斯变换从施加到顶部电极的高电压 $v_1(t)$ 推导出在 R_2 两端的与时间相关的电压 $v_2(t)$。这里，考虑由图 7.42 所示的分布元件组成的网络，应用下面的近似：

$$F(\mathrm{j}\omega) = \frac{V_2(\mathrm{j}\omega)}{V_1(\mathrm{j}\omega)} \approx \frac{R_2}{R_1} \cdot \frac{\sinh(\gamma)}{\sinh(n\gamma)} \tag{7.27}$$

　　和

$$(n\gamma)^2 = \mathrm{j}\omega R_1 C_e \tag{7.28}$$

　　为了使测量不确定度尽可能低，必须满足不等式 $(n\gamma)^2 \ll 1$。这种情况下，式（7.27）可以简化为

$$F(j\omega) \approx \frac{R_2}{R_1} \cdot \frac{1}{1 + (n\gamma)^2/6} = \frac{R_2}{R_1} \cdot \frac{1}{1 + j\omega R_1(C_e/6)} \approx \frac{R_2}{R_1} \cdot \frac{1}{1 + j\omega\tau_f} \tag{7.29}$$

基于此，幅值 – 频率谱可表示为

$$F_r(\omega) = \left| \frac{F(j\omega)}{F(0)} \right| = \left| \frac{F(j\omega)}{R_2/R_1} \right| = \frac{1}{\sqrt{1 + (\omega\tau_f)^2}} \tag{7.30}$$

$$F_r(f) = \frac{1}{\sqrt{1 + (2\pi f\tau_f)^2}} = \frac{1}{\sqrt{1 + (f/f_2)^2}} \tag{7.31}$$

很明显，这与一阶低通滤波器的转移函数等效，上限频率可由下式给出：

$$f_2 = \frac{1}{2\pi\tau_f} = \frac{1}{2\pi R_1(C_e/6)} \tag{7.32}$$

本文中，应该注意的是，具有根据图 7.42a 所示的分布式元件网络可以由等效电路代替，该等效电路仅包含其值等于 2/3 C_e 的单个集总电容，如图 7.42b 所示。即使这种方法在相关文献中常用，也可以进行进一步简化，如图 7.42c 所示。这里，低通滤波器的串联电阻值等于 HV 臂的电阻 R_1，而并联电容量是 HV 分压器柱的总接地电容 C_e 的 1/6，可以运用所谓的天线公式进行大致估算，下面将更详细地讨论。

式（7.31）给出的一阶低通滤波器的幅频响应，如图 7.43a 所示，为了进行比较，时域中的单位阶跃响应如图 7.43b 所示，记为

$$g(t) = 1 - \exp(-t/\tau_f) \tag{7.33}$$

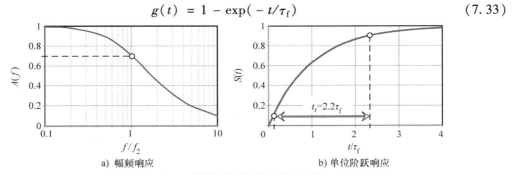

a) 幅频响应　　　　　　　　　　　　b) 单位阶跃响应

图 7.43　一阶低通滤波器的动态特性

示例：考虑电阻 $R_1 = 10k\Omega$ 的 LI 分压器的 HV 臂和 $C_e = 30pF$ 的杂散电容，可以得到所提供的一阶等效低通滤波器的以下值（见图 7.42c）：$R_s = R_1 = 10k\Omega$ 和 $C_p = C_e/6 = 5pF$。基于此，获得以下电路元件值：

响应时间常数	$\tau_f = R_1 C_e/6 = 50ns$
上升时间	$t_r = 2.2\tau_f = 100ns$
上限频率	$f_2 = 1/(2\pi\tau_f) = 3.2MHz$

为了估计与波前截断雷电冲击（LI）电压实际值之间的偏差，应考虑根据图 7.44（虚线）的线性上升电压斜坡。这种情况下，记录的电压（实线）几乎跟随施加的电压，但延迟了时间常数 $\tau_f = 50ns$。因此，在截断时间 T_c，预期峰值：

$$V_p = V_c(1 - \tau_f/T_c)$$

假设雷电冲击（LI）电压在 $T_c = 500ns$ 被截断，可以由从施加雷电冲击（LI）试验电压实际值得出输出电压的相对偏差：

$$\frac{V_c - V_p}{V_c} = \frac{\Delta V}{V_c} = \frac{\tau_f}{T_c} = \frac{50\text{ns}}{500\text{ns}} = 0.1 = 10\%$$

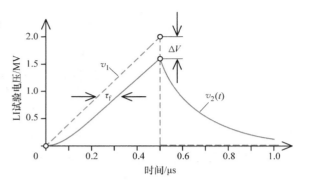

本文中，必须强调的是，在实际条件下而不是指数阶跃响应中，经常遇到振荡阶跃响应，如图 7.45 中示例所示，这主要是由于分压器柱的固有电感与接地电容之间的相互作用。因此，为了比较，引入了所谓的面积时间常数 τ_a，该方法基于以下事实：根据式（7.33），所施加的单位阶跃电压与低通滤波器的相关响应函数 $g(t)$ 之间的面积与低通滤波器的特征时间常数 τ_f 成正比。

图 7.44　通过时间常数 τ_f 的一阶低通滤波器后在 $T_c = 500\text{ns}$ 时刻截断的电压斜坡 $v_1(t)$ 和输出信号 $v_2(t)$

$$\tau_a = \int_0^\infty \{1 - [g(t)]\}\, dt = \tau_f \tag{7.34}$$

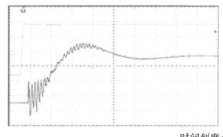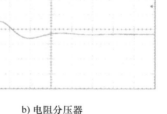

时间刻度：20ns/div

a) 电容分压器　　　　　　　　b) 电阻分压器

图 7.45　实验确定电容和电阻分压器（实线）的阶跃电压响应（虚线）

图 7.46 说明了 IEC 60060 - 2 中推荐的关键性单位阶跃响应参数，定义如下：

试验响应时间	$T_N = T_\alpha - T_\beta + T_\gamma - T_\delta + T_\varepsilon$
部分响应时间	T_α
剩余响应时间	$T_R = T_\beta - T_\gamma + T_\delta - T_\varepsilon$
过冲 建立时间 阶跃响应的原点	β_{rs} t_s（定义见下文） O_1（定义见下文）

单位阶跃响应通常记录为标称时段，定义为被认可测量系统的冲击电压相关时间参数最小值（t_{min}）和最大值（t_{max}）之间的范围。例如，全波和尾部截断雷电冲击（LI）电压的波前时间 T_1，波前截断的雷电冲击（LI）电压的截断时间 T_c，以及操作冲击（SI）电压峰值时间 T_p。此外，必须考虑所谓的参考电平时段，定义为确定阶跃响应的参考电平时段，其下限等于标称时段下限值的 0.5 倍（$0.5t_{min}$），其上限等于标称时段（$2t_{max}$）上限值的 2 倍。上面列出的参数是针对时间跨度确定的，该时间跨度在记录的单位阶跃响应的原点 O_1

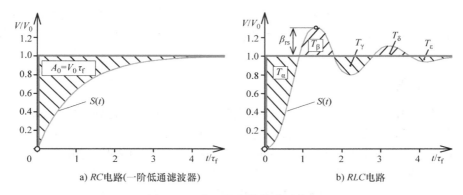

a) *RC*电路(一阶低通滤波器)　　　　b) *RLC*电路

图 7.46　分压器的单位阶跃响应

和稳定时间 t_s 之间经过，其中 O_1 为所记录的响应曲线在单位阶跃响应零电平处的噪声幅值之上开始单调上升的时刻，t_s 为剩余响应时间达到且保持小于 $2\% t_s$ 的最短时间，这意味着/$T_N - T_R / \leqslant 0.02 t_s$，必须满足 $t > t_s$。

　　在过去，通常通过基于阶跃响应参数特性的卷积法对电压分压器的测量不确定度进行估计，但是，国际巡回的试验结果表明：在相关 IEC 标准规定的限制内，该方法无法确定高压冲击电压分压器的测量不确定度。除其他因素外（例如，假定为低通滤波器），还因为：相比于 $t = 0$ 施加阶跃电压时，记录曲线的原点（在 IEC 60060:2010 中表示为 O_1）或多或少延迟于阶跃电压施加时刻 t_0，如图 7.45 所示。信号延迟主要受传输波速度控制，对于高压连线和分压器柱约为 30cm/ns，对于测量电缆约为 20cm/ns。而且，可能会引发分布振荡（见图 7.45），例如，由于高压连接线终端的反射，或是接地回路的设计不良。结果，上面提到的记录响应函数的起点 O_1 不能准确确定，造成时间参数响应特性的错误判断。

　　尽管存在上述问题，但单位阶跃响应参数的确定已成为优化分压器动态特性广泛建立的程序。此外，推荐将此方法用作性能检查的"指纹"（参见第 2.3.2 节）。为了校准刻度因数以及证明适当的动态特性，标准 IEC 60060 - 2：2010 推荐与标准测量系统进行比对（RMS，见第 2.3.3 节），该系统应能够在以下限值内确定扩展测量不确定度：

1) 测量全波 LI/SI 和波尾截断 LI 试验电压峰值的扩展不确定度≤1%；

2) 测量波前截断 LI 试验电压峰值的扩展不确定度≤3%；

3) 在其使用范围内，测量 LI 和 SI 电压波形的时间参数的扩展不确定度≤5%。

　　为了证明 HV 测量系统的合适性能，校准应基于与标准测量系统（RMS）的比较，其校准应溯源至国家计量研究所的标准。为此，应施加覆盖标称时段范围的、不同波前时间的 LI 电压，或者通过相关试验电压水平的、更高级别的标准测量系统，为冲击电压波形建立标准测量系统的刻度因数。此外，RMS 测得的单位响应参数应满足表 7.3 中总结的推荐值。

表 7.3　用于 LI 和 SI 电压参考测量系统响应参数的推荐值

参数	全波或波尾截断 LI 电压/ns	波前截断 LI 电压/ns	SI 电压/μs
实验响应时间 T_N	≤15	≤10	
部分响应时间 T_α	≤30	≤20	
建立时间 T_s	≤200	≤150	≤10

因为高压测量系统的测量不确定度主要由分压器本身决定，因此，上述建议原则上也可单独用于标准分压器，由国家计量学会批准，或者甚至由国家计量学会认可的校准实验室批准。

7.4.2 分压器的设计

为了测量高冲击电压，原则上可以使用电阻、电容或其至混合分压器，如图 2.10 所示。由于雷电冲击（LI）分压器的设计是最具挑战性的任务，因此，下面主要针对该主题开展研究。通常，必须考虑将 LI 分压器始终布置在试验对象之后的情况，如图 7.47 所示，即分压器从不布置在冲击发生器和试验对象之间，因为采用这种布置方式时，通过试验对象的瞬态电流将在 HV 连接引线上引起额外的感应电压降落，由此，将会测量到高于施加到试验对象的峰值电压。

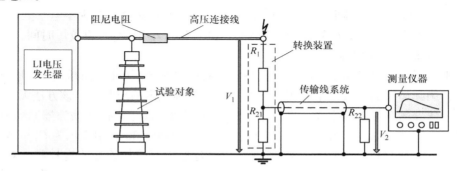

图 7.47 LI 试验电压测量系统的布局

7.4.2.1 电阻分压器

为了测量高 LI 电压，特别是在波前截断时，最好采用电阻分压器。这种分压器自上世纪初开始使用（Binder，1914 年；Peek，1915 年；Grünewald，1921 年；Marx，1926 年；Bellaschi，1933 年；Burawoy，1936 年；Finkelmann，1936 年；Hagenguth，1937 年；Raske，1937 年；Elsner，1939 年）。如前所述的，HV 分压器的动态特性和测量不确定度主要由 HV 分压器柱和地之间的杂散电容 C_e 决定，这可以使用所谓的天线公式（Küpfmüller，1990）进行大致的评估，其中分压器柱由高 h、直径 d 的垂直金属圆柱代替。通常，在满足 $d \ll h$ 条件下，可以得到下面近似关系：

$$C_e \approx \frac{2\pi\varepsilon_0 h}{\ln(h/d)} \approx 56(\text{pF/m}) \cdot \frac{h}{\ln(h/d)} \tag{7.35}$$

示例：考虑一个高 $h = 4\text{m}$、直径 $d = 0.1\text{m}$ 的高压分压柱，将这些参数带入式（7.35）中，计算得到的接地电容达到 $C_e \approx 58\text{pF}$。假设 HV 臂的电阻为 $R_1 = 10\text{k}\Omega$，则根据图 7.42 获得等效电路的下列特征时间常数：$\tau_f = R_1 C_e / 6 \approx 100\text{ns}$。在瞬间 $T_c = 0.5\mu\text{s}$ 时截断的 LIC 电压，测量的峰值将比施加到试验对象的真实值低约 20%，如图 7.44 所示。因此，这里研究的分压器不符合 IEC 60060-2 的波前截断的 LI 电压的测量要求。

设计用于测量高达 2.2MV 雷电冲击（LI）电压的电阻分压器照片如图 7.48 所示。尽管相对较高的电阻为 $R_1 = 10\text{k}\Omega$，但实验响应时间可以低至 15ns，远低于上述研究的具有可比较几何尺寸和 HV 臂相等电阻的分压器的响应时间。其中，这是通过使用"屏蔽"电极实现的，"屏蔽电极"的设计方法最初由 Davis 于 1928 年、Bellaschi 于 1933 年提出，因为这减少了对地分布电容对分压器响应时间常数 τ_f 的影响作用。因此，分压器柱和地之间的部分电流 I_{e1}，I_{e2}，$\cdots$，I_{e6} 或多或少地由分压器柱和 HV 电极之间的部分电流 I_{h1}，I_{h2}，$\cdots$，I_{h6} 所补偿，示意如图 7.49 所示。

另外，沿着 HV 分压器柱的电场梯度得到优化，一方面，通过采用较大的顶部电极（见图 7.50）；另一方面通过绕组的改进来优化。对于后者，正如 Goosens 和 Provoost 在 1946 年最初提出的那样，由缠绕在绝缘芯外周的电阻线形成螺旋线的螺距相应地改变。当沿分压器柱的电场分布等于顶部电极与地电极之间的场分布时（这种情况在没有分压器柱的情况下有可能发生），就可以达到最佳条件。此外，阻性 HV 臂的电感通过采用围绕圆柱形管芯的两个相反方向上缠绕的双线绕组得到最小化（Spiegelberg，1966 年）。早先用于最小化 HV 分压器柱电感的另一种选择是使用称为 "Schniewind" 带的类似对折弯曲的电阻器（Mahdjuri – Sabet，1977 年）。

根据实际经验，可以说具有大约 10kΩ 的 HV 电阻的屏蔽阻性分压器是唯一适用于测量符合 IEC 60060 – 2：2010 标准且最高达约 2MV 的波前截断雷电冲击（LI）电压的分压器。为了测量更高的雷电冲击（LI）电压，高分压器必须配备具有极大的屏蔽电极，这会降低分压器的机械稳定性并且价格十分昂贵。但在实际条件下，精心设计的屏蔽和电位梯度会受到限制，因为为了避免对优化电场梯度产生任何的干扰，必须与接地、甚至与带电结构之间保持尽可能大的净距离。

图 7.48　带屏蔽 2.2MV 的 LI 分压器图片（TU Dresden 提供）

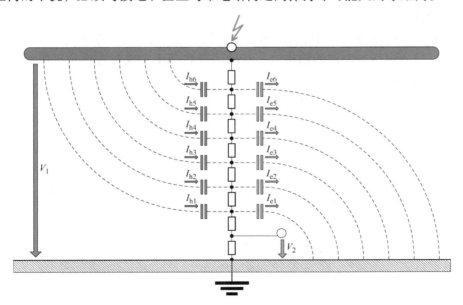

图 7.49　高压电极和分压器柱之间的电流补偿分压器柱与地之间部分电流的原理图

为了改善分压器的动态特性，原则上 HV 臂的电阻也可以显著降低到 10kΩ 以下。然而，这将大大减少雷电冲击（LI）电压发生器的波尾时间甚至输出电压。此外，必须考虑到 HV 分压器柱中的功率耗散随着所施加电压的二次方而增加，分压器电阻的减低必将导致严重的温升。根据实际经验，可以说只有当 HV 臂的电阻降低到数 kΩ 时，分压器的实验响应时间才能低于 15ns，然而，这种分压器仅适用于测量低于 500kV 的雷电冲击（LI）电压。

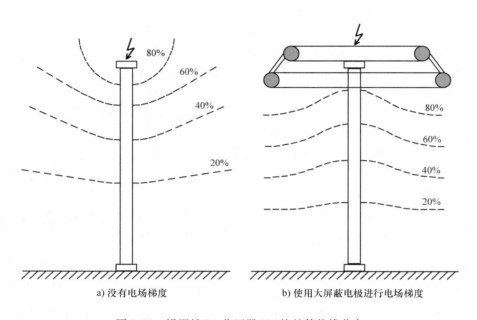

a) 没有电场梯度   b) 使用大屏蔽电极进行电场梯度

图 7.50 沿阻性 L1 分压器 HV 柱的等势线分布

7.4.2.2 阻尼电容分压器

为了克服上面讨论的纯电阻分压器的问题，使用电容分压器似乎是合理的替代方案，因为雷电冲击（LI）电压发生器的输出电压和时间参数都不会受到容性负载的不利影响。此外，即使施加高达数 MV 的电压，分压器柱也不会被加热。然而，纯电容分压器的主要缺点是可能会激发严重振荡，如图 7.51a 所示。

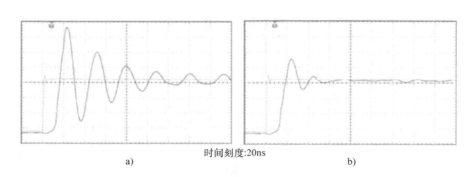

a)   时间刻度:20ns   b)

图 7.51 不带阻尼电阻和带阻尼电阻的电容分压器阶跃响应

由于容性分压器像振荡电路一样在高频范围内工作，因为在这种情况下，由堆叠电容器组成的分压器柱可以由金属圆柱体进行模拟，从而由与接地电容相互作用的电感进行模拟。为了防止这种振荡，Zaengl（1964 年）和 Spiegelberg（1964 年）提出了通过串联电阻实现与堆叠电容器的互连。这种方法的主要好处是不仅可以大幅减弱干扰振荡，如图 7.51b 所示，而且也可以大幅度地降低试验响应时间常数，这与经典 *RC* 低通传输特性相反，其中，试验响应时间常数与串联电阻成比例增加。

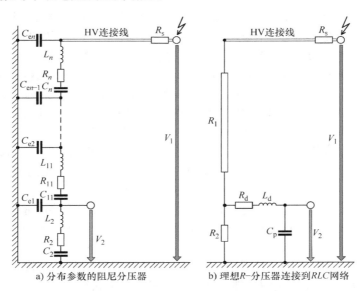

a) 分布参数的阻尼分压器　　　b) 理想 *R*–分压器连接到 *RLC* 网络

图 7.52　阻尼电容分压器等效电路

为了更好理解，应该在高频范围内分析如图 7.52b 的等效电路。这种情况下，串联电容可视为短路，所以只考虑下列电路元件：

$$R_d = R_{11} + R_{12} + \cdots + R_{1n} = nR_{11}$$

$$L_d = L_{11} + L_{12} + \cdots + L_{1n} = nL_{11}$$

$$C_p = C_e/6$$

为了简化处理，分压器柱由高 *h*、直径 *d* 的金属圆柱替代，基于经典天线公式的等效电感约为

$$L_d \approx \frac{\mu_0 h \ln(h/d)}{2\pi} \approx 0.2(\mathrm{mH/m}) \cdot h \ln(h/d) \tag{7.36}$$

与式（7.35）组合，得到棒状天线的传输波阻抗为

$$Z_a \approx \sqrt{\frac{L_d}{C_p}} \approx \sqrt{\frac{\mu_0}{\varepsilon_0}} \cdot \frac{1}{2\pi} \cdot \ln\left(\frac{h}{d}\right) \tag{7.37}$$

带入特性波阻抗 $Z_0 = \sqrt{\mu_0/\varepsilon_0} \approx 377\Omega$，上式可写为

$$Z_a \approx \frac{377}{2\pi} \cdot \ln\left(\frac{h}{d}\right) \approx (60\Omega) \cdot \ln\left(\frac{h}{d}\right) \tag{7.38}$$

为了进一步简化，应该假设其符合经典网络理论，当选择串联电阻时，可以实现从振荡响应到单调响应的转换：

$$R_d > 2 \sqrt{\frac{L_d}{C_p}} \tag{7.39}$$

根据图 7.42，用 $C_e/6$ 替代 C_p，结合式（7.39）和式（7.38）得到：

$$R_d > 2 \sqrt{\frac{6L_d}{C_e}} \approx \frac{5Z_0}{2\pi} \cdot \ln\left(\frac{h}{d}\right) \approx 0.8 Z_0 \cdot \ln\left(\frac{h}{d}\right) \approx (300\Omega) \cdot \ln\left(\frac{h}{d}\right) \tag{7.40}$$

即使这种方法是最简化的结果，它也已成功地被证明是阻尼电容分压器的基本设计准则。然而，在这种情况下，必须考虑的是除了方程（7.40）所述的"内部"阻尼电阻外，还必须在试验对象和顶部电极之间连接约 300Ω 的"外部"HV 电阻，以防止行波的发生。

示例：考虑一个 2MV 的分压器，它由 5 个堆叠电容器组成，其中，总分压器柱的高度为 $h = 5m$、直径 $d = 0.25m$，即 $h/d = 20$。基于式（7.40），得到 $R_d > (300\Omega) \cdot \ln(20) \approx 900\Omega$。因此，5 个叠层电容应通过 4 个串联电阻连接，每个电阻为 $(900/4)\Omega = 225\Omega$。使用额外 300Ω 的外部电阻，高压分压器臂的总串联电阻达到 $(900 + 300)\Omega = 1\,200\Omega$，必须考虑选择集成在 LV 臂中的电阻。

在这种情况下，应该强调的是：阻尼电容分压器低压臂的设计极具挑战性，因为高压臂和低压臂之间的电感比必须与分压比一致，等于电阻比和电容比的反比：

$$L_2/L_1 = R_2/R_1 = C_1/C_2$$

示例：应用方程式（7.36），上述考虑的高度 $h = 5m$、直径 $d = 0.25m$ 的 2MV 分压器柱的高压臂有效电感为 $L_1 = 0.2(\mu H/m) \cdot 5(m) \cdot \ln(20) \approx 3\mu H$。如假设分压比 $R_2/R_1 = C_1/C_2 = 1/1000$，则 LV 臂的电感 L_2 必须选择低至 3nH。

减小低压臂电感最有效的方法是将分压器的低压臂设计为盘状结构，如大量元件并联，如图 7.53 所示，每个并联连接的元件由电容和电阻器的串联组成。

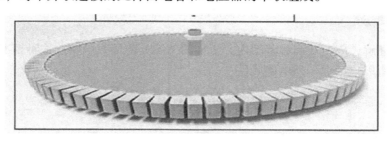

图 7.53　阻尼电容分压器的低压臂包含 60 个电阻和电容串联的并联元件

比较不同类型的分压器，可以说阻尼电容分压器可以提供良好的动态特性。另一个好处是：因为高压分压臂流过暂态电流的时间很短，因此，串入堆叠电容间的电阻中的能量损耗非常低。此外，高压臂有效电容为雷电冲击（LI）电压发生器提供了基本负载。由于充电电流与频率成反比，阻尼电容分压器也更适用测量操作冲击（SI）电压、AC 电压和复合电压。如果配置有与高压臂并联的高阻值的电阻，这样的"通用"分压器如图 2.10 所示，也能测量 DC 电压，包括频谱范围高达几 kHz 的叠加电压纹波。由于广泛的应用，这里提出的阻尼电容分压器通常指的是"多用途分压器"。

由于以上提到的益处，如今大多数标准测量系统（RMS）配置有阻尼电容分压器，下面简要介绍 200kV 的雷电冲击截波（LIC）分压器一般设计原则，高压臂由 10 个额定值 25kV/2nF 的陶瓷电容串联组成，每个电容通过 9 个电阻体模块串联，如图 7.54 所示。

阶跃冲击响应测量表明：当每个电阻的阻值约为 70Ω 时，可以实现动态特性的最优化，

可以采用 68Ω、低电感的金属氧化物电阻，以 4
个串联 4 个并联的形式连接，如此每个电阻模块
的阻值仍是 68Ω。使用经典的阶跃电压响应方法，
按照表 7.3 可以确定分压器的时间参数如下：

试验响应时间：$T_N \approx 2ns$；

部分响应时间：$T_\alpha \approx 5ns$；

建立时间：$t_s \approx 120ns$。

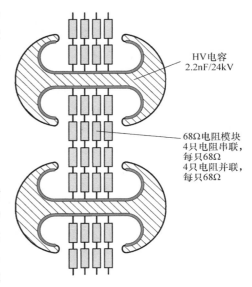

HV电容
2.2nF/24kV

68Ω电阻模块
4只电阻串联，
每只68Ω
4只电阻并联，
每只68Ω

图 7.54 额定电压 200kV 的阻尼
容性分压器的截面

7.4.3 数字记录仪

为了测量高压中的快速瞬态信号，例如，雷
电冲击（LI）试验电压以及由雷电浪涌引发并沿
着 HV 传输线传播的行波，最初使用阴极射线管示
波器（Cathode - ray Oscilloscopes，CRO）（Binder，
1914 年；Gabor，1927 年；Krug，1927 年）。最
初，电磁兼容（Electro - magnetic Capability，
EMC）并不是问题，因为第一个可用的 CRO 是专
门为 HV 测量而设计的，因此没有配备灵敏的放大器，这些放大器后来被用于电子束的垂直
和水平偏转。20 世纪 40 年代，采用峰值电压表，使用第一个可用的真空管来整流快速变化
的雷电冲击（LI）电压信号。最初称为"数字化仪"的数字记录器于 20 世纪 80 年代早期
开始应用于高压测量技术（Malewski 等人，1982 年），在最初的 EMC 问题成功解决之后
（Strauss，1983 年、2003 年；Steiner，2011 年），数字记录仪现在几乎专门用于记录和处理
雷电冲击（LI）和操作冲击（SI）试验电压（见图 7.55）。

由于数字信号处理（DSP）取得的最新成就，计算机化数字记录仪不仅越来越多地用于
雷电冲击（LI）和操作冲击（SI）试验电压的测量，而且还用于 AC 和 DC 电压，以及复合
和组合试验电压的测量。

图 7.56 显示了与工业 PC 连接的独立设备的照片。从图 7.57 所示的简化框图可以看出：
数字记录仪的主要单元是输入端的衰减器，后面是低噪声的放大器、模数转换器（ADC）、
存储器单元和工业计算机（IPC），微控制器用于调节输入的灵敏度以及控制数字信号处理、
采集和数据存储各种单元的执行。工业计算机使用特定的软件包运行，该软件包能够获取存
储的原始数据以及时变输入信号的可视化。同时，显示相关的冲击参数，例如：测量 LI/SI
试验电压的峰值、波前和波尾时间，还包括截断时间。

测量不确定度可能受硬件和软件的影响。由于现在可用的数字记录器具有较高的量化
率，通常可以达到 12 位或 14 位甚至更高，且采样率可高达约 100MS/s 及以上，硬件对于测
量不确定度的影响远低于分压器。由于量化误差由最低有效位（LSB）的 50% 确定，因此对
于 14 位量化速率的缓慢上升信号，量化误差约为 0.012%。然而，当以 100MS/s 的采样速
率测量如图 7.58 所示的波前截断雷电冲击（LI）电压时，与真值的偏差显著增加。这是因
为每个样本之间的电压差 ΔV_s 与采样率 f_s 成反比。假设截断时间（如 $T_c = 0.5\mu s$）和峰值电
压 V_c，每个采样之间的电压差近似为 $V_s = V_c/(T_c f_s) = V_c/50 = 0.02 V_c$。此条件下，测量与
真实值的最大偏差由 0.5LSB 给出，峰值 V_c 的测量不确定度达到 1%。

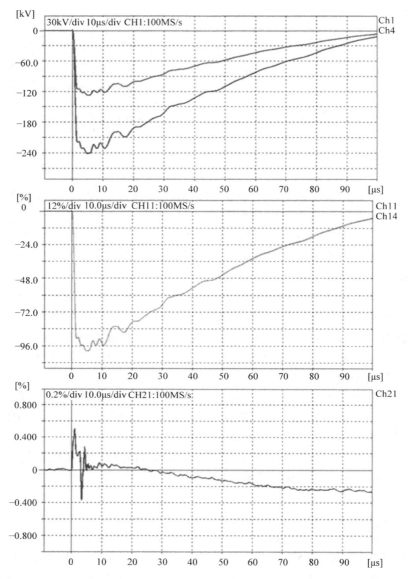

图 7.55　记录和处理 LI 试验电压（从上至下图片：50% 和 100% 试验电压的记录；
归一化电压的比较；归一化电压的差异）

进行数字信号处理，通常必须考虑经典的香农定理（Shannon，1949 年；Stanley，1975 年；Robinson 和 Silvia，1978 年）。基于此，可以说采样率应该超过待测信号最大频率含量的两倍，其中模拟带宽必须基本上超过该最大频率，参照标准 IEC 61083 - 1：2001，模拟带宽不应低于采样率的 6 倍。

为了确认测量的不确定度，IEC 61083 - 1：2001 中推荐了各种校准程序，它们涉及硬件和软件。为了确认硬件引起的不确定度，必须使用"理想" ADC 作为参考来确定微分非线性（Differential Non - linearity，DNL）以及积分非线性（Integral Non - linearity，INL），参考 ADC 传递函数由逐步增加的输出代码 $k = 1$，2，$\cdots$，2^N 来表征，其中输入电压按照 $w(r) =$

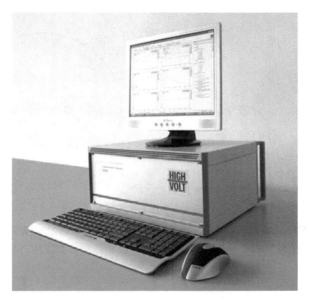

图 7.56　单独数字记录仪的图片

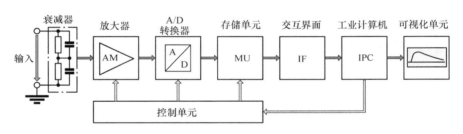

图 7.57　高压测量数字记录仪的简单框图

$V_{fsd}/2^N$ 逐步增加，这意味着，对于输出代码 $k = 2^N \cdots V_{in}/V_{fsd}$，下一步可以得到 $k + 1 = 2^N [V_{in} + w(r)]/V_{fsd}$。这里，$V_{in}$ 为输入电压，V_{fsd} 为满量程偏转电压，N 为位分辨率。根据图 7.59，DNL 由输出码 k 的每个可能的差值 $w(k) - w(r)$ 给出，并且 IDL 表示所研究的 ADC 输入电压和参考 ADC 之间的差值 $s(k)$。由于在逐步增加 DC 电压下确定 DNL 和 IDL 非常耗时，特别是对于大于 8 位分辨率的 ADC，实验结果可能受到 DC 电压源长期稳定性的强烈影响。

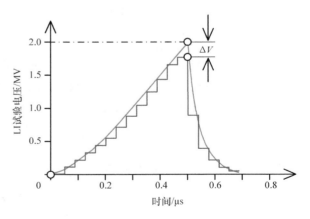

图 7.58　波前截断 LI 试验电压由于模数转换引起的量化误差

因此，作为备选，2011 年，Steiner 提出了如图 7.60 所示的方法：

1）施加精确的低频正弦波（例如，50Hz），并将幅度调整至接近满刻度偏转（例如，在 -10V 和 +10V 之间）。

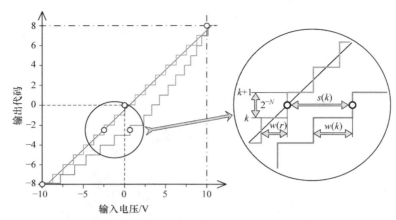

图 7.59　由 $w(k) - w(r)$ 给出的微分非线性估计，以及实际输入电压
与"理想" ADC 参考电压之间的偏差给出的积分非线性 $s(k)$ 估计

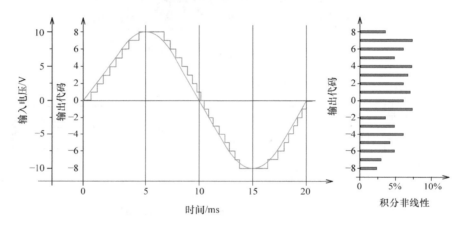

图 7.60　正弦电压和非线性 4 位 ADC 的输出代码的比较

2）记录总共 10 个周期施加的 AC 电压。

3）比较每个编码（代码率）的发生次数与理想发生次数。

4）将每一编码率除以记录的周期数，即在这种情况下，$n = 10$。

5）计算每个编码的微分非线性（DNL）：

$$d(k) = \frac{h(k)_{nonlin}}{h(k)_{lin}} - 1$$

6）计算每个编码的积分非线性（INL）：

$$s(k) = \sum_{i=0}^{k} d(i)$$

如果在满量程偏置下，满足 $d(k) = 10.81\%$ 和 $s(k) = 10.51\%$，则试验通过。

该软件包根据 IEC 61083 - 2: 2013 标准规定的新的校准规则进行测试，包括计算过冲雷电冲击（LI）试验电压相关的 k 因子。为了确认雷电冲击（LI）电压的测量数字记录仪的性能，一共推荐了计算机化试验数据发生器（TDG）创建的共计 52 条参考曲线。这些人工曲线形状可以从光盘或甚至 USB 存盘中获取。基本上，所应用的参考冲击波形应该能够代表 IEC 60060 – 1：2010 和 IEC 60060 – 3：2006 指定的试验电压波形，例如：

1）雷电冲击（LI）电压全波；
2）波前截断的雷电冲击（LIC）电压；
3）波尾截断的雷电冲击（LIC）电压；
4）振荡雷电冲击（OLI）电压；
5）操作冲击（SI）电压；
6）振荡操作冲击（OSI）电压。

对从 TDG 接收的数据进行数字信号处理之后，通过已实现的软件确定有效的冲击参数。程序应遵循 IEC 60060 – 1：2010 中给出的评估原则，这些指的是峰值和过冲以及特征时间参数的测量，例如，LIC 的波前时间、波尾时间以及截断时间。在不对试验数据进行任何处理的条件下，如果获得的评估结果在 IEC 61083 – 2：2013 规定的容许偏差范围内时，则认为该软件工作正常。

示例：表 7.4 显示了两个波形编号为 LI – A4 和 LI – M7 的参考 LI 波形（试验数据发生器（TDG）的波形数据）的评估参数与 IEC 61083 – 2：2013 标准规定参数之间的比较，LI – A4 获得的评估结果在标准要求的公差范围内，而 LI – M7 不是所有参数满足要求，这意味着在将软件应用于实际试验之前，必须对其进行改进。

表 7.4　根据 IEC 61083 – 2：2013 使用试验数据生成器（TDG）的软件测试结果

IEC 61083 – 2 的参考号	参数	IEC 参考值	IEC 接受限值	示例：评估值	评述
LI–A4	试验电压值 V_t	– 856.01kV	– 855.15 ~ – 856.87kV	– 856.4kV	接受评估
	波前时间 T_1	0.841μs	0.824 ~ 0.858μs	0.851μs	接受评估
	半峰值时间 T_2	47.8μs	47.32 ~ 48.28μs	47.88μs	接受评估
	相对过冲 β	7.9%	6.9% ~ 8.9%	7.2%	接受评估
LI–M7	试验电压值 V_t	1272.3kV	1271.0 ~ 1273.5kV	1272kV	接受评估
	波前时间 T_1	1.482μs	1.452 ~ 1.512μs	1.390μs	不接受评估
	半峰值时间 T_2	50.03μs	49.53% ~ 50.53μs	50.10μs	接受评估
	相对过冲 β	11.2%	10.2% ~ 12.2%	9.9%	不接受评估

通常，当幅值分辨率为 10 位、采样率达到 100MS/s 时，能够实现的雷电冲击（LI）全波试验电压峰值的测量不确定度为 2%，其中，模拟带宽不应低于 100MHz，而且，积分非线性应该低于 0.5%，内部背景噪声水平不应该超过全量程偏置的 0.4%。有关这方面的更多信息可以参见 Hallstrom（2002 年）、Hallstrom 等人（2003 年）、Wakimoto 等人（2007 年）和 Schon（2013 年）的研究结果。

7.5 LI 电压试验中大电流的测量

进行雷电冲击（LI）电压试验时，不仅可能会因击穿而产生高冲击电流，而且在试验对象进行耐受试验时也会出现大的冲击电流，这是由于存在容性负载电流，且容性电流与所施加的雷电冲击（LI）电压的相对高的变化率（陡度）成正比。此外，应该提到的是，通过雷电冲击（LI）电压试验相关的电流冲击的大小和波形的分析，能够识别潜在的绝缘失效。为此，对于电力变压器的雷电冲击（LI）耐压试验，必须测量冲击电流。进行此类试验，首先，在指定的（100%）雷电冲击（LI）试验电压电平之前先施加参考电压电平，该参考电平为指定试验电平的 50% ~ 70%，如图 7.61 所示。为了与雷电冲击（LI）电压和相关电流冲击的波形相比较，对它们各自的极值进行归一化并记录下来。

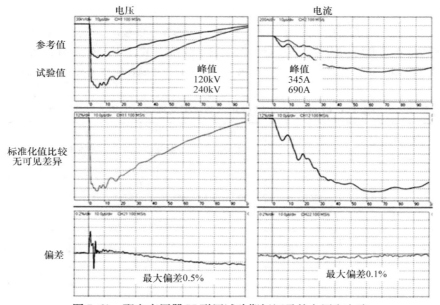

图 7.61　配电变压器 LI 耐压试验期间记录的电压和电流

当归一化的参考值和归一化的试验值（IEC60076 - 3：2013）之间没有明显差别时，则雷电冲击（LI）耐受试验通过。

雷电冲击（LI）电流测量电路由下列元件组成（见图 7.62）：

1）转换装置：通常是分流器甚至是将暂态电流转化成方便测量的低电压的快速电流互感器；

2）传输系统：通常为 BNC 测量电缆或光纤链路；

3）测量仪器：通常为数字记录仪。

数字记录仪的要求原则上符合 IEC 61083 - 1：2006 中规定的雷电冲击（LI）电压测量要求（见第 7.4.3 节），因而在此不予考虑。因此，本节仅针对转换装置的设计原则，有关此问题的更多信息，可以参阅 Schon 的教科书（2010 年、2013 年）。

注意：大电流测量的经典应用是针对保护设备（如避雷器）的性能试验，其中必须测量高达数百 kA 的电流峰值。然而，测量如此高的电流不是本书的主题，有关这方面的更多详细信息，参阅 IEC 62475：2012

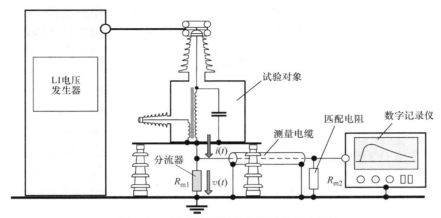

图 7.62 LI 电流测量系统所需的基本组件

和 IEC 60099 标准系列。

为了测量与雷电冲击（LI）电压试验有关的大电流冲击，使用了各种不同的转换装置，例如：电阻分流器、罗氏线圈、电流互感器、霍尔传感器和磁光传感器。然而，在下文中，将仅回顾电阻和感应转换装置的一些特性，这些特殊性主要用于测量与 LI 耐压和击穿试验相关的高暂态电流。

7.5.1 电阻转换装置（分流器）

即使电流测量的物理背景是基于很容易理解的欧姆定律，但必须考虑到：在测量 kA 范围内的冲击电流时，必须选择非常低的转换电阻（通常为 mΩ 量级），以便将可测得的电压衰减至伏特范围内。但是，在这种情况下，分流器两端的电压降将受寄生电感的影响，如图7.63 所示。

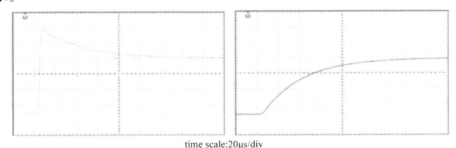

time scale:20μs/div

图 7.63 电流测量系统对指数上升电流的响应，其中分流器通过细线（左）或低感应铜箔（右）接地

这里，左侧示波图记录的是通过细线接地的电阻分流器获得的电流波形，右侧记录是通过铜箔接地的分流器获得的电流波形。由于细线的电感远大于铜箔的电感，因此，左侧记录显示在波前区域的信号增加，这是由于电感电压分量 $v_L(t)$ 叠加在电阻电压信号 $v_R(t)$ 上，定性的说明如图 7.64 所示。

通常，从电流—时间关系 $i_m(t)$，可获得的电压信号 $v_m(t)$ 可以表示为

$$v(t) = v_R(t) + v_L(t) = R_m i_m(t) + L_m(t)\frac{\mathrm{d}i_m(t)}{\mathrm{d}t} \tag{7.41}$$

为了防止错误的测量，电感电压 $v_L(t)$ 和测量回路的寄生电感 L_m 必须尽可能低，更好

的理解如图 7.65 所示，这里，电感测量回路由阴影区域表示。对于此处给定的几何参数 a 和 b，可以简单地使用以下方法进行寄生电感 L_c 参数的评估（Küpfmüller，1990 年）：

$$L_c = \frac{\mu_0 b}{2} \ln\left(\frac{2a+d}{d}\right) \qquad (7.42)$$

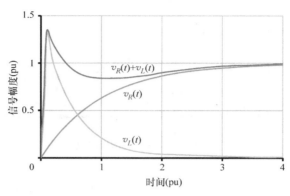

图 7.64　在指数上升电流冲击的情况下，部分电压 $v_R(t)$ 和 $v_L(t)$ 以及出现在电阻性分流器上的可测量电压 $v_m(t) = v_R(t) + v_L(t)$

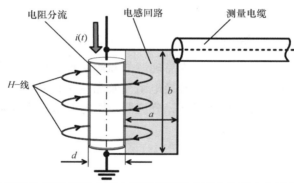

图 7.65　估算电阻分流器和 BNC 测量电缆之间测量回路中感应的感应电压分量 $v_L(t)$ 的等效电路

这里，$\mu_0 = 0.4\pi(\mathrm{nH/mm})$ 为空气的磁导率，另外，还必须考虑电阻传感器的自感。将分流器用直径为 d 和长度为 b 的圆柱形导体代替，其剩余电感可以采用以下方法进行估算（Küpfmüller，1990 年）：

$$L_s \approx \frac{\mu_0 b}{2} \ln\left(\frac{b}{2d}\right) \qquad (7.43)$$

将方程（7.42）和（7.43）组合起来，并带入 $\mu_0 = 0.4\pi(\mathrm{nH/mm})$，可获得下面测量回路的电感结果：

$$L_m = L_c + L_s \approx \frac{\mu_0 b}{2} \ln\left(\frac{ab}{d^2}\right) = \frac{0.4\pi b \cdot (1\mathrm{nH})}{2} \cdot \ln\left(\frac{ab}{d^2}\right) \qquad (7.44)$$

例如，考虑一个电阻分流器，其特征参数如下：

分流器电阻值	$R_s = 10\mathrm{m\Omega}$
分流器直径	$d = 10\mathrm{mm}$
测量回路	$a = b = 50\mathrm{mm}$

将这些值带入式（7.44），可以得到：

$$L_{m} \approx (0.2\mathrm{nH/mm}) \cdot (50\mathrm{mm}) \cdot \ln\left(\frac{110 \cdot 50\mathrm{mm}^2}{200\mathrm{mm}^2}\right) = (10\mathrm{nH}) \cdot \ln(27.5) \approx 33\mathrm{nH}$$

假设时间常数 $\tau_c = 2\mu s$ 的指数上升电流冲击，在时刻 $t_p \approx 3\tau_c = 6\mu s$ 时达到 $1\mathrm{kA}$ 的峰值，$10\mathrm{m}\Omega$ "理想" 分流器两端的电压可由下面的时间函数描述：

$$v_r(t) = [1(\mathrm{kA}) \cdot 10(\mathrm{m}\Omega)] \cdot [1 - \exp(-t/\tau_c)] = 10(\mathrm{V}) \cdot [1 - \exp(-t/\tau_c)]$$

由于上述估算的电感 $L_m = 33\mathrm{nH}$，将感应出一个感应电压分量（见图 7.64）。由于在电流冲击的最开始时陡度最大，能够达到 $1\mathrm{kA}/2\mu s = 0.5\mathrm{kA}/\mu s$，叠加的感应电压分量峰值将接近 $V_c = 33(\mathrm{nH}) \cdot 0.5(\mathrm{kA}/\mu s) = 16.5\mathrm{V}$。显然，这比在纯电阻分流器上达到的峰值 $V_p = 1(\mathrm{kA}) \cdot 10(\mathrm{m}\Omega) = 10\mathrm{V}$ 要大近 70%。

为了使测量误差最小化，图 7.65 所示的寄生电感和阴影区域必须尽可能低。在实际中，可以通过同轴或甚至盘状设计的分流器来实现，如图 7.66 所示。

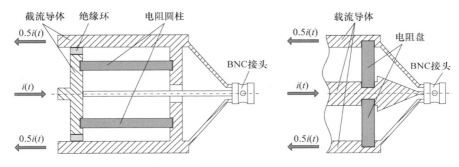

图 7.66　低感分流器的设计原理

7.5.2　感应转换装置（Rogowski 线圈）

消除干扰感应电压分量的另一种方法是使用包括单匝（见图 7.67a）或甚至多匝（见图 7.67b）的纯感性转换装置，如 Rogowski 在 1913 年提出的那样。参照图 7.67 所示明显的几何参数，无负载的 Rogowski 线圈的输出电压可以使用以下方法进行粗略的估计（Küpfmüller，1990 年）：

$$v(t) = M\frac{\mathrm{d}i}{\mathrm{d}t} = \left[\frac{\mu_0 nb}{8}\ln\left(\frac{2a+b}{2a-b}\right)\right]\frac{\mathrm{d}i}{\mathrm{d}t} \tag{7.45}$$

这里，n 为匝数，a 为待测时变电流 $i(t)$ 的载流导体轴与垂直排列的 Rogowski 线圈的轴线之间的距离，以及 b 为线圈的直径。

由于输出电压 $v_l(t)$ 与时变电流的导数成比例，因此，必须进行积分处理以获得输出电压信号，该信号与时变电流成正比（见图 7.68）。

从原理上讲，Rogowski 线圈的动态特性与高通滤波器的动态特性相当，也就是说 Rogowski 线圈不能测量固定的直流电流，测量误差会随着频率的减小而增加，因此随着电流冲击持续时间长度的增加，测量误差将会增加（见图 7.68）。为了降低电流线圈的下限频率，线圈的电感必须相应地增加，这可以通过将绕组缠绕在高磁导率的磁心上来有效获得。根据实际经验，Rogowski 线圈能够测量高达 $100\mathrm{kA}/\mu s$ 的电流冲击，其中冲击的持续时间限制在

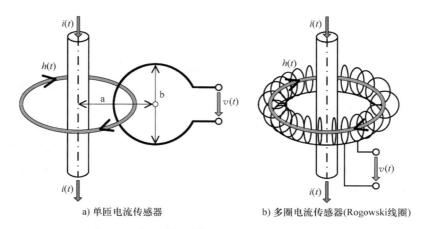

a) 单匝电流传感器   b) 多圈电流传感器(Rogowski线圈)

图 7.67   使用感性转换装置测量冲击电流的原理

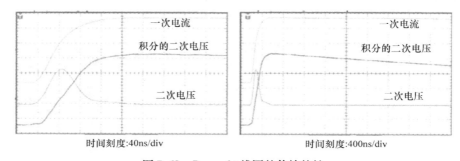

时间刻度:40ns/div   时间刻度:400ns/div

图 7.68   Rogowski 线圈的传输特性

数十 μs 以下。使用经典的电流互感器，可以在合理的测量不确定度下捕获长达 ms 范围的冲击持续时间长度，这时电流脉冲的陡度限制在大约 1kA/μs。

如上所述，无负载条件下，感性转换装置的输出电压与待测量的一次电流的导数成正比例。因此，不建议使用典型的阶跃响应测量来研究电流线圈的动态特性。因为在这种情况下，将传感器器输出信号积分所需的电子设备可能会出现过载现象。此外，必须考虑到线圈的电感和杂散电容之间的相互作用，可能会激发测量信号的振荡，从而导致错误的测量，如图 7.69 所示。因此，为了研究 Rogowski 线圈的动态特性，建议使用线性上升和衰减的电流斜坡，如图 7.70 所示，其中上升和下降时间应与实际测量条件下出现的时间相当。

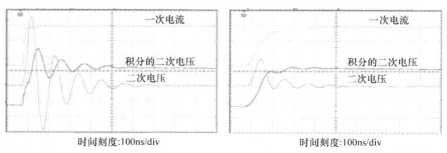

时间刻度:100ns/div   时间刻度:100ns/div

图 7.69   电流互感器在快速上升（左）和缓慢上升（右）初级电流时的动态行为

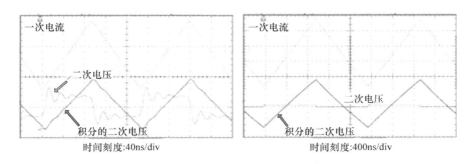

图 7.70　电流互感器在 5.4MHz（左）和 0.54MHz（右）的重复频率下经受
线性上升和衰减电流斜坡的动态特性

7.6　冲击电压下的 PD 测量

从实际角度来看，试验电压代表实际使用的条件，即高压设备的 PD 测量应在试验电压下进行，这就是为什么相关标准 IEC 60270：2000 主要涉及工频 AC 电压下局部放电测量的原因，参见第 4.3 节。众所周知，在实际运行条件下，HV 设备的绝缘不仅受到连续施加的工作电压的电压应力，而且还受到不同类型过电压的影响，例如，操作冲击（SI）和雷电冲击（LI）电压以及非常快前沿（VFF）电压。在下文中，将简要介绍在此类试验电压下 PD 测量的具体内容。

7.6.1　SI 试验电压

在 20 世纪 80 年代后期，当纸绝缘铅包电缆（PILC）越来越多地被交联聚乙烯绝缘（XLPE）电缆取代时，局部放电的测量成为 XLPE 电缆质量保证试验不可或缺的工具，不仅生产后需要在实验室进行试验，而且安装后也要在现场进行试验。其原因在于高聚合物绝缘材料对局部放电非常敏感，pC 量级的 PD 现象就已经可以导致高聚合物绝缘材料发生不可逆的降解。然而，通过使用传统的 AC 试验变压器对相对高的电缆电容充电时需要较高的功率，特别是如果 PD 试验是在现场条件下进行时，试验价格非常昂贵。因此，为了减少试验费用，已经广泛开展了替代试验电压的可行性研究（Dorison 和 Aucort，1984 年；Auclair 等人，1988 年；Lefèvre 等人，1989 年）。其中，由于内部放电的 PD 信号特征与工频 AC 电压下的 PD 信号特征之间具有非常好的可比性（Lemke 等人，1987 年），因此，使用操作冲击（SI）电压进行试验是一种有前景的替代方案。

最初，用于中压电缆现场 PD 试验的单级操作冲击（SI）发生器的主要单元如图 7.71 所示，最关键的部分是火花间隙，因为它会发射出大量电磁干扰，并由此干扰此敏感的 PD 测量，因此，火花间隙已被低噪声的固态开关取代。原则上必须考虑到的是，将电缆电容充电到所需试验电平所需的全部电荷必须预先存储在图 7.71 所示的脉冲电容器中。因此，为了对长度达几 km 的电力电缆进行试验，储能电容容量必须在 μF 范围内选择，以实现足够高的利用率。

示例：操作冲击（SI）电压下的基本 PD 研究表明：当施加的操作冲击（SI）电压峰值达到相 - 地电

压的两倍时，可以以合理的概率识别挤压电力电缆中的潜在的 PD 缺陷，其中后者以 rms 表示。例如，测试长度为 1km 的 12/20kV XLPE 电缆，电缆电容接近 0.2μF 时，必须充电至 24kV 的操作冲击（SI）峰值电压。根据图 7.71 所示的单级操作冲击（SI）发生器，其配备 1μF 脉冲电容器和 5.6kΩ 的波前电阻，利用率可达到 0.8，如图 7.71b 所示的示波器屏幕截图。因此，必须将 1μF 的脉冲电容器充电至 31kV 的峰值电压，以实现所需的 24kV 的操作冲击（SI）峰值电压。试验长度为 5km 的电缆，必须给约为 1μF 的电缆电容充电。在这种情况下，利用率接近 0.45，这意味着要达到 24kV 所需的操作冲击（SI）试验电压，操作冲击（SI）发生器的 1μF 脉冲电容必须充电至 53kV 的峰值电压，如图 7.71c 所示。

如前所述，增加电缆长度不仅导致利用率的降低，而且导致操作冲击（SI）电压峰值时间的增加，如图 7.71b、c 的示波图所示。

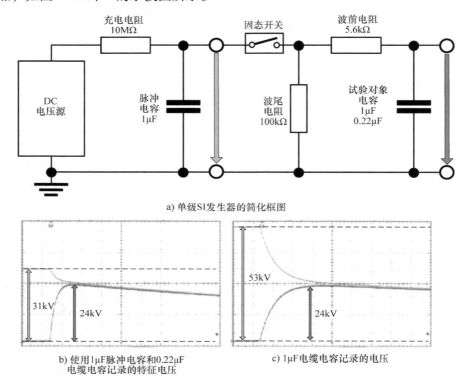

a) 单级 SI 发生器的简化框图

b) 使用 1μF 脉冲电容和 0.22μF
电缆电容记录的特征电压

c) 1μF 电缆电容记录的电压

图 7.71　用于 PD 测量的 SI 电压电路

然而，实验研究表明：如果操作冲击（SI）电压的波前时间从数百 μs 增加到数千 μs，则挤压电缆及其附件中典型 PD 缺陷的特征 PD 谱图不会受到波峰时间的显著影响，如图 7.72 所示。由此，当对长度在数百米到数千米范围的电缆进行 PD 试验时，没有必要改变操作冲击（SI）电压发生器的波前电阻。在这种情况下，还应该提到的是，除了主要的 PD "视在电荷"量之外，还可以测量 "累积脉冲电荷"等附加信息。不同于视在电荷，累积脉冲电荷量仅略微发散，并且似乎与施加的操作冲击 SI 试验电压相关，如图 7.73b ~ f 所示。

7.6.2　DAC 试验电压

如上所述，操作冲击（SI）电压用于电力电缆 PD 试验的主要缺点是在电缆长度增加时利用效率大幅降低（见图 7.71）。为了克服这个关键难题，将电缆电容本身用作脉冲电容似

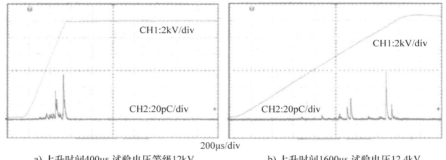

a) 上升时间400μs,试验电压等级12kV　　　b) 上升时间1600μs,试验电压12.4kV

图 7.72　不同陡度、几乎相同 SI 电压峰值下电缆样品中植入人造空腔引起的 PD 特征

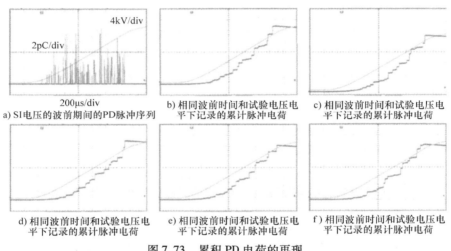

a) SI电压的波前期间的PD脉冲序列　　b) 相同波前时间和试验电压电　　c) 相同波前时间和试验电压电
　　　　　　　　　　　　　　　　　　 平下记录的累计脉冲电荷　　　　 平下记录的累计脉冲电荷

d) 相同波前时间和试验电压电　　e) 相同波前时间和试验电压电　　f) 相同波前时间和试验电压电
　平下记录的累计脉冲电荷　　　　平下记录的累计脉冲电荷　　　　平下记录的累计脉冲电荷

图 7.73　累积 PD 电荷的再现

（时标：200μs/div，电压标度：4kV/div，波前时间 1.6ms，试验电压电平 12.4kV）

乎是非常有希望的，因为在这种情况下利用率接近 100%，该优点最初用于超高压（Extra High Voltage，EHV）XLPE 电缆铺设后的试验（Dorison 和 Aucort，1984；Auclair 等人，1988 年；Lefèvre 等人，1989 年）。进行耐受性试验时，电缆电容通过直流试验设备缓慢充电至所需的试验水平，然后通过火花隙串联的电感器放电（见图 7.74a）。在这种情况下，电缆绝缘受到振荡操作冲击（OSI）电压的应力作用（见第 7.3.1 节），后来命名为"阻尼交流（DAC）电压"（IEC 60060 - 3：2006）。由于电缆绝缘中的介电损耗以及绕组内阻和电感器铁心中的磁化损耗，导致出现在 kHz 范围内的振荡会被衰减。电缆电容振荡放电背后的原因是为了避免由于 DC 电压预应力造成单极性空间电荷的累积，从而防止聚合物绝缘中因局部电场的增强而引发可能的意外击穿。

　　最初尝试将这种耐受性试验与 PD 试验结合起来，然而，由于如图 7.74a 所示的火花间隙辐射的强电磁干扰，试验失败。另一个难题是在 DAC 电压下测得的特征 PD 图谱和视在电荷与在工频 AC 电压下获得的 PD 试验结果无法相互比较。在不赘述情况下，可以说这是由于统计时延造成 PD 的起始电压明显高于静态的起始电压，统计时延定义为从达到静态起始电压的瞬间到可以利用初始电子达到自持放电瞬间之间经过的时间间隔（Gray Morgan，1965 年）。试验研究表明，当施加 DAC 电压的固有频率从最初使用的 kHz 范围降低到工频

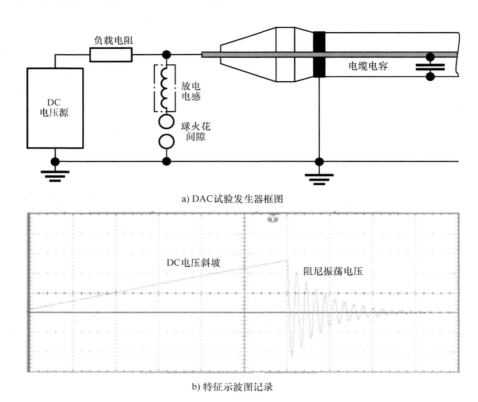

a) DAC试验发生器框图

b) 特征示波图记录

图 7.74   DAC 试验发生器框图和特征示波图记录显示了刚触发球体火花隙后持续
升高的直流应力和衰减的交流电压

时，时延对 PD 启动电压的影响可以大大降低（Lemke 和 Schmiegel，1995a，b）。为此，DAC 试验装置配备了 1μF 的脉冲电容器和 4μH 放电电感器，如图 7.75 所示，在这种情况下，试验频率达到了 80Hz。其中，挤压电缆中典型缺陷的 PD 特征与在工频（50Hz）AC 电压下获得的 PD 特征非常相似，如图 7.76 所示。此处显示的相位分辨 PD 脉冲（涉及有缺陷的 MV 电缆终端）是在 50Hz 交流电压作用下在第一个试验序列中记录的，且试验电平稍微调整到略高于起始电压。为了像瀑布图一样显示特征 PD 模式，在图 7.76a 中记录了仅在 18 个 AC 电压周期中发生的电荷脉冲。在第二个试验序列中，电缆终端最初通过负 DC 斜坡电压预先加压，然后是 DAC 电压，其中仅显示在第一次正电压扫描期间发生的那些 PD 脉冲，该过程重复 18 次，以创建如图 7.76b 所示的瀑布图。在第三个试验序列中，施加正 DC 斜坡电压（见图 7.74b），并显示在第一个负 DAC 电压扫描期间发生的 PD 脉冲（见图 7.76c）。

图 7.77 所示的 PC 屏幕截图也证实了阻尼和连续 AC 电压的特征 PD 模式的可比性，这也是从有缺陷的 MV 电缆终端获得的。这里，首先在固有频率 80Hz 的阻尼 AC 电压下进行 PD 试验，其中试验水平再次调整为略微高于初始电压。图 7.77a 中显示的 PD 脉冲是 180 个 DAC 电压作用的结果。在第二个试验序列中，电缆终端经受 50Hz 的连续 AC 电压作用，其中试验水平也略微高于初始电压。为了进行比较，在图 7.76b 中仅显示出在 180 个正半周期内发生的 PD 脉冲，这是通过一个窗口单元实现的，该窗口单元每 10s 触发一次，因此，整个试验周期覆盖 1800s（90 000 个 AC 周期）。尽管 PD 脉冲幅度有很大的分散性（见

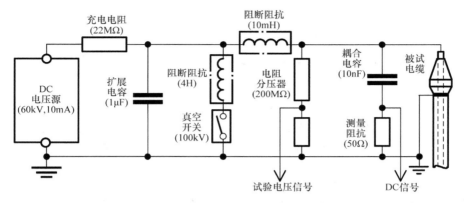

图 7.75 用于基础研究的 DAC 试验电路框图

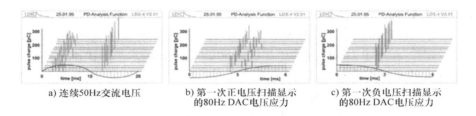

a) 连续50Hz交流电压   b) 第一次正电压扫描显示   c) 第一次负电压扫描显示
的80Hz DAC电压应力   的80Hz DAC电压应力

图 7.76 电缆样品中空隙放电的相位分辨 PD 模式

图 7.77b)，但可以说在阻尼和连续 AC 电压下获得的 PD 试验结果彼此之间具有相当的可比性。

如上所述，将 DAC 电压应用于 XLPE 电缆的 PD 诊断试验，由于 DC 斜坡电压缓慢上升，高聚合物绝缘材料将受到预应力作用（见图 7.74b），根据电缆长度和充电电容，预应力时间可以在秒和分钟范围之间变化。然而，实验研究表明，代表挤压式中压电力电缆 PD 缺陷的 PD 特征不会受到 DC 预应力持续时间的显著影响，如图 7.78 所示。

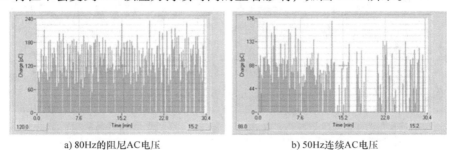

a) 80Hz的阻尼AC电压   b) 50Hz连续AC电压

图 7.77 MV 电缆终端测得的脉冲电荷量

7.6.3 短冲击电压（LI 和 VFF 试验电压）

从气体放电的本质可知，由于所谓的统计时延，非常快速变化的试验电压［如雷电冲击（LI）电压和非常快速瞬态（Very Fast Transient，VFT）电压］的初始电场强度会显著增加，这是从静态起始场强的瞬间与自然过程中释放的初始电子且可用于电离气体分子之间的

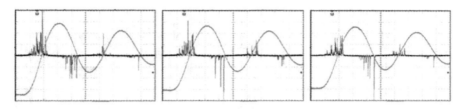

图 7.78　使用 10μs、50μs 和 250μs 上升时间的 DC 斜坡电压（从左到右）在 DAC
试验电压下有缺陷的 20kV 电缆终端的 PD 特征谱图

所经历的时间间隔（Gray Morgan，1965 年）。作为一个典型的例子，比较了较为缓慢上升的
操作冲击（SI）电压和非常快速上升的冲击电压下的流光放电点火，如图 7.79 所示，图中
所示的是大气环境中电极间距为 20cm 的棒 – 板间隙放电（Lemke，1967 年）。在板电极上
施加峰值时间约 150μs 的负冲击电压，第一个流光放电出现在正锥形电极上，其初始电压分
散在 10kV 附近。在升高的电压作用下，可以识别出长度和冲击电荷增加的流光放电（见
图 7.79a）。然而，在小于 1μs 时间内施加接近 50kV 起始试验水平的快速上升冲击电压，例
如，起始电压大约是操作冲击（SI）电压下的 5 倍，仅观察到在 50kV 下点火的单个流光放
电。尽管在快速上升的电压下产生了 180nC 巨大的脉冲电荷量，但即使流注细丝桥接了整
个电极间距，并且试验电压也增加达到 92kV，最终也没有观察到击穿现象（见图 7.79b）。

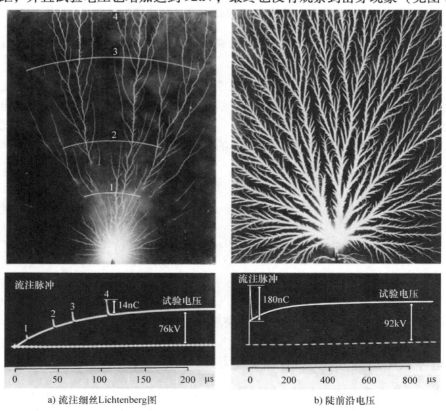

a) 流注细丝 Lichtenberg 图　　　　　　　　b) 陡前沿电压

图 7.79　SI 电压下在 20cm 锥 – 板气隙中形成的流注细丝 Lichtenberg 图（照片）和
陡前沿电压以及相关示波记录（Lemke 1967），解释在文中

另一个测量实例: 强调了统计时延对初始电压以及对放电机制的影响, 如图 7.80 所示。

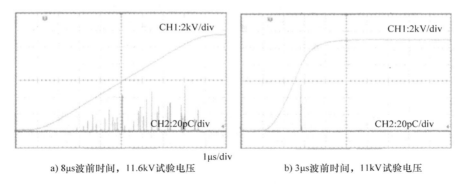

a) 8μs 波前时间, 11.6kV 试验电压   b) 3μs 波前时间, 11kV 试验电压

图 7.80 SI 电压的前沿时间对空腔放电的 PD 特征的影响

图 7.80 涉及到有缺陷 MV 电缆终端中的界面放电。首先, 施加峰值时间大约 8μs 的冲击电压 (见图 7.80a), 起始电压接近 3kV, 此后出现许多 PD 脉冲。然而, 现在通过逐步减小峰值时间来增加施加冲击电压的陡度, 波前时间至少下降到大约 3μs (见图 7.80b), 起始电压显著增加, 并且只识别到相对高电荷的单个 PD 脉冲, 即先前观察到的 PD 脉冲序列完全消失。

在非常快前沿的瞬态 (VFT) 电压作用下, 统计时延对起始电压的所考虑的上述影响尤其明显, 这可能是由电力电子转换器所激发。这项先进技术最初是为了使用方波工作电压调整工业驱动器的速度而引入的, 由于这种功率转换器的工作基于感应电流的快速斩波, 因此, 可能激发了与严重 PD 事件相关联的高幅值的过电压, 例如, 在旋转电机中, 这与暴露绝缘的加速退化相关联 (Stone 等人, 1992 年; Kaufhold 等人, 1996 年; IEC 61934: 2006; IEC 60034 - 18 - 41: 2014; IEC 60034 - 18 - 42: 2008; IEC 60034 - 25: 2007; IEC 61934: 2006)。如今, 这个问题也已经成为其他工业网络甚至智能电网的问题, 这是由于目前越来越多地使用了电力电子系统, 例如, 将风电场涡轮机的可变频率转换为工频 AC 电压, 以及将光伏电厂的低直流电压转变成远距离电力输电线路所需的高 AC 或 DC 电压。

从经典网络理论可知, 斩波感应电流与 "感应" 能量转移到并联连接的负载有关。在纯容性负载的情况下, 激励电压脉冲的峰值通常显著高于工作电压, 如图 7.81 所示。

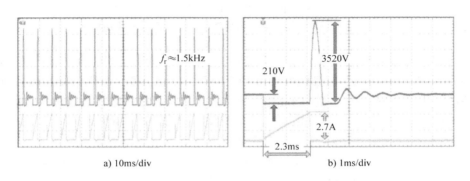

a) 10ms/div   b) 1ms/div

图 7.81 在 10ms/div 和 1ms/div 时间刻度下记录的感应电流重复斩波
激发的换向电压浪涌文中说明

示例：图 7.81 中显示的示波器屏幕截图指的是低压电机的定子情况，其线圈电感为 $L_c = 0.17H$。一个线圈终端连接到 $V_1 = 210V$ 的恒定直流电压，而另一个线圈终端则周期性地（大约 150 次/s，参见图 7.81a）连接到地电位，每次连接的时间间隔为 $T_d = 2.2ms$。此后，通过由绝缘栅双极晶体管（IGTB）快速固态开关来切断感应电流，在定子线圈连接到地电位的时间期间，感应电流几乎呈线性上升并最终达到峰值 $I_c = 2.7A$，这也遵循法拉第感应定律：

$$V_1 = L_c di/dt \approx L_c I_c/T_d$$
$$I_c = V_1 T_d/L_c = 210(V)2.2(ms)/0.17(H) \approx 2.75A$$

在 $T_d = 2.3ms$ 瞬时，当通过定子线圈的感应电流被斩波时，整个感应能量被传递到 $C_p = 0.1\mu F$ 的容性负载。在这种情况下，可以使用以下的已知关系来计算出现在并联连接元件 L_c 和 C_p 两端的电压峰值 V_2：

$$\frac{1}{2}L_c I_c^2 = \frac{1}{2}C_p V_2^2$$

$$V_2 = I_c \sqrt{L_c/C_p} \approx 2.7(A) \cdot \sqrt{0.17(H)/0.1(\mu F)} \approx 3.52kV$$

该电压值超过了所施加的直流电压达到一个以上的数量级，并且与测量的峰值电压非常一致，如图 7.81b 所示。

由功率电子器件激发的非常快的瞬态电压，有时也称为换向浪涌，其特征由 μs 范围内的上升和衰减时间以及高达数十 kHz 的重复频率来表征。这对于旋转电机的绕组绝缘是非常有害的。因为在这种情况下，如前所述，起始场强度大大提升，由此产生的 PD 事件也相应增强。图 7.82 所示的测量实例强调了这一点，该测量实例是指两根圆形电磁线之间的放电，每根绕组的直径为 1.2mm，并涂有厚度约为 30μm 的绝缘薄膜。

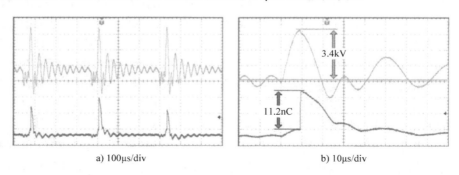

a) 100μs/div   b) 10μs/div

图 7.82　重复换向浪涌下，在两个圆形电磁线之间放电的充电脉冲，
以 100μs/div、10μs/div 时间刻度记录的波形（文中说明）

应用 3.4kV 的重复电压浪涌，采用低电容场探头（Lemke，2016 年）测得的最大脉冲电荷分布在 10nC 左右。相对较高幅度的脉冲电荷是由于大多数 PD 事件是在所施加的电压浪涌峰值区域中发生的，其中实际的起始电压大大超过静态起始电压。进一步的实验研究表明，捕获的电流脉冲的形状以及峰值随机分布在极宽的范围内，通常在几 A 到几十 A 之间，如图 7.83 所示。

本文中，值得注意的是，通常使用所谓的双绞线来评定换向浪涌下随机损伤旋转电机的匝间绝缘。为此目的，将一对薄膜绝缘的电磁线绞合在一起，长度约 120mm（IEEE Std. 522: 2004）。根据 IEC 60270: 2000，使用此类试验样品进行视在电荷测量时，必须考虑到由于相对较高的容性负载电流，只能实现较低的测量灵敏度，如图 7.84a 所示。为了提高

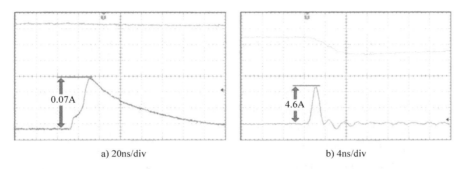

a) 20ns/div　　　　　　　　　　b) 4ns/div

图 7.83　换向浪涌下两个圆形电磁线之间 $60\mu m$ 气隙中放电引燃的电流脉冲，
以 20ns/div 和 4ns/div 时间刻度记录的波形（文中解释）

信噪比（S/N），一个选择是提高下限截止频率，应选择明显高于换向浪涌频谱的频率，图 7.84b 所示的测量示例强调说明了这一点，其中，测量系统的下限截止频率调整为 $f_1 \approx 1.8MHz$。当然，这与 IEC 60270:2000 标准相冲突，它建议测量频率低于 1MHz 以便测量 PD 的视在电荷量。因此，作为替代方案，也可以使用非传统方法，例如，UHF 范围内的 PD 检测或评估相关的声学和光学信号。然而，在这种情况下，PD 事件只能定性评估，而不能定量评估，正如第 4.7 节和第 4.8 节中已经指出的那样。总而言之，换向浪涌对感性元件的 PD 试验需要新的方法，有关此问题的更多信息，可以参阅 2017 年由 Cigre WG D1.43 发布的技术手册 TB 703。

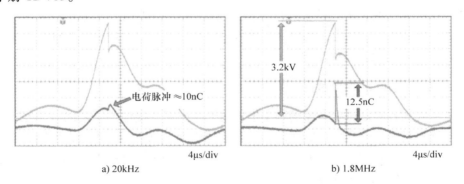

a) 20kHz　　　　　　　　　　b) 1.8MHz

图 7.84　电荷脉冲叠加在由高频换向浪涌引起的容性负载电流上，
测试条件：双绞线之间的气隙为 $60\mu m$；通过宽带 PD 测量系统集成电流，
其中下限截止频率调整为 20kHz 和 1.8MHz（文中说明）

第8章 组合和复合电压试验

摘要：在电力系统中，绝缘的过电压应力通常是工作电压与过电压的组合。只要过电压值包括工作电压的作用，工作电压可以忽略不计。当考虑相间或开关设备之间的绝缘时，则不能忽略。在这种情况下，相应的电压是作用在三端试验对象上两个电压应力的组合；在其他情况下，电压应力包括两个不同的电压分量。例如，在某些 HVDC 绝缘中，如 AC 和 DC 分量的复合电压。本章涉及 IEC 60060 - 1：2010 和 IEEE 标准的组合和复合试验电压的定义、产生和测量，还给出了组合电压和复合电压试验的一些示例。应该提到的是，这些电压有时被称为"混合"或"叠加"电压，并且也使用了概括性术语"混合"电压，本书遵循标准 IEC 60060 - 1：2010 的术语。

8.1 组合试验电压

组合和复合试验电压的定义与试验对象相对于试验电压源的位置有关。当试验对象布置在两个试验系统之间时，组合电压通过两个不同的 HV 端子和地对试验对象施加应力（三电极试验布置）；当两个试验系统直接连接时，产生的复合电压将从一个 HV 端子和地对试验对象施加电压应力（两电极试验布置）。这两种情况下，必须通过一个元件来保护每个试验系统免受另一个系统产生的电压的影响，该元件允许通过其自身的电压并抑制另一个系统的电压（该元件称之为耦合或保护元件）。

8.1.1 组合试验电压的产生

组合电压施加在三端试验对象的两个 HV 端子与第三个接地端子之间（见图 8.1a），隔离开关和断路器是典型的三端试验对象，三相系统中相 - 相之间的绝缘也形成了三端试验对象，例如，GIS 的金属封闭母线和三根导线电缆。对于 GIS 的 HV 试验，两相各自连接到一个 HV 电源，第三相和外壳接地。

试验对象受到两个单独电压之差的影响（见图 8.1a：$V_c = V_{AC} - V_{SI}$）。图 8.1b 示出了 AC 和 SI 电压组合试验电压的示例。只要试验对象承受组合电压应力 V_c，它就将两个 HV 源彼此分开。但是当它发生击穿时，每一个试验系统也要承受另一个高压电源的电压应力，那么，必须使用合适的保护元件来对两个 HV 电源进行防护，至少降低到试验系统可接受的电压应力。同时，这个保护元件还必须能够耦合、而不是抑制被保护的 HV 电源的电压。这意味着该保护元件必须对不同类型的施加电压呈现出不同的阻抗。例如，电抗器对 DC 电压没有阻抗，但在用于 LI 电压应力时则呈现高阻抗，因此，电抗器可以用于保护 DC 电压发生器。使用耦合/抑制元件时，必须考虑其对组合电压两个分量的影响。因此，必须在耦合/保护元件与试验对象连接之后才能进行两个电压的测量（见图 8.1a）。与试验对象的阻抗相比，耦合/保护元件的阻抗应该处于低阻状态。

表 8.1 总结了耦合/保护元件的特性。保护元件的首选应用显示在第一列中，具有不同

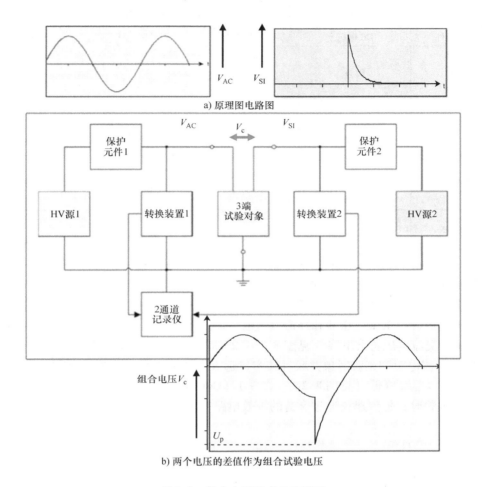

a) 原理图电路图

b) 两个电压的差值作为组合试验电压

图 8.1 组合电压的产生和测量

参数元件的第二个应用在括号中给出。括号中的箭头表示参数（L、R、C）值的降低（↓）或升高（↑）。例如，大容量的电容器（工频时处于低阻抗状态）可以耦合工频 AC 电压，但是一个低容量的电容器（高阻抗状态）则可以对 AC 电压起到抑制作用。触发开关可以切换到"闭合＝耦合"或"开路＝保护"的位置，因此，各种耦合/保护器可以广泛地应用。但必须考虑到：触发火花间隙可能需要一定的点火电压（见图 7.6b），当达到点火电压时，产生的电压跳变到该值（见图 8.8），但在冲击应力过后，在短路的交流或直流电压下电弧不易熄灭。无触发的间隙具有击穿电压分散性大的缺点，并且难以获得标准的 LI 和 SI 电压波形。耦合元件球间隙的替代元件是电容器，在叠加时它能够保持两个电压不变（例如，图 8.5）。但是，因为耦合电容器的电容量应显著高于试验对象的电容，因此耦合电容器价格昂贵（Felk 等人，2017 年）。

示例：当应用 DC/LI 组合电压时，直流电压试验系统和试验对象之间的右侧元件是电抗器，因为它可以耦合直流电压并保护直流电源免受雷电冲击（LI）电压的影响。在雷电冲击（LI）试验系统和试验对象之间为电容器防护元件时，它耦合雷电冲击（LI）电压并保护冲击发生器免受 DC 电压应力的影响。还可以考虑（可能是触发的）球间隙的应用。

表 8.1　组合/复合电压电路的耦合/保护元件

试验电压元件	DC 电压	AC 电压	SI 电压	LI 电压
电感器	耦合	耦合（$L\downarrow$） （保护，$L\uparrow$）	（保护，$L\uparrow$） 耦合（$L\downarrow$）	保护
电阻器	耦合（$R\downarrow$） （保护，$R\uparrow$）	耦合（$R\downarrow$） （保护，$R\uparrow$）	（保护，$R\uparrow$） 耦合（$R\downarrow$）	耦合（仅 $R\downarrow$）
电容器	保护	耦合（$C\uparrow$） （保护，$C\downarrow$）	耦合（$C\uparrow$） （保护，$C\downarrow$）	耦合
触发间隙开关， 半导体开关	耦合或保护	耦合或保护	耦合或保护	耦合或保护

如前所述，耦合/保护元件影响两个电压源的电压产生，并且也显示出两个 HV 电源之间的相互作用，其结果是组合电压不再具有预期的形状。应考虑隔离开关的组合试验：AC/SI 组合试验电压应由试验变压器和冲击电压发生器产生（见图 8.2a）。如果交流电源输出的特性不够硬，交流电压将会下降（见图 8.2b：20%）。如果没有强大的交流试验系统，将配套电容 C_a 与交流电源和试验对象并联且其容量远大于试验对象的电容，即 $C_a >> C_t$ 情况下，电压的降落可以显著降低（见图 8.2c：<5%）（Cui 等人，2009 年）。当计划进行组合（或复合）电压试验时，强烈建议通过合适的等效电路对试验电路进行分析。

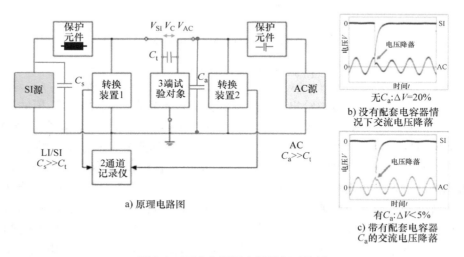

图 8.2　两个电压源之间的相互作用

8.1.2　组合试验电压的要求

组合电压的试验电压值是试验对象两个 HV 端子之间的最大电位差，试验电压的容许偏差意味着指定值和记录值之间的差值应在规定值的 ±5% 范围内，还包括电压降落不超过

5%。对于每个电压组件，必须用上述第 3.6 节和 3.7 节中提到的要求。此外，必须考虑时间延迟，这是电压分量两个最大值之间的时间差（见图 8.3），时间延迟的容许偏差为 $0.05T_p$，其中 T_p 是所涉及的两个电压的较长波前参数（其中，T_p 是 LI 的波前时间或 SI 的峰值时间或 AC 周期的 1/4）。

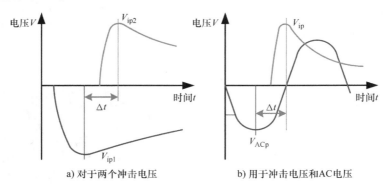

图 8.3　组合电压和复合电压的时间延迟

8.1.3　组合试验电压的测量

两个 HV 试验系统需要一个 HV 测量系统，分别用于调节其输出电压，这些输出电压会影响组合电压或复合电压，该测量系统还必须能够记录两个 HV 试验系统之间的相互作用。

组合电压的应力作用于试验对象的 HV 端子之间（见图 8.1），通常因为没有相关的参考地电位，因此很难对该电压进行测量。因此，IEC 60060 – 1:2010 允许通过测量这两个电压分量来计算组合试验电压：两个分压器中的每一个应尽可能靠近试验对象的相关联的 HV 端子，并记录两个电压，由此计算两者的差值作为组合电压。计算出的组合电压的测量不确定度估计必须考虑试验对象和电压降落对连接/抑制元件的影响（见图 8.1b），应使用相同的时标显示。

8.1.4　组合试验电压的示例

隔离开关试验：用 AC 和 SI 分量的组合电压进行 EHVAC 隔离开关和相间空气绝缘试验是组合电压试验的典型示例，试验电压源之间的相互作用可能导致电压降落，这个问题已在第 8.1.1 节（见图 8.2）描述过。Garbagnati 等人（1991 年）发现：IEC 60060 – 1 给出的大气校正（参见第 2.1.2 节）在涉及产生组合电压最大值的 HV 端子间的试验电压值分量时，可以提供满足试验要求的结果。

带直流电压分量的组合电压试验：HVDC 传输系统的更广泛的应用需求被称为"组合电压"的试验电压（Gockenbach，2010 年）。在准备用于俄罗斯高压直流输电的试验系统时，已经有关于直流电压和振荡操作冲击（OSI）电压组合的早期研究（见图 8.4）（Lämmel，1973 年）。同时，LI/DC 组合试验电压的研究也扩展到 N_2 和 SF_6 的压缩气体绝缘环境中（Wada 等人，2011 年），研究表明，低于试验电压值 50% 的直流电压分量对击穿电压几乎没有影响。

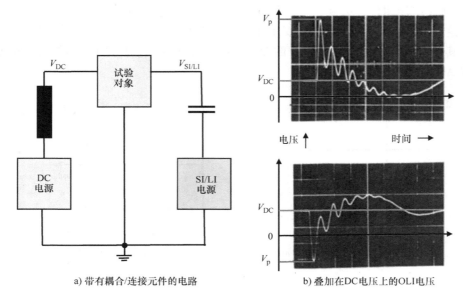

a) 带有耦合/连接元件的电路　　　　b) 叠加在DC电压上的OLI电压

图 8.4　DC/SI 组合电压

8.2　复合电压

8.2.1　复合电压的产生和要求

将两个不同的试验电压连接到一个终端时，它们在该处的叠加就产生了复合试验电压（见图 8.5a），两个电压至试验对象的连接通过合适的耦合/抑制元件实现（见表 8.1）。与组合试验电压相反，复合试验电压是两个电压分量的总和（见图 8.5b：$V_{co} = V_1 + V_2$）。如果两个电压源连接在一起，则两个 HV 源（包括它们的耦合/抑制元件）之间将会产生相互作用，并且应该对此相互作用进行分析。

复合电压的试验电压值是试验对象端口处的最大绝对值，应满足容差 ±5% 的规定值，且任何电压降落也不得超过 5%。时间延迟定义与组合试验电压中的定义相同（见图 8.3），且容许偏差依然要求在 ±0.05 T_p 内（如第 8.1.1 节中定义的 T_p）。对于单电压分量，应遵循本教科书相关章节的要求。

8.2.2　复合电压的测量

复合电压应力施加在试验对象的 HV 端子和地之间（见图 8.5），并且可以被直接测量。所使用的测量系统应满足 IEC 60060 – 2：2010 对两个电压分量的要求。例如，在 DC/LI 复合电压情况下，必须使用通用的分压器进行测量（见图 2.10）。两个电压分量的单独测量对于两个试验电压发生器的精确控制和两个试验电压正确关系的验证是必要的。所有三个电压应同步记录并以相同的时间刻度进行显示（见图 8.5）。电压测量系统应进行校准，以便测量相关的电压分量以及待测量的复合电压。在此基础上，应估算复合电压测量的不确定度。

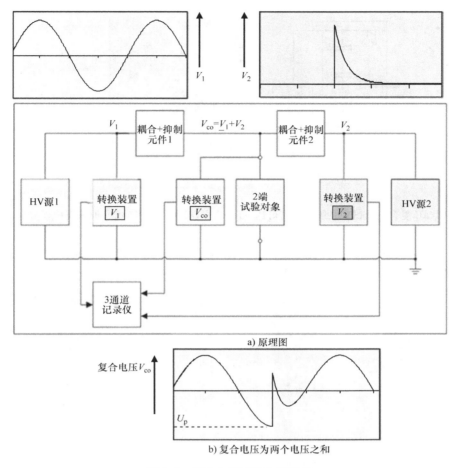

a) 原理图

b) 复合电压为两个电压之和

图 8.5　复合电压的产生和测量

8.2.3　复合电压试验的示例

当 DC 发生器的滤波电容通过试验变压器 HV 绕组接地时，可以产生复合 DC/AC 试验电压（见图 8.6），DC 发生器必须通过绝缘变压器进行供电（见图 6.8）。如果试验变压器在设计时考虑在试验对象发生击穿情况下能够耐受 DC 应力，则不需要附加的耦合/抑制元件。图 8.6 图片显示了俄罗斯圣彼得堡的 NIIPT 开发的 DC/AC 试验系统，用于 HVDC 试验线的运行、电晕研究和其他基础性的研究工作，两个电压分量均可单独调节。对于复合 DC/LI 和 DC/SI 试验电压的应用，应使用根据表 8.1 所示的带有耦合/保护元件的基本电路（见图 8.5）。

关于 HVDC 绝缘的特性（参见第 6 章，特别参见第 6.2.2.2 节、第 6.2.3 节和第 6.3 节），复合电压对于 HVDC 绝缘试验来讲是必不可少的，这一点对于在绝缘垫片周围具有敏感电场强度分布的 HVDC 气体绝缘系统［CIGRE JWG D1/B3.57（2017）］应给予充分的考虑。图 8.7（Hering 等人，2017 年）示出了瞬态 LI 或 SI 电应力施加之前，AC 电压下的静电场以及直流电压下的流场分布情况。

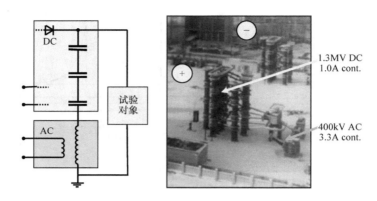

图 8.6　DC/AC 复合电压试验系统，最高可达 ±1300kV/DC 和 400kV/AC（原理图中仅显示一个极性）

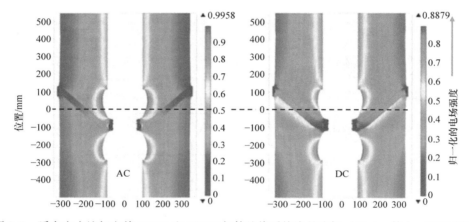

图 8.7　瞬态应力施加之前 HVAC 和 HVDC 气体绝缘系统中的流场（Hering 等人，2017 年），
考虑在 DC 电压应力下间隔物外侧的较高场强

对于 HVAC 试验对象，外电极处的场强最低，瞬态应力将改变电场分布的强度。在 HVDC 绝缘的情况下，在绝缘垫片的外部具有以空间电荷为主的高稳态场强，必须考虑将表面电荷为主的流场转换为以电容为主的准静电场，后者与场强的增强有关，特别是在瞬态应力的极性与之前稳态条件相反的情况下（见图 8.8b、d）。

注：图 8.8 是 CIGRE JWG D1/B3.57 关于 CIGRE 手册现行草案的建议，它使用图 8.8 来分别确定 LI 试验电压和 DC 预电压应力。当两个电压分量的极性相反时，强调了强的雷电冲击（LI）电压应力；但这仍是两个应力的共同作用，因此，还是应当考虑复合电压的作用。

因此，对于气体 HVDC 绝缘，有必要进行复合 DC/AC、DC/LI 和 DC/SI 电压试验（稳态条件下的 DC 场）。尽管在 CIGRE JWG 中考虑了试验电压和试验程序，但 Neumann 等人（2017 年）提出了原型安装试验的首次试验电压值和试验持续时间（见第 6.2.3.1 节）。应该提到的是，这种原型绝缘试验也是一种复合 HVDC 和负载电流试验，使用合适的电流源在 HV 高压电位下的运行。气体绝缘 HVDC 系统的开放式开关设备的试验包括复合电压试验（见图 8.9a、b）和间隙本身的组合电压（见图 8.9c）试验。

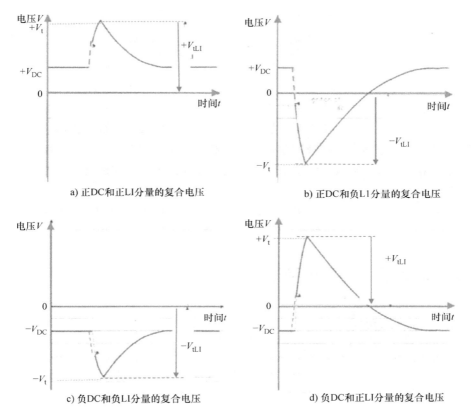

a) 正DC和正LI分量的复合电压

b) 正DC和负LI分量的复合电压

c) 负DC和负LI分量的复合电压

d) 负DC和正LI分量的复合电压

图 8.8　根据 CIGRE JWG D1/B3.57 2017 的建议，将复合 DC/LI 电压试验确定为气体绝缘系统（原理性）的 LI 电压试验，抑制/连接元件是触发火花间隙，触发（蓝色虚线）引起电压跳跃

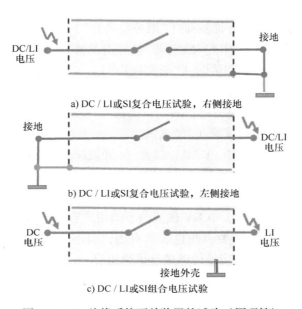

a) DC / LI或SI复合电压试验，右侧接地

b) DC / LI或SI复合电压试验，左侧接地

c) DC / LI或SI组合电压试验

图 8.9　SF₆ 绝缘系统开关装置的试验（原理性）

第 9 章　高电压实验室

摘要：高效的高压试验、研究工作或学生培训需要精心设计的高压实验室。本章涉及高压实验室的规划，前提是对实验室要求的明确分析以及 HV 试验系统的相应选择，这包括控制和测量系统的一般原则、内部数据评估和通信结构。实验建筑物或实验室的规划在很大程度上取决于实验室的目标和可用的资金。本章对实验室的电源、传输和辅助设备、接地和屏蔽的一般原则进行了讲述。安全系统是实验室规划非常重要的部分，能够保证操作人员安全和可靠、快速的试验，本章同时还提供了户外实验室的一些专业知识和现有试验领域的技术更新。

9.1　高压试验系统的要求和选择

9.1.1　试验场地的目标

术语"高压实验室"的范围可以从具有额定电压为数 kV 试验设备的小型单个房间到具有不同试验区域、多个试验场地的大型 UHV 实验室综合体。充分适应公司或研究机构目标的高压实验室的最优规划是其后期平稳运行的基础，HV 试验场地的用户可以细分为以下几组：

1）电力系统设备制造商和修理厂（"设备供应商"）；
2）电力产生、传输和配电公司（"公用事业公司"）；
3）研究机构和 HV 试验服务提供商（"服务提供商"）；
4）测量和校准服务机构，国家实验室（"校准提供者"）；
5）大学和技术学校、教学和培训（"研究机构"）。

进行的 HV 试验可细分如下：

1）对新的或修理过的 HV 设备进行的例行试验（"例行试验"）；
2）新开发设备进行的型式试验（"型式试验"）；
3）新型 HV 设备进行的研发（R&D）试验（"开发试验"）；
4）HV 测量和校准进行的开发试验（"校准"）；
5）实践培训和演示试验（"教学试验"）。

不同类型的 HV 试验与表 9.1 中 HV 试验的不同用户有关，表中字段的明暗程度表示其对用户的重要性，深色表示最重要，浅色表示有用，但不是必需的，而白色通常不是必需的。还应该提到的是，一些用户应该能够进行试验组合。许多拥有装备精良 HV 实验室的大学都在进行 HV 研究甚至是型式试验，最后但并非最不重要的一点是，HV 实验室非常具有吸引力，可以显著支撑机构的形象。

教学和研究可以很好地结合，但例行试验和研究工作会相互干扰。例行试验是生产的一部分，必须遵循公司的技术流程。从前一个车间到例行试验场以及从试验场到下一个站点的短而平稳的运输与简单快速的试验过程同样重要。对于设备供应商而言，具有与不同产品相关联的不同例行试验场可能是非常有用的，但例行试验和型式/开发试验之间至少要分隔开。

公用事业公司必须研究差异显著的、运行老化但还能使用的设备，且仅在特殊情况下才需要研究新设备。因此，多功能实验室可能是最佳的选择，服务提供商还必须非常灵活、专业地从事型式试验和研究/开发试验。

表 9.1　HV 试验的目标（试验中的解释）

	例行试验	型式试验	研发试验	校准	教学试验
设备供应商	X	X	X	–	–
用户	X	X	X	–	–
服务提供商	X	X	X	X	–
校准提供商	–	–	X	X	–
研究机构	–	X	X	X	X

9.1.2　试验设备的选择

对于不同类型的试验，需要不同的试验系统和不同的专用附件，表 9.2 和表 9.3 概述了所需的试验系统和附件。

如表 9.1 所示，深色表示必要的设备，浅色代表有用的设备。表 9.2 中提到的电压值表示试验设备的最高额定电压，根据第 1.2 节（见图 1.5 和图 1.6）示例中描述的程序进行选择。仅对特高压电力设备才需要设定最高额定电压，在大多数其他情况下，试验设备的额定电压取决于最高额定电压的试验对象（表 1.2 和表 1.3）或 HV 研究的目标。

对于例行试验（见表 9.2），HV 试验系统必须足以满足现在和未来十年内的产品进行试验，建议避免过大的尺寸。工频 AC 电压是例行试验中最重要的电压，它与 PD 测量的相关性越来越紧密。因此，应对试验室进行屏蔽处理或采用带屏蔽的试验小室（见表 9.3；另见图 9.32）。金属封闭试验系统（见图 3.47）也适用于金属封闭电力设备（GIS），如果 AC 电压试验系统是金属封闭的，并且整个电路屏蔽良好，那就不需要设置屏蔽试验室，试验系统可以安置在车间。只有少数设备（如电力变压器）的例行试验需要进行冲击电压试验，还有相关的 LI/SI 试验系统属于供货范围。目前很少使用 DC 电压进行例行试验，但随着 HVDC 更广泛的应用，DC 试验将变得越来越必要。

对于型式、开发试验以及 HV 研究工作，需要所有类型的试验电压和大多数的专用附件（见表 9.1、表 9.2 和表 9.3）。考虑到未来 20 年内可能的发展，必须仔细选择其额定值。

电压校准（见表 9.2）可在降低电压的条件下进行，但校准电压要大于待校准测量系统额定电压的 20%。因此，用于校准的额定电压约为用于型式试验的额定电压的 20%（见表 9.2），小型试验系统就足够了（见图 9.1，TÜBITAK，Gebze，Turkey 提供）。校准通常需要电磁噪声较低的试验环境，因此，校准的试验室应该设置屏蔽。

表 9.2　不同类型 HV 试验系统

	AC 试验系统	DC 试验系统	LI/LIC/SI 试验系统	组合和复合的高压试验系统
例行试验	<1200kV	<1500kV	<2000kV	–
型式试验	<1500kV	<2000kV	<4000kV	形成交流、直流和脉冲电压
开发试验	<1500kV	<2000kV	<4000kV	关于型式试验
校准	<400kV	<400kV	<800kV	–
教学试验	<200kV	<300kV	<800kV	–

表 9.3　不同类型 HV 试验的特殊附件

	PD/介电测量的屏蔽	人工降雨设备	污秽室	校准室	油罐	压力罐	电晕笼
例行试验	X	X	–	–	X	X	–
型式试验	X	X	X	X	X	X	X
开发试验	X	X	X	X	X	X	X
校准	X	–	–	–	–	–	–
教学试验	X	–	–	–	X	–	–

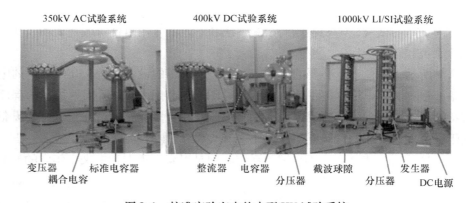

350kV AC 试验系统　　400kV DC 试验系统　　1000kV LI/SI 试验系统

变压器　标准电容器　整流器　电容器　截波球隙　发生器
　耦合电容　　　　　　分压器　　　分压器　DC 电源

图 9.1　校准实验室中的小型 HV 试验系统

教学试验（见表 9.2）可以在高达几百 kV 的高电压下进行（见图 9.2，FH Mittweida，Germany 提供）。建议每个 HV 试验使用单独的小房间或分隔区域，以便使几个培训组能够并行工作而不会相互干扰（Prinz 1965；Mosch 等人，1974 年；Hauschild 和 Fahd，1978 年；Kind 和 Feser，1999 年；Schwarz 等人，1999 年）。

注意：为了选择试验系统、专用附件和试验区域的额定数据，建议建立一份需要试验的电力设备清单，包括其额定电气参数：试验电压值、试验条件、尺寸和重量。对于实验室的设计，还应总结其使用的标准，如下所述。

9.1.3　试验区域的净距离

在选择了必要的 HV 试验系统并且估计了最大试验对象的尺寸之后，可以确定实验室的大小。试验对象与任何接地或带电结构之间需要保持的必要的净距离已在第 2.1.2 节中讨

| 200kV AC试验系统 | 270kV DC试验系统 | 400kV LI/SI试验系统 |

图 9.2　学生训练的试验区域

论，并在图 2.1 中给出，这个净距离必须避免对试验对象的电压分布产生任何影响。相反，必须选择 HV 试验系统与其周围环境之间的空气间隙距离，使得其承受不小于试验系统额定电压 V_r 的约 120% 的电压。

在高达 600kV（峰值）试验电压范围内，可以基于空气中正流注放电的电压需求 5kV/cm 来进行空气距离 d 的简单计算（见图 9.3，点线）：

示例：布局一个 400kV 的 AC 试验电路，需要多大距离 d 来保证其部件与接地金属栅栏和墙壁之间的电压耐受能力？额定电压是有效值；因此，应力峰值由下式给出：

$$V_{peak} = \sqrt{2} \cdot 400kV = 566kV$$

距离如下：

$$d < (1.2 \cdot 566kV)/5kV/cm = 136cm$$

由此确定，到金属栅栏的距离应为 140cm。

对于更高的电压，由于先导放电，击穿电压（V_{50}）随距离增加而增加的趋势变得明显降低（见图 9.3；Carrara 和 Zafanella，1968 年）。根据正棒 – 板结构的耐受电压（V_{01}，粗实线），对于 2MV

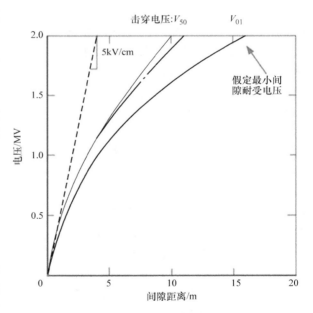

图 9.3　正棒 – 板空气间隙的耐受电压

的 SI 或 AC（峰值）试验电压，试验电路与其他物体的净距离要求约为 16m。由于 HV 实验室空间的成本较高，通过使用适当的屏蔽和控制电极可以达到缩短所需的净距离。因此，UHV 实验室给人们的印象往往定或经常定巨大的电极（见图 9.4）。

有许多与 HV 电极设计有关的出版物，例如，Moeller 等人（1972 年）、Feser（1975 年）、Mosch 等人（1979 年）、Lemke 等人（1983 年）和 Hauschild（1995 年），目前，电场强度可以精确计算，但可接受的临界场强的选择仍然是一个大问题。对于无 PD 的电极，可

图 9.4　UHV 试验室的环形电极（HSP Cologne，Germany）

以使用流注起始的概念（Bürger，1976 年；Engelmann，1981 年；Dietrich，1982 年）。除此之外，也可以使用流注 - 先导过渡的概念。对于大电极，流注起始通过强烈的流注放电所引导，并立即转移到先导放电中。除了场强分布之外，电极的尺寸还影响表面缺陷的概率。起始场强的分布函数如图 9.5 所示，可以明显看出：起始场强概率越低，增加幅度就越小；而对于高起始场强概率，则幅度陡增（见图 9.5）。电极尺寸的确定要考虑起始场强增大规则的低概率（参见第 2.4.7 节，Hauschild 和 Mosch，1992 年；Hauschild，1995 年）。通常，电极的尺寸是在场计算的迭代过程和如文献中所述流注或先导起始判据的应用中确定的，考虑到电极面积的扩大和应

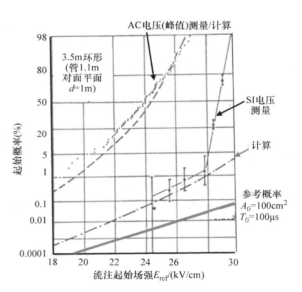

图 9.5　空气中流注起始场强的性能函数（面积单位为 100cm²）

力作用时间的延长，对于 AC 和 DC 峰值电压以及 15 ~ 20kV/cm 的 SI 电压，可以假设大电极可接受的最大场强在 10 ~ 15kV/cm 的范围内。

对于低于 2000kV（峰值）的试验电压，可以使用光滑（如球体、特别是环形）的电极。双环（见图 9.4）是理想的屏蔽元件，因为必要的连接可以在两个环的阴影区域中进行。

对于更高的试验电压，应使用复合电极，通过圆柱截面电极可以实现巨大的环形电极（见图 3.15），它们是圆柱形单元焊接在一起形成的环形电极（见图 9.6）。如果电极设计正确，焊接接头处的较高场强与较小的面积区域有关，而放电的危险性不会高于较低场强的圆柱体较大区域。

所谓的聚合物 Polycon 电极有时是一个巨大的球体，由固定在球形支架上的许多金属盘

组成（见图 9.7），这种聚合物 Polycon 电极的设计得到了很好的发展（Singer，1972 年；Hauschild 等人，1987 年；Schufft，1991 年）。

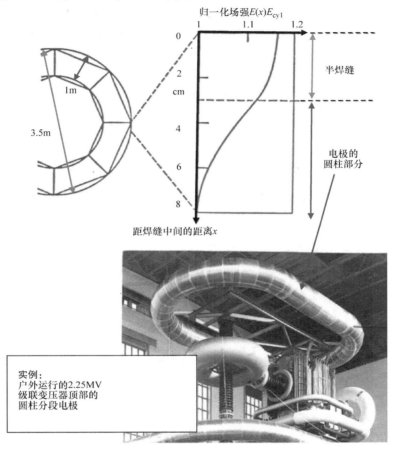

图 9.6　2.25MV AC 电压级联变压器的圆柱截面电极

a) 不同的聚合物Polycon电极和整板式球形环状电极
(Dresden Technical University EHV实验室)

b) 聚合物Polycon电极的框架（直径3m）

图 9.7　用于 UHV AC 电压分量的电极

9.1.4　控制、测量和通信

HV 实验室中的控制不仅应与单个 HV 试验系统相关（见图 2.8），还应与彼此之间以及与辅助设备之间的相互作用相关，建议所有控制和测量设备都配备工业个人计算机（IPC），它们连接到公共总线系统，甚至可以通过控制室中任何一个 IPC 控制某个 HV 电路来实现功能（见图 9.8）。同时，还应记录外部试验数据以及安全系统的正确功能，例如，大气条件、潮湿或污秽试验数据等等，试验工程师应使用计算机辅助技术，对试验和试验记录准备进行评估。

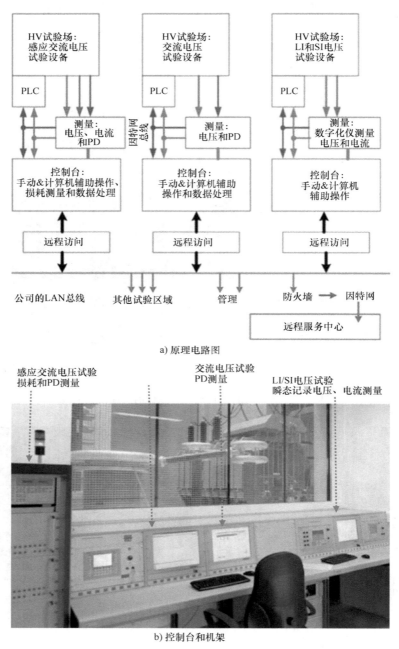

a) 原理电路图

b) 控制台和机架

图 9.8　变压器试验场的控制室（Courtesy Siemens AG，TBD Dresden）

IPC 控制和测量系统可实现 HV 试验系统的自动操作，从而确保试验参数更好的再现性、直接记录和测量数据的评估，因此，可以缩短试验的持续时间和增强操作人员的安全性，这对于大规模产品的试验（可能与其他非高压试验相结合）、寿命试验和大规模的研发试验尤为重要。不建议使用全自动的试验程序用于有价值的单个设备（如电力变压器或 GIS 托架）的 HV 试验，因为，在这种情况下，由操作员决定的计算机辅助程序是最佳的选择。

实验室的计算机系统可以与公司或研究机构的局域网（LAN）连接，最重要的是用于其他试验和测量的 HV 试验场和试验场之间的网络连接，这样可以为产品提供通用的试验记录。而且，实际的试验状态也可以从任何其他地方观察到，例如，在客户室进行的验收试验或在大学的学生走廊进行的 HV 演示试验，与因特网的连接可以实现供应商的远程服务（参见第 2.2 节）。

9.2　高压试验建筑物的设计

有许多关于 HV 实验室设计的出版物，他们的研究对于 HV 实验室规划通常是有用的，这里不可能提到所有的内容，本章以下内容除了作者的经验外，还考虑了很多已有的研究成果，尤其是 Prinz 等人的书籍（1965 年）、Hylten – Cavallius（1988）和 Schwarz 等人（1999 年）以及 Läpple（1966 年）、Mosch 等人（1974 年）、Hauschild 和 Fahd（1978 年）、Krump 和 Haumann（2011 年）以及 Hopke 和 Schmidt（2011 年）的出版物。每个 HV 实验室必须按照未来用户的特殊要求进行设计。本节将提供有关在规划新的或现有 HV 实验室翻新过程中需要考虑的细节建议。

9.2.1　试验空间和设计原理

高压实验室的微小细节就可以使得试验工程师的工作变得高效和简单，良好的规划是实验室后期平稳运行的必要前提。因此，具体的应用确定了 HV 实验室的基本设计。

对于例行试验，HV 试验场可以是单个试验室或者仅是生产区末端的试验区域，那么，由所选择的 HV 试验系统和试验对象的尺寸就可以确定试验房间的大小。例如，图 9.9 显示了一种非常紧凑、屏蔽良好的试验场，用于高达 245kV 电力变压器的例行试验和型式试验，该试验场包括一个 $L \times W \times H = 18.3\text{m} \times 13.3\text{m} \times 12.3\text{m}$ 的房间，在房间内布局有进行感应电压和施加 AC 电压试验以及进行 LI/LIC/SI 电压试验的设备（Hopke 和 Schmidt，2011 年）。该试验场地必须不仅能够很好地适应 HV 试验的要求，而且还适应于生产和产品流程的需求，包括试验对象（例如，气垫、导轨、吊车）的运输方式，HV 试验所需的空间和净距离，以及工业环境中必要的测量条件（例如 PD），试验室必须配备有屏蔽控制室和供电电源室。

用于研究、开发和培训的通用 HV 实验室需要许多实验室和辅助室，最大实验室的大小由所需的最高试验电压决定。为额定电压明显较低的设备设置第二个通用试验室是有必要的。对于培训试验，建议在较小的试验室中各设置一个或两个试验区域。此外，通常还需要专门的实验室进行电缆试验、污秽试验、校准以及油和固体绝缘试验。实验室的选择可以通过以下示例进行说明：

示例（见图 9.10）：应建立一个通用的 EHV 实验室作为国家的 HV 实验室，已经决定在大学校园附近

2MV冲击试验系统
配置有分压器和截波球隙

被试变压器(用于感应电压试验)

感应电压试验+HV滤波器

用于施加电压试验、PD电路的ACRF试验系统

图 9.9　电力变压器例行和型式试验试验场（Courtesy Siemens AG，TBD Dresden 提供）

建立实验室，也可以用它来进行学生的培训。最大待测设备的额定电压是 550kV，因此，实验室设备最高试验电压为 1550kV/LI、1705kV/LIC、1175kV/SI（见表 1.2）和 680kV AC（IEC 60076 - 3：2012）。根据第 1.3 节中描述的原则，最大 HV 试验系统的额定值选择以下：3000kV 冲击电压（LI、LIC、SI），具有最高 1800（SI）和 1000kV（AC）的输出电压。此外，还决定采用 1000kV（可扩展至 2000kV）的 DC 电压试验系统，以满足未来对 DC 试验的要求。在考虑了必要的净距离和试验对象所需的空间后，选择了长度为 40m、宽度 30m、高度 25m 的 EHV 实验室（见图 9.10）。试验系统安排在 EHV 大厅的三个角落，控制室位于第四个角落。

　　高压实验室应用于对额定电压高达 145kV 的电力设备进行试验，因此，配备了 800kV 的冲击试验系统和 400kV 的 AC 试验系统，相关的控制室（见图 9.10）在一个角落里，计划布局三个 MV 实验室为学生提供培训，每个都配备两个高压试验机架，电压范围高达 100kV。

　　该实验室由许多专用的实验室组成，有一个专用的高压实验室用于电缆试验，有一个大门通往外面的电缆卷筒。与其他两个实验室一样，该实验室及其控制室也应具有良好的屏蔽。电缆测试实验室建立在露天场地，用于进行电缆的资格预审试验，带有外部窗户的控制室位于一层的阁楼中。EHV 大厅前面的区域保持空置，以便以后设置的户外 EHV 或 UHV 试验场。阁楼中的控制室也计划在未来使用。污秽测试实验室可以通过套管连接到大厅的 AC 试验系统（或者，如果房间足够大，可以设置自用的高功率试验变压器），设置有空调的校准实验室也是规划的一部分（左）。

　　需要设置许多辅助房间，如供电室、储藏室、工作间、研讨和会议室、主任及其工作人员办公室，还应规划其他功能室，如 IT 服务器室、厨房、洗手间等，这些房间的布置应通过上述例子继续进行解释。

　　通常，HV 实验室不能有太多的储藏室，但在 EHV 和 HV 实验室之间只设置一个储藏室可能是不够的。与此相反，地下室设有机械工作间，阁层中设有电子工作间。校准实验室下的区域可用作会议室。在楼上设置一个研讨室（见图 9.10），可以容纳多达 60 名学生开展教学活动，教学室有一个参观走廊，可以观察高压大厅的试验（类似于图 9.11）。此外，上层空间还包括所有办公室、功能室和小型实验室，例如，用于固体绝缘材料和绝缘油的机械或化学研究。

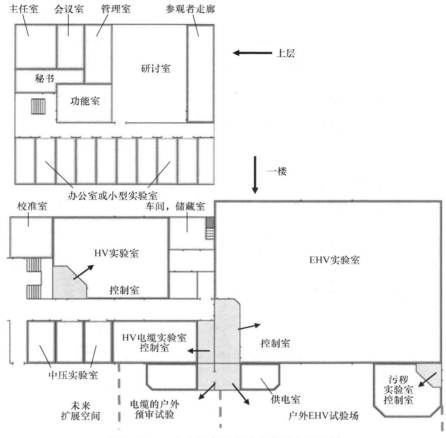

图 9.10 一个大学高压实验室房间布局规划

方形的实验室被认为是最佳的设计（见图 9.11、图 9.12 和图 9.13），它们可以通过安全栅栏很好地细分为两个独立的试验区域，用于并行试验，宽度 W 和长度 L 之间的关系取决于必要的试验电压。如果仅需要 AC 和冲击电压，则 $W/L \approx 0.5 \sim 0.6$ 似乎是最佳的选择。在三个电压源（AC、DC 和冲击）情况下，$W/L \approx 0.7 \sim 0.8$ 的关系能够更好地适应试验的需求。大型试验对象布置在试验系统之间。目前，高压发生器可以放在气垫上（见第 9.2.5.3节），进行试验时可以移动到最佳位置，或在不使用时移动到角落放置。HV 试验电路的较小部件可以配备滑轮，也可以放置在最佳试验位置或存放在空矿区域。

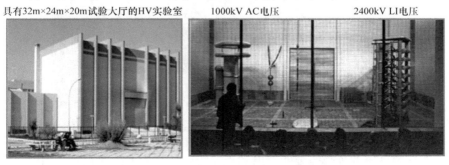

图 9.11 HV 实验室的建筑和学生走廊（Damascus University）

2400kV LI/SI发生器 　　　试验对象：绝缘子　　　1200kV AC试验系统
1m测量球间隙　　　　1200kV标准电容

图 9.12　EHV 实验室（Dresden Technical University，建筑建于 1930 年）

1200kV AC电压试验系统　　　　2000kV LI/SI电压试验系统

图 9.13　EHV 实验室（Dresden Technical University，建于 1930 年的建筑）

　　通常，在试验系统的顶部需要距墙壁和天花板保留有最大的净距离，因此，有时不建议通过抛物线横截面（见图 9.14a）来进行净距离的限制，而建议采用矩形截面（见

图9.14b）。地板附近对净距离的要求较低，可用于试验电压较低的其他小型内置试验区域，或用于矩形结构内的储藏室。

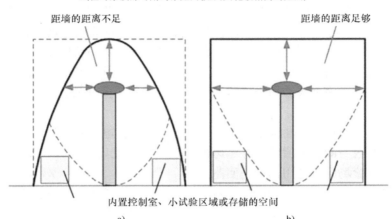

试验对象顶部可用的净距离(距离天花板相同的距离)

距墙的距离不足　　距墙的距离足够

内置控制室、小试验区域或存储的空间

a)　　　　　　　　　　　　b)

图 9.14　HV 实验室的截面图

高压实验室是能够令人留下深刻印象的技术室，因此，先进的规划不仅要考虑技术方面，还要考虑一定的审美规划。三维设计为美学规划提供了最佳的机会（见图9.15，与图9.4 相关）。强烈建议对 HV 试验系统、墙壁、天花板和地板之间的颜色进行平衡规划，控制室通常也是参观者常出现的地方，参观者从对这些区域的印象就可以获得高压试验的质量。因此，控制台（或桌子或架子）应布置清晰、设计匀称（即使是不同供应商的试验系统）且很好地放置在房间内，桌子的高度应与窗户的下框相对应（见图9.8）。桌面应该有额外的空间供以后添置其他仪器进行扩展，避免在带有内置仪器的桌面上使用附加的独立设备而造成不良印象。

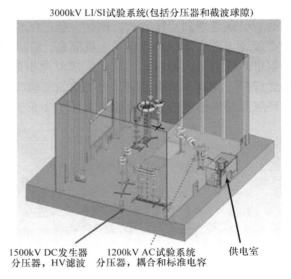

3000kV LI/SI试验系统(包括分压器和截波球隙)

1500kV DC发生器　　1200kV AC试验系统　　供电室
分压器，HV 滤波　　分压器，耦合和标准电容

图9.15　HV 实验室的三维设计

9.2.2　接地和屏蔽

建筑物的接地、试验场的接地、电磁屏蔽和试验电路的接地回路不仅在理论上经常混淆，在实际试验现场操作中的情况可能更为混乱。首先，不同的术语应由其特性的描述来进行定义。

建筑物的接地：每个 HV 实验室建筑物必须接地，主要是为了雷电防护。建筑物的接地包括建筑物的钢筋、基础接地电极和可能的附加接地棒。在一幢复杂的建筑物中，不同建筑物的接地点是连接在一起的，建筑物接地不关心外部降噪。

试验场的接地：地面的上层受工厂中电力电子驱动的机器和设备的接地回线的影响，简而言之，它们不可能避免噪声信号。因此，应避免试验场的接地与土壤上层和建筑物的接地的导电接触。试验场的接地应通过接地棒来实现，该接地棒将浸入地下水中数 m，且接地棒首段 1m 长度需要进行电气绝缘，所有接地棒并联连接的有效接地电阻不应超过 2Ω。

电磁屏蔽：由噪声信号引起的电磁场可能会干扰 HV 电路中的测量（见第 4 章）。根据著名的法拉第观测，封闭的金属容器内不存在电场。因此，HV 实验室采用封闭的金属结构来屏蔽电磁场的穿透，该金属结构与土壤和建筑物的接地是分开的，并且仅通过一个点连接到试验场的接地。

接地回路：每个 HV 试验电路必须在靠近分压器或试验电压发生器的一点连接到试验场的接地，它应该有自身的接地回路，并尽可能降低电感（见第 7.1.2.3 节）。只有在特殊情况下，才建议将试验场的接地用作接地回路。

建筑物的接地、试验现场的接地、电磁屏蔽和单个试验系统的接地回路必须仅在一个点连接，以保证共同的固定接地电位，并避免任何接地回路成为产生噪声信号的天线。对于从调压器到试验室的电力电缆，有必要沿着墙壁铺设一条带有金属框架和盖子的电缆沟槽。框架和盖子必须连接到地板的屏蔽层，地板与墙壁的屏蔽必须通过电缆沟槽进行连接。

当建立 HV 实验室时，地板的机械设计与试验发生器和试验对象所需的最大负载有关，同时，必须考虑到运输方式，例如，通过气垫运输。混凝土的钢筋构成地板屏蔽的一部分，它必须通过合适的塑料薄膜与土壤隔离，许多单根钢棒必须焊接在一起，并且还有宽的网状金属带也应焊接到钢筋上，从而完成对地板的屏蔽（见图 9.16a）。基础混凝土通常由一层最终混凝土完成，其中可能包含特殊的玻璃纤维增强材料，最终混凝土需要非常精细的表面或环氧涂层以便进行气垫运输（见第 9.2.5.3 节）。

图 9.16 HV 实验室地板的屏蔽

地板表面被接地盒和接线盒隔断（见图 9.16b），金属接地盒连接到地板屏蔽。内部部件与接地部分隔离，并通过隔离的铜排连接到接地棒和/或其连接。此外，在地板的钢筋内部，HV 试验系统和控制室之间的金属管用于控制和测量电缆，可以通过接线盒连接这些电缆。甚至可以将测量仪器安装在连接盒中，例如，PD 测量阻抗和 PD 测量仪器可布置在靠近耦合电容器的盒子中（见图 9.17）。

墙壁的屏蔽应能实现多功能：除电磁屏蔽外，还应具有隔热和吸声功能。对于 HV 实验室来说，不需要像计算机中心和 EMC 试验区域的 EMC 屏蔽那样，通常需要在 100MHz 频带范围内达到 >100dB 的良好屏蔽效果。根据 IEC 60270 标准，PD 测量通常在高达 1MHz 的频率下进行。因此，对于大多数实验室而言，最高 5MHz、100dB 的阻尼就足够了，这可以通过两层镀锌钢的标准钢板实现（见图 9.18）。下层（见图 9.18a）带有隔热结构（黑色，例如岩棉），它同

图 9.17　带测量仪器的连接盒（HSP Cologne 提供）

时也是吸声器；上层由多孔钢板制成，并固定在下面板上（见图 9.18b、c），每一层面板以及两层的面板应该重叠并小心地拧在一起，以实现可靠的电接触，不是拧紧而是每间隔 50～100cm 进行更可靠的点焊接。

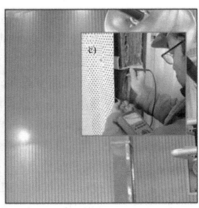

a) 下层承载隔热层(黑色)　　　　b) 穿孔钢板上层　c) 电气接触检查

图 9.18　墙壁的屏蔽（HSP Cologne 提供）

天花板的屏蔽（见图 9.19）可以遵循与墙壁屏蔽相同的原理，但天花板通常包含加热系统、照明系统和空调（通风和换气）的面板。加热板也是钢制的，可用作屏蔽的一部分；屏蔽板可以拧紧或焊接到加热面板上；对于灯具和空调，有必要在天花板上开窗，必须用带有焊接交叉点（网孔宽度 <30mm）的钢丝网覆盖。窗户也建议采用这种金属丝网，例如，

位于控制室或访客的走廊上的窗户。

建议为控制室也设计一屏蔽层（见图9.8b）。这种情况下，屏蔽可以由石膏墙和天花板下的扩张钢板制成，单片的扩张钢板必须重叠并焊接在一起。对于门窗，应将板材焊接到金属框架上，窗户的开口应覆盖玻璃和所述的金属丝网，且必须焊接到其框架上。此外，屏蔽电源室也是一种非常有效的手段（详见第9.2.3节）。

屏蔽最敏感和最昂贵的部分是屏蔽门，对于非常灵敏的PD测量，例如，挤压电缆的PD量低至只有几个pC。可以使用带有可以被压到门框上的金属馈线接触的特殊门。在许多情况下，这种门并不是必需的，而带有金属薄片的钢制或卷帘门的滑动门（都在重叠的框架中移动）是一种经济的选择。

切记，进入试验场并带有建筑物地的所有供应品（如水、压缩空气、油等）必须进行隔离，并且其内部应与实验室的屏蔽层相连接，否则，它们可能会将噪声信号传送到屏蔽试验区域，供电电源必须进行滤波。

图9.19 天花板的屏蔽，包括加热板、照明和空调（Siemens AG, TBD Dresden 提供）

9.2.3 供电电源和高频滤波

整个HV实验室的电源通常由中压电网供电（见图9.20），应使用附近变电站中的一个或几个三相配电变压器。变压器的额定值取决于要供应的设备，必须考虑所需的最大试验功率（有功和无功元件）、控制和测量系统的供电功率、所有辅助设备的功率（见第9.2.4节）和用于未来扩展的的额外电量。

电源电缆线将外部电源与电源室连接，该房间应靠近HV试验大厅（见图9.10），且应该屏蔽并与相关实验室的屏蔽相连（见图9.20和图9.21）。外部电源电缆与配电室中用于配电和调节设备的连接是通过安装在该配电室屏蔽层的高频（HF）电源滤波器实现的（见图9.22），电源控制室包含第2.2节（见图2.5）中说明的"电源"设备：

1）开关柜，包含主开关和操作开关、一次电压和电流的测量设备、保护装置和控制元件（见图2.8），如可编程逻辑控制器（PLC）；

2）调压器，对应于每个HV试验系统；

3）补偿电抗器和/或电容器组，以减少对外部电源的需求。

该供电室的大小取决于上述单个组件及其布置，HF滤波器主要由LC网络组成（见图9.22a），频率显著高于50/60Hz工频的传导噪声信号被电感阻挡，并通过电容传导到地，HF滤波器的频率特性应与屏蔽的频率特性相适应。

注意： 如果电源室没有屏蔽，则HF滤波器必须连接在调压器和试验发生器之间实验室的屏蔽处，然后，每个试验系统和每个辅助设备都需要独立的过滤器。对于AC试验系统，甚至需要更大的滤波器，这是因为：补偿电抗器位于非屏蔽电源室中，电源室的屏蔽简化了滤波和布线。

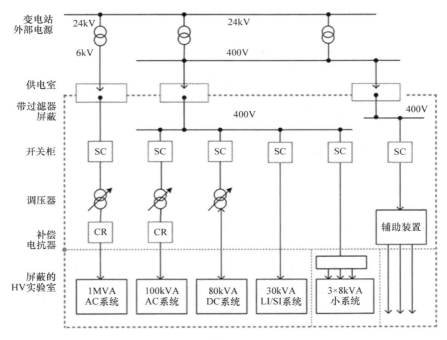

图 9.20　HV 测试实验室的供电电源原理图

　　只要不是通过光纤链路实现，通信线路也必须进行滤波，作为用于电源连接的 HF 滤波器，该通信线路也可以在市场上购买到。

9.2.4　高压试验的辅助设备

　　如果使用表 9.3 中提到的附件，则必须承担其对建筑设计的影响后果，这就可能需要将水、压缩空气等供应管从机械室或未屏蔽的外部区域引进到屏蔽区域（实验室、控制室、供电室）中，这些连接之间必须相互绝缘，这意味着所有金属管必须在进入屏蔽层的地方被适当的绝缘管隔开。

　　人工降雨设备的大小（见第 2.1.3节）必须适应被试最大高压设备的尺寸，这也决定了所需水的导电率、水处理槽以及到降雨设备水路连接等的需求。此

试验变压器(接地罐，连接至测试室的套管)

开关柜　　　　　　调压器

图 9.21　屏蔽的电源室（HSP Cologne 提供）

外，湿式试验区域的地板必须配备有排水装置，这意味着排水机构应该具有一定的坡度，这可能与气垫运输系统相冲突。在坡度太高的情况下，带有负载的气垫可能会发生滑动。因此，不允许在该区域内进行气垫运输或者要求斜坡必须非常的低，可能有必要规定坡度低于1cm/m，但具体规定必须遵循气垫供应商的操作指导书。

污秽室必须配备喷淋系统，与水、压缩空气以及地板内的排水机构相连接，污秽室的套管必须能够承受室内最严重的污秽条件，因此要谨慎进行选择。由于污秽物的电导率受盐和水的控制，因此，污秽室中使用的所有材料必须具有耐腐蚀性能。

HV 实验室中的沟槽：绝缘液体（通常用矿物油）的储存罐是试验变压器套管和液体浸渍绝缘结构研发实验所必需的，它们连接到位于在屏蔽区域外、具有相关储层的油（或液体）处理单元。建议将试验箱布置在地面下的沟槽中，其他 HV 部件也布置在沟槽中，尤其是当 HV 部件包括接地的储存罐时，布置在地下沟槽中的 HV 部件甚至可能包括试验变压器或标准电容器（见图9.23）。

图 9.23a 显示了多功能电容器的布置，该电容器甚至可以用作 HV 实验室的中心电极，沟槽必须与地板屏蔽和接地系统一起仔细地规划（见第 9.2.2 节）。所有墙壁和沟槽的地板都应该屏蔽，储存罐应与地板的屏蔽隔离。在试验期间，储存罐是试验电路的一部分，必须包含在试验电路的接地回路中。如果不使用储存罐，则应直接连接到接地系统，但一定不要连接到屏蔽系统中，沟槽必须配备合适的盖子，它不仅要以机械方式封闭沟槽，还可以起到封闭屏蔽层的作用。

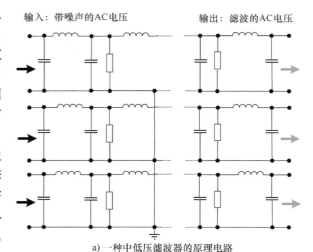

a) 一种中低压滤波器的原理电路

b) 在内部屏蔽电源室墙壁上布置的高频滤波器(HSP Cologne提供)

图 9.22　电源高频滤波器

压缩气体储罐用于空气到 SF$_6$ 套管的试验以及具有气体绝缘结构的研发试验，它们连接到气体处理单元以调节使用过的气体，充气试验箱的布置与液体相同（见图 9.23）。

气候室应适应此处所述的 HV 试验电路、接地和屏蔽的原理，商用腔室的设计决定了这些必要的措施。

9.2.5　辅助设备和运输设施

9.2.5.1　照明

通常，HV 实验室的设计没有窗户可以接受自然光，在非常特殊的情况下，自然光可能是有用的，例如，当房间也用于生产或更大的装配工作时。窗户必须配置一个能够连接到屏蔽层的金属框架，并用上述带有交叉焊接的金属丝网覆盖，该铁丝网再焊接在金属框架上，

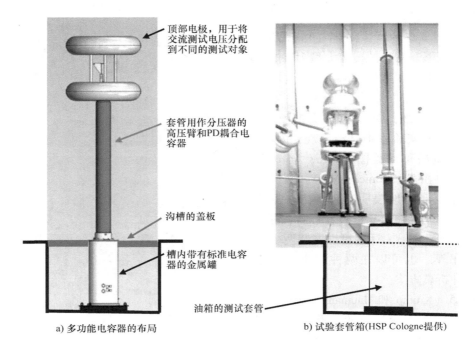

顶部电极，用于将交流测试电压分配到不同的测试对象

套管用作分压器的高压臂和PD耦合电容器

沟槽的盖板

槽内带有标准电容器的金属罐

油箱的测试套管

a) 多功能电容器的布局　　　　b) 试验套管箱(HSP Cologne提供)

图 9.23　在 HV 实验室使用地沟

这样的话会使得窗户变暗。

　　一般情况下，在所有屏蔽室中可以使用白炽灯而不是荧光灯进行人工照明，这是因为在敏感的 PD 测量过程中荧光灯会产生噪声信号。对于需要观察和照像的试验，如果灯光能够变暗则非常有助于试验的进行，灯光的亮度可以通过电力电子装置调节，由于该电力电子装置是另一种能够产生噪声的信号源，因此灯应该布局在金属丝网后面的屏蔽层之外（见图 9.19），最好将灯布置在天花板上。需要单独的应急照明时，必须考虑当地的要求和安全规则。

9.2.5.2　取暖、通风和空调

　　HV 试验设备的温度范围应不小于 10～35℃；对于控制和测量系统，最低温度范围为 15～30℃。只有在不能保证每年最低温度低于 10℃ 的时间不超过几天时，才有必要在大型 HV 试验大厅中安装舒适的加热系统。与此相反，则建议使用空调控制室，温度范围为 20℃。只要温度保持在 5℃ 以上，电源室就不需要加热。对于 HV 试验设备和控制、测量系统在一个公共房间中的小型 HV 高压实验室，应加热到可接受的室温。

　　过去几年的经验表明：大型 HV 实验室的最佳加热系统是辐射式天花板加热系统，如上所述（见第 9.2.2 节和图 9.19），它也可用作屏蔽的一部分，这种由相当大的面板组成的辐射加热系统在当今的工业建筑中很常见。

　　对于热带条件或夏季非常高温度的国家，试验大厅的通风系统可以利用夜间的低温来进行 HV 试验大厅的冷却，较小的实验室应装有空调。在试验过程中，例如，在变压器的热运行试验期间，会产生大量的热量，精心设计的通风系统必须将热量传递到环境中去（见图 9.19），避免实验室中出现的不可接受的温度升高，必要的通风设备布置在天花板屏蔽开口（用金属丝网覆盖）的后面。

9.2.5.3 运输设施

在实验室安装一个或两个门式吊车，其运输范围能够非常有效覆盖大型 HV 试验大厅的整个区域（见图 9.24a），但这可能与可以固定在天花板上的 HV 部件发生冲突，例如，分压器、中心电极或整流器。这一问题在一些实验室中已经出现，因此，必须使用单轨吊车（见图 9.24b；Prinz 等人，1965 年，由 TU Munich 提供）。两种解决方案的比较清楚地表明：至少，在工业 HV 试验实验室中，门式吊车远优于单轨吊车。在一个 HV 试验大厅中可以安装两个或三个门式吊车，也可以在两种解决方案之间达成一种折衷方案。

图 9.25（Krump 和 Haumann，2011 年）显示了一个带有三台吊车的实验室；中间的吊车在中心连接点和试验对象之间搬运大型的、无 PD 连接电极（1200kV rms），而两侧的吊车可用于运输和固定试验对象。除了门式吊车之外，还可以考虑从天花板上的孔中采用单根绳索的升降机，它们仅用于在试验期间固定试验对象，这种升降机和手动吊车在小型实验室中也很有用。

a) 门式吊车(HSP Cologne提供)

b) 单轨吊车

图 9.24　HV 试验室中的吊车

图 9.25　带三台吊车的 UHV 实验室（HSP Cologne 提供）

　　吊车的最大负载取决于试验对象的最大负载，在某些情况下还取决于最重的 HV 试验组件的重量。对于小型手动吊车和升降机，负载高达 1000kg 就足够了，应该提到的是，通过可用的气垫运输可以减少吊车最大所需的负荷。

　　气垫是 HV 实验室地面运输的一个非常有用的工具。一方面，它们可以用于运输发生器和 HV 部件（见第 9.2.1 节），另一方面可以用于运输重型试验物体，例如，电力变压器或GIS。气垫过去常常用于发生器或试验物体的运输，它们可以代替轨道上的运输。导轨会使光滑的地板出现中断，甚至可能影响试验电路最佳安装方案的实现。小型 HV 部件的地面运输可以通过滑轮实现，还经常使用吊车以完成运输。

　　精心选择的气垫通常布局在发生器底架下方，它可以承受 HV 试验系统所需的最高负载，单气垫模块的数量和尺寸取决于负载和负载分布。但它们需要一个平整、光滑和稳定的地板，其表面可以是精细的混凝土，且大多数情况下用特殊的环氧树脂覆盖。如果地板有间隙和裂缝或不够光滑，则气垫可能会损坏地板。通常，气垫中的气压为 0.2MPa，特殊情况下可达到 0.4MPa。建议订购带框架的、并具有适合气垫运输的必要稳定性的 HV 试验设备（见图 9.26）。当气垫的运动由于障碍而突然停止时，对绝缘支撑件（例如，冲击电压发生器）施加的机械应力是相当大的。

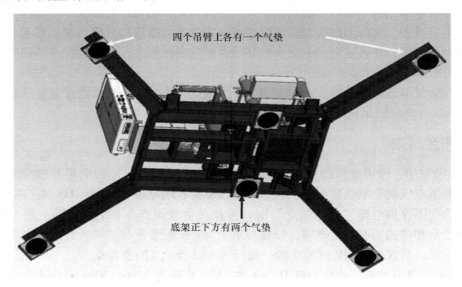

图 9.26　带有气垫的试验发生器的框架

9.2.5.4　技术介质

　　供电电源在第 9.2.3 节中已经进行了描述，在单个实验室和控制室中，应安排足够数量的低压 LV 插座，这其中包括：控制台中的插座或仪器机架中的插座，无论何处，电动工具、聚光灯或其他仪器都需要插座。同样，所有的电线必须经过滤波才能进入屏蔽室。

　　数据通信和电话线应尽可能通过光纤链路实现，虽然这些信号线不需要滤波，但所有用于通信的电源线必须要进行滤波。

　　气垫需要压缩空气（见第 9.2.5.3 节），但是某些工具和污秽试验也需要压缩空气，所需的压力取决于现场试验的需求，用于压缩空气的金属管在进入屏蔽室时必须进行绝缘隔离。

供水是人工降雨和污秽设备（见第 7.2.4 节）、其他特殊试验和清洁的必要设备，大型实验室中可能很少有水龙头，而在较小型的实验室中只能布置一个。

如果有长期的需求，应通过已安装的设施提供其他技术介质，例如，油和其他液体、SF_6 和其他气体（见第 9.2.4 节）。

9.2.5.5　火和环境保护

HV 实验室中的防火和环境保护必须遵循国家法律和 HV 试验的技术知识，需要特殊考虑绝缘油和其他易燃液体，这其中包括：充油的 HV 试验部件和电源设备，例如，试验变压器、电抗器、调压器等；还应考虑相关储罐的泄漏不应污染自然、土壤或水，但现代 HV 试验部件的油箱很少泄漏，即使发生泄漏，也应将泄漏限制在很小的范围内。因此，应考虑在很小泄漏后可能超过油的某一部分的体积。在某些情况下，甚至电缆管道也用于此目的，不建议对相关电力变压器的所有油收集器使用硬性的规则。电力系统中的电力变压器可能会在过电压引起的严重内部故障下发生爆炸并剧烈燃烧。与此相反，试验变压器和其他试验设备通常会承受明显低于其额定电压的应力。HV 试验与敏感的 PD 测量相关联，其不仅可以显示试验对象的缺陷，而且还可以显示试验电路中所有组件的缺陷。这意味着，PD 试验结果能够很早地指示出充油设备内部的缺陷，一旦发现异常，相关部件必须停止运行。在油试验变压器或电抗器中，实际上没有油箱撕裂造成火灾等重大事故的危险因素。然而，在 HV 实验室的规划过程中，必须建立一个防火和环境保护的实际概念，并根据技术知识和相关的地方法规进行校准。

对于 SF_6 气体的绝缘试验，必须考虑 SF_6 是温室气体，并且必须设计完全可靠的气体处理系统，GIS 外壳应满足高压容器的技术要求。

9.2.6　安全措施

HV 实验室中，带电电极和所有接地物体之间的高电压产生的强电场是非常危险的：当电场超过周围空气的介电强度时，会出现高达 kA 的放电电流，但是，HV 实验室的事故率很低，因为当不仔细考虑"安全概念"时，操作员会意识到存在的高风险。安全概念包括与整个实验室相关的所有技术事项，以及与单个 HV 试验系统有关的所有技术事项以及对操作人员的指示，后者包括 HV 试验中的一般行为和试验设备的操作指南。

HV 实验室没有关于安全的特殊 IEC 文件；IEC 出版物 62061:2005 部分适用于控制和供电设备，IEEE Guide 510 建议在高压和高功率试验中采用安全措施。关于电气试验系统的安装和操作，还有欧洲标准 EN 50191（2000）。本小节中的提示不能免除用户应用这些国际公认的文件、标准和特殊国家规则的责任，还应考虑 HV 试验系统供应商的说明和提示。

9.2.6.1　HV 试验场和区域的安全

HV 试验场是一个房间，具有一个或多个围栏式 HV 试验区域和相关控制区域以及供电电源区域，HV 实验室可能包含几个 HV 试验区域（见图 9.10）。整个试验区域的安全基础是其正确的接地和屏蔽，如第 9.2.2 节所述。试验电路推荐的电流返回仅在一点连接到接地系统。在特殊情况下，接地系统可用作电流回流，屏蔽绝对不能用作电流回路。

在 HV 试验区域，试验区域内 HV 组件与相邻的墙壁、围栏或天花板以及接地或带电物体的安全净距离应按照该处产生的最大试验电压值进行选择（见第 9.1.3 节）。如果在一个试验区域内有多个围栏式的试验区域，则应采用最小高度为 2m、最大网格尺寸为 4cm 的金属安全围栏，栅栏的单个单元应相互电气连接，并且只在一个点连接到接地系统，应避免完整的围栏回路。如果重新排列试验区域中的 HV 组件，则必须考虑与相邻围栏区域的相互影响作用（见图 9.27）。

　　HV 试验区域必须有外部标记的警告标志，并通过警告灯指示区域内的状况："红色"灯亮表示 HV 试验电路与地之间已经脱离并且可能通电，"绿色"灯亮表示 HV 试验电路处于接地状态，该区域是安全的可以进入（参见第 7.2.6.3 节）。必须在进入试验区域的所有门处设置警告标志，除标志和指示灯外，试验区域还必须配备有安全环路和紧急断电开关。

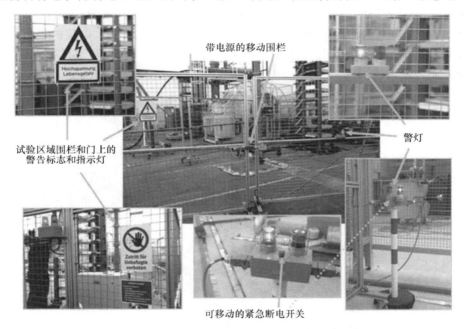

图 9.27　带警告标志和灯具的安全围栏，安全环和紧急断电开关

　　安全环路是集成在试验区域的墙壁内、围栏和试验门中的环网，在试验系统未接地和通电之前，必须关闭环路，门上的触点应确保环路关闭。一旦在任何地方打开环路，紧急断电开关必须动作，试验系统应接地（见第 9.2.6.2 节）。紧急断电开关应为大型红色按钮，优选安装在黄色背景的相关控制台或机架上，靠近试验区域的隔离门和观察区域。紧急断电开关的启动将导致动力（主）开关、操作开关以及相关 HV 试验系统接地设备的动作。必须检查是否还应断开整个试验区域的所有高压源，但不应该使照明系统断电（至少必须保留应急照明）。

　　控制和观察区域位于试验区域及其安全环路之外，两者都应配备警示标志、指示灯以及紧急断电开关，对于供电电源室，应当遵守国家安装变电站的相关规定。

9.2.6.2　HV 试验系统的安全

　　HV 试验区域与相关 HV 试验系统的安全系统之间存在紧密关联，两者协同工作，如果第一个失败，第二个将不能操作。因此，应在每次试验之前应对相关安全设备进行安全检查。

　　一个 HV 试验发生器分两步通电：首先，电源（主）开关将电能从电网提供给电源单元，然后，执行开关连接发生器（见第 2.2 节），这两个开关是 HV 试验系统安全概念的一部分（见图 3.1）。

　　HV 试验电路的接地应保证安全的稳定操作，而接地回路必须使瞬态现象最小化，例如，在试验对象发生故障后（见第 9.2.2 节）。如果不再使用，HV 组件必须放电并永久接地，为此，HV 试验电路配备了放电开关和接地开关。接地开关（见图 9.28a）可通过带电动或液压驱动的接地杆实现，它们在主开关接通时接地打开；当电源开关打开、试验后电压断开或紧急断电后接地，例如：通过重力或弹簧闭合。

　　接地绳（见图 9.28b）包括一半柔性金属线和一半绝缘绳，在 HV 部件接地的情况下，金属绳将 HV 电极和所有中间电极与接地系统连接。在部件具有 HV 电位的情况下，金属绳索由绝缘绳索代替，两条绳索都可以通过电机驱动。人们应该探索可靠的接地绳索，否则，它们可能会成为设备的弱点。

a) 接地开关(由重力接地)　　　　　　　　　　b)电机驱动的接地绳

图 9.28　接地装置

　　手动操作的接地棒（见图 6.14）通常用于较小容量的 HV 试验系统，它们是一侧带有手柄、另一侧带有钩子的绝缘材料，挂钩通过软线连接到接地系统。建议在试验区域的门上安装接地和放电条，以免在 HV 试验后忘记使用。

　　电容器在运行期间充电，在断开试验系统后至少还部分保留一定的电荷，因此，必须在不使用时进行放电、短路和接地，放电由与接地棒、接地开关和接地绳索串联的电阻器来实现。

　　HV 试验系统的控制不仅实现了 HV 试验流程，还激活了安全功能，这包括电源开关与带有安全环路状态、信号灯和接地设备状态的操作开关之间的相互作用。此外，控制系统应在试验对象发生击穿、打开安全环路或紧急断电操作时作出反应，必须按照试验系统供应商的相关操作指南定期检查所有这些功能，表 9.4 显示了此类指令的时间表作为简要示例。

9.2.6.3　HV 试验系统的操作

　　HV 实验室应该有一个"安全概念"，如上述提到的试验场、试验区域和试验系统的安全措施所描述的那样，此外，还应包括以下 HV 试验系统操作的安全说明以及与安全相关设备的必要检查清单（见表 9.4）。在安全概念的基础上，应至少每年一次根据国家规定向操作人员指示有关 HV 试验的危险性。

　　在 HV 试验开始之前，试验工程师应采取以下措施：

1）最后检查接地连接和试验装置的净距离！

2）检查试验区域内没有任何其他人员，取下所有手动操作的接地装置！

3）关闭安全环路！

4）接通控制和测量系统的控制电源（绿灯"亮"）！

5）接通电源（主）开关（红灯"开"）！

6）通过扬声器发出警告"注意，高压接通"（"自动接地"断开）！

7）打开执行开关并开始试验，试验终止时，应完成以下操作：

① 将电压降低到 <50% 或零！

② 断开执行开关（自动放电和接地移动到"关"，红灯仍然"亮"）！

③ 断开电源（主）开关（红灯"灭"，绿灯"亮"）！

④ 如有必要，打开安全环路并执行手动放电和接地！

⑤ 关闭控制电源，试验系统停止运行（绿灯"灭"）！

表 9.4　安全设备的检查调查

检查设备	检查部件	参照	检查间隔
试验区域的接地系统	接地电阻，接地连接盒	9.2.2 接地电阻的测量	<5 年
试验系统	接地棒、开关和绳索	9.2.6.1 安全连接	<1 年，每次试验前观察
包括控制的安全设备	安全环路，信号灯，紧急断电开关	9.2.6.1	每次试验前观察

所描述的操作步骤也应该是 HV 实验室工作人员操作指南的一部分，操作指南应包括所有国际和国家电气试验的安全规则、试验系统供应商信息和自身经验，操作指南可能包括实验室中的演示，它们应至少每年进行一次，并应予以记录。

9.3　户外 HV 试验场

当户外试验场实现传统的"室内"实验室时（比较图 9.10），试验电压可能通过套管或大门传输到外部，即使是完整的 HV 试验系统也可以在气垫上移动到露天试验区域。户外试验场通常配备用于 EHV 和 UHV 架空输电线路的研究和开发，包括相关的露天变电站。大多数情况下，它们可以连接数百米长的传输线，以对杆塔的设计、导体的布置进行试验或进行电晕损失测量。

HV 试验系统放置在混凝土区域，该区域还为变电站设备提供了试验空间，该区域可适用于气垫（见第 9.2.5.3 节），并且应与公路连接良好，以便于试验对象的运输，运输和装配工作必须通过移动式吊车完成。户外放置的 HV 试验系统针对当地的气候情况进行了特殊设计，有时，特殊的环境条件是设置户外试验场的原因，例如，设置在高海拔、低空气密度地区的试验场。另外，试验系统的污秽也是一项挑战，需要进行良好的设计和永久的维护。

对于 LI 和 SI 电压试验，户内设计的冲击发生器几乎都安装在绝缘塔中，以免受到气候的影响（见图 9.29），对塔内进行空气调节以避免由于外部温度过低而导致在内表面上形成凝露，同时，还应避免内部温度过高，户外冲击发生器的额定电压通常超过 3MV。

对于 AC 电压试验，金属罐式变压器（见第 3.1.1 节）非常适用于单级变压器和变压器级联（见图 9.30），由于该设计借鉴了电力变压器的经验，已经证明其具有很高的运行可靠性，AC 试验系统的额定电压通常高于 1MV。

UHV试验线

圆柱截面电极

内装LI/SI发生器
的防风雨塔

分压器

电源、直流充电
装置、空调

图 9.29　室外 4000kV/400kJ 冲击电压
发生器（KEPRI Korea 提供）

图 9.30　室外变压器级联 180kV/1.25A
由柏林西门子公司提供

对于试验线上的 DC 电压试验，需要功率非常大的发生器（额定电压高达 2MV，电流为几百 mA）（见图 9.31），这种 HV 试验部件的户外 DC 绝缘的设计是非常困难的。

户外实验室的安全措施可遵循 9.2.6 节中所描述的原则，但必须考虑到大范围的大气影响，例如，温度、湿度、雨、雪、冰、沙尘暴等，这就需要有更大的净距离。户外实验室的接地系统可以参照户内实验室那样制作（见 9.2.2 节），除了接地棒外，还可以焊接和使用混凝土的钢筋，作为接地区域，不需要与土壤隔离，必须只在一个点连接到户内实验室的接地系统。

图 9.31　1300kV/1A 户外 DC 发生器

9.4　现有 HV 试验场的升级改造

建立一个新 HV 实验室是一项重大投资，现有试验场的更新（有时也称为升级改造或翻新）通常是新实验室在经济上和技术上可接受的替代方案。在最简单的情况下，它涉及更换完整的 HV 试验系统，添加新的或更换旧的组件。现有 HV 实验室的升级改造通常更加困难。以下给出了关于升级改造现有 HV 试验场的一些观点，通常，现有 HV 试验场的升级改造应尽可能遵循本章所述的新试验场的原则（见第 9.1 节、9.2 节、9.3 节）。

9.4.1　高压试验系统的升级改造

高压和电源组件的寿命通常高于控制和测量系统组件的寿命。有时，对于高幅值的 AC、DC 或冲击电压，调节变压器或晶闸管控制器的寿命也比发生器的寿命要短。因此，升级通常与控制和测量单元有关，不建议仅更换其中一些组件和采用新、旧控制和测量仪器混合运行的方式。控制和测量系统应能实现简单和可靠的控制、安全的数据记录和评估、本地数据网络和远程服务的通信，如图 2.8 所示，并在第 9.1.4 节中进行了描述。数字控制、测量系统和电源电路组件之间的必要接口应根据要翻新设备的设计和使用年限单独建立。

如果新的 HV 试验系统（可能具有更高的额定电压）要在现有实验室中布局，必须考虑必要的净距离（见第 9.1.3 节）。在 HV 部件（发生器、分压器、连接等）与相邻的接地或通电物体之间净距离有限的条件下，可以考虑使用较大的控制电极，这需要计算 HV 部件与其周围环境之间的电场条件。此外，必须保证与试验对象之间的必要净距离（见图 2.1），为了节省试验区域的空间，罐式试验变压器和电抗器可以安装在户外，其 HV 套管进入试验室（见图 9.21）。有关安全要求，请参见第 9.2.6.2 节。

9.4.2　HV 实验室的改进

安全系统必须完全遵循第 9.2.6.1 节中说明的原则，安全要求的任何降低都是不可接受的。当辅助设备（见第 9.2.5 节）被修改或改进时，应保证试验系统的可靠运行，包括务必不能影响 PD 必要的灵敏度和介电测量：应充分保持净距离，不能降低屏蔽的效果。

大多数支出对于改善 HV 试验场的接地和屏蔽是必要的，这是因为耐受性试验越来越多地通过敏感的 PD 和/或电介质测量来完成。不能在未屏蔽的试验室进行监测的耐受性试验，因此，需要进行供电电源的滤波、屏蔽和接地的升级改造。

通常，旧的接地棒会被腐蚀，必须更换以达到 1Ω 量级的有效接地电阻，接地应独立于屏蔽（见第 9.2.2 节），但在较旧的试验场中，接地是通过接地棒和覆盖整个试验区域的区域接地组合来实现的，这意味着接地和屏蔽在地板上组合在一起了，应该研究是否有必要将地板中的接地和屏蔽分开（见第 9.2.2 节）。地板的屏蔽不像墙壁和天花板那样重要，应按照上面图 9.18 和图 9.19 所述进行。如果认为必须进行地板接地，则必须在区域接地装置上铺上一层绝缘箔，然后再粘贴上合适的金属网或金属板，形成地面屏蔽层和保护层，通常是在混凝土上层涂覆一层环氧树脂，以便于气垫运输。

在某些情况下，应考虑是否需要屏蔽整个试验区域或是否使用屏蔽舱（见图 9.32）就足够了，在这样的可移动屏蔽舱中，其 PD 噪声水平可以达到最低。如果这种商用舱的空间足够，则不需要对整个试验区域进行昂贵的屏蔽。使用金属封闭的试验系统可以达到类似的效果（见图 3.41），必须通过对穿透到屏蔽区域的所有电压进行最佳的滤波来实现完美的屏蔽效果（见第 9.2.3 节）。

图 9.32　例行试验场的屏蔽室

第 10 章 现场高压试验

摘要：进行现场高压（HV）试验有两个不同的原因：第一，确保新设备或系统在现场组装后其绝缘的完整性；第二，评估老化设备的状况，例如，对经过维护和修理后的设备进行现场试验。第一类涉及调试试验，如今典型的 HV 耐压试验越来越多地与非破坏性的无损介电试验（例如：C/tanδ 和 PD 测量）结合使用，以证明设备必要的质量和可靠性。这些试验完成了工厂进行的质量保证试验，并应遵循其基于绝缘配合的理念。第二类试验通常称为诊断试验，其目的是评估绝缘状况以及运行老化设备的剩余寿命。出于诊断的目的，通常进行一组试验和测量。维修后的高压试验介于这两类试验之间，因为维修过的部件是新的，但设备或系统的其他绝缘是运行老化的。在考虑现场用 HV 试验系统的一般要求后，引入了符合 IEC 60060 - 3：2006 的试验电压。此外，本章还提供了现场质量验收耐压试验和诊断试验的通用实例，包括压缩气体绝缘设备（GIS）、电缆系统、电力变压器和旋转高压电机。

10.1 现场高压试验系统的一般要求

10.1.1 质量验收试验

高压（HV）试验不仅与工厂的试验有关，绝缘的整个生命周期都伴随着 HV 试验（见图 10.1），最终现场组装设备和系统的质量通过工厂对其组件的质量验收试验（例行试验）进行了仔细的验证。这些高压耐受试验通过现场质量验收试验完成，这些试验验证了运输和现场组装后的设备和系统的质量，仅确保设备的可靠的运行（调试试验）。所有质量验收试验应遵循相同的原则，即试验电压应表征其运行中承受的应力，并且应具有很好的可再现性。在试验成功后（见图 10.1，黄色区域），可以进行调试设备并可从供应商交付给用户。

设备用户可以安排绝缘的在线监测［CIGRE TF D1.02.08（2005）］，例如，通过使用内置传感器进行在线、非传统的 PD 测量，监测适用于状态评估的相应参数（可能是不同 PD 测量值的组合）的变化趋势。如果指标值（参数的组合值）达到预警幅值，则离线诊断试验可能对缺陷的识别和定位非常有用。诊断试验应重复质量试验的一些原则，但这不是绝对必要的。它应该包括一组不同测量位置的测量值，并且应该能够通过检测到的缺陷提供有关绝缘受到危害的信息。使用外部电压源进行的离线诊断试验可以在不同的电压水平下进行测量，包括起始和熄灭电压的确定。因此，它提供的信息比在线监控提供的信息还要多。然而，监测和诊断试验能够相互补充，并在绝缘状态的评估中共同发挥作用（见图 10.1，深色区域）。

在"生命周期记录"中，记录诸如电缆系统的所有试验和检查是非常有用的（见图 10.1），该记录提供有关诊断指标值的趋势信息。在过去的 20 年中，质量验收试验和诊断试验相互独立地发展起来，但目前似乎有必要克服两种试验的差异，并基于物理现象和实践要求，以一种总体的观点来考虑所有的 HV 试验。

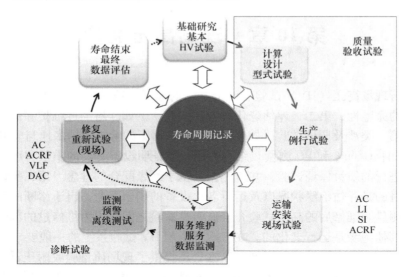

图 10.1 设备寿命周期的 HV 试验和测量

电力系统部件绝缘的绝缘配合（见第 1.2 节）应保证其可靠运行以及对操作人员和重要设备的安全防护，这可以通过防护设备（避雷器）的保护水平和设备的试验电压水平之间的配合来实现。绝缘缺陷的多样性阻碍了在不同试验电压之间建立通用的等效性，施加的试验电压应代表运行中的典型电压应力（Hauschild，2013 年），该原理是通过试验电压验证绝缘配合的基础。因此，对于新设备的质量试验也是强制性的，其中包括现场质量验收试验（见图 10.1，浅色区域）。按照水平标准，运行中的典型应力和相关试验电压在第 1.1 节和第 1.2 节中已经进行了说明，现场试验的试验电压具有比实验室试验更宽的容许偏差。

多年来，充分考虑了下面用于质量验收试验的试验电压的一般要求：

1）试验电压应代表运行中的应力。

2）试验电压应在其参数的规定容许偏差范围内可重复，容许偏差反映了试验电压产生的可行性和运行中实际应力的分散性。

3）所有质量验收试验应能够相互比较，因为不同的试验都与共同的质量控制体系有关。

4）质量验收试验需要明确的通过/失败标准和可比较的试验程序。"直接"耐受试验的结果不需要解释，基于测量的"间接"试验需要一个必须在标准或合同中达成一致的限制。

对非自恢复绝缘的耐受性试验需要详细考虑：当选择试验电压值和试验持续时间时，应确保不会影响绝缘的健康水平（见图 10.2a，点划线），而有严重缺陷的绝缘（虚线）会发生损坏。将耐受试验误判为"破坏性"似乎是错误的，如果存在运行危险的缺陷，则试验对象将会发生击穿。例如，具有内部缺陷的电缆系统在耐受试验期间出现故障要比运行期间出现故障要好得多，我们甚至希望缺陷电缆在试验期间出现故障。对运行老化的电缆系统进行耐受性试验，可能会牺牲电缆潜在的寿命。为了表明耐受试验对绝缘没有损害，应将其与合适的被测物理量的测量相结合，例如，PD 或 tanδ 值。这种 PD 监测耐受试验程序的原理如图 10.2b 所示（CIGRE TF D1.33.05，2012）：

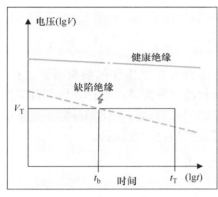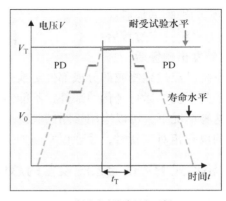

a) 寿命特征(示意图)　　　　　　　　　b)监测耐受试验程序示例

图 10.2　PD 监测耐受试验的背景和程序

　　PD 监控耐受试验的"升压程序"应从一个无 PD 现象的电压台级开始（工作电压或略高于此值），然后再增加两个台级电压达到耐受电压水平。此外，在该电压台级，建议进行 PD 测量。然后，进行"降压程序"以相反的顺序重复相同的电压台级试验。除了耐受试验和 PD 通过/失败标准之外，在相同电压台级上，通过耐受试验前后 PD 特性的比较补充完善试验对象的状况信息。当"降压程序"的 PD 特性与"升压程序"的 PD 特性非常相似时，表明被测设备或系统在耐受试验中未发生损坏。

　　质量验收试验始终与重要的决策相关联，例如，成功的型式试验是 HV 部件开始进行生产的技术条件，新设备或系统必须通过现场质量验收试验才能交付给用户，这意味着质量验收试验也证明了合同的履行是合理的。

10.1.2　诊断试验

　　进行状态评估的诊断试验，目的是估计试验设备或系统的剩余寿命，根据试验的性能对试验的结果进行分类，具体分类如下：

　　1）"安全可靠"；

　　2）"保持观察"；

　　3）"存在缺陷，修理或更换"。

　　这不能通过单次耐受试验来完成，通常需要一组试验和测量，以及根据生命周期考虑相关的数据趋势，这些数据可以是在不同电压水平下进行的不同特性的 PD 测量值，例如，起始和熄灭电压、视在电荷或重复率（IEEE Guide P400[TM] – 2012）。PD 测量提供了有关绝缘中的弱点信息。当应用介电响应方法时，可以得到电缆系统全部或整体的状态评估，这些方法包括：耗散因子、极化/去极化电流、漏电流或恢复电压的测量（IEEE Guide P400[TM] – 2012）。此外，通过如上所述的监测耐受性试验（见图 10.2b）可以获得有价值的信息，运行老化的绝缘应该在高于工作电压的应力下进行试验，但应低于调试前的试验电压。

　　与上述质量验收试验相反，在必须进行诊断试验和测量时，没有通用的规则或标准，相关决策取决于设备或系统的用户，诊断试验的结果可以根据以下项目做出：

1）根据固定的时间表；

2）一定的缺陷增加后；

3）电力系统一定过载后；

4）监测发出预警后。

如果系统已经过维修或部分或部件更换过，维修或扩展工作的质量需要进行试验验证，试验的问题是系统的运行老化的部件，不能将老化的部件简单地当作新的部件来施加应力进行试验，这种情况下，可以应用诊断试验的原则以避免对运行老化部件施加过度应力，只有当所考虑的设备相对较新时，才建议实施如上所述的质量验收试验。

10.1.3 移动式 HV 试验系统设备的总体设计

移动 HV 试验系统的总体设计必须考虑以下列出的一组标准：

试验电压的合适选择具有最高的优先级，选定的试验电压会显著影响机械设计和功率需求。对于质量验收试验，它们应与绝缘配合所需的试验电压相关；而对于诊断试验，应结合设备状态评估的有效测量结果进行选择。

HV 试验系统的重量和紧凑性对于系统的最佳重量 – 试验功率关系、运输可接受的尺寸以及试验现场的布局都至关重要。

运输性和装配都会影响试验系统的处理，试验系统应配备有运输配件，配件足够坚固能够抵抗机械冲击，并能很好地保护试验系统，使其免受可能危及功能的环境条件的影响（雨、雪、冰、极低温和极高温、沙尘暴等）。在试验系统准备好进行试验之前，现场组装工作应该很少。较小的试验系统（通过屏蔽电缆连接试验对象）可以完全安装在货车、拖车或集装箱内（见图 10.3a；第 10.2.1.1 节），ACRF 试验系统的 HV 组件（励磁变压器、电抗器、分压器）是金属封闭的，以满足安全要求（见图 10.3b）；重型和大型系统（例如，用于高压和特高压电缆的试验系统）安装在拖车上（见图 10.4）。高压试验系统、拖车和卡车的总重量不得超过公路允许的承受值（例如，欧洲规定的 42t）以避免需要采用特殊的运输方式；第二种可能性是使用的部件可以在现场轻松组装，图 10.3c 显示了一个带有三个模块化电抗器和一个独立分压器的 ACRF 试验系统；图 10.3d 显示了振荡雷电冲击（OLI）电压的试验电路（见第 10.2.1.3 节），包括一个直流充电单元和三个发生器模块，每个模块 300kV，HV 电感连接发生器和分压器/（基本负载电容器）以及试验对象。

试验所需的功率需求应是电压源无功试验功率与有功功率需求之间的最佳关系，考虑到容性负载试验对象，这可以通过振荡电路的应用和谐振原理来建立。当现场采用柴油发电机组供电时，必须考虑到它不是“刚性”特性输出的电源，其额定功率应显著超过必要的有功功率。

HV 试验系统的控制和测量系统应易于操作，建议使用计算机系统。如果发生意外事件，例如，试验对象击穿、试验系统故障和馈电中断，系统应能保存所有的试验数据和所有的测量结果。

在上述技术要求之间，必须为选择合适的 HV 试验系统做出一定的妥协，尤其是在考虑成本的情况下，不能期望一个系统对于所有额定电压和各种离线试验都是最佳的，必须寻找到一个折衷的方案。

a) 带配电电缆的ACRF试验的货车内外视图

b) 组装了三个模块化电抗器的集成ACRF试验系统

c) 900kV累计充电电压和1600 kV OLI
输出电压的集成冲击试验系统
(Siemens AG, Berlin提供)

d)

图 10.3　HV 现场试验系统原理设计照片

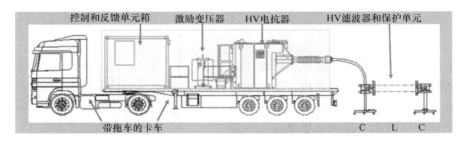

图 10.4　HV 和 EHV 电缆系统的移动式 ACRF 试验系统

10. 2　现场施加的试验电压

鉴于质量验收试验的试验电压应与工厂的质量试验相关，诊断试验的试验电压不需要进行如此严格的选择，重点在于根据所施加电压的知识规则对一组试验结果进行解释。因此，可以施加附加的特殊电压，以下章节考虑了相关 IEC 标准 60060 - 3∶2006 或 IEEE 指南 P400TM - 2012 中所述的现场试验的试验电压。

10.2.1 耐受试验电压

10.2.1.1 工频范围的交流电压（HVAC）

工频 AC 电压（见第 3 章）被认为是最重要的试验电压，特别是在承受 PD 监测的耐受性试验情况下。因此，它可以作为现场施加的许多试验电压的参考。用于实验室试验的工频试验电压定义为 45 ~ 65Hz 的频率范围（IEC 60060 - 1：2010）。对于现场试验，AC 电压通常由移动的、频率调谐谐振（ACRF）试验系统产生，因为它们具有更好的重量 - 试验功率比（见第 3.1.2.4 节），这就是为什么对于现场试验，相关的 IEC 60060 - 3：2006 接受更宽频率范围和更宽的容许偏差的原因：

试验电压值	峰值/$\sqrt{2}$	
试验电压频率	10 ~ 500Hz	
试验电压容许偏差	±3%，1min	
	±5%，>1min	
峰值与均方值的关系	$\sqrt{2}$ ±15%	
不确定度（$k=2$）		
—峰值电压测量	5%	
—频率测量	10%	

单一设备委员会应用降低的频率范围；例如，建议将 20 ~ 300Hz（见图 10.5）的频率范围用于电缆系统的现场试验（IEC 62067：2011；IEC 60840：2011）。许多实际现场试验表明，试验频率经常保持在 30 ~ 100Hz 的非常窄的范围内，应证明工频范围的 AC 试验电压的应用非常重要。

例如，图 10.6（Schiller，1996 年；Gockenbach 和 Hauschild，2000 年）显示了挤压电缆绝缘模型的耐受电压取决于频率，粗实线表示技术无缺陷电缆绝缘的耐受电压，而细实线表示有严重人为缺陷电缆绝缘的耐受电压。具有实际缺陷的挤压电缆绝缘的耐受电压位于两条线之间，每种类型的缺陷都以不同的方式影

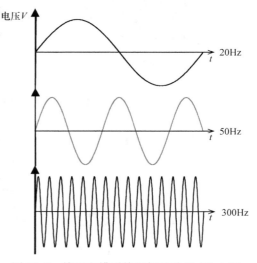

图 10.5 挤压电缆系统现场试验用 AC 电压

响着绝缘的击穿过程，这就使得两个不同试验频率之间不能使用一个通用的等效因子，20 ~ 300Hz 和 50/60Hz 的击穿电压之间的偏差保持在 <10% 的可接受的小范围内（见图 10.6，阴影区域："AC"）。

此外，在通用的频率范围内，PD 模式受频率的影响非常小（见图 10.7；Schreiter 等人，2003 年），这就是为什么 20 多年来可变频率的 AC 电压广泛和成功应用于现场 HV 和 THV 电缆质量验收试验的原因。

作为第二个示例，考虑 SF$_6$ 绝缘开关设备（GIS）的现场试验，最危险的缺陷是自由移动的粒子，图 10.8（Mosch 等人，1979 年）显示了在不同电压下，这种粒子在水平同轴模

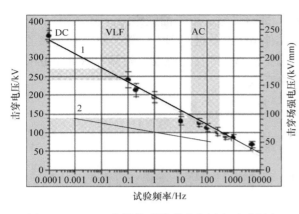

图 10.6 XLPE 电缆模型的耐受电压和试验频率
1—无人工缺陷 2—有人工缺陷

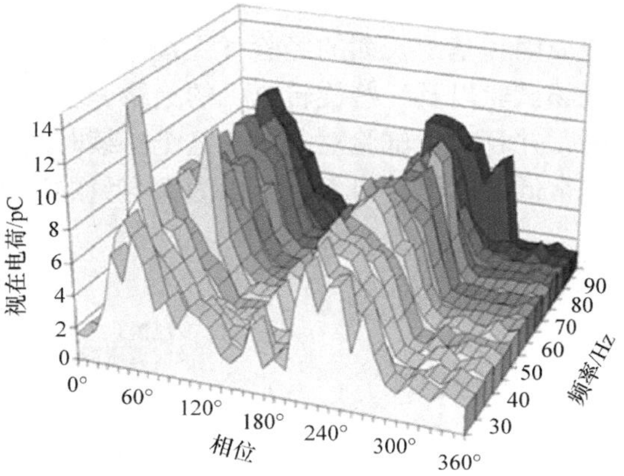

图 10.7 不同试验频率下 XLPE 模型的 PD 模式

型中的运动：在 DC 电压下，粒子迅速移动并立即到达内部电极。然后，观察到粒子在电极之间近乎规则的运动，当粒子在足够高的电压下靠近内电极时将引发击穿。LI 电压太快而不能引起粒子的任何运动，即使在 SI 电压作用下，粒子的机械运动也是很慢的，以至于只有当电压降低到零时它才到达内部电极，粒子的真实运动仅由工频范围的 AC 电压引起。由于改变电场的方向，粒子也随着改变其运动方向，带电颗粒悬停并且只有在接触内电极时才会导致击穿。尽管在 LI 和 SI 试验电压作用下不能检测到带电颗粒，但是 DC 试验将检测到运行中从不会产生危害的带电颗粒。这证实了"只有使用代表工频电压的 AC 电压才能进行有效的试验"的原则。

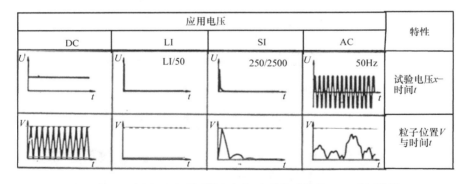

图 10.8 不同电源波形同轴电极间球形粒子的位置 - 时间特性

为了在现场产生 AC 电压，可以应用第 3.1 节中解释的原理（见图 10.9）。当试验电压 <20kV、试验容性负载 <0.5μF 时，基于试验变压器的试验系统应该是最经济的解决方案。对于更高的试验参数，必须使用谐振试验系统，其中频率调谐电路具有比电感调谐系统更好的重量 - 试验功率比（见表 3.2；图 10.9）。变压器和电抗器的设计在很大程度上取决于试验对象，这将在第 10.3 节中讨论。

10.2.1.2 高压直流电压

DC 电压（见第 6 章）可用于 HVDC 组件的现场试验。随着基于 HVDC 架空线、HVDC

挤压电缆和气体绝缘系统的 HVDC 传输系统的广泛应用，DC 试验变得越来越重要。由于历史原因和基于长期的经验（见图 10.10），HVDC 试验仍然适用于油纸绝缘、AC 电缆系统的现场试验以及一些旋转电机的绝缘，不建议对其他 AC 设备进行 DC 试验。如果有足够的时间，并且对于试验对象而言这个持续时间并不重要，那么即使直流发生器具有数 mA 范围内非常低的电流输出，也可以为大容量的试验对象充电。

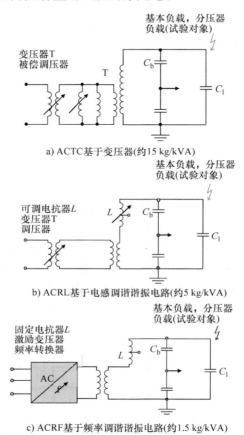

a) ACTC基于变压器(约15 kg/kVA)

b) ACRL基于电感调谐谐振电路(约5 kg/kVA)

c) ACRF基于频率调谐谐振电路(约1.5 kg/kVA)

图 10.9　AC 试验电压产生和近似重量－试验功率比

图 10.10　Koch 和 Sterzel（1936）制造的、额定 250kV 的历史 HVDC 试验系统

按照 IEC 60060 – 3：2006 要求，现场试验的 DC 电压参数如下：

试验电压	算术平均值
试验电压容许偏差	±3%，上限至 1min
	±5%，＞1min
纹波系数	≤3%
电压测量的不确定度	≤5%
纹波测量的不确定度	≤10%

为了产生 DC 电压，通常采用模块化 HVDC 试验系统，它们可以是空气绝缘的，或者用于更高电流的油绝缘，如图 6.1c、图 6.9 和图 6.10 所示。为了进行内部或清洁的外部绝缘试验，具有非常低电流的 HVDC 试验系统就足够了，但是对于运行老化或污秽绝缘的诊断试验，必须考虑更高电流的试验系统。

10.2.1.3　冲击电压（LI、OLI、SI、OSI）

冲击电压（见第 7 章）不能代替现场连续电压的试验，通常使用 AC 或 DC 电压进行进行试验。IEC 60060 – 3：2006 不仅允许在现场使用更宽时间参数容许偏差的非周期性冲击电压，而且还允许使用振荡的冲击电压（见第 7.1.3 节，图 7.16 和图 7.17），产生的冲击电压的参数满足以下范围内：

	LI/OLI	SI/OSI
试验电压	峰值	峰值
试验电压容许偏差	±5%	±5%
波前时间/峰值时间	0.8 ~ 20μs	20 ~ 400μs
半峰值时间	40 ~ 100μs	1000 ~ 4000μs
频率	15 ~ 500kHz	1 ~ 15kHz
不确定度（电压测量）	±5%	±5%
不确定度（时间/频率测量）	±10%	±10%

由于具有非常高的效率，振荡雷电冲击（OLI）和振荡操作冲击（OSI）电压获得了应用（见第 7.1.3 节），对于振荡冲击（OLI、OSI），时间参数由包络曲线确定，对于这些波形的产生，请参见第 7.1.3 节和图 10.3d（移动使用）。

LI 和 OLI 试验电压可用于检测 GIS 中的固定缺陷。对于 GIS，如果在 AC 电压下的 PD 测量不够灵敏，建议在现场进行相关的振荡雷电冲击（OLI）验收试验。到目前为止，电力变压器在现场维修后仍使用非周期性的冲击 LI 电压进行试验，振荡冲击电压尚未应用在这些试验中。

10.2.2　特殊试验和测量用电压

IEC 60060 – 3：2006 区分了与 IEC 60060 相关的试验电压，这意指用于质量验收的耐受试验电压（见第 10.2.1 节）和那些特殊（诊断）试验的电压。后者是极低频（VLF）电压和下面要考虑的阻尼 AC（DAC）电压，特殊试验的附加电压可由相关的 IEC 技术委员会规定。

10.2.2.1　甚低频电压

在使用 50/60Hz 电压进行电缆试验时，为了避免高功率的需求，在 20 世纪 80 年代早期引入了甚低频（VLF）的试验电压，优选值为 0.1Hz（Nelin 等人，1983 年；Boone 等人，

1987 年）。与 50Hz 相比，VLF 试验电压可以将功率需求降低至 0.2%（见图 10.11a）。IEEE 指南 400.2 和 IEC 60060 – 3:2006 分别将 VLF 试验电压的频率范围固定为 0.01~1Hz，如果满足以下附加的试验要求，标准可以接受在正弦波和矩形波之间显著不同的波形下进行现场试验（见图 10.11b）。

试验电压	峰值（对于某些应用程序，rms 值）
试验电压容许偏差	±5%
频率范围	0.01~1Hz
电压测量不确定度	≤5%
频率测量不确定度	≤10%

VLF 试验电压与运行中的应力相差甚远，但 VLF 试验系统（见图 10.12）适用于中压电缆，具有结构紧凑、功率低的特点。

当工作的电源频率高出 500 倍时，0.1Hz 和 50Hz 之间的比较（见图 10.11a）给人一种放电过程的印象。具有极性反转、重复率低得多的电压应力会引起不同的放电机制，从而导致更高的击穿电压。图 10.6 显示 0.1Hz 时健康绝缘的击穿电压约为 50Hz 的两倍！因此，施加的 VLF 试验电压必须比工频频率高出 50%。

由于具有紧凑性和低功率需求，引入了 VLF 电压用于诊断试验，甚至用于中压电缆的质量验收试验（见图 10.12a）。根据欧洲标准 EN HD 620 S（1996），试验电压值是均方根值，由此正弦 VLF 试验电压的峰值应比矩形 VLF 电压的峰值高出 $\sqrt{2}$ 倍，因此，不建议将 VLF 试验电压用于挤压 HV 和 UHV AC 电缆的质量验收试验。VLF 电压不是电缆运行下的应力，结合 HV 和 EHV 电缆中较高的应力，试验结果可能与使用工频电压的试验结果不一致。

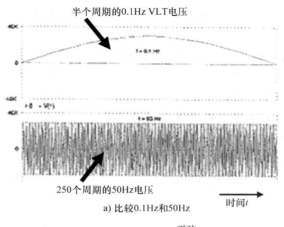

a) 比较 0.1Hz 和 50Hz

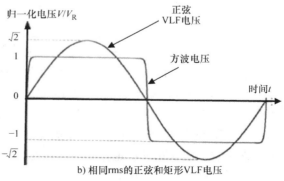

b) 相同 rms 的正弦和矩形 VLF 电压

图 10.11　VLF 试验电压和工频 AC 电压

10.2.2.2　阻尼交流电压

正如在第 7.6.2 节中已经推行的 DAC 电压，在 20 世纪 80 年代引入了冲击电压的 PD 诊断试验，以确保挤压电力电缆绝缘的完整性。为此目的，电缆绝缘最初施加操作冲击（SI）电压和振荡操作冲击（OSI）电压（Lemke 等人，1987 年；Plath，1994 年）。然而，这种试验的主要问题是试验设备的利用效率随着电缆长度的增加而降低，这是因为电缆电容所需的电荷能量必须预先存储在操作冲击（SI）或振荡操作冲击（OSI）发生器的脉冲电容器中（见第 7.1.3 节和图 7.19）。为了解决这个关键问题，提出了使用电缆电容本身作为脉冲电

a) 几μF地面电缆的移动式试验系统

b) 海底电缆的试验系统，最大
25μF(BAUR AG，Austria提供)

图 10.12　60kV VLF 试验系统

容器（Lemke 和 Schmiegel，1995 年；Gulski 等人，2000 年），使得 PD 诊断试验可以使用所谓的阻尼交流（DAC）试验电压进行试验（见第 7.1.3 节），这种情况下发生回路的利用效率接近 100%。然而，为了产生用于 PD 监测的阻尼交流 DAC 电压，必须考虑到电缆绝缘通过缓慢上升的斜坡 DC 电压而施加的预应力，其峰值时间在几 s 至大于 1min 之间变化。这种情况下，应该提到预应力 DC 电压的斜坡时间参数没有规定（见图 10.13），如相关标准 IEC 60060 − 3：2006 仅考虑阻尼振荡电压，且定义了以下要求：

试验电压	峰值
试验电压容许偏差	±5%
频率	20 ~ 1000Hz
后续峰值的阻尼	≤40%
电压测量的不确定度	≤5%
频率测量的不确定度	≤10%

　　如前所述，电缆绝缘最初施加单极性的斜坡 DC 电压，此后施加快速的极性反转电压，如果与触发 DAC 试验发生器之前出现的峰值相比较，相反极性电压扫描的峰值仅略微衰减。DAC 电压的频率取决于试验对象的电容量和用于电容放电的 HV 电感器的电感量［参见式（7.6）］。假设振荡频率在 1000Hz 和 20Hz 之间，极性反转将分别在 0.5 ~ 25ms 之间变化。振荡电压的衰减不仅受到电缆电容介电耗散损耗的控制，还受到诸如 HV 电抗器和固态 HV 开关等试验设备部件的欧姆电阻的控制。尽管存在上述衰减，但 DAC 电压周波数减少，从而导致电缆绝缘中的电压应力类似于在工频试验电压下产生的电压应力，这就是为什么 IEC 60060 − 3：2006 中规定阻尼交流 DAC 电压非常适合 PD 测量的原因。如前所述，首次电压扫描的峰值几乎与斜坡 DC 电压的峰值相同，预应力斜坡 DC 的持续时间（实际条件下可能在几 s 到大于 1min 之间变化）取决于 DC 电压源的额定电流和试验对象的电容量，因而取决于被测电缆系统的长度（见图 10.14）。

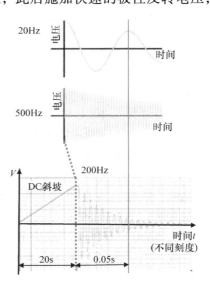

图 10.13　试验对象电容被 DC 电压斜坡充电之后产生的 DAC 电压

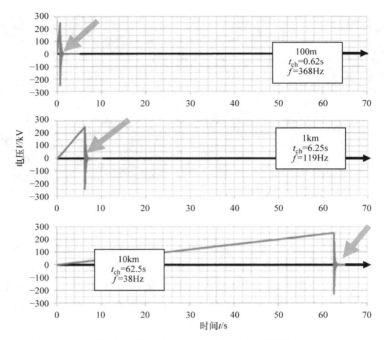

图 10.14　不同电缆长度电缆系统的直流电压斜坡和 DAC 电压

　　即使用于大容量试验对象的 PD 试验，DAC 电压的产生也只需要很少的 HV 组件（见图 10.15）：一个 DC 发生器、一个高压电抗器（电感）和基本容性负载，该电容可作为分压器和耦合单元，用于捕获待测电缆的 PD 信号。阻尼交流 DAC 试验设备的主要优点是设计紧凑、重量轻，便于运输和现场快速组装。然而，实际经验表明：阻尼交流 DAC 电压非常适合现场 PD 诊断试验，但不适用于耐压试验，安装后进行调试试验（见第 10.1.1 节），原因如下：

　　1）DAC 电压与 DC 充电的斜坡相关，该充电斜坡不代表运行条件下的任何应力。

　　2）斜坡的持续时间取决于试验对象的电容量，因此，对不同的电缆系统不具有可重复性。

　　3）DAC 电压的频率取决于试验对象的电容量，因此，对于不同的电缆系统也不可重现。

　　4）DAC 电压的阻尼率取决于试验电路中的损耗，因此，也不可重现。

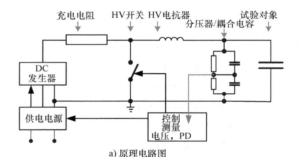

a) 原理电路图

b) 30kV的DAC试验系统

图 10.15　DAC 电压的产生
1—局部放电映射　2—试验电压控制
3—测量控制和　4—30kV 的 DAC 发生器

5）具有 DC 斜坡的 DAC 脉冲序列（见图 7.19c）用于代替 AC 耐压试验，可能导致累积空间电荷效应，因此，不能代表工频 AC 电压。

然而，IEC 60060 – 3：2006 将 DAC 电压视为用于现场诊断试验的合理电压，并与 PD 测量相结合，尤其是对于中压电缆，已经成为用于状态评估的重要工具（Gulski 等人，2007年；CIGRE TF D.1.33.05）。PD 监控耐受试验可能适用于某些中压设备的质量验收试验，对于具有较高运行应力的 HV 和 EHV 设备和系统，DC 斜坡的预应力、而后跟随快速极性反转的DAC 电压，将导致其试验结果难以与工频 AC 电压的试验结果相比较。这是因为：阻尼交流DAC 电压原则上表示的是冲击电压，因此，不宜将 DAC 试验电压应用于 GIS（比较图 10.8）。

10.3 现场 PD 测量和诊断

在实验室和现场条件下，局部放电现象和用于测量的程序是相同的，如第 3 章所述。因此，下文中将不再重复。在直流 DC 电压应力下，局部放电的随机特性尤其明显，这可以在第 6.5 节中找到，这将使得在 HVDC 条件下进行现场有效 PD 试验变得更加困难，同时降低了灵敏度且非常耗时，这就是为什么通常建议使用 AC 电压代替 DC 电压进行 HVDC 设备的现场 PD 试验，例如：用于气体绝缘 HVDC 系统的调试试验［CIGRE JWG D1/B57（2017）］。下文将简要考虑现场条件下 PD 诊断试验的一些具体方面。

众所周知，HV 装置的绝缘不仅由于永久施加的运行电压而老化，而且还由暂态和瞬态过电压以及热和机械应力而引起。结果，可能会导致绝缘中的产生弱点，从而会成为局部放电的源头。为了避免不仅对供应商和客户、而且给环境造成严重后果而发生意外停电事故，因此，基于诊断 PD 测量的资产管理变得越来越重要。

为了尽早发现绝缘的逐渐劣化，如今，传统的基于时间的维护越来越多地被基于状态监测的维护所取代，绝缘状态评估特别关注重要的高压设备。通常用于判断绝缘完整性的诊断工具可分为全局（整体）和选择性（局部）方法（见图 10.16），由于整体绝缘劣化最终还会产生薄弱点，进而会导致局放 PD 事件，必须将整体绝缘劣化视为最终发生击穿的前兆，

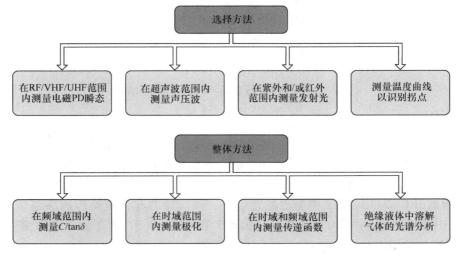

图 10.16　用于现场条件下 HV 设备绝缘状态评估的诊断测量调查

因此 PD 监控耐压试验已成为电力设备维护和更换不可或缺的工具。

在现场条件下进行 PD 测量时，通常使用容性或感性的 PD 耦合器（也称为 PD 传感器或甚至 PD 天线）通过电磁场接收从试验对象辐射的 PD 瞬变信号，捕获的信号由当今可使用的先进数字 PD 监测系统获取，用于向资产管理者提供关于绝缘状态的可靠信息，以便管理者决定进一步采取的措施（见图 10.17）。在此必须强调，除技术方面外，还必须考虑经济后果。因此，只有非常重要且昂贵的 EHV/UHV 设备才需要采用连续 PD 监测的整体方法，对中压设备而言，没有必要进行长期的 PD 监控，而只需不时地进行检查。

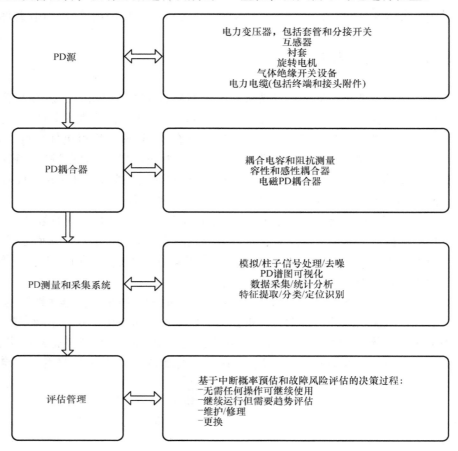

图 10.17　HV 设备现场 PD 诊断的总体结构

如果制造后提供的 HV 设备已经配备有 PD 传感器，则这些传感器可以有利地用于运行电压下的周期性或长期的 PD 监控，甚至在现场组装之后用于 PD 监控的验收试验。

通常必须强调的是，由于始终存在的电磁干扰，在现场条件下进行敏感的电气 PD 测量是一个难题。因此，除了根据 IEC 60270：2000（参见第 4.3 节）对 PD 脉冲视在电荷的传统测量外，根据 IEC 62478：2015 中提出的建议一，替代性的非传统原理越来越多地被使用，如 UHV/VHF PD 测量和声学 PD 测量（见第 4.7 节和第 4.8 节）。下面考虑的测量示例涉及电磁 PD 瞬变的解耦以及捕获的 PD 瞬态信号的采集（见图 10.18）。

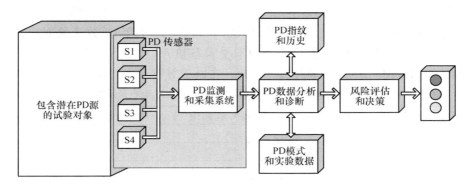

图 10.18　定期和连续测量 PD 监测系统的主要部件

10.4　现场试验示例

在高压设备投入运行之前，必须在现场条件下进行大量的电气、机械、热和功能试验，例如，符合相关 IEC 和 IEEE 标准的规定，并在各种 CIGRE 工作组的许多技术论文中进行了描述（IEEE 草案，P1861TH/D1 2011，CIGRE WG 33 TF 04 2000；CIGRE WG D1.33 TF 05 2012）。除了在不同类型试验电压下进行的传统耐受试验（通常称为质量验收试验或者甚至调试试验）之外，还经常进行无损的诊断试验，例如，C—tanδ 测量以及 PD 测量，下面将重点介绍后者的某些特定方面。

10.4.1　气体绝缘系统（GIS、GIL）的试验

10.4.1.1　基本知识

20 世纪 60 年代引入的气体绝缘开关设备（GIS），由易于运输的单元组成，这些单元现可以在现场组装成一个完整的变电站。运行经验（CIGRE JW 33/23.12 1998）显示：GIS 变电站的介电故障率很低，大约为 1 次/（100 间隔·年）量级，其原因是在现场条件下早已将耐压试验与预防性 PD 测量相结合的试验方式引入到了 GIS 的质量验收试验中。然而，实际使用中出现的大约 35% 的介电故障是由于组装工作不良造成的。从物理角度来看［Mosch 和 Hauschild，1979 年；Mosch 等人，1979 年；CIGRE TF D1.33.05（2012 年）］，大多数公认的缺陷可归类为：

1）自由移动的粒子；
2）高压电极上的尖锐突起和固定颗粒；
3）垫片上粘连的颗粒；
4）浮动部件（防护罩，还有遗留的工具）；
5）绝缘垫片中的小气态夹杂物（空隙、裂缝）。

表 10.1 给出了现场验收试验方法中常用的各种试验电压效率的调查。在即将到来的 HVDC 电力传输链路的安装中引入了 HVDC 气体绝缘系统，与 HVAC 领域相比，HVDC 输电领域中气体绝缘的行为截然不同（见第 6.2.3.1 节），试验理念和相关标准仍在制定中。有一种发展趋势是：通过非常详细的型式试验和原型安装试验来确认 HVDC 气体绝缘系统 GIS

的正确设计（Neumann 等人，2017 年），但其仅适用于 AC 试验电压的质量验收试验、工厂的例行试验和现场的调试试验（CIGRE JWG D1/B3.57，2017 年）。这个临时决定的代价是非常耗时的 HVDC 试验、HVDC 绝缘也必须承受瞬态和 AC 应力（参见第 8.2.3 节），以及长期和非常好的 HVAC GIS 的试验经验。因此，在以下 HVAC 中，优选考虑进行现场试验。

表 10.1　HVAC GIS 现场质量验收试验方法的有效性

缺陷的试验程序类型	AC 耐受	PD 监测 AC 耐受	LI/OLI 耐受	SI/OSI 耐受
自由运动粒子	X	X	o	o
尖锐突起和固定颗粒	o	X	X	X
垫片上的颗粒	o	X	X	X
浮动部件（左工具）	X	X	X	o
垫片缺陷	x	X	X	x

注：X—高效率；x—低效率；o—无效。

10.4.1.2　GIS HVAC 验收试验

与 HVAC GIS 相关的标准 IEC 62271 - 203:2010（参见 IEEE 标准 C 37.122:2010）建议采用带 PD 监测的 AC 耐受性试验（程序 B）或者采用适用于 245kV 及以上 GIS 的 AC 耐受试验和 LI/OLI 耐受试验的组合（程序 C）（如果背景噪声水平相对较高（$q_N > 5pC$），则会导致 PD 测量的灵敏度不足）。对于 <245kV 电压，AC 耐受试验被认为是足够的（程序 A）。该标准定义的试验电压（与 IEC 60060 - 3:2006 略有不同）和试验程序如下：

AC 电压	频率 10~300Hz；耐受 1min（然后在 1.2 U_r 下进行局部放电测量，要求 $q \leq 10pC$）
LI/OLI 电压	波前时间 $T_1 = 0.8~8\mu s$，对于 OLI 电压 $\leq 15\mu s$，承受每个极性的三个脉冲
SI/OSI 电压	峰值时间 $T_P = 0.15~10ms$，仅适用于无交流电源的情况

采用 DC 电压对 HVAC 气体绝缘系统进行现场试验是完全错误的，甚至可能由于（例如）PD 现象的显著差异而引起缺陷。例如，由垫片处沉积的颗粒和空间电荷而触发的 PD 现象，建议的试验电压值见表 10.2。

表 10.2　HVAC GIS 现场试验优选试验电压值（IEC 62271 - 203）

GIS 的额定电压/kV（rms）	AC 耐受电压/kV（峰值/$\sqrt{2}$）	LI/OLI 耐受电压/kV（峰值）	SI/OSI 耐受电压/kV（峰值）
72.5	120	260	—
123	200	440	—
170	270	600	—
245	380	840	—
362	425	940	760
420	515	1140	840
550	560	1240	940
800	760	1680	1140
1200	960*	2040*	1440*

注：星号（*）表示按额定绝缘水平的 0.8 倍计算。

虽然中压 AC GIS 可以通过变压器进行试验，但更高额定电压的 GIS 通常都通过谐振试验系统进行试验。至于说较低的重量，优先选择可变频率的谐振试验系统（ACRF 试验系统），高于工频两倍的频率可能使得在进行现场试验期间，感应式电压互感器可以保留在 GIS 上。

ACRF 试验系统有两种原理设计：

模块化 ACRF 系统由圆柱型电抗器组成（见图 10.19，每个 230kV，3A，200H），可以转换成串联连接以获得更高的电压，或转换为并联连接以获得更高的电流。因此，其电感量和固有频率也可以改变。

图 10.20 显示了三个电抗器的负载频率特性（Hauschild 等人，1997 年）。并联（p）或串联（s）连接不仅可用于电压和电流的调节，还可用于试验频率的调节。

空气绝缘试验系统需要 GIS 的套管来进行 ACRF 试验系统的连接，电容器可用作分压器、基本负载和用于 PD 测量的耦合电容（IEC 60270：2000）。如果 GIS 未配备套管，则必须添加试验套管或电缆适配器。通过阻塞阻抗实现电抗器和电容器之间的连接，但 PD 测量电路暴露在大气环境中。因此，电磁噪声信号可能透入并降低 PD 测量的灵敏度。

图 10.19　使用模块化 680kV ACRF 试验系统进行 GIS 试验（Siemens AG，Berlin 提供）

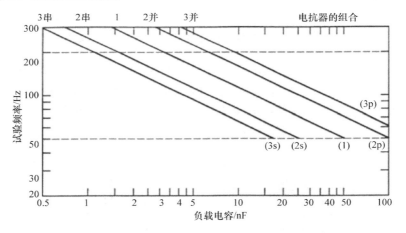

图 10.20　三个模块化电抗器组合的频率—负载特性

轻型 SF_6 绝缘电抗器的金属封闭式 ACRF 试验系统避免了辐射噪声的透入：它可以直接通过法兰连接到被试 GIS 上（见图 10.21），从而形成高压电路的屏蔽。电磁 UHF PD 测量时，不得将任何其他组件连接到 GIS。对于 PD 测量，根据 IEC 60270：2000，该系统包括一个耦合电容（见图 10.21）。这种系统的运行特性如图 3.25 所示，并在第 3.1.2.3 节中进行了解释。当适用合适的外壳适配器时，两个 SF_6 绝缘电抗器也可以串联或并联连接（见图 10.22）（Pietsch 等人，2005 年）。

示例：电容量为 $C_{GIS} = 2.2nF$ 的 245kV GIS 与 $V_r = 460kV$，$I_r = 1.5A$ 和 $L = 720H$ 的金属封闭 ACRF 试验

系统组装后进行试验。对于试验电路，假设品质因数为 $Q = 50$，根据表 10.2，试验电压为 380kV。确定试验频率、必要的试验电流、无功试验功率和必要的馈电功率！试验系统是否适合试验？是否可以增加耦合电容 $C_k = 1.2nF$ 用于 PD 测量？在试验期间，感应式电压互感器能否保留在 GIS 上？

$$试验频率：f_t = \frac{1}{2\pi \sqrt{LC_{GIS}}} = 126.5Hz$$

$$试验电流：I_t = 2\pi f_t C_{GIS} U_t = 0.66A$$

$$无功试验功率：S_t = I_t U_t = 250kVA$$

$$有功馈电功率：P_t = S_t / Q = 5kW$$

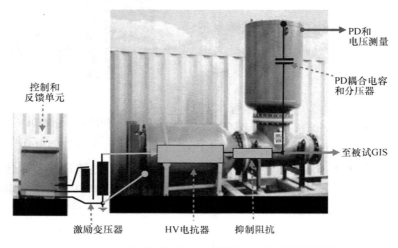

图 10.21　SF$_6$ 绝缘元件金属封闭式 ACRF 试验系统

附加的耦合电容将电容量增加到 $C = C_t + C_k = 3.4nF$，这将使频率降低到 $f_t = 101.8Hz$ 并将试验电流增加到 $I_t = 0.83A$。这两种情况下，试验电流均低于 ACRF 试验系统的额定电流，且试验频率在可接受的范围内。由于试验频率大于工频电源频率的 2 倍，因此感应电压互感器可以在试验期间保留在 GIS 上。

图 10.22　用两个电抗器并联进行大型 GIS 的 ACRF 试验

冲击电压的验收试验通常在振荡电压下进行（见第 7.1.3 节和图 7.16、图 7.17 和图 7.18）。如表 10.2 所示，当无法进行灵敏的 PD 测量时，使用振荡雷电冲击（OLI）电压进行试验非常重要。振荡雷电冲击（OLI）电压的应用使发生器具有较低的额定累积充电电压、较小的尺寸和较轻的重量，试验电压发生器和被试 GIS 总是需要使用 GIS 套管进行连接，如上文提到的模块化 ACRF 试验系统。对于容量相当大的气体绝缘线路（GIL）（IEC 61640：1998；CIGRE JWG 23/21/33 - 2003；CIGRE JWG B3/1.09 - 2008）的验收试验，应采用表 10.2 所示的 AC 试验电压。与 GIS 相比，更高容量的 GIL 需要更高功率的 ACRF 试验系统，这可以通过使用第 10.4.2 节中描述的 ACRF 试验系统的串联连接实现，以便对 HV/EHV 电缆系统进行试验。除耐受性试验外，验收试验还取决于敏感 PD 测量的结果（Okubo 等人，1998 年）。

10.4.1.3　PD 验收试验和诊断的测量

GIS 和 GIL 的 PD 诊断试验不仅对于验收试验很重要，而且对于不时地评估绝缘状况（周期性 PD 监测）、甚至在运行电压下的持续评估（永久 PD 监测）也很重要。一般要求是绝缘中"无 PD"现象，必须在高测量灵敏度下进行验证。为了发现 GIS 或 GIL 中的严重缺陷，包括绝缘垫片中的空腔放电，均需要 pC 范围内的测量灵敏度。现场条件下，这只能通过使用非传统方法来实现，例如，UHF 范围内的电磁 PD 瞬态检测（IEC 62478：2015）或第 4.6 节和 4.7 节中已有的声发射测量。

为了捕获来自试验对象的非常快的 PD 瞬变信号，已经开发了不同种类的 UHF 传感器，例如，移动窗口传感器和固定盘/锥传感器（见图 4.63），以及电场分级传感器（Boggs 等人，1981 年）。正如在第 4.7 节中所述的那样，从物理角度来看，非常规的 UHF 方法的校准准确度不能达到 pC 量级。因此，可将在实验室条件下使用 IEC 60270 中所述方法获得的以 mV 为单位的 UHF 信号幅值与以 pC 为单位的视在电荷量进行比较，基于灵敏度检查结果确定"通过/失败"的标准。在这种情况下，似乎值得注意的是，UHF 和 IEC 方法的相位分辨 PD 模式通常是非常相似。因此，经典的 PD 识别模式也适用于识别和分类由 UHF 方法识别的典型 PD 缺陷，例如，自由移动的颗粒、固定在电极上的突起、浮动的金属部件以及由于绝缘垫片中的空隙和裂缝而导致的空腔（Mosch 和 Hauschild，1979 年；Kranz，2000 年）。

在遇到潜在的 PD 缺陷后，必须知道 PD 缺陷的发源地以评估意外击穿的风险，常见的程序是时间差测量。由于 PD 信号在 GIS 隔间的两个方向上传播，其传播的速度接近光速（300mm/ns），使用的示波器应具有低于 ns 范围的上升时间，以获得适当的时间和空间分辨率。

使用图 10.23 所示的试验布置，其中，PD 信号由位置 P 处的固定金属粒子引起，到达传感器 S_1 和 S_2 的两个冲击之间的时间差由下式给出：

$$\Delta t_{12} = \frac{x_{1P} - x_{2P}}{v_g}$$

由此，得出 PD 位置 P 距右侧传感器 S_2 的距离

$$x_{2P} = \frac{1}{2}(x_{12} - v_g \cdot \Delta t_{12})$$

图 10.23 所示的测量示例是指两个传感器之间的距离 $x_{12} = 100 cm$，代入 $\Delta t_{12} \approx 2 ns$，和 $v_g \approx 30 cm/ns$，可以得到右侧传感器 S_2 和 PD 源之间的距离 $x_{p2} = 20 cm$。

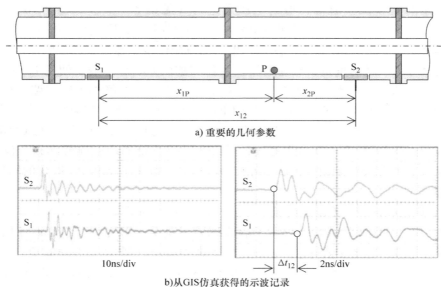

a) 重要的几何参数

10ns/div

2ns/div

b)从GIS仿真获得的示波记录

图 10.23　基于时间差测量 PD 故障定位原理

沿着 GIS/GIL 传播，PD 信号被分隔不同 GIS 或 GIL 隔室的隔板强烈地衰减，该功能也可用于 PD 场点的定位，有时称为 PD 分段方法。

用于定位 PD 场点的另一个有前景的工具是声学 PD 检测，特别是当测量系统由 PD 源辐射的电磁信号触发时，见第 4.8 节。一个实际的例子如图 10.24 所示，涉及在频率为 68Hz 的 AC 试验电压下的自由移动的金属颗粒，这种 PD 缺陷的典型特征是可检测脉冲的重复率相对较低，通常低于试验频率，其中脉冲与试验频率不相关（见图 10.24）。声学换能器阵列的使用也有助于 PD 缺陷的定位，因为当沿着 GIS/GIL 隔室传输时发出的声学信号也经受强烈衰减。

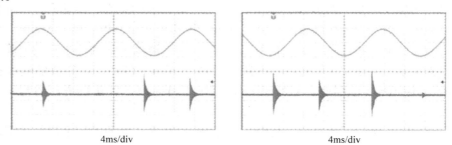

4ms/div　　　　　　　　　　　4ms/div

图 10.24　频率（68Hz）AC 试验电压作用下 GIS 中自由运动粒子引起的声学 PD 信号

实践经验表明，只有在组装或修理后才需要使用独立的高压源对 GIS/GIL 进行现场 PD 试验。因此，预先安装用于调试试验的传感器也可以有利地用于在运行电压下不时进行定期诊断试验。只有重要的 GIS 才需要连续的 PD 监测，甚至在定期 PD 诊断试验过程中发现"低风险" PD 故障后才建议使用。

10. 4. 1. 4　HVDC 气体绝缘系统的现场试验

对于 HVDC GIS，使用 HVDC 试验的经验非常有限，因此，不建议但允许使用。工厂的例行试验和 HVDC 气体绝缘系统的现场调试试验是有效的且不应耗费太多时间。这两项试验都在讨论中，但是 CIGRE 手册和 IEC 标准都是可用的。CIGRE JWG D1/B3.57（2017）建议在现阶段根据表 10.2 使用 AC 电压（施加相同的导体对地电压），这些 HVAC 试验应受 PD 监测。

此建议可能有以下原因：PD 监测的 HVAC 试验对大多数典型缺陷非常敏感（参见第 10.4.1.1 节），气体绝缘系统的 HVAC 试验与 PD 测量相结合的试验已有数十年的经验，最后但并非最不重要的一点是：对 HVDC 气体绝缘系统进行了非常详细的型式试验（见第 6.2.3.1 节）。但是，DC 和 AC 电压下颗粒的行为是非常不同的，因此，未来例行和现场调试试验的经验将表明：HVAC 试验是否足够，或者还是应该通过 HVDC 耐受试验来完成试验。

10.4.2　电缆系统试验

电力电缆系统在电力传输和分配中的应用由来已久，因此，第一代液体浸渍纸（LIP）绝缘电缆是 100 多年前问世的。自 1960 年代以来，这些电缆越来越多地被挤压交联聚乙烯绝缘（XLPE）电缆所取代，同时，两类电力电缆都可以达到 550kV 的额定电压。由于经济和环境的原因，挤压电缆不仅在 AC 而且在 DC 传输网络也越来越占据主导地位（见图 1.2）。以下考虑主要集中安装于 AC 电网中的 XLPE 电缆系统。

电力电缆的现场试验也有很长的历史，表 10.3 概述了电缆铺设后的试验建议使用的各种试验电压。

10.4.2.1　AC LIP 电缆系统直流电压试验的历史

众所周知，油纸绝缘的导电性远高于高聚合物绝缘，因此，在 AC 和 DC 应力下，同轴、油纸绝缘电缆的径向电压分布具有定性可比性，即使在介电缺陷附近也是如此。此外，LIP 绝缘对局部放电具有非常强的抑制性能。几十年前，只有移动的 DC 电压试验系统可用（见图 10.10）。因此，如果必须要对 AC 电缆系统进行试验，则只能施加 DC 试验电压进行试验。高达 $4 V_0$ 及以上的较高的 DC 耐压试验水平与缺陷对 DC 电压的敏感性有关。有关详细信息，请参阅 IEEE 400.1[TM] – 2007 标准。

关于状态评估，如今，LIP 绝缘的 AC 电缆系统主要使用 AC、VLF 甚至 DAC 电压进行试验，这将在以下章节中进行介绍。为了评估 LIP 绝缘的整体老化，通常进行损耗因数和/或介电响应的测量，同时进行 PD 测量以识别局部缺陷，其绝缘缺陷主要发生在附件中，例如，电缆接头和电缆终端。

10.4.2.2　挤压绝缘中压 AC 电缆系统的试验

相关的 IEC 60502：1997 标准提到，只有在合同中"要求"时，才必须对高达 $U_r = 30kV$ 的电缆系统进行验收试验，并且考虑以下三种选择：

1）在 $4 V_0$ 电压下进行 15min 的 DC 电压试验（不建议使用此试验，因为与 AC 相比，DC 的电压分布不同，并且电缆绝缘中还存在附加的空间电荷效应）；

2）在 $1.7 V_0$ 电压下进行 5min 的 AC 耐受试验；

3）在空载电缆上施加 24h 的额定电压。

通常不使用试验方法 3，因为：与替代方案 2 相比，它不需要单独的 HV 试验系统。IEEE Guide 400[TM] – 2012 认为 PD 监控的 AC/ACRF 和 VLF 耐受试验是"有用"的，但任何

表 10.3 挤制电缆系统现场试验用不同试验电压的特性

IEC 60060-3 试验电压；IEEE 400 特性	DC	AC 50/60Hz	ACRF 20~300Hz	VLF 0.02~1Hz	DAC DC 斜坡；20~500Hz，阻尼<40%
运行中的应力表示	DC 电缆相同，AC 电缆不同	AC 电缆相同	与 AC 50/60Hz 应力相近	与 AC 50/60Hz 应力非常不同	冲击电压，与 AC 50/60Hz 应力不大相同
电压表示	单极性和连续电压（参考所有 DC 电缆）	交流电压（参考所有 AC 电缆）	交流电压；在参考频率范围	非常慢的交变，远离参考频率	直流电压斜坡，随后是阻尼振荡
放电和击穿过程	慢，由空间电荷确定	典型的 AC 电源频率	与交流电源频率相似	需要不同的、更高的试验电压值	不同，斜坡期间电荷积累，然后极性反转
不同电缆系统的再现性	完美	完美	可以接受，频率主要在 30~300Hz	好	不好、变化 • 斜坡持续时间 • 频率 • 阻尼
现场发生	容易	对于 HV/EHV：不可能，MV：几秒	适合于 MV 电缆，对 HV/EHV 电缆可接受	适合于 MV 电缆，对 HV 电缆有问题	适合于 MV 电缆
建议的验收试验	所有的 DC 电缆（传统 LIP 绝缘 AC 电缆）	仅 AC 中压电缆	所有 MV 至 EHV 的 AC 电缆	部分适用于 MV 电缆，不适用于 HV 电缆	部分适用于 MV 电缆，不适应于 HV 电缆
建议的诊断试验	所有的 DC 电缆	MV AC 电缆	所有 MV 至 EHV 的 AC 电缆	MV 电缆	MV AC 电缆

验收试验都应由用户和供应商之间的合同决定。根据实际经验，质量验收试验对中压电缆系统并不起重要的作用。与 HV/EHV 电缆相比，由于电缆及附件绝缘设计的介电应力低，因此具有相对较高的可靠性。与此不同的是，第一代交联聚乙烯（XLPE）中压电缆没有防水渗透保护的设计，从而会引起"水树"现象，这意味着在水的影响下，增强了电场中局部放电发展的程度，这威胁到了全球范围数 km 的电缆系统，并激发了未来诊断工具的发展。

对于电缆系统的长期使用和上面提到的水树问题，诊断试验仍然是非常重要。研究工作表明：DC 试验电压会产生有危害的空间电荷（Montanari，2011 年；Choo 等人，2011 年），因此，DC 试验电压不是识别水树的可接受工具。VLF 试验因其功率低、设备重量轻等显著优点，已经研发成为一种替代的试验方案（Boone 等人，1987 年），见第 10.2.2.1 节和图 10.12。然后，通过损耗因子和 PD 的测量完成耐压试验。Schiller（1996 年）（见图 10.6）的测量有时被认为是 VLF 耐受电压对缺陷的高灵敏度指示。这对于所研究的大缺陷可能是正确的，但对于从小到大的可能缺陷的全部范围却不正确，见第 10.2.1.1 节。在最近 25 年中进行的大量 VLF 诊断试验和相关测量，为状况评估提供了经验，高达 69kV 电缆系统的 VLF 试验的最新经验总结在 IEEE 指南 400.2：2012 中。

由于 VLF 试验频率与工频之间的巨大差异，引入了阻尼交流电压（见第 10.2.2.2 节），并将其与 PD 测量结合使用（见图 10.15），阻尼振荡的试验电压甚至应用于损耗因子的估计（Houtepen 等人，2011 年）。

不推荐使用 IEEE 400.4（2013）草案中建议的 DC 电压斜坡后续衰减 AC 振荡试验电压的 DAC 耐受试验（图 10.25，另见第 10.14 节），如第 10.2.2.2 节所述，DAC 电压是用于中压电缆系统诊断试验的引入工具，将 ACRF 电压也用于诊断试验是有充分理由的（Weck，2003 年）。

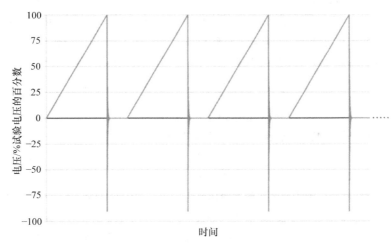

图 10.25　包括 DAC 斜坡的 DAC 电压序列

10.4.2.3　挤压绝缘 HV 和 EHV AC 电缆系统的试验

更仔细地选择用于 HV 和 EHV 挤压电缆的试验电压值和试验程序具有充分的理由：它们的设计基于相对较高的 15～20kV/mm 以上的电场强度，因此与 MV 电缆的大约 5kV/mm 量级的场强有所差异。击穿过程是由空间电荷控制的，而空间电荷依赖于电压值和试验频率

（Cavallini 和 Montanari，2006 年；Nyamupangedengu 和 Jendrell，2012 年；Pietsch，2012 年）。因此，对于 HV 和 EHV 挤压电缆的高应力绝缘的试验，需要对试验电压值及其频率进行更严格地选择（表 10.3：ACRF 20~300Hz）。

对于现场质量验收试验，针对 HV 电缆的标准 IEC 60840:2011（额定电压 50~150kV）和针对 EHV 电缆的标准 IEC 62067:2011（额定电压 150~500kV），建议使用频率范围 20~300Hz 内的 AC 电压，具体要求见表 10.4。

所有试验电压应施加 1h。作为某种替代方案，如果没有独立的移动试验系统，则标准允许使用系统电压 V_0（！）进行 24h 的检查，这应该与某些特殊情况下的做法有关。绝大多数情况下，对重要的电缆系统进行 ACRF 试验。对于 EHV 电缆系统（$V_m \geqslant 245kV$），提出了试验电压值 $V_{t\min} \leqslant V_t \leqslant 1.7\ V_0$ 的范围，可以观察到在该范围内更高试验电压的某种趋势。施加的试验电压值始终是电缆系统的供应商和用户之间协议的事情，未来对于表 10.4 的最后一栏的使用存在强烈的争议。

挤压电缆系统的 HVAC 验收试验只能使用 ACRF 试验系统进行（Hauschild 等人，2002 年，2005 年），替代试验系统不能提供现场必要的试验电源，或者它们的试验电压形状不能满足验收试验的要求（见表 10.3）。如果要进行很长或甚至超长电缆系统的试验，可以组合几个 ACRF 试验系统，如下例所示。

示例： 一个长度为 22km、电容量为 $C_t = 4.9\mu F$ 的 400kV 电缆系统，需要进行试验，供应商和用户之间已经商定了 260kV、20~300Hz 的试验电压，连续施加电压 1h，试验场地的环境温度可以显著高于 30℃，超长电缆系统需要几个单 ACRF 试验系统的组合。

所在地区有几种试验系统：三个 260kV 的系统，总共 4 个电抗器 $L = 16.2H/83A$；以及一种 160kV 的系统，其中两个电抗器分别为 23H/55A。必须找到合适的电抗器组合，以满足（诸如）试验电压水平、试验频率和试验功率的要求。由于电压的限制，两个 160kV 的电抗器必须串联连接。然后，也是出于对设备发热的考虑，试验电流应该尽可能低，这意味着试验频率应该仅略高于 20Hz。160kV 电抗器的串联连接表明：还应该相应地布置其他电抗器（见图 10.26a）。然后，试验系统的总电感和频率为

$$L_t = \frac{(16.2 + 16.2)H \cdot (23 + 23)H}{2 \cdot (16.2 + 46)H} = 12H$$

$$f_t = 1/(2\pi\ \sqrt{L_t C_t}) = 21Hz$$

在频率和试验电压已知情况下，试验电流和试验功率可以计算得到：

$$I_t = 2\pi f_t C_t U_t = 168A$$

$$S_t =\ I_t U_t = 43.7MVA$$

如果在 60Hz 下进行试验，则需要的等效试验功率为 $S_{60} = (60Hz/21Hz) \cdot 43.7MVA = 125MVA$。即使电流可由两个频率转换器提供，也需要使用所有的频率转换器，以使得每个变频器保持较低的负载。三个电抗器分支通过其频率转换器接地并联连接（见图 10.26a）。所有转换器都与电源并联，一个转换器的控制作为主控制器，其余的控制器作为从控制器。通常，假设品质因数 $Q = 80$，计算得到的馈电功率为 $P_t = S_t/Q = 550kW$，这对于补偿试验装置中的损耗是必要的。真实试验（见图 10.26b）已经确认了预先计算的数据，除了假定的品质因子，因为真实值是 $Q = 141$，这意味着所需的馈电功率仅接近 $P_t = 310kW$。真正试验是 PD 监测的耐受试验，通过非常规 PD 测量用传感器实现监测，电缆接头和终端中的传感器已在第 10.4.2.5 节中进行了描述。

当对 HV/EHV 电缆系统进行诊断试验时，通常采用降低的耐受电压水平重复进行 PD 监

测的验收试验循环程序，但在耐受电压水平前后，应施加相同 PD 的参考电压水平（比较图 10.2b）。特别是接头和终端的绝缘可能会老化，因此，通过传感器测量的 PD 水平趋势表明了接头和终端的状况。

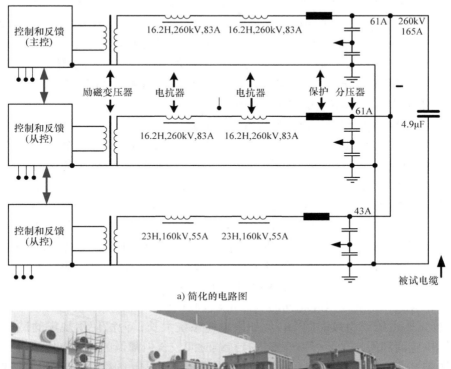

a) 简化的电路图

至电缆终端　　　　　3相阻塞阻抗　　　　HV电抗器(3并2串连接)

b) 试验布局

图 10.26　4.9μF 的 400kV/22km 电缆系统的质量验收试验（CEPCO，Saudi Arabia 提供）

10.4.2.4　挤压绝缘 HVDC 电缆系统的试验

与 AC 电压下的容性场分布不同，DC 场是阻性控制的。选择试验电压时必须考虑到，在空间电荷的影响下，通常只有经过很长的时间才能达到稳态条件。

挤出材料（主要是 XLPE）的极高电阻率使得能够形成非常稳定的空间电荷，通常，空间电荷决定了局部场强（AC：静电场，DC：流场），尤其是在绝缘缺陷的环境中。电阻率很大程度上取决于温度，因此，无负载和带负载电缆上的场强是不同的（容性电压分布受温度的影响要小得多）。在瞬态过程（充电，过电压，尤其是极性反转）情况下，会发生危险的电场增强现象。HVDC 电缆系统必须针对固定 DC 应力和上述提到的瞬态应力进行设计。为了更好地控制空间电荷，与 HVAC 电缆相比，HVDC 电缆材料具有基于添加剂的不同特性，这些可以通过第 6.2.3.1 节中的挤压 HVDC 和 HVAC 电缆的场强分布和图 6.15 进行解释。

鉴于资格预审和型式试验，必须验证电缆和系统能够承受所有类型的应力，工厂（例行试验）和现场（安装后的试验）的质量验收试验必须考虑为实现试验而付出的努力。例行试验程序包括 60min、$V_t = 1.85\ V_0$ 的 HVDC 试验，并根据电缆设计建议在允许的情况下将 PD 测量和 HVAC 试验组合起来进行试验（根据电缆设计允许时；V_0 是导体板的电压）。安装完成后，需要进行 15min、$V_t = 1.45\ V_0$ 的试验，但在附件中（第 10.4.2.6 节）进行带有 PD 测量的附加 HVAC 试验将提供更多的置信度。

10.4.2.5 挤压绝缘 AC 和 DC 海底电缆系统的试验

海底电缆系统的特点是其长度巨长，可长达 10km。HVAC 电缆系统用于岛屿、风电场或石油平台的连接，其特征长度达几十 km，对应于电容量高达 15μF 的试验对象。所需的非常长的电缆是在靠近海岸的工厂中制造的，并且在对电缆进行例行试验之后（并且可能将它们中的几个连接形成一个超长电缆上）直接将其卷绕到铺设船上（见图 3.45 和图 10.27）。CIGRE 工作组 B1.27 研究了 HVAC 海底电缆试验的条件、电压和程序（CIGRE WG B1.27 2012），即使在工厂中进行 AC 例行试验，相对于试验对象的高电容，也可接受 10 ~ 500Hz 之间可变频率的 AC 试验电压（Karlstrand 等人，2005 年）。与 20Hz 相比，扩展频率范围可低至 10Hz，这样可以使试验功率降低一半，但击穿机制仍与工频试验电压相似。

安装后，应进行与陆地电缆相同的 AC 质量验收试验，但应使用较宽的频率范围。根据表 10.4 选择试验电压（持续时间 1h）。如果电缆系统太长，无法使用规定的试验电压值进行试验，则供应商和用户之间可以商定进行持续时间较长但降低的试验电压值进行试验。如果没有合适的试验电压源，也可以同意在标称电压下进行 24h 的检查。安装后的试验不建议使用 VLF 和 DAC 等特殊电压（CIGRE WG B1.27 2012）。

不带外部绝缘层的三相钻孔电缆，一相被试验(粗线)，两相接地(浅线)

a) 铺设船(由ABB Karlskrona提供)　　　　　b) 准备单相试验的电缆终端

c) 5个试验系统并联的试验电压发生器（每个260 kV、83A）

图 10.27　174kV 海底电缆（150kV、62km、13.8μF）铺设试验后

表 10.4　挤压电缆系统验收试验的 AC 耐受电压（IEC 60840：2011 和 IEC 62067: 2011）

设备最高电压 V_m/kV	标称电压范围 V_n/kV	线 - 地参考电压 V_0/kV	按照 IEC 标准的试验电压 V_{tmin}/kV	试验电压 $V_t = 1.7 V_0$/kV
52	45 ~ 47	26	52	—
72.5	60 ~ 69	36	72	—
123	110 ~ 115	64	128	—
145	132 ~ 138	76	132	—
170	150 ~ 161	87	150	—
245	220 ~ 230	127	180	216
300	275 ~ 287	160	210	272
362	330 ~ 345	190	250	323
420	380 ~ 400	220	260	374
550	500	290	320	493

　　HVDC 电缆系统可以传输比 AC 电缆高得多的电力，因此，它们对于包括海底电缆应用在内的未来电力传输系统变得非常重要。正在规划几百 km 的 HVDC 电缆系统（见图 1.3），挤压 DC 绝缘的最新发展提供了非常经济的发展前景。对超长 DC 电缆系统进行试验（对应于电容量高达 100μF 的试验对象）是试验技术面临的挑战（Pietsch 等人，2010 年）。由于 HVAC 电压试验似乎是不可能的，因此，可以使用极性反转（转换时间约为 1min）的 DC 电压进行试验。但是，由于沿着长电缆传输时 PD 信号的衰减和分散，无法达到所需灵敏度的 PD 测量（见下文第 10.4.2.6 节和 CIGRE TF D1.33.05）。CIGRE 工作组 21.01（2003 年）提出，除了 HVDC 试验之外，还要对一定长度的电缆产品进行 HVAC 试验，并对系统中的接头和终端进行 PD 监控试验。

　　应该使用扩展频率 10 ~ 500Hz 范围内运行的 ACRF 试验系统来进行一定长度电缆（例如 30km）的 HVAC 试验。由于 HVDC 电缆的薄层电阻明显高于其导体的电阻，因而会显著增加试验回路的损耗。因此，在对 HVDC 电缆进行试验情况下，试验回路的品质因数低于相同长度 HVAC 电缆的品质因数。对于后者，只有 ACRF 试验系统本身才能确定损耗（Hauschild 等人，2005 年）。

　　由于例行试验规定的参数和数值尚不清楚，因此在安装 HVDC 电缆系统后进行质量试验的建议变得更加困难，甚至还讨论了使用 VLF 和 DAC 电压进行试验。但是，在超高压范围内进行 VLF 和 DAC 试验的适用性和可行性仍然令人质疑（Pietsch 等人，2010 年；CIGRE WG B1.27 2012）。因此，质量试验和诊断试验都需要开展进一步的研究工作。

10.4.2.6　电缆系统的 PD 试验

　　20 世纪 80 年代后期，纸绝缘铅包电缆（PILC）越来越多地由交联聚乙烯绝缘（XLPE）电力电缆所取代，由于高聚合物绝缘材料对局部放电非常敏感，因此，电力电缆的现场 PD 测量成为人们关注的问题。实践经验表明，由于相对高的工作场强（高于 10kV/mm），尤其是对于 HV/EHV 挤压电缆，低至几 pC 的 PD 量就可能导致绝缘的立即崩溃。然而，对于中压电缆，由于其工作场强明显降低，它们对 pC 范围内的 PD 幅度不太敏感。因此，对于 MV 和 HV/EHV 电缆，挤压电力电缆的现场诊断 PD 试验的原理是不同的，下面对此进行详细地介绍。

中压电缆系统：中压电缆系统的长度很少超过 5km，例如，试验设备的最大容性负载通常限制在 1μF 以下。在现场条件下，用于定期 PD 试验的电路与在实验室条件下的电路相当（IEC 60270：2000；IEC 60885 - 3：1988），这意味着在切断运行电压并且三相电缆线从电力网络断开后，每相可单独进行 PD 试验。为此，将一个与测量阻抗串联的耦合电容连接到电缆一端，以捕获 PD 信号并将其传输至 PD 测量系统，以便记录相位分辨的 PD 图谱，如图 4. 17a 所示。在以 pC 为单位校准完整的测量电路之后，将电缆通电至所需的试验电压。在潜在 PD 失效情况下，需要参见第 4.4 节中描述的源点的定位和 PD 的映射才能做出进一步的决策。

MV 电缆的现场 PD 诊断试验是在 20 世纪 80 年代开始引入的，当时大约十年前安装的 XLPE 配电电缆显示出"水树"现象（Auclair 等人，1988 年），然而，当时没有可以使用的 ACRF 试验系统，基于传统试验变压器（ACT）或可调谐电抗器（ACRL）的 AC 试验系统太重、太昂贵，致使无法在现场试验中获得应用。因此，引入了替代试验电压，例如，IEC 60060 - 3：2006 中规定的甚低频（VLF）和阻尼 AC（DAC）电压。然而，因为单个周期的持续时间很长，最初用于诊断耐受性试验和损耗因子测量的 VLF 电压不太适合 PD 测量（见第 10. 2. 2. 1 节，图 10. 11）。DAC 电压的主要好处（见第 10. 2. 2. 2 节，图 10. 13 及第 7. 6 节）是其重要的 PD 参数（例如，起始/熄灭电压和脉冲电荷量），与工频下可测量的值有一定的关系。由于 DAC 试验设备的重量轻，DAC 设备的进一步的益处是其低功耗和可移动性（见图 10. 15），因此，现在广泛接受使用 DAC 电压进行 MV 电缆的 PD 诊断试验。应用这类试验电压，仅获得在负和/或正极性 DC 电压斜坡产生的第一次正和/或负极性 DAC 电压扫描期间发生的那些 PD 脉冲就足够了。图 10. 28 为 PD 图谱的实际测量示例，这是 1200m 长（20kV 额定电压）MV 挤压电力电缆的 PD 谱图。

从图 10. 28 可以看出，PD 事件出现在峰 - 峰值之间经过的时间间隔内，即在第一负电压扫描期间（达到约 3ms）。如图 10. 28b 所示，仅提取在第一次负 DAC 电压扫描期间发生的那些 PD 脉冲，以创建图 10. 28c 所示的 PD 图谱。这里显示了三个典型的 PD 簇，表明三个有缺陷的电缆接头的位置，其中 PD 事件分散在约 100pC 和超过 1000pC 之间。因此，决定更换已缺陷识别的接头。此后，重复 PD 诊断试验并且没有检测到任何有害的 PD 信号。

为了指定 PD 的试验参数，通常的做法是根据电缆网络的导体对地电压来表示预应力 DC 电压以及相应的 DAC 电压的峰值（IEEE Guide 400. 4 2015），在表 10. 5 中用 V_0 表示。实践经验表明：与连续工频 AC 电压相比，初始电压的分散相对较低，这可能是由于 DC 预应力引发了所需的可用的有效初始电子，使得统计时延最小化。因此，从统计的角度来看，在每个试验水平，仅需要施加很小的 DAC 电压。表 10. 5 给出了最初建议用于 MV 电缆现场 PD 诊断试验的试验参数的研究结果。

HV/EHV 电缆系统：如前所述，HV/EHV 挤压电缆的 PD 试验需要非常高的检测灵敏度，因为 pC 范围内的 PD 事件可能已经导致高聚合物电介质的瞬间击穿，这是由非常高的工作场强所致，该强度远大于 MV 电缆的设计场强。因此，铺设或修理后的 HV/EHV 电力电缆的现场 PD 试验应在连续的 AC 电压下进行，此试验电压通常由 ACRF 试验系统产生。

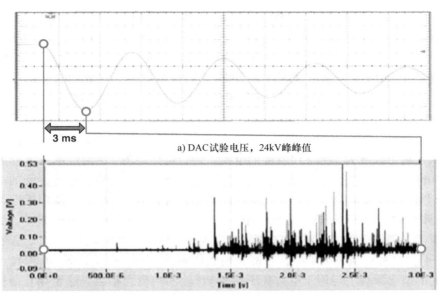

a) DAC试验电压，24kV峰峰值

b) 第一次负电压扫描期间的脉冲群

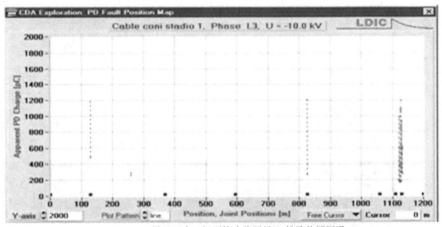

c) 显示三个已识别接头位置的PD缺陷位置图谱

图 10.28　DAC 试验电压下绘制的 30kV XLPE 电缆（长度 1200m）的 PD 图谱

表 10.5　**DAC 试验电压下 MV 电缆现场局部放电诊断试验的推荐参数**（Lemke 等人，2003 年）

电缆绝缘	试验电压水平/V_0	施加电压	可接受 PD 水平/pC
XLPE，老化	0.7	5	< 50
	1.0	5	< 50
	1.5	5	< 50
	2.0	5	< 50
油纸，新	3.0	20	< 20
油纸，老化	1.0	10	< 2000
	1.5	10	< 2000
	2.0	10	< 2000
油纸，新	3.0	20	< 500

然而，使用根据 IEC 60270：2000 建议的经典 PD 测量电路，HV/EHV 电缆所需的 PD 检测灵敏度通常是不可实现的，这不仅是由于始终存在的环境电磁噪声，而且还是由于 PD 脉冲（如果从 PD 源传输到电缆末端时）的剧烈衰减和分散。典型的测量示例如图 10.29a 所示，涉及的是在 450m 长电缆的远端注入 2000pC 的校准脉冲，在此同时显示了直接脉冲和反射脉冲。基于这些实验研究，可以估算 PD 检测灵敏度与电缆长度的关系，如图 10.29b（Lemke，2003 年）所示。

例如，假设对于长度为 1km 的电缆，在嘈杂的现场条件下可以检测到 10pC 的最小 PD 水平，那么，对于长度为 5km 和 10km 的电缆系统，可达到的 PD 阈值水平将分别增加到约 50pC 和 150pC。当然，如上所讨论的，这对于 HV/EHV 挤压电缆是不可接受的。因此，进行现场 PD 诊断试验通常仅用于证明电缆附件的完整性，其中 PD 信号使用感性、容性或甚至电磁 PD 耦合器在 VHF/UHF 范围内捕获，如已经在第 4.7 节中处理的那样。试验原理是基于以下事实：制造后在工厂对 HV/EHV 电缆进行了仔细的 PD 试验，因此，仅在电缆附件（例如，端子和接头）组装不当时，才能预期到严重的 PD 故障（见图 10.30）。如下所述，用于此目的的概念原理上与用于电力变压器的 PD 监测的概念相当，这意味着最初用于调试验试的 PD 耦合器仍然保持安装状态，以便将其用于定期甚至连续的 PD 监测。

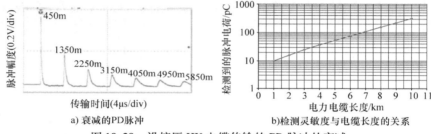

a) 衰减的PD脉冲

b)检测灵敏度与电缆长度的关系

图 10.29　沿挤压 HV 电缆传输的 PD 脉冲的衰减

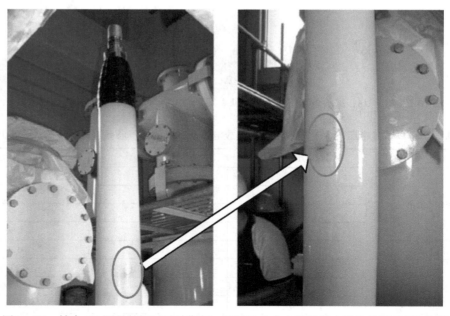

图 10.30　结合 PD 测量的调试试验期间，380kV 电力电缆终端中发生的潜在 PD 故障

10.4.3　电力变压器试验

与最终在现场组装、试验的 GIS 和电缆系统不同，电力变压器在工厂完成并经过仔细的试验，通常不在现场条件下进行试验。在不超过特定变压器尺寸的情况下，仅拆卸超过运输剖面的那些部件，例如，衬套、储油箱和超出运输剖面的其他类似部件。由于过去现场组装非常有限，因此不需要对电力变压器进行现场验收试验（Kachler 等人，1998 年）。与此同时，如果情况发生了变化，现场组装了大型的机组，特别是在运输能力不足的地区（Yamagata 和 Okabe，2009 年；Ohki，2010 年），由于运输成本的增加，现场组装的现有技术也用于维修和翻新。变压器制造商还提供包括 HV 试验在内的相关服务（Siemens，2007 年；ABB，2006 年），本节将详细介绍电力变压器质量验收和诊断的现场试验。

10.4.3.1　质量验收试验

IEC 60076 – 3:2012 规定了对已投入运行的变压器的试验要求："任何符合本标准并且可以被视为新变压器的变压器（例如，在进行保修、维修或完全重绕和翻新后，将变压器恢复到"新变压器"状态），都应在 100% 的规定试验电压（见表 10.6）下接受本标准规定的所有例行试验"。本声明不区分工厂维修和现场维修，也适用于现场组装的电力变压器。对于维修、修理过的部件，应在原始试验电压 80% ~ 100% 之间进行试验（见表 10.6），新的部件应在 100% 条件下进行试验。感应电压验收试验和 PD 测量的组合（AC – IVPD 试验，见第 3.2.5 节；表 3.6 和图 3.51）应在与例行试验相同的电压水平下进行。由于 IEC 60076 – 3 的这些要求，HV 现场试验系统必须产生具有工厂例行试验规定参数的试验电压。详细的考虑表明：基于静态变频器的可变频率 ACIT 试验系统是适用的（表 10.6，最后一行）（Hauschild 等人，2006 年；Martin 和 Leibfried，2006 年；Werle，2007 年；Thiede 等人，2010 年）。如前所示，这些试验系统不仅在工厂试验方面具有显著优势，而且在移动应用方面也具有显著优势（例如，见表 3.2 和表 3.3 以及第 10.1.3 节）。它们也属于 IEC 60060 – 3:2006 的范围，并为现场高压试验提供了最佳条件（见图 10.31）。除了进行施加电压耐受和感应电压耐受试验外，该系统还应适用于空载和负载损耗（短路阻抗）的测量。必须根据试验要求和试验对象的特性，特别是根据其必要的试验功率需求来选择 HVAC 试验系统：

施加电压耐压试验	被测变压器是容性负载（＜50nF），试验（f＞40Hz）可由额定电流为几 A 的 ACRF 试验电路完成
感应电压耐受试验	大多数情况下，变压器是线性、混合阻性 – 容性负载，可以使用基于变频器 ACIT 试验系统（f＞100Hz）进行试验，并且需要相对较低的试验功率
无负载损耗测量	多数情况下，变压器是非线性、混合阻性 – 容性负载，且可使用基于频率转换器的 ACIT 试验系统（f = 50/60Hz）进行试验，该系统功率相对较低但对谐波具有足够的稳定性
带载损耗测量	变压器是线性阻性—感性负载，可以使用功能强大的变频器 ACIT 试验系统（f = 50/60Hz）进行试验，产生精细的正弦波形

负载损耗试验（短路阻抗的确定）决定了试验系统的功率选择（热运行试验具有类似的试验功率需求）。当今可用的变频器可以提供大约 4000kW 或更高的有功功率和大约 8000kVA 的无功功率（见图 10.32）。对于更高的输出参数，可以并联多个系统，如果需要更高的无功功率，则必须添加电容器组，三相试验系统也可以在单相模式下运行。

耦合电容　被试电力变压器　　变频器、补偿器和升压变压器箱
a) 带变频器的感应电压试验移动系统

图 10.31　现场变压器试验

施加电压试验是在短路的 HV 端和接地短路低压端之间的单相试验，谐振电路的激励电压可以由变频器产生，以进行感应电压试验。但是一个小的独立转换器可以形成一个独立的 ACRF 试验系统，这对于单独的应用来说可能更加实用。

固定式变频器系统的组件安装在 40ft 的集装箱内，该集装箱符合标准道路运输的尺寸（见图 10.33），其中包括：变频器、升压变压器、控制室、HVHF 滤波器以及用于电压和电流的测量设备的空间。

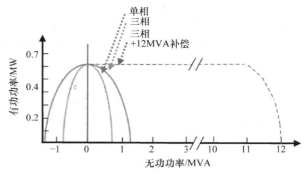

图 10.32　没有和带有电容器组的 600kW 变频器的有功和无功试验功率（示意图）

表 10.6　电力变压器选择的例行试验电压（IEC 60076 - 3：2012）

试验设备的最高电压 V_m/kV	AC 耐受试验电压 V_a/kV（1min）（图 10.31b）	感应电压 AC 耐受和 PD 试验 V_{in} 和 V_{PD}/kV（图 10.31a）	LI 和 LIC 电压耐受试验 V_{LI} 和 V_{LIC}/kV（每次 3 个脉冲）	SI 电压耐受试验 V_{SI}/kV（每次 3 个脉冲）
123	230	128 和 112	550 和 605	460
145	360	151 和 132	650 和 715	540
245	460	255 和 224	1050 和 1150	850
420	630	437 和 382	1425 和 1570	1175
550	580	572 和 501	1675 和 1845	1390
800	—	832 和 728	2100 和 2310	1675
1200	—	1248 和 1092	2250 和 2475	1800
建议的 HV 试验系统	f>40Hz 的 ACRF 试验系统（参见 3.1.2.3 和 3.2.5）	f>100Hz 的 ACIT 试验系统（参见 3.1.3 和 3.2.5）	符合 IEC 60060 - 1 的非周期性 LI 和 SI 电压的冲击试验系统	

V_m 是相 – 相电压值，所有试验电压都是相对地电压值。

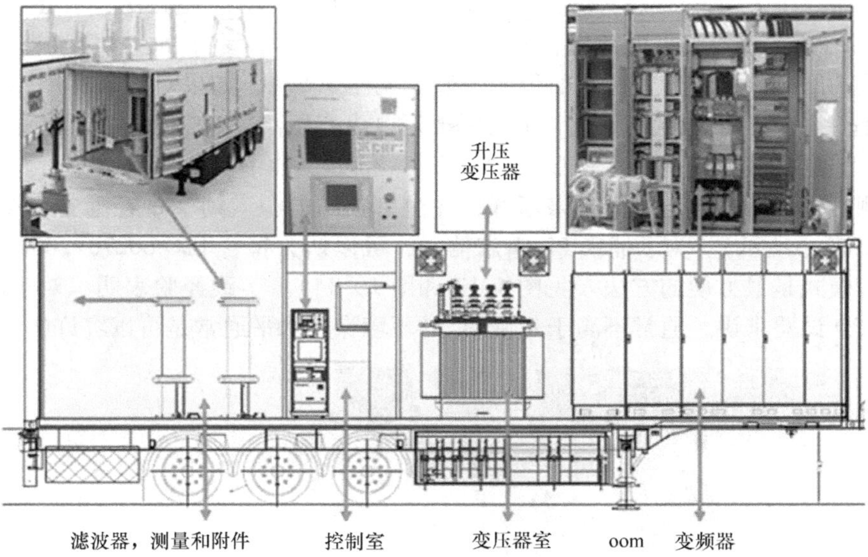

图 10.33　移动变压器试验系统的设计

此外，对于 AC 电压试验，IEC 60076 – 3：2012 要求 LI 和 SI 现场试验需要使用非周期性的冲击电压。变压器现场试验不接受输出效率高得多的振荡冲击（OLI、OSI）电压，这意味着用于 UHV 电力变压器现场试验的冲击发生器将是一个非常庞大且不易操作的装置（参见第 7.1.2.4 节和第 7.2.1.3 节）。现场是否可以产生 2MV 以上的 LI 试验电压似乎还是个问题，可以假设，降低试验电压水平或振荡雷电冲击（OLI）电压将在未来获得应用。

在所有应用中，IEC 60076 – 3：2013 对电力变压器现场验收试验有非常严格的要求，可以发现这些要求在实用性方面存在的局限性。因此，应考虑真正必要的试验，并在供应商和用户之间确定和商定试验系统所需的参数。最重要的绝缘试验似乎是 PD 监测，感应电压耐受试验对于诊断也是很重要。当公司计划将该系统用于感应电压试验时，订购变频器进行最大电力变压器的试验似乎并不是最佳选择。相反，对于极少数的试验，应考虑两个或多个试验系统以组合的方式进行后续扩展试验。新的《IEEE 电力变压器诊断现场试验指南》（IEEE 62 – PC 57.152 – 2012）还建议了基于变频器的试验系统，这也许对必须进行的验收和诊断试验是有所帮助的。

10.4.3.2　高压试验中的 PD 测量和 PD 监测

电力变压器及其部件的非常复杂的绝缘系统是众多电气、化学、物理和热试验以及状态评估检查的对象，关于这个问题的有价值的研究可以在《2006 年 ABB 变压器服务手册》、甚至在许多出版物中找到（例如，Leibfried 等人，1998 年；Singh 等人，2008 年；Zhang 和 Gockenbach，2008 年；CIGRE WG D1.29，2017 年）。

下文将仅考虑与 PD 测量/监测相结合的离线 HV 试验。

连续 PD 监测提供了运行电压下绝缘状态的测量结果，此外，还可以评估 PD 事件随时间变化的趋势。离线感应电压试验可以改变电压应力，从而测量附加的 PD 量，例如，起始电压和熄灭电压，这都是绝缘状态评估的信息。

在开始进行运行老化的电力变压器的 HV 试验之前，必须进行几项低压、化学试验以及检查，以评估当前的绝缘状态，例如，对绝缘电阻、功率因数、匝数比、水分含量以及油中溶解气体的分析。仅当测得的参数在其可接受的容许偏差范围内时，才建议进行 HV 试验，其程序应与用于 PD 监测验收试验的程序类似（见图 3.51）。如果对诊断有用，则可以相应地修改此程序。对于绝缘状态评估，通常需要对电力变压器进行定期检查，甚至不定期地连续 PD 事件监测，其前提是遇到严重的 PD 事件，例如，油中气体的光谱分析。对于周期性的 PD 监测，变压器通常与电力网络断开，并由单独的电源激励（现在通常由变频器激励，如第 3.1.3 节中所示）。为了捕获 PD 瞬态信号，可以认为符合 IEC 60270: 2000 的套管抽头式 PD 耦合模式是最方便的方法（见图 4.19 和图 10.34）。实践经验表明：对于油浸式电力变压器的 PD 试验来讲，通常不高于几百 pC 的环境噪声水平通常是可以容许的。

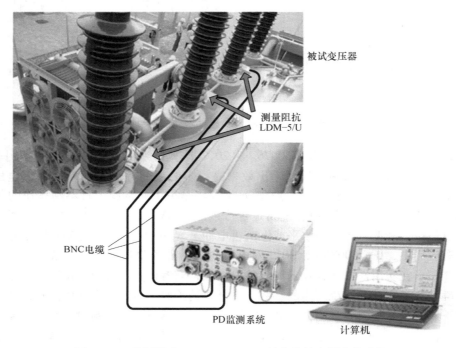

被试变压器

测量阻抗
LDM-5/U

BNC电缆

PD监测系统

计算机

图 10.34　使用符合 IEC 60270: 2000 的套管抽头耦合模式的
电力变压器定期现场 PD 监测装置（Doble Lemke 提供）

传统 IEC 方法的主要优点是可以根据 pC 量进行 PD 测量电路的校准，从而确保重复性良好的试验结果，并通过与工厂质量验收试验和现场调试试验中记录的测试数据进行比较。套管抽头耦合模式的另一个好处是能够进行多通道、相位同步的测量，以便建立 PD 星图。正如第 4.6 节所述，这些图表是识别典型绝缘故障以及识别干扰噪声（因此可以取消）的有前景的工具。

现场定期 PD 测量的原理是基于这样的假设：即油浸式电力变压器的绝缘仅在相对较长的时间内略微老化，然而，在两次定期检查之间的时间跨度内，并不总能排除弱点的发展，即不能排除仍未发现的异常 PD 事件的存在，并可能因此导致潜在的绝缘故障，从而引发意外停电事故。因此，对于重要的 EHV/UHV 变压器，需要进行连续的 PD 监测。由于这是在运行条件下发生的，因此测量通常受到可能超过数十 nC 环境噪声的强烈干扰，消除这种干扰的有希望的工具是 UHF/VHF 技术的应用，见第 4.7 节。为此，已经开发了不同种类的 UHF PD 耦合器，例如，排水阀感应传感器和平板舱口式传感器，如图 10.35 所示（Markalous，2006 年；Coenen 等人，2007 年）。

从 PD 源传播到传感器过程中，UHV 信号会强烈地衰减，因此，即使对单相变压器进行 PD 监测，也强烈建议使用多个 UHF PD 耦合器，安装多传感器阵列还为所谓的双端口性能检查提供了可能（Coenen 等人，2007 年）。为此，将已知参数的 UHF 信号注入到一个已安装的传感器中，并记录从所有其它传感器获得的幅频谱图。此外，应对测量灵敏度进行校验，最好在工厂条件下进行，可以通过应用传统的 IEC 60270 方法和 UHF 方法获得的 PD 研究结果进行比较获得。为此，通过两种方法同时测量从先前安装在变压器箱的人工 PD 源辐射发出的信号，以 mV 表示 UHF 信号，以 pC 表示脉冲电荷量。并且在某些情况下，可以研究以 pC 表示的被测量之间是否存在足够的相关性（以 mV 表示），即使两个信号的幅度在极宽范围内存在分散性，但也可粗略估计 PD 的阈值水平。

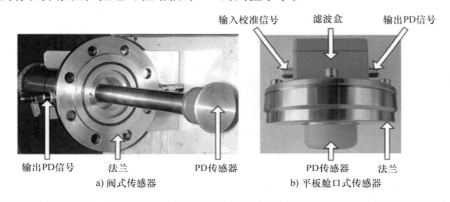

图 10.35　用于 UHF 范围内电力变压器连续 PD 监测的阀式传感器和平板舱口式传感器（Doble Lemke 提供）

进行连续 PD 监测时，必须考虑到由于 PD 监测系统的存储容量有限，无法将很长时间内完整的 PD 数据流进行存储。因此，通常的做法是在每个待监测的电力变压器附近安装一个简单的 "PD 系统"，如图 10.36 所示。

此外，如上所述，由于变压器绝缘老化相对缓慢，因此，原始 PD 数据流通常不会永久存储，而是会定期地存储。只有在 PD 事件突然升高的情况下，才会永久地记录该事件，以便即刻识别 PD 事件发展的任何趋势，而相位分辨和时间相关的 PD 脉冲序列仅在重复的预选时间间隔内存储和获取，例如，重复每小时记录一次长达 5min 的信号。

如果需要，可以在变电站的控制室中观察到典型的 PD 模式，通常在工厂试验的情况下也是如此。当识别到急剧上升的 PD 趋势时，数据可以通过互联网传输，便于专家进行研究以做出进一步的决策。现今的 PD 监测系统还具备警告甚至报警的功能（见图 10.18），基于实践经验，应选择一组适当的参数集，以避免因零星的 PD 事件或随机出现的干扰而导致发生误警报。例如，触发警报继电器的合适参数是：

1）临界 PD 脉冲幅度的阈值电平，例如，10mV；

2）超过临界阈值水平的平均 PD 脉冲数，例如，10 个/min；

3）超过临界阈值水平可接受的时间间隔，例如，10min。

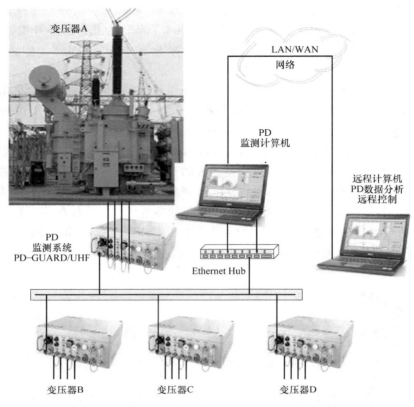

图 10.36　连续 PD 监测系统的布局（Doble Lemke 提供）

如果发出警报，则需要进一步的动作，例如，进行离线感应电压试验以识别和定位潜在的 PD 源。如第 4.8 节（图 4.70、图 4.71 和图 4.72）所述，将 PD 监测与声发射（AE）技术相结合，这也是一项很有前景的工具。

10.4.4　旋转电机的试验

旋转电机通常在工厂组装和试验（IEC 60034 – 1: 2010），而现场验收试验仅在制造商和用户之间达成共识的情况下进行，现场试验通常应在 AC 电压下进行，但不排除使用 DC 试验电压。

用于旋转电机（例如，水轮发电机、涡轮发电机以及 HV 电动机）所用的绝缘材料的劣化，不仅是由于局部高强度电场引起的，而且还来自于热应力和机械应力作用，特别是在长期运行过程中，由于多次重复起动、停止以及剧烈的负荷波动所产生的应力作用。因此，除了损耗因子和恢复电压测量外，预防性 PD 试验也已成为评估旋转电机绝缘状况的重要诊断工具（IEC 60034 – 27: 2006；CIGRE TF D1. 33. 05 2012）。通常用于定期和连续监测旋转电机的试验原理和布局与上面已在电力变压器的现场试验中介绍的原理和布局非常相似。例如，图 10.37 显示了旋转电机悬伸部分中的有害 PD 缺陷，这些缺陷是在运行电压下定期的 PD 监测过程中检测到的。

使用 UHF/VHF 范围内的非传统 PD 检测，必须考虑到如果从 PD 源传输到 PD 耦合器，

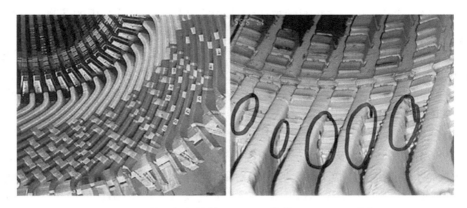

图 10.37 制造好的旋转电机的悬伸截面（左）和定期
PD 监测确定的故障（右）（Doble Lemke GmbH 提供）

PD 信号将会发生剧烈的衰减，这不仅是由绕组的高电感引起的，而且也是由提供三相的各个定子线棒之间紧密的电磁耦合引起的。

对旋转电机的现场试验，可以使用不同的 HVAC 电源。当施加的最大试验电压维持在 20kV 以下且所需的试验功率在 150kVA 以下时，可以使用传统的试验变压器；如果需要更高的试验电压和试验功率，建议使用谐振试验电路。由于损耗因子取决于频率，电感调谐 ACRL 试验系统（见图 10.38）非常适合于损耗因子的测量和 PD 检测。

图 10.38 用于发电机试验的移动式 ACRL 试验系统（30～50kV，350kVA）（TU Graz Austria 提供）

除了损耗因子本身之外，在升高的试验电压下损耗因子的变化（$\Delta\tan\delta/\Delta\nu$）也为评估绝缘状态提供了有价值的工具，不同试验频率下的测量表明：该参数几乎与频率无关（图 10.39a）。因此，ACRF 试验系统（图 10.3a）也可用于离线、现场试验，特别是如果进行tanδ和 PD 的组合测量时，这些测量被认为是绝缘状态评估中最有用的信息（IEC 60034 - 27：2006；IEEE 1434 - 2000），（图 10.39b）。从图 10.39c 所示的测量实例可以推断出：测得的 PD 电荷与试验电压的关系显示了典型的"电离弯曲"，即在增加和降低试验电压过程中，相同试验电压下的局部放电量不同。

这种情况下，应该提到的是，20 世纪 80 年代 PD 监测已成为涡轮机和水力发电机绝缘状态评估不可或缺的工具，当时还引入了抑制 PD 现象的环氧 - 云母绝缘、真空压力浸渍（VPI）环氧绝缘材料，如果长期暴露于在 nC 量级的 PD 环境，则材料会迅速老化（Henriksen 等人，1986 年；Kemp，1987 年；Fruth 等人，1989 年；Grünewald 和 Weidner，1994 年）。那时，通过所谓的插槽耦合器或甚至通过相对低容量的容性耦合器（通常低于 100pF），PD 信号就可以被解耦。由于使用这类 PD 耦合器不能捕获低于约 10MHz 的频谱信号，因此，通常无法检测到由于绕组的分层而从端部绕组放电以及气腔放电中辐射出的高频瞬变信号。这是由于瞬变 PD 信号从 PD 源到 PD 耦合器的传输过程中会严重衰减，从而大大降低了 PD 信号的频率成分。显然，这就是为什么过去许多 VPI 绝缘旋转电机出现故障的原因，即使使用插槽耦合器或低容量容性耦合器在运行中对 PD 详细进行永久的监控，这两个接收器都只能接收高于 10MHz 的高频信号。

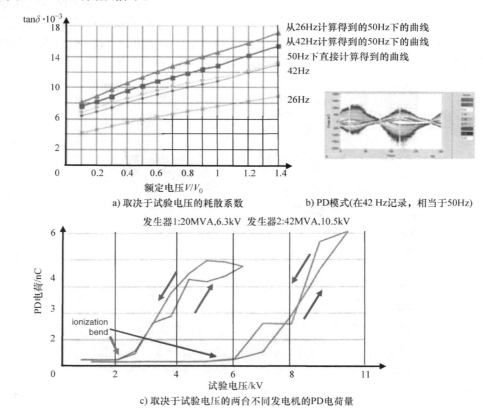

a) 取决于试验电压的耗散系数　　b) PD模式(在42 Hz记录，相当于50Hz)

c) 取决于试验电压的两台不同发电机的PD电荷量

图 10.39　两台发电机的实测特性（CIGRE TF D1.33.05 2012）

通过在旋转电机的中性点注入校准信号，并在提供连接到电网的三相 L1、L2 和 L3 的端子上测量信号的响应，可以简单地证明不同类型 PD 耦合器的能力和极限。图 10.40 所示的测量实例强调了这一点，该实例涉及在抽水蓄能电站中运行的 300MVA 电动机/发电机。在此，将高达 10nC 的重复校准脉冲注入中性点，使用 100pF 的 PD 耦合器，接收到的信号幅度低于约为 1mV 的背景噪声水平。然而，将耦合电容从最初的 100pF 增加到 2nF，信号幅度达到约 20mV（见图 10.40），如果根据 IEC 60270: 2000 标准进行设计，则通过常规的 PD 监测系统就可以很好地检测到该信号。在这种情况下，值得注意的是，旋转电机在运行条件下的 PD 水平通常不能保持在几个 nC 以下，这意味着在 nC 范围内的 PD 检测灵敏度是完全可接受的。

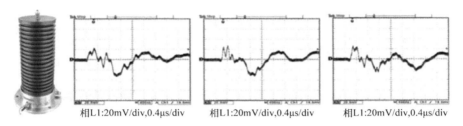

相L1:20mV/div,0.4μs/div　　相L1:20mV/div,0.4μs/div　　相L1:20mV/div,0.4μs/div

图 10.40　配有 2nF/24kV 电容器（左）的 PD 耦合器，和通过在 300MVA 电机/发电机的中性点注入 10nC 校准脉冲下测得的脉冲响应（右），通过（Doble Lemke 提供）

在现场进行定期 PD 诊断时，被测旋转电机通常由移动试验电压源激励（见图 10.38），对其中的各相依次进行试验，而其它两相连接到接地的定子。图 10.41 显示了另一种选择，它涉及在线条件下的 PD 试验，这意味着电机的三相会同时由三相工作电压供电，因此，电机此时承受的是实际工作的应力。

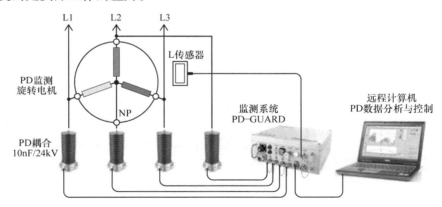

图 10.41　工作电压下旋转电机的在线局部放电试验诊断装置

然而，在这种情况下，测量通常受到高换向脉冲的极大干扰，如图 10.42a 所示。这里涉及额定值为 21kV、300MVA 的电动机/发电机，其中噪声换向脉冲来源于为转子提供静态激励的辅助电源的六脉波转换器。从图 10.42a 可以推断出，干扰脉冲的幅度接近大约 10nC。然而，由于它们的相位固定，可以清楚地与真实 PD 事件（散射约 5nC）区分开来。因此，在观察计算机屏幕上的 PD 模式时，例如，通过门控来抑制噪声是不必要的。然而，在评估 PD 趋势时，噪声消除似乎是一种合理的解决方案。因此，对于连续的 PD 监测，强烈建议使用自动噪声门控，如第 4.5 节所述。为此目的，可以使用干扰换向脉冲本身，如果

将其安装在电动机/发电机的集电环附近，则可以通过框架天线类型的感性传感器进行 PD
信号的捕获，这种方法的可行性已在许多抽水蓄能站和水力发电厂进行的预防性 PD 测量过
程中得到成功验证，图 10.42 显示了典型的测量示例。可以看出，连续 PD 簇之间的相移既
不会散射在 90°附近，也不会散射在 180°附近，这对于常见的相－地放电而言是在预期内的
结果；而分别在 120°和 240°附近的 PD 现象，则是典型的在两相之间绝缘中发生的放电现
象。这可以很容易地从三相网络的电势图中推断出来，也可以通过对 PD 现场的定位和随后
的视觉检查得到证实。

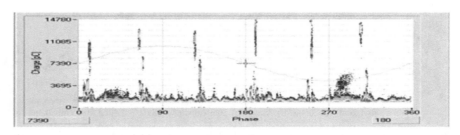

a) 显示来自辅助电源6脉冲AC/DC转换器的L1相PD簇和叠加噪声

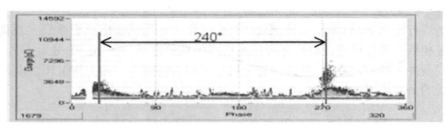

b) L1相噪声选通激活

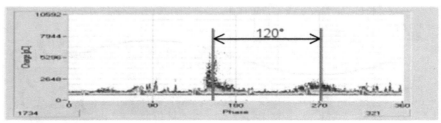

c) L2相噪声选通激活

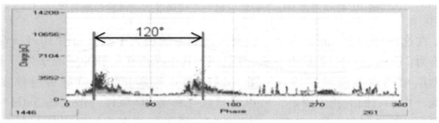

d) L3相噪声选通激活

图 10.42　运行条件下 300MVA 电机/发电机的 PD 图像记录

　　修理大型水轮发电机和涡轮发电机时，转子通常需要从定子上拆下，这为方便地定位潜在的 PD 缺陷提供了机会。为此目的，除了电学 PD 检测之外，还可以使用声发射（AE）技术以及 UV 范围内的光发射测量技术。另一个选择是所谓的 PD 探测（Lemke，1991 年），适用于后一种方法的装置和典型的试验结果如图 10.43 所示。首先，沿着待测定子线棒移动连接至 PD 探头的电容式或电感式传感器，以定位发生 PD 现象最活跃的关键区域。采用两个电容式传感器作为无电势差的 PD 差分测量探头，对同相或反相的信号进行测量，如果传感器阵列在先前定位的关键区域内沿着定子条缓慢移动，则实际 PD 位置可以在 cm 范围内定位。由于当传感器阵列穿过 PD 源时，记录的 PD 脉冲的极性会突然反转，因此这样高的空间分辨率是可以实现的（见图 10.43）。

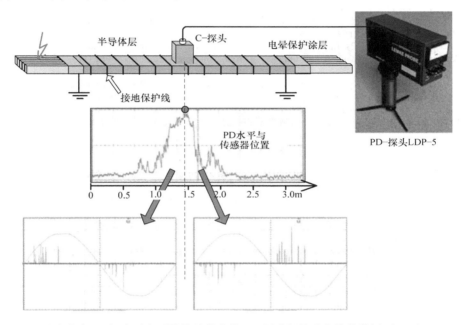

图 10.43　用差动式 PD 探头对定子线棒绝缘中的 PD 源进行精确定位的装置（Lemke，1991 年）

参 考 文 献

ABB. (2006). *Service handbook for transformers*. ABB Management Services LTD/Transformers.

Abbasi, A., et al. (2014). Pollution performance of HVDC SiR insulators at extra heavy pollution conditions. *IEEE Transaction on Dielectrics and Electrical Insulation, 21*(2), 721–728.

Achillides, Z., Georghiou, G. T., & Kyriakides, E. (2008). Partial discharges and associated transients: The induced charge concept versus capacitive modeling. *IEEE Transaction on Dielectrics and Electrical Insulation, 15*(6), 1507–1516.

Achillides, Z., Danikas, M. G., & Kyriakides, E. (2017). Partial discharge modeling and induced charge concept: Comments and Criticism of Pedersen's model and associated measured transients. *IEEE Transactions on Dielectrics and Electrical Insulation, 24*(2), 1118–1122.

Achillides, Z., Kyriakides, E., & Georghiou, G. E. (2013). Partial discharge modeling: An improved capacitive model and associated transients along medium voltage distribution cables. *IEEE Transaction on Dielectrics and Electrical Insulation, 20*(3), 770–781.

Albiez, M., & Leijon, M. (1991). *PD measurements in GIS with electric field sensor and acoustic sensor*. 7th ISH, Dresden, paper No. 75.08.

Allibone, T. E., & Dring, D. (1972). Influence of humidity on the breakdown of sphere and rod gaps under impulse voltages of short and long wave fronts. In *Proceedings IEE* (Vol. 119, pp. 1417–1422).

Allibone, T. Z., Achillides, Z., Kyriakides, E., & Georghiou, G. T. (2013). Partial discharge modeling: An improved capacitive model and associated transients along medium voltage distribution cables. *IEEE Transaction on Dielectrics and Electrical Insulation, 20*(3), 770–781.

Anderson, J. G. (1956). Ultrasonic detection and location of electric discharges in insulating structures. *AIEE Transactions, 75,* 1193–1198.

Anderson, J. M. (1971). Wide frequency range current transformers. *Review of Scientific Instruments, 42,* 915–926.

Arman, A. N., & Starr, A. T. (1936). The measurement of discharges in dielectrics. *Journal of the Institution of Electrical Engineers, 79*(67–81), 88–94.

Arora, R., & Mosch, W. (2011). *High voltage and electrical insulation engineering*. Hoboken: Wiley.

Asner, A. (1969). Progress in the field of measuring very high fast transient surge-voltages. *BBC-Mitteilungen, 47,* 239–267.

Asner, A. M. (1974). *High-voltage measuring techniques*. New York: Springer. (in German).

Auclair, H., Boone, W., & Papadopulos, M. S. (1988). *Development of a new after laying test method for high voltage power cables*. CIGRE Session Paris, France, paper 21–06.

Azizian Fard, M., et al. (2017). Partial discharge behavior under operational and anomalous conditions in HVDC systems. *IEEE Transactions on Dielectrics and Electrical, 24*(3), 1494–1502.

Bach, R. (1993). *Investigation to the on-site testing of medium voltage cables using different voltage shapes*. Ph.D. Thesis TU Berlin (in German).

Bachmann, H., et al. (1991). *Hardware and software for computer-aided impulse voltage tests*. 7th ISH, Dresden, Paper 5.14.

Baer, C., Bärsch, R., Hergert, A., & Kindersberger, J. (2016). Evaluation of the retention and recovery of hydrophobicity of insulating materials in HV outdoor applications und AC and DC stresses with the dynamic drop test. *IEEE Transactions on Dielectrics and Electrical, 23*(1), 294–303.

Bailey, C. A. (1966). A study of internal discharges in cable insulation. *IEEE Transactions on Electrical Insulation, 31*(2), 360–366.

Balzer, G., et al. (2004). *Evaluation of failure data of HV circuit-breakers for condition-based maintenance*. CIGRE Session Paris Report A3-305.

Barsch, R., Jahn, H., & Lambrecht, J. (1999). Test methods for polymeric insulation materials for outdoor HV insulation. *IEEE Transaction on Dielectrics and Electrical Insulation, 9,* 668–675.

Bartnikas, R. (2002). Partial discharges-their mechanism, detection and measurement. *IEEE*

© Springer Nature Switzerland AG 2019
W. Hauschild and E. Lemke, *High-Voltage Test and Measuring Techniques*,
https://doi.org/10.1007/978-3-319-97460-6

Transaction on Dielectrics and Electrical Insulation, 9(5), 763–808.

Bartnikas, R., & Levi, H. R. (1969). A simple pulse-height analyzer for partial discharge rate measurements. *IEEE Transactions on Instrumentation and Measurement, IM-18,* 341–345.

Beigert, M., Henke, D., & Kranz, H-G. (1991). *Isothermal relaxation current measurement, a destruction free tracing of pre-damage at synthetic compounds.* 7th ISH, Dresden Paper 72.05.

Beinert, J., Kadry, E. A., & Schuppe, W. (1977). The role of PD measurement for the detection of defects in extruded medium-voltage cables. *Elektrizitatswirtschaft, 76*(26), 925–928. (in German).

Bellaschi, P. L. (1933). The measurement of high surge voltages. *Transactions of the American Institute of Electrical Engineers, 52*(2), 544–552.

Bellaschi, P. L. (1934). Heavy surge currents generation and measurement. *Transactions of the American Institute of Electrical Engineers, 53*(1), 86–94.

Bellaschi, P. L., & Teague, W. L. (1935). Sphere-gap characteristics of very short impulses. *The Electric Journal, 32*(3).

Bilinski, E., et al. (2017).*Reactor and test arrangement for realization of HV tests.* Application for a German Patent. Registration-No.2017P00011 DE (in German).

Bellm, H., Kuechler, A., Herold, J., & Schwab, A. J. (1985). Rogowski coils and sensors for the magnetic field for the measurement of transient currents in the nanoseconds range. *Archiv fur Elektrotechnik,* 68(part I), 63–74, (part II), 69–74.

Bengtsson, T., Kols, H., & Jonsson, B. (1997). Transformer PD diagnosis using acoustic emission technique. In *10th ISH Conference Proceeding* (Vol. 4, pp. 115–119). Montreal, Canada.

Bergman, A., et al. (2001). Demonstration of traceability in high-voltage tests by means of a record of performance. *Electra, 199,* 35–43.

Berlijn, S. (2000). Influence of lightning impulses to insulating systems. *Dissertation,* Graz Technical University.

Berlijn, S., et al. (2007). *Manual evaluation of lightning impulses according to the new IEC 60060-1.* 15th ISH, Ljubljana.

Bernard, G. (1989). Application of Weibull distribution to the study of power cable insulation. *Electra, 127,* 75–83.

Bernasconi, F., Zaengl, W., & Vonwiller, K. (1979). *A new HV-series resonant circuit for dielectric tests.* 3rd ISH Milan, Report 43.02.

Beyer, J. (2002). *Space charge and partial discharge phenomena in HVDC devices.* Ph.D. Thesis, TU Delft, The Netherlands.

Beyer, M. (1978). Possibilities and limits of PD measurement and localization—basics and measuring systems. *ETZ-A, 99*(2), 96–99, (3), 128–132 (in German).

Beyer, M., & Borsi, H. (1977). PD measurement on HV cables—reasons for failures and possibilities for improvement. *Elektrizitatswirtschaft, 76*(26), 931–936. (in German).

Beyer, M., Boeck, W., Moeller, K., & Zaengl, W. (1986). *High-voltage technology: Theoretical and practical basics.* Berlin: Springer. (in German: Hochspannungstechnik).

Beyer, M., Borsi, H., & Hartje, M. (1987). Some aspects about possibilities and limitations of acoustic PD measurements in insulating fluids. In *5th ISH* (pp. 1–4). Braunschweig, Germany.

Binder, L. (1914). About switching processes and electrical travelling waves. *ETZ, 35,* 177–203. (in German).

Black, I. A. (1975). *A pulse discrimination system for discharge detection in electrically noisy environments.* 2nd ISH Zurich, paper 3.2-02.

Blake, W. (1870). On a method of producing, by electric spark, figures similar to those of Lichtenberg. *American Journal of Sciences and Arts, II-49,* 289.

Boggs, S. A., Ford, G. L., & Madge, R. C. (1981). Coupling devices for the detection of partial discharges in gas-insulated switchgear. *IEEE Transactions on Power Apparatus and Systems, 10,* 3969–3973.

Boggs, S. A., & Stone, G. C. (1982a). Fundamental limitations in the measurement of corona and partial discharge. *IEEE Transactions on Electrical Insulation, 17*(2), 143–145.

Boggs, S. A., Pecena, D. D., Rizzett, S., & Stone, G. C. (1987). Limits to partial discharge detection-effect of sample and defect geometry. In L. G. Cristophorou (Ed.), *Gaseous dielectrics.* Oxford: Pergamon Press.

Boggs, S. A., & Stone, G. C. (1982b). Fundamental limitations in the measurement of corona and partial discharges. *IEEE Transactions on Electrical Insulation, 17*(2), 143–150.

Bolza, A., et al. (2002). *Prequalification test experience on EHV XLPE cable system.* CIGRE Session Paris, Report 21-104.

Boning, P. (1938). Remarkable relations of anomalous currents, loss factor, apparent capacitance and the return voltage of insulating materials. *Zeitschrift fur technische Physik, 109,* 241–247.

(in German).

Boone, W., Damstra, G. C., Jansen, W. J., & de Ligt, G. (1987). *VLF HV generators for testing cables after laying.* 5th ISH Braunschweig, Paper 62-04.

Burger, W. (1976). Beitrag zum Entladungsverhalten groBflachiger, schwach gekrummter Elektroden in Luft bei groBen Schlagweiten [Contribution to the discharge mechanism of large, slowly bended electrodes in air of lang gap distances]. *Dissertation,* Dresden Technical University.

Burawoy. (1936). The delay of sparks at very short impulse voltages. *Archiv fur Elektrotechnik, 16,* 186–219 (in German).

Burstyn, W. (1928). Losses in layer insulation. *ETZ, 49,* 1289–1291. (in German).

Carrara, G., & Dellera, L. (1972). Accuracy of an extended up-and-down method in statistical testing of insulation. *Electra, 23,* 159–175.

Carrara, G., & Hauschild, W. (1990). Statistical evaluation of dielectric test results. *Electra, 133,* 109–131.

Carrara, G., & Zafanella, L. (1968). *UHV Laboratories: Switching impulse clearance tests.* IEEE Power Summer Meeting, project no. 68 CP 692-PWR.

Cavallini, A., Contin, A., Montanari, G. C., Psini, G., & Puletti, F. (2002). Digital detection and fuzzy classification of partial discharge signals. *IEEE Transaction on Dielectrics and Electrical Insulation, 5*(3), 335–348.

Cavellini, A., Contin, A., Montanari, G. C., & Puletti, F. (2003). Advanced PD interference in on —field measurements. Part I: Noise rejection. *IEEE Transaction on Dielectrics and Electrical Insulation, 10(2),* 23–30.

Cavellini, A., Contin, A., Montanari, G. C., & Puletti, F. (2003). Advanced PD interference in on-field measurements. Part II: Identification of defects in solid insulation systems. *IEEE Transaction on Dielectrics and Electrical Insulation, 10(3),* 528–538.

Cavallini, A., & Montanari, G. C. (2006). Effect of supply voltage frequency on testing of insulation systems. *IEEE Transaction on Dielectrics and Electrical Insulation, 13,* 111–121.

CENELEC Study Group. (2010). *Technical guidelines for HVDC grids.* Minutes of meeting, November 11, 2010.

Charlton, E. E., et al. (1939). *Journal of Applied Physics, 10,* 374 (cited after Kuffel, Zaengl, Kuffel 2006).

Chen, S., & Czaszejko, T. (2011). Partial discharge test circuit as a spark gap transmitter. *IEEE Electrical Insulation Magazine, 27*(31), 36–43.

Choo, W., Chen, G., & Swingler, S. G. (2011). Electric field in polymeric cable due to space charge accumulation under DC and temperature gradient. *IEEE Transaction on Dielectrics and Electrical Insulation, 18*(2), 596–606.

Christen, T. (2014). Electrical insulation for modern HVDC systems—a challenge for research and development.*ETG—Mitglieder information,* July 2014, pp. 20–23 (in German).

Chubb, L. W., & Fortescue, C. (1913). Calibration of the sphere gap voltmeter. *Transmission AIEE, 32,* 739–748.

Cigre JWG 33/23.12. (1998). Insulation co-ordination of GIS: Return of experience, on-site tests and diagnostic techniques. *Electra, 176,* 67–97.

Cigre JWG 23/21/33. (2003). *Gas-insulated transmission lines (GIL).* Technical Brochure No. 218.

Cigre JWG B3/B1. (2008). *Application of long, high-capacity gas-insulated lines in structures.* Technical Brochure No. 351.

Cigre TF 33.03.04. (2000). Proposed requirements for HV withstand tests on-site. *Electra, 195,* 13–21.

Cigre TF 33.04.01. (2000). *Polluted insulators: A review of current knowledge.* CIGRE Technical Brochure No. 158.

Cigre TF D1.02.08. (2005). *Instrumentation and measurement for in-service monitoring of high-voltage insulation.* Technical Brochure No. 286.

Cigre WG D1.29. (2017). *Partial discharges in transformers.* Technical Brochure No. 676.

Cigre TF D1.33.05. (2012). *HV on-site testing with PD measurement.* Technical Brochure No. 502.

Cigre JWG D.1/B.3.57. (2017). *Recommendations for dielectric testing of gas-insulated HVDC systems up to 550 kV.* Draft Technical Brochure.

Cigre WG 21.03. (1969). Recognition of discharges. *Electra, 11,* 61–98.

Cigre WG 33.03. (1998). Measurement of very fast front transients. *Electra, 181,* 71–91.

Cigre WG D1.33. (2010). *Guidelines for unconventional partial discharge measurements.* Technical Brochure No. 444.

Cigre WG B1.23. (2012). *Recommendations for testing of long AC submarine cables with extruded insulation for system voltage above 30 to 500 kV.* Technical Brochure 490.

C.I.S.P.R. (1977). Specification for radio interference measuring apparatus and measurement methods. In IEC (Ed.), *International. Special committee on radio interference.* Document no. 16.

Cockcroft, J. D., & Walton, E. T. S. (1932). Experiments with high velocity ions. *Proceedings Royal Society, London, Series A, 136,* 619–630.

Coenen, S., Tenbohlen, S., Markalous, S., & Strehl, T. (2007). *Performance check and sensitivity verification for UHF PD measurements on power transformers* (pp. 157–264). CIGRE SC A1 & D1 Joint Colloquium, Gyeongju, Korea.

Cousineau, D. (2009). Fitting the three-parameter Weibull distribution: Review and evaluation of existing and new methods. *IEEE Transaction on Dielectrics and Electrical Insulation, 10*(1), 281–288.

Creed, F., Kamamura, T., & Newi, G. (1967). Step response of measuring systems for high impulse voltages. *IEEE Transactions on Power Apparatus and Systems, 86*(11), 1408–1420.

Crichton, G. C., Karlsson, P. W., & Pedersen, A. (1988). A theoretical derivation of the transients related to partial discharges in ellipsoidal voids. In *Conference Record IEEE, International Symposium on Electrical Insulation (ISEI)* (p. 238). IEEE Publication 88CH2594-0-DEI.

Crichton, G. C., Karlsson, P. W., & Pedersen, A. (1989). Partial discharges in ellipsoidal and spherical voids. *IEEE Transaction on Dielectrics and Electrical Insulation, 24,* 335–342.

Csepes, G., Hamos, I., Schmidt, J., & Bognar, A. (1994). *A DC expert system (RVM) for checking the refurbishment efficiency of high voltage oil-paper insulating system using polarization spectrum analysis in range of long-time constants.* CIGRE Session Paris, Paper 12-206.

Cui, D., et al. (2009). *Discussion on insulation levels and dielectric test technology requirements of AC UHV transmission and transformation equipment in China.* 16th ISH Johannesburg, paper A-23.

Dakin, T. W., & Malinaric, P. J. (1960). A capacitive bridge method for measuring integrated corona-charge transfer and power loss per cycle. *Power Apparatus and Systems, Part III. Transactions of the American Institute of Electrical Engineers, 79*(3), 648–653.

Davis, R., Bowdler, G. W., & Standring, W. G. (1930). The measurement of high voltages with special reference to the measurement of peak voltages. *Journal IEE, London, 68,* 1222.

Dawson, G. A., & Winn, W. P. (1965). A model of streamer propagation. *Zeitschrift fur Physik, 183,* 159–171.

Dennhardt, A. (1935). Reason and measurement of the high-frequency noise caused by insulators. *Elektrizitatswirtschaft, 34,* 15. (in German).

Densley, R. J. (1979). Partial discharges under direct-voltage conditions. *Engineering dielectrics, 1.* In R. Bartnikas & E. J. McMahon (Eds.), *Corona measurement and interpretation* (Vol. STP669). Philadelphia: ASTM.

Devins, J. C. (1984). The physics of partial discharges in solid dielectrics. *IEEE Transaction on Electrical Insulation, 19,* 475–495.

Diaz, R. R., & Segovia, A. A. (2016). A physical approach of the test voltage function for evaluation of the impulse parameters in lightning impulse voltages with superimposed oscillations and overshoot. *IEEE Transactions on Dielectrics and Electrical Insulation, 23*(5), 2738–2746.

Dietrich, M. (1982). Dimensioning of large electrodes for HV test equipment of the UHV range. *Dissertation,* Dresden Technical University, 1982 (in German).

Dong, B., Jiang, X., Hu, J., Shu, L., & Sun, C. (2012). Effects of artificial polluting methods on AC flashover of composite insulators. *IEEE Transactions on Dielectrics and Electrical Insulation, 19*(2), 714–722.

Dorison, E., & Aucourt, C. (1984). *After laying tests of HV and EHV cables.* Jicable Versailles. Paper BV-5.

Eager, G. S., & Bader, G. (1967). Discharge detection in extruded polyethylene insulated power cables. *IEEE Transactions on Power Apparatus and Systems, 86*(1), 10–34.

Eager, G. S., Bader, G., & Silver, D. A. (1969). Corona detection experience in commercial production of power cables with extruded insulation. *IEEE Transactions on Power Apparatus and Systems, 86*(4), 342–346.

Edwards, F. S., & Smee, J. F. (1938). The calibration of the sphere spark gap for voltage measurement up to one million volts (effective) at 50 cycles. *Journal of the Institution of Electrical Engineers, 82*(1938), 655–669.

Eleftherion, P. M. (1995). Partial Discharge. Part XXI: Acoustic emission-based PD source location in transformers. *IEEE Electrical Insulation Magazine, 11*(6), 22–26.

Elserougi, A., et al. (2015). A HV pulse-generator based on DC-to-DC converters and capacitor-diode voltage multipliers for water treatment application. *IEEE Transactions on Dielectrics and Electrical Insulation, 22*(67), 3290–3298.

Elmore, W. C. (1948). The transient response of damped linear networks with particular regard to wideband amplifiers. *Journal of Applied Physics, 19*(1), 55–63.

Elsner, R. (1939). Measurement of steep HV impulses by voltage dividers. *Archiv fur Elektrotechnik, 33*(1), 23–40. (in German).

Elstner, G., et al. (1983). *Powerful DC and mixed voltage testing equipment up to 2.25 MV for outdoor installation*. 4th ISH Athens (1983) paper 51.04.

Emanuel, H., Kalkner, W., Plath, K. D., & Plath, R. (2002). Synchronous three-phase PD measurement on power transformers on site and in the laboratory. In *ETG Conference on Diagnostik elektrischer Betriebsmittel* (in German).

Engelmann, E. (1981). *Contribution to the discharges on large electrodes with defects in air*. Thesis Dresden Technical University 1981 (in German).

EN, C. S. (2000) *0.50191 Erection and operation of electrical test equipment* (German version DIN EN 50191-VDE0104).

EN HD 620 S. (1996/A3: 2007). *Power cables—Part 620: Distribution cables with extruded insulation for voltages rated 3.6/6 kV to 20.8/36 kV*.

Fan, J., & Li, P. (2008). *Effect of sandstorm on external insulation*. Presentation at the TC 42 Meeting, Sao Paulo.

Farneti, F., Ombello, F., Bertani, E., & Mosca, W. (1990). *Generation of oscillating waves for after-laying test of HV extruded cable links*. CIGRE Session Paris, France, paper 21-10.

Farzaneh, M. (2014). Insulator flashover under icing conditions. *IEEE Transactions on Dielectrics and Electrical Insulation, 21*(4), 1997–2009.

Farzaneh, M., & Chisholm, W. A. (2014). 50 Years in icing performance of outdoor insulators. *IEEE Electrical Insulation Magazine, 30*(1), 14–24.

Felk, M., et al. (2017). Protection and measuring elements in the test setups of the superimposed test voltage. In *20th ISH Buenos Aires/Argentina*.

Feser, K. (1973). Extension of the trigger range of multi-stage impulse generators for the generation of SI voltages. *ETZ, 94(3),* 171–174 (in German).

Feser, K. (1974). Problems of the generation of SI voltages in the test field. *Bulletin SEV, 65(6),* 496–506 (in German).

Feser, K. (1975). Dimensioning of electrodes in the UHV range illustrated with the example of toroid electrodes for voltage dividers. *HAEFELY Publication E-130 !975 and ETZ-A, 96,* 206–210 (in German).

Feser, K. (1981). HV tests of metal-enclosed, gas-insulated substations. *Bulletin SEV, 72(1),* 19–26 (in German).

Feser, K. (1997). *Thoughts to the test and measuring techniques at steep impulse voltages*. HIGHVOLT Kolloquium, Dresden, Paper 1.4 (pp. 37–40) (in German).

Feser, K., & Pfaff, W. R. (1984). A potential free spherical sensor for the measurement of transient electric fields. *IEEE Transactions on Power Apparatus and Systems, PAS-103,* 2904–2911.

Feser, K., & Hughes, R. C. (1988). Measurement of direct voltage by rod-rod gap. *Electra, 117,* 23–34.

Finkelmann, J. (1936). *Electrical breakdown of different gases under high pressure*. Ph.D. Thesis Technische Hochschule Hannover (in German).

Frank, H., Hauschild, W., et al. (1983). *HVDC testing generator for short-time polarity reversal on load*. 4th ISH Athens, paper 51.05.

Frank, H., Schrader, W., & Spiegelberg, J. (1991). *3 MV AC voltage testing equipment with switching voltage extension—Technical concept, first operation, results*. 7th ISH Dresden, paper 52.04.

Fromm, U. (1995a). Interpretation of partial discharges at DC voltage. *IEEE Transactions on Dielectrics and Electrical Insulation, 2*(5), 761–770.

Fromm, U. (1995). *Partial discharge and breakdown testing at high DC Voltage*. Ph.D. Thesis TU Delft, The Netherlands.

Frommhold, L. (1956). The potential of the charge of electron avalanches within parallel plates and side effects. *Zeitschrift for Physik, 145*(3), 324–340. (in German).

Fruth, B., Liptak, L., Ullrich, L., Dunz, T., & Niemeyer, L. (1989). Ageing of rotating machine insulation—Mechanisms, measurement technique. In *Proceedings of the 3rd International Conference on Conduction and Breakdown in Solid Dielectrics* (pp. 597–601).

Fruth, B., & Gross, D. (1994). Phase resolving partial discharge pattern acquisition and spectrum analysis. In *Proceedings of the ICPDAM* (pp. 578–581). Brisbane NSW, Australia, 94CH3311-8.

Fuhr, J., Haessig, M., Boss, P., Tschudi, D., & King, R. A. (1993). Detection and location of internal defects in the insulation of power transformers. *IEEE Transactions on Electrical Insulation, 28*(6), 1057–1067.

Fujimoto, N., Boggs, S. A., & Madge, R. C. (1981). *Electrical transients in gas-insulated switchgear*. Transactions on the March 1981 Meeting of the Canadian Electric Association.

Fujimoto, N., Boggs, S. A., & Madge, R. C. (1981b). Coupling devices for the detection of partial discharges in gas-insulated switchgear. *IEEE Transactions on Power Apparatus and Systems, 100*(8), 3369–3973.

Gabor, D. (1926). Oscillographic records of travelling waves. *Archiv fur Elektrotechnik, 16,* 296–298.

Gänger, B. (1953). *Electrical breakdown of gases (book in German)*. Berlin, Göttingen, Heidelberg: Springer.

Garbagnati, E., et al. (1991). The influence of atmospheric conditions on the dielectric strengths of phase-to-phase insulation when subjected to switching impulse. CESI Publication.

Garnacho, F., et al. (2014). K-factor test voltage function for oscillating lightning impulses in non-homogenous air gaps. *IEEE Transactions on Power Delivery, 29*(5), 2254–2260.

Garnacho, F. (2010, February). *K-factor results for air dielectric medium. Presentation to CIGRE Working Group D1.36.*

Garnacho, F., et al. (1997). Evaluation procedure for lightning impulse parameters in case of waveforms with oscillations and/or an overshoot. *IEEE Transactions on Power Delivery, 12* (2), 640–649.

Garnacho, F., et al. (2002). Evaluation of lightning impulse voltages based on experimental results —proposal for the revision of IEC 60060-1 and IEC 61083-2. *Electra, 204,* 31–37.

Gemant, A., & v. Philippoff, W. (1932). Spark gap with pre-capacitor. *Zeitschrift fur Technische Physik, 13*(9), 425–430 (in German).

Ghorbani, H., et al. (2017). Electrical characterization of extruded DC Cable insulation—The challenge of scaling. *IEEE Transactions on Dielectrics and Electrical Insulation, 24*(24), 1465–1470.

Gockenbach, E. (2010). Voltage shapes in HVDC systems—static and dynamic loads. ETG Fachtagung: Isoliersysteme bei Gleich- und Mischfeldbeanspruchung, Cologne paper 1.2 (in German).

Gockenbach, E., & Hauschild, W. (2000). The selection of the frequency range for HV on-site testing of extruded cable systems. *IEEE Insulation Magazine, 16*(6), 11–16.

Gockenbach, E., et al. (2007). *Challenges on the measuring and testing techniques for UHV AC and DC equipment*. IEC/CIGRE UHV Symposium Beijing, Paper 4-2.

Goosens, R. F., & Provoost, P. G. (1946). The registration of high impulse voltages by a cathode oscilloscope. *Bulletin SEV, 37,* 175–184. (in German).

Graybill, H. Q., Cronin, J. C., & Field, E. J. (1974). Testing of gas insulated substations and transmission systems. *IEEE Transactions of Power Apparatus and Systems, PAS-93(1),* 404–413.

Grey Morgan, C. (1965). Fundamentals of electric discharges in Gases, Vol. II: Physical electronics. In A. H. Beck (Ed.), *Handbook of vacuum physics*. Oxford: Pergamon Press.

Greinacher, H. (1920). Generation of direct voltage of multiple amount of an AC voltage. *Bulletin SEV, 66* (in German).

Gross, D. (2011). Locating partial discharge using acoustic sensors. In *HIGHVOLT KOLLO-QUIUM '11 Conference Proceedings* (pp. 99–106).

Gronefeld, P. (1983). A very low frequency 200 kV generator as precondition for testing insulating materials with 0.1 Hz alternating voltage. In *4th International Symposium on High Voltage Engineering (ISH)*, Athens, Greece, paper 21.02.

Grunewald, F. (1921). Characteristics of open-air insulators under high-frequency voltages. *ETZ, 42,* 1377. (in German).

Grunewald, P., & Weidner, J. (1994). *Possibilities and experience with off- and on-line diagnosis of turbine generator stator winding insulations*. CIGRE-Session, Paris, France, paper 11-206.

Gubanski, S. M., Boss, P., & Csepes, G., et al. (2002). *Dielectric response methods for diagnostics of power transformers. Electra, 202,* 25-3 (Report of CIGRE TF 15.01.09).

Gulski, E. (1991). *Computer-aided recognition of partial discharges using statistical tools*. PhD Thesis, Delft University Press.

Gulski, E., Smit, J. J., Seitz, P. N., & Tuner, M. (1999). *On-site diagnostics of power cables using oscillating wave test system*. 11th ISH London, UK, paper 5.112.

Gulski, E., Smit, J. J., van Breen, H., de Vries, F., Seitz P. P., & Petzold, F. (2000). Advanced PD diagnostics of medium-voltage power cables using oscillating wave test system. *IEEE*

Electrical Insulation Magazine, 16(2).

Gulski, E., et al. (2007). Dedicated on-site condition monitoring of HV power cables up to 150 kV. In *8th International Power Engineering Conference,* Singapore.

Gutman, I., & Derfalk, A. (2010). Pollution tests for polymeric insulators made of hydrophobicity material. *IEEE Transaction on Dielectrics and Electrical Insulation, 17,* 384–393.

Gutman, I., et al. (2014). Development of time- and cost-effective pollution test methods for different station insulation options. *IEEE Transactions on Dielectrics and Electrical Insulation, 21*(6), 2525–2530.

Hagenguth, J. H. (1937). *Short time spark-over of gaps. Transactions of the American Institute of Electrical Engineers, 56,* 67–76.

Hagenguth, J. H., et al. (1952). Sixty cycle and impulse sparkover of large gap spacings. *Transactions AIEE Part III, 71,* 455–460.

Hague, B. (1959). *Alternating-current bridge methods* (5th ed.). London: Pitman & Sons.

Hallstrom, J. (2002). *A calculable impulse voltage calibrator.* Acta polytechnica scandinavia, Electrical Engineering, Series No. 109.

Hallstrom, J., Li, Y. & Lucas, W. (2003). *High accuracy comparison measurement of impulse parameters at low voltage levels.* 13th ISH Delft, paper 432.

Harrold, R. T. (1975). Ultrasonic spectrum signatures of under-oil corona sources. *IEEE Transactions on Electrical Insulation, EI-10(4),* 109–112.

Harrold, R. T. (1976). The relationship between ultrasonic and electrical measurement of under oil corona sources. *IEEE Transactions on Electrical Insulation, EI-11(1),* 8–11.

Harrold, R. T. (1996). Acoustic theory applied to the physics of electrical breakdown in dielectrics. *IEEE Transactions on Electrical Insulation, EI-21(5),* 781–792.

Hauschild, W. (1970). *About the breakdown of insulating oil in a non-uniform field at SI voltages.* Ph.D. Thesis, Dresden Technical University (in German).

Hauschild, W. (1995). *Engineering the electrodes of HV test systems on the basis of the physics of discharges in air.* 9th ISH Graz, invited paper.

Hauschild, W. (2007). A common view on high-voltage testing and insulation diagnostics. In *Proceedings of HIGHVOLT Kolloquium '07,0.7-13* (also: CIGRE D1.33 Colloquium Gyeongju, 2007).

Hauschild, W. (2013). Critical review of voltages applied for quality acceptance and diagnostic field tests on HV and EHV cable systems. *IEEE Electrical Insulation Magazine, 29*(2), 16–25.

Hauschild, W.,& Fahd, I. (1980). Installation of a HV laboratory at the faculty of mechanical and electrical engineering of Damascus University. *Elektrie, 32*(3), 124–127(in German). *Monthly Technical Review, 24*(1), 4–11 (in English).

Hauschild, W., Kuttner, H., & Thummler, K. (1981). Systems for the wideband PD measurement in HV insulations. *Elektrie, 35*(7), 353–357. (in German).

Hauschild, W., & Mosch, W. (1992). *Statistical techniques for high-voltage engineering,* (Statistik fur Elektrotechniker, Berlin: Verlag Technik Berlin, 1984). IEE Power Series 13. London: Peter Peregrinus Ltd.

Hauschild, W., & Steiner, T. (2009). *The design of HVLI tests fort he improvement of the k-factor function.* CIGRE D1.33 Meeting Budapest.

Hauschild, W., Rausendorf, S., & Schufft, W. (1987). *Calculation of field strength and streamer inception voltage for multi-segment electrodes of UHV test equipment.* 5th ISH Braun-schweig, paper 33.10.

Hauschild, W., Wolf, J., & Spiegelberg, J. (1987). *Calculation of the pollution test characteristic of a powerful DC voltage generator.* 5th ISH Braunschweig, paper 62.03.

Hauschild, W., Spiegelberg, J., & Lemke, E. (1997). *Frequency tuned resonant test systems for HV on site testing of SF_6 insulated apparatus.* 10th ISH Montreal, (Vol. 4, pp. 457-460).

Hauschild, W., Schufft, W., & Spiegelberg, J. (1997). *Alternating voltage on-site testing and diagnostics of XLPE cables: The parameter selection of frequency-tuned resonant test systems.* 10th ISH Montreal, (Vol. 4, pp. 75-78).

Hauschild, W., Schierig, S., & Coors, P. (2005). *Resonant test systems for HV testing of super-long cables and gas-insulated transmission lines.* 14th ISH Beijing paper J-02.

Hauschild, W., Thiede, A., Leibfried, T., & Martin, F. (2006). Static frequency converters for HV tests on power transformers. In *High Voltage Symposium Stuttgart* (in German).

Hauschild, W., et al. (1982). The influence of stochastic processes on the breakdown of slightly non-uniform fields in SF_6. *Z. elektr. Informations- und Energietechnik, 12*(4&5), 289–318, 385–403 (in German).

Hauschild, W., et al. (1991). *Breakdown voltage characteristic of long rod-to-plane air gaps at bipolar oscillating switching voltages.* 7th ISH Dresden paper 42.25.

Hauschild, W., et al. (1993). *Computer-aided performance tests and checks for LI voltage measuring systems.* 8th ISH Yokohama, paper 53.01.

Hauschild, W., et al. (2002). *The technique of AC on-site testing of HV cables by frequency- tuned resonant test systems.* CIGRE Session, Report 33-304.

He, L., & Gorur, R. S. (2016). Source strength impact analysis on polymer insulator flashover under contaminated conditions and a comparison with porcelain. *IEEE Transactions on Dielectrics and Electrical Insulation, 23*(4), 2189–2195.

Henriksen, M., Stone, G. C., & Kurtz, M. (1986). Propagation of partial discharge and noise pulses in turbine generators. *IEEE Transactions on Energy Conversation. EC-1*(3).

Herb, R. G., Parkinson, D. B., & Kerst, D. W. (1937). The development and performance of an electrostatic generator operating under high air pressure. *Physical Review, 51*(75).

Hering, Maria, et al. (2017). Field transition in gas-insulated HVDC systems. *IEEE Transactions on Dielectrics and Electrical Insulation, 24*(3), 1608–1616.

Hering Maria, Riechert, U. & Tenbohlen S. (2017). Gas-insulated systems for the HVDC transmission. *ETG—Mitglieder information, August 2017*, pp. 18–21.

Hinow, M. (2011). *Optimized test field for power transformer testing.* HIGHVOLT Kolloquium (Dresden) (pp. 123–126).

Hinow, M., Hauschild, W., & Gockenbach, E. (2010). Lightning impulse and overshoot evaluation proposed in drafts of IEC 60060-1 and future UHV testing. *IEEE Transaction on Dielectrics and Electrical Insulation, 17*(5), 1628–1634.

Hinow, M., & Steiner, T. (2009). *Influence of the new k-factor method of IEC 60060-1 on the evaluation of LI parameters in relation to UHV testing.* 16th ISH Cape Town, paper G-14.

Hoof, M., & Patsch, R. (1994). *Analyzing partial discharge pulse sequences: A new approach to investigate degradation phenomena.* In *IEEE Symposium on Electrical Insulation (ISEI),* (pp. 327–331). Pittsburgh, USA.

van Hoove, C., & Lippert, A. (1973). Measurements related to the electric strength of polyethylene and HV cables. *Elektrizitatswirtschaft, 71,* 630–635. (in German).

van Hoove, C. (1993). Partial discharges in cable accessories. In D. Konig & Y. N. Rao (Eds.), *Partial discharges in electrical power apparatus* (pp. 173–181). Berlin: VDE-Verlag.

Hopke, F., & Schmidt, M. (2011). Factory test field for power transformers based on a static frequency converter. *HIGHVOLT Kolloquium Dresden (*pp. 127–132).

House, H., Waterton, F. W., & Chew, J. (1979). *1000 kV standard voltmeter.* 3rd ISH Milan, Italy, paper 43.05.

Houtepen, R., et al. (2011). Estimation of dielectric loss using damped AC voltage. *IEEE Insulation Magazine, 27*(3), 14–19.

Howels, E., & Norton, E. T. (1978). Detection of partial discharges in transformers using acoustic emission techniques. *IEEE Transactions on Power apparatus and Systems, PAS-97(5),* 1538–1546.

Hughes, R. C., et al. (1994). Traceability of measurement in HV tests. *Electra, 155,* 91–101.

Hylten-Cavallius, N. (1957). Impulse tests and measuring errors. *ASEA-Journal, 5,* 75–84.

Hylten-Cavallius, N. (1988). *High-voltage laboratory planning.* Switzerland: Haefely.

ICEA T-24-380. (2006). *Standard for partial discharge test procedure.*

IEC 60034-1. (2010). *Rotating electrical machines—Part 1: Rating and performance.*

IEC 60034-27. (2006). *Rotating machines—Part 27: Off-line partial discharge measurements on the stator winding insulation of rotating electrical machines.*

IEC 60038. (2009) *IEC standard voltages.*

IEC 60052. (1960). *Recommendations for voltage measurement by means of sphere gaps.*

IEC 60052 Ed. 3. (2002). *Voltage measurement by means of standard air gaps.*

IEC 60060-1. (1989). *High-voltage test techniques, Part 1: General definitions and test requirements.*

IEC 60060-1. (2010). *High-voltage test techniques, Part 1: General definitions and test requirements.*

IEC 60060-2. (2010). *High-voltage test techniques, Part 2: Measuring systems.*

IEC 60060-3. (2006). *High-voltage test techniques, Part 3: Definitions and requirements for on-site testing.*

IEC 60071-1. (2006). *Insulation co-ordination—Part 1: Definitions, principles and rules.*

IEC 60071-2. (1996). *Insulation co-ordination—Part 2: Application guide.*

IEC 60071-2. (2010). *Amendment to Part 2.*

IEC 60071-5. (2002). *Insulation co-ordination—Part 5: Procedures for high-voltage direct current (HVDC) converter stations.*

IEC 60076-3. (2000). *Power transformers - Part 3: Insulation levels, dielectric tests and external* clearances, Annex A: Application guide for partial discharge measurements during AC voltage withstand test on transformers according to 12.2, 12.3, and 12.4.

IEC 60076-3. (2013). *Power transformers—Part 3: Insulation levels, dielectric tests and external clearances in air.*

IEC 60099-4. (2009). *Surge arresters—Part 4: Metal-oxide surge arrestors without gaps for AC systems.*

IEC 60143-1. (2004). *Series capacitors for power systems—Part 1: General.*

IEC 60250. (1969). *Recommended methods for the determination of the permittivity and dielectric dissipation factor of electrical insulating materials.*

IEC 60270. (2000). *HV test techniques—Partial discharge measurement.*

IEC 60270. (2015). *Amendment A1* (CSV, Consolidated Version).

IEC 60502. (1997). *Power cables with extruded insulation for rated voltages from 1 to 30 kV.*

IEC 60505. (2011). *Evaluation and qualification of electrical insulation systems.*

IEC 60507. (1991). *Artificial pollution tests on high-voltage insulators to be used in AC systems.*

IEC 60840. (2011). *Power cables with extruded insulation for rated voltages from 30 to 150 kV.*

IEC 60885-3. (2003). *Electrical test methods for electric cables—Part 3: Test methods for partial discharge measurements on lengths of extruded power cable.*

IEC 61083-1. (2001). *Instruments and software used for measurement in high-voltage impulse tests—Part 1: Requirements for instruments.*

IEC 61083-2. (2013). *Instruments and software used for measurement in high-voltage impulse tests—Part 2: Requirements for software for tests with impulse voltages and currents.*

IEC 61083-3. (2012). *Draft—Instruments and software used for measurements in high-voltage and high-current tests—Part 3: Requirements for instruments for tests with alternating and direct voltages and currents.*

IEC 61180. (2014). *HV test techniques for low-voltage equipment-test and procedure requirements, test equipment.*

IEC 61245. (2015). *Artificial pollution tests on high-voltage ceramic and glass insulators to be used on D.C. systems.*

IEC 61245. (2013). *Artificial pollution tests on HV insulators to be used on DC systems.* Draft 36/329/CD.

IEC 61259. (1994). *Gas-insulated metal-enclosed switchgear for rated voltages 72.5 kV and above—Requirements for switching of bus charging currents by disconnectors.*

IEC 61640. (1998). *Rigid high-voltage gas-insulated transmission lines for rated voltage of 75 kV and above.*

IEC 61934. (2006). *Electrical measurement of partial discharges during short rise time repetitive voltage impulses.*

IEC 62061. (2005). *Safety of machinery—functional safety-related electrical, electronic and programmable electronic control systems.*

IEC 62067. (2006). *Power cables with extruded insulation and their accessories for rated voltages above 150 kV up to 500 kV—test methods and requirements.*

IEC 62271-203. (2010). *HV switchgear and control gear,-Part 203: Gas-insulated, metal-enclosed switchgear for voltages above 52 kV.*

IEC 62475. (2010). *High-current test techniques: Definitions and requirements for test currents and measuring systems.*

IEC 62478. (2015). *High voltage test techniques—Measurement of partial discharges by electromagnetic and acoustic methods.*

IEC 62478. (2013). *High voltage test techniques—Measurement of partial discharges by electromagnetic and acoustic methods (CDV).*

IEC TC 115: HVDC. (2010). *Transmission for DC voltages above 100 kV.* Strategic Business Plan, IEC 115/35/INF.

IEEE Std.4. (1995). *IEEE standard techniques for high-voltage testing.*

IEEE P5[TM]/D006. (2013). *Draft trial-use standard for high-voltage testing techniques.* 200 9 (new edition harmonized with IEC 60060-1:2010 is expected for 2014).

IEEE 62-PC57.152. (2012). *Guide for diagnostic field testing of fluid filled power transformers, regulators and reactors.*

IEEE Std.400[TM]. (2012). *IEEE Guide for field testing and evaluation of the insulation of shielded power cable systems rated 5 kV and above.*

IEEE Std.400.1. (2007). *Guide for field testing of laminated dielectric, shielded power cable systems rated 5 kV and above with high direct current voltage.*

IEEE P400.2 [TM]. (2012). *Draft Guide VLF for field testing of shielded power cable systems using very low frequency (VLF).*

IEEE Standard 400.4. (Draft 2012). *Guide for field testing of shielded power cable systems rated 5 kV and above with damped alternating current (DAC) voltage.*

IEEE Std. C37.122. (2010). *Standard for HV gas-insulated substations rated 52 kV and above.*

IEEE Std C57.113. (2010). *IEEE Recommended practice for partial discharge measurement in liquid-filled power transformers and shunt reactors.*

IEEE Std. C57.127. (2007). *IEEE Guide for the detection and location of acoustic emissions from partial discharges in oil-immersed power transformers and reactors.*

IEEE 510. (1983). *Recommended practice for safety in high-voltage and high-power testing.*

IEEE Std.1313.1. (1996). *Standard for insulation coordination—Definitions, principles and requirements.*

IEEE 1434. (2000). *Trial-use guide to the measurement of partial discharges in rotating machinery.*

IEEE P1861^{TM}/D1. (2012). *Draft Guide for on-site acceptance tests of electric equipment and commissioning of 1000 kV AC and above system.*

ISO/IEC Guide 98-3. (2008). *Uncertainty of measurement—Part 3: Guide to the expression of uncertainty in measurement* (=GUM:1995).

Illias, H., Chen, G., & Lewin, P. L. (2011a). Modeling of partial discharge activity in spherical cavities within a dielectric material. *IEEE Electrical Insulation Magazine, 27*(1), 38–45.

Illias, H., Chen, G., & Lewin, P. L. (2011b). Partial discharge behavior within a spherical cavity in a solid dielectric material as a function of frequency and amplitude of the applied voltage. *IEEE Transaction on Dielectrics and Electrical Insulation, 18*(2), 432–443.

Jiang, X., Shu, L., et al. (2008). Positive switching impulse performance and voltage correction of rod-plane air gaps based on tests at high-altitude site. *IEEE Transaction on Power Delivery, 24* (1).

Jiang, X., et al. (2008). Switching impulse flashover performance of different types of insulators at high altitude sites of above 2800 m. *IEEE Transaction on Dielectrics and Electrical Insulation, 15*(5), 1340–1345.

Jiang, X., et al. (2009). Study on AC pollution flashover performance of composite insulators at high altitude sites of 2800–4500 m. *IEEE Transaction on Dielectrics and Electrical Insulation, 16*(1), 123–132.

Jiang, X., et al. (2010). Equivalence of influence of pollution simulating methods on DC flashover stress of ice-covered insulators. *IEEE Transactions on Power Delivery, 25*(4), 2113–2120.

Jiang, X., et al. (2011). DC flashover performance and effect of sheds configuration on polluted and ice-covered insulators at low pressure. *IEEE Transaction on Dielectrics and Electrical Insulation, 18,* 97–105.

Jouaire, J., & Sabot, A., et al. (1978). *HV measurements—present state and future development.* Revue General de l'Electricite, Special Number.

Judd, M. D., Farish, O., & Hampton, B. F. (1996). The excitation of UHF signals by partial discharges in GIS. *IEEE Transaction on Dielectrics and Electrical Insulation, 3,* 213–228.

Judd, M. D., Cleary, G. P., & Bennoch, G. J. (2002). Applying UHF partial discharge detection to power transformers. *IEE Power Engineering Review,* 57–59.

Kachler, A. J. (1975). *Contribution to the problem of impulse voltage measurement by means of sphere gaps.* 2nd ISH Zurich (pp. 217–221).

Kachler, A. J., Kroon, C., & Machado, T. (1998). *Pro and contras of on-site testing on power transformers and reactors.* Cigre Session Paris paper 12-201 (see also: The discussion to that paper by W. Hauschild: A necessary clarification to the activities of Cigre WG 33.03 related to HV on-site tests. Cigre 1998).

Kapcov, N. A. (1955). *Electrical phenomena in gases and vacuum.* Berlin: Deutscher Verlag der Wissenschaften. *(in German).*

Karlstrand, J., Henning, G., Schierig, S., & Coors, P. (2005). *Factory testing of long submarine cables using frequency-tuned resonant systems.* CIRED Turin.

Kaufhold, M., Kalkner, W., Obralic, R., & Plath, R. (2006). *Synchronous 3-phase partial discharge detection on rotating machines.* CIGRE Session Paris, paper D1-105.

Kaul, G., Plath, R., & Kalkner, W. (1993). Development of a computerized loss factor measurement system, including 0.1 Hz and 50/60 Hz. In *8th International Symposium on High Voltage Engineering,* Yokohama, Japan, paper 56.04.

Kawamura, T., Nagai, K., Seta, T., & Naito, K. (1984). *DC pollution performance of insulators.* CIGRE Session Paris, Report 33-10.

Keller, A. (1959). Constancy of capacitance of compressed gas capacitors. *ETZ-A, 80,* 757–761. (in German).

Kemp, I. J. (1987). Calibration difficulties associated with PD detectors in rotating machines. In

Proceedings of IEEE Electrical Insulation Conference, Chicago, USA.

Kind, D. (1957). The formative area at impulse voltage stress of electrode arrangements in air. *Dissertation*, Technical University Munich, 1957 (in German).

Kind, D. (1961). Basics of measuring equipment for corona—insulation tests. *ETZ-A, 84,* 781–787. (in German).

Kind, D. (1974). Recommendations for the performance of HV tests on GIS and GIL. *ETZ-A, 95 (11),* 588–589 (in German).

Kind, D., & Salge, J. (1965). On the generation of switching impulse voltages using HV test transformers. *ETZ-A, 86(11),* 588–589 (in German).

Kind, D., & Shihab, S. (1969). Partial discharges in solid insulating material subjected to high direct voltages. *ETZ-A, 90,* 476–468 (in German).

Kind, D., & Feser, K. (1999). *High-voltage test technique* (2nd English Edn). Vieweg and SBA Publishers (First German Edn. 1972).

Kind, D., et al. (2016). Voltage- time characteristics of air gaps and insulation coordination—Survey of 100 Years Research. *International Conference on lightning protection. Esteril, Portugal.*

Kindersberger, J. (1997). *Why plastic compound insulators require test procedures different from ceramic insulators?* 2nd HIGHVOLT Kolloquium, Dresden 1997, Paper 1.5 (pp. 41–51) (in German).

King, R. W. P. (1983). The conical antenna as a sensor or probe. *IEEE Transactions on Electromagnetic Compatibility, 25,* 8–13.

Kleinwachter, H. (1970). The influence-E-meter used as an electrostatic amplifier of extremely high amplification and its application as a sensitive measuring instrument. *Archiv technisches Messen, 413,* R62–R64. (in German).

Kluge, A., et al. (2015). IGBT-based switching modules for Laser applications. *IEEE Transactions on Dielectrics and Electrical Insulation, 22(4),* 1954–1962.

Kohler, W. (1988). Voltage sources for pollution testing. *Dissertation,* University of Stuttgart, 1988 (in German).

Kohler, W., & Feser, K. (1987). *Test sources for DC pollution tests.* 5th ISH Braunschweig, paper 62.08.

Konig, D., & Rao, Y. N. (1991). *Partial discharges in electrical power apparatus.* Berlin: VDE-Verlag.

Koske, B. (1938). Tests of insulations of HV overhead lines under operation. *Elektrizitatswirtschaft, 36*(11), 291. (in German).

Kranz, H. G. (2000). Fundamentals in computer aided PD processing, PD pattern recognition and automated diagnosis in GIS. *IEEE Transactions on Dielectrics and Electrical Insulation, 7*(1), 12–20.

Kranz, H. G., & Krump, R. (1988). Computer aided partial discharge evaluation about the surface material of the PD source in gas-insulated substations. In *IEEE International Symposium on Electrical Insulation (ISEI),* Boston, USA.

Krefter, K. H. (1991). *Tests for condition assessment of medium cable systems.* Frankfurt a.M: VWEW-Verlag. (in German).

Kreuger, F. H. (1964), *Discharge detection in high voltage equipment.* London: Temple Press, London; New York: American Elsevier.

Kreuger, F. H. (1989), *Partial discharge detection in high voltage equipment.* London: Butterworth & Co.

Krug, W. (1929). *Investigation of the behaviour of impulse circuits using records by means of a cathode-ray oscilloscope.* ETZ 19, Ch. 4.2 (in German).

Krueger, M. (1989). *Field test of the insulation of cable systems of rated voltages 10 to 30 kV using VLF voltage 0.1 Hz.* PhD Thesis TU Graz (in German).

Krump, R., & Haumann, T. (2011). *Possibilities and limits of a modern HV test laboratory* (pp. 115–122). Dresden: HIGHVOLT Kolloquium.

Kreuger, F. H. (1989b). *Partial discharge detection in high-voltage equipment.* London: Butterworths.

Kubler, B., & Hauschild, W. (2004). New ways of HV testing of electric power apparatus including power transformers. In *Proceedings of Transform.*

Küchler, A. (2017). *HV Engineering—Basics—Technology—Application* (4th Edn in German). Berlin: Springer (1st Edn.1997).

Kuechler, A. (2009). *Hochspannungstechnik, Grundlagen-Technologie-Anwendungen* (3rd Edn in German). Berlin: Springer (1st Edn. 1997).

Kuechler, A., Dunz, T., Hinderer, A., & Schwab, A. (1987). *Transient field-distribution measurements with "electrical long" sensors.* 5th ISH Braunschweig Paper 32.08.

Kuan, J. T., & Chen, M. K. (2006). Parameter evaluation for lightning impulse with oscillation and overshoot using the eigensystem realization algorithm. *IEEE Transactions on Dielectrics and Electrical Insulation, 13*(6), 1303–1316.

Lemke, E. (2016). Using a field probe to study the mechanism of partial discharges in very small air gaps under DC voltage. *IEEE Electrical Insulation, 32*(4), 43–51.

Kuffel, E. (1956). The effect of irradiation on the breakdown of sphere gaps in air under direct and alternating voltages. In *Proceedings IEE* (Vol. 108, pp. 133–139).

Kuffel, E. (1961). The influence of nearby earthed objects and of the polarity of the voltage on the direct breakdown of horizontal sphere gaps. *Proceedings of the IEE-Part A: Power Engineering, 108,* 302–307.

Kuffel, E., Zaengl, W., & Kuffel, J. (2006). *High-voltage engineering: Fundamentals* (2nd Edn). Elsevier/Newness (First edition 1984 by Pergamon Press).

Kuhlmann, K., & Mecklenburg, W. (1935). Ohmic measuring resistor. *Bulletin SEV, 26,* 737. (in German).

Kupfmuller, K. (1990). Introduction into theoretical electrical technique. Ed. 13. Berlin, Heidelberg, New York: Springer (in German).

Kurrat, M. (1992). Energy considerations for partial discharges in voids. *ETEP, 2*(1), 39–44.

Kuschel, M., Plath, R., & Kalkner, W. (1995). *Dissipation factor measurement at 0.1 Hz as a diagnostic tool for service-aged XLPE-insulated medium voltage cables.* 9th ISH Graz, Paper 5156.

Kutschinski, G. S. (1968). Determination of the life time of oil-impregnated paper of capacitors based on the PD quantities. *ELEKTRIE, 22,* 183–186. (in German).

Lammel, J. (1973). Design of HV test systems for the superimposition of DC voltages with impulse voltages. *Dissertation,* Technical University of Dresden, 1973 (in German).

Lapple, H. (1966). The HV test field of the Schaltwerk of Siemens-Schuckert Werke. *Siemens-Zeitschrift, 40,* 428–435. (in German).

Lalot, J. (1983). Statistical processing of dielectric testing methods. *EDF Bulletin de la Direction des Etudes et Recherches-Series B,* (1/2), 5–30.

Lazarides, L. A. (2010). Negative impulse flashover along cylindrical insulating surfaces bridging a short rod-plane gap under variable humidity. *IEEE Transactions Dielectrics and Electrical Insulation, 17,* 1585–1591.

Lazarides, L. A., & Mikropoulos, P. N. (2011). Positive impulse flashover along smooth cylindrical surfaces under variable humidity. *IEEE Transactions Dielectrics and Electrical Insulation, 18,* 745–754.

Leibfried, T., et al. (1998). *On-line monitoring of power transformers—trends, new developments and first experiences.* CIGRE Paris Report 12-211.

Lemke, E. (1967). *Breakdown mechanism and breakdown vs. gap-distance characteristics of non-uniform air gaps at SI voltages.* Ph.D. Thesis, Technische Universitat Dresden (in German).

Lemke, E. (1967). The breakdown in in-homogenous fields in air at switching voltages. *Periodica Polytechnica, Electrical Engineering (Budapest),* 11(3), 229–239.

Lemke, E. (1968a). A principle for the measurement of impulse charges. *Periodica Polytechnica, Electrical Engineering, Budapest, 12*(1), 31–37. (in German).

Lemke, E. (1968b). Development of streamer discharges in ai rat positive SI voltages. *ELEKTRIE, 22*(4), 166–168. (in German).

Lemke, E. (1966). Electrical breakdown in air at switching voltages. *ELEKTRIE, 20*(5), 195–198. (in German).

Lemke, E. (1969). A new principle fort he wide-band PD measurement. *ELEKTRIE, 23*(11), 468–469. (in German).

Lemke, E. (1974). System for the PD measurement. *ELEKTRIE, 26,* 165–167. (in German).

Lemke, E. (1975). *Contribution to electrical measurement of partial discharges highlighting a wide-band procedure for evaluating the accumulated charge.* Habilitation Thesis; TU Dresden (in German).

Lemke, E. (1979). *A new method for PD measurements on polyethylene insulated power cables.* 3rd ISH Milano, paper 43.13.

Lemke, E. (1981a). A new procedure for PD measurement on long HV cables. *ELEKTRIE, 35*(7), 358–360. (in German).

Lemke, E. (1981b). Problems of the localization of PD defects in extruded HV cables. *ELEKTRIE, 35*(7), 360–362. (in German).

Lemke, E. (1987). *A new procedure for partial discharge measurements on the basis of an electromagnetic sensor*. 5th ISH Braunschweig, paper 41.02.

Lemke, E. (1989). *PD probe measuring technique for on-site diagnosis tests of HV equipment*. 6th ISH, New Orleans, paper 15.08.

Lemke, E. (1991). Progress in PD probe measuring technique. In *7th International Symposium on High Voltage Engineering (ISH) Dresden*, paper 72.01.

Lemke, E. (2004). Possibilities and limits of localization of PD failures in extruded power cables under on-site condition. In *Cologne: VDE/ETG Fachtagung "Diagnostik elektri- scher Betriebsmittel". pp. 209–213* (in German).

Lemke, E. (2012). A critical review of partial discharge models. *IEEE Electrical Insulation Magazine, 28*(6), 11–16.

Lemke, E. (2013). Analysis of the PD charge transfer in extruded power cables. *IEEE Electrical Insulation Magazine, 30*(1), 24–28.

Lemke, E., et al. (1983). *Dimensioning of electrodes for ultra high voltage*. 4th ISH Athens paper 44.01.

Lemke, E., Roding, R., & Weissenberg, W. (1987). On-site testing of extruded cables by PD measurements at SI voltages. In *CIGRE Symposium Vienna paper 1020-02*.

Lemke, L., & Schmiegel, P. (1991). *Progress in PD probe measuring technique*. 7th ISH Dresden, paper 72.02.

Lemke, E., & Schmiegel, P. (1995). Experience in PD diagnosis tests on site based on the PD probe technique. In *3rd Workshop & Conference on HV Technology*. IISc Bangalore/India, (pp. 199–203).

Lemke, E., & Schmiegel, P. (1995). *Complex Discharge Analyzing (CDA)—an alternative procedure for diagnosis tests on HV power apparatus of extremely high capacitance*. 8th ISH Graz, paper 56.17.

Lemke, E., RuBwurm, D., Schellenberger, L., & Zieschang, R. (1996). *Computer-aided system for PD diagnostics*. 7. Tagung "Technische Diagnostik", Merseburg, Germany (in German).

Lemke, E., Schmiegel, P., Elze, H., & RuBwurm, D. (1997). *Procedure for the evaluation of dielectric properties based on complex discharge analyzing (CDA)* (pp. 385–388). Montreal, Canada: ISEI.

Lemke, E., & Strehl, T. (1999). Advanced measuring system for the analysis of dielectric parameters including PD events. In *Electrical Insulation Conference (EIC/EMCW)*, Cincin-nati, USA.

Lemke, E., & Strehl, T. (1999). Advanced measuring system for the analysis of dielectric parameters including PD events. In *5th International Conference on Insulated Power Cables (Jicable)*, Versailles, France, paper A9.4.

Lemke, E., Strehl, T., & RuBwurm, D. (1999). *New developments in the field of PD detection and location in power cables under on-site condition*. 11th ISH London, UK.

Lemke, E., Strehl, T., & Boltze, M. (2001). *Advanced diagnostic tool for PD fault location in power cables using the CDA technology*. 12th ISH Bangalore, India, paper 6-46, (pp. 983–986).

Lemke, E., Gockenbach, E., & Kalkner, W. (2002). Measuring devices for the diagnostics of electrical equipment. *ETG-Fachbericht Diagnostik elektrischer Betriebsmittel, 87*, 25–32. (in German).

Lemke, E., Elze, H., & Weissenberg, W. (2003). *Experience in PD diagnosis tests of HV cable terminations in service using an ultra-wide-band PD probing in the real-time mode*. 13th ISH, Delft, the Netherlands, paper 11.20, (p. 339).

Lemke, E., Strehl, T., Singer, M., Schneider, M., & Hinkle, J. L. (2003). Practical experience in on-site PD assessment of XLPE and PILC distribution power cables using damped AC exciting voltages. In *Nordic Insulation Symposium (NORD-IS) Tampere*, Finland, pp. 47–54.

Lemke, E., Gulski, E., Hauschild, W., Malewski, R., Mohaupt, P., Muhr, M., et al. (2006). Practical aspects of the detection and location of partial discharges in power cables. [CIGRE Technical Brochure no.297]. *Electra, 226*, 63–70.

Lemke, E., Berlijn, S., Gulski, E., Muhr, M., Pultrum, E., Strehl, T., et al. (2008). *Guide for partial discharge measurements in compliance with IEC 60270*. [CIGRE Technical Brochure no.366].

Lemke, E., Strehl, T., & Markalous, S. (2008b). Ultra-wide-band PD diagnostics of power cable terminations in service. *IEEE Transactions on Dielectrics and Electrical Insulation, 15*(6), 1570–1575.

Les Renardieres Group (1974). Research on impulse measuring systems—Facing UHV measuring problems. *Electra, 35.*

Les Renardieres Group. (1977). Positive discharges in long air gaps at Les Renardieres. *Electra, 53,* 31–153.

Lefevre, A., Legros, W., & Salvador, W. (1989). *Dielectric test with oscillating discharge on synthetic insulation cables* (pp. 270–273). France: CIRED Paris.

Lewin, P. L., et al. (2008). Zero-phase filtering for LI evaluation: A k-factor filter for the revision of IEC 60060-1 and -2. *IEEE Transactions on Power Delivery, 23*(1), 3–12.

Li, P., et al. (2016). Influence of forest fire particles on the breakdown characteristic of air gaps. *IEEE Transactions on Dielectrics and Electrical Insulation, 23*(4), 1974–1984.

Lewis, I. A. D., & Wells, F. H. (1959). *Millimicrosecond pulse techniques*. Oxford: Pergamon Press.

Lichtenberg, G. C. (1777). *De nova method naturam ac motum fluidi electrici investigandi. Novi Commentarii Societatis Regiae Scientiarum Gottingae Tom* 8, p. 168 (Part 1) (For German text see Ostwald's Klassiker der exakten Wissenschaften, No. 246, Akademische Verlagsgesellschaft, Leipzig 1956).

Lichtenberg, G. C. (1778). *Commentationes SocietatisRegiae Scientiarum Gottingae Tom* 1, p. 65 (Part 2) (For German text see Ostwald's Klassiker der exakten Wissenschaften, No. 246, Akademische Verlagsgesellschaft, Leipzig 1956).

Lloyd, W. L., & Starr, E. C. (1928). Investigation of the AC corona using a cathode-ray oscilloscope. *ETZ, 49,* 1279. (in German).

Loeb, L. B. (1939a). *Fundamental processes of electrical discharges in gases* (p. 429). New York: Wiley.

Loeb, L. B. (1939b). *Basic processes of gaseous electronics*. London: Wiley.

Loeb, L. B., & Jaeger, G. (1906). Kinetic theory of *gases. Winkelmanns Handbuch der Physik, 3* (2). (Barth-Verlag Leipzig).

Long, W., & Nilsson, S. (2007, March/April) HVDC Transmission: Yesterday and today. *IEEE Power and Energy Magazine,* 22–31.

Lukaschewitsch, A., & Puff, E. (1976). PD measurement on long cables. *Zeitschrift fur praktische Energietechnik, 28*(2), 32–39. (in German).

Lundgard, L. E. (1992). Partial discharge. Part XII: Acoustic partial discharge detection-Fundamental considerations. *IEEE Electrical Insulation Magazine, 8*(4).

Lundgard, L. E., Hansen, W., & Dursun, K. (1989). *Location of power transformers using external acoustic sensors*. 6th ISH, New Orleans, USA.

Lundgard, L. E., Runde, M. P., & Skyberg, B. (1990). Acoustic diagnoses of gas insulated substations: A theoretical experimental basis. *IEEE Transactions on Power Delivery, 5*(4), 1751–1759.

Mahdjuri-Sabet. (1977). Transfer characteristic of textile resistor bands of low inductance in HV test circuits. *Archiv fur Elektrotechnik,59,* 69-73 (in German).

Malewski, R. (1968). New device for current measurement in exploding wire circuits. *Review of Scientific Instruments, 39,* 90–94.

Malewski, R. (1977). Micro-Ohm shunts for precise recording of short-circuit currents. *Transactions PAS-96,* 579–585.

Malewski, R., Corcoran, R. P., Feser, K., McComb, T. R., Nellis, C., & Nourse, G. (1982). Measurements of the transient electric and magnetic field components in HV laboratories. *IEEE Transactions on Power Apparatus and Systems, PAS-101,* 4452–4459.

Mann, N. R., et al. (1974). *Methods for statistical analysis and life data*. New York: Wiley.

Markalous, S. M. (2006). *Detection and location of partial discharges in power transformer using acoustic and electromagnetic signals*. Ph.D. Thesis Technische Universitat Stuttgart.

Markalous, S. M., Tenbohlen, S., & Feser, K. (2008). Detection and location of partial discharges in power transformers using electric and electromagnetic signals. *IEEE Transactions on Dielectrics and Electrical Insulation, 15*(6), 1576–1583.

Martin, F., & Leibfried, T. (2006). *An universal HV source based on a static frequency converter ISEI Toronto,* 420–423.

Maruyama, S., et al. (2004). Development of a 500 kV DC XLPE cable system. *Furukawa Review, No. 25, pp. 47–52.*

Marx, E. (1952). *HV test practicals/Hochspannungspraktikum (2nd Edn, in German)*. Berlin: Springer.

Marx, E. (1926). Breakdown voltage of insulators depending on the voltage waveshape. *Hescho-Mitteilungen, Heft, 21*(22), 657. (in German).

Marzinotto, M., & Mazzanti. (2015). The statistical enlargement law for HVDC cable lines. Part 1: Theory and application to the enlargement length. Part 2: Application to the enlargement over cable radius. *IEEE Transactions on Dielectrics and Electrical Insulation, 22*(1), 192–2010.

Matsumoto, T., Ishii, M., & Kawamura, T. (1983). *The requirement of a DC source for tests on contaminated insulators*. 4th ISH Athens paper 62.03.

Maucksch, S., et al. (1996). Calibration of HV measuring systems for the mutual recognition of HV test results in Eastern and Western Europe. In *ERA Conference Milan*.

Maxwell, J. C. (1873). *A treatise on electricity and magnetism* (Vol. 1, 3rd Edn). Oxford: Clarendon Press, (Reprint by Dover, 1981, pp. 450–461).

Meek, J. M. (1940). A theory of spark discharges. *Physical Review, 57,* 722–728.

Meek, J. M., & Craggs, J. D. (1953). *Electrical breakdown of gases.* New York: Wiley (2nd Edn. 1978).

Meiling, W., & Stary, F. (1969). *Nanosecond pulse techniques.* Berlin: Akademie-Verlag.

Meinke, H., & Gundlach, F. W. (1968). *Handbook of high-frequency techniques.* New York: Springer. *(in German)*.

Melville, D. R. G., Salvage, B., & Steinberg, N. R. (1965). Discharge detection and measurement under direct-voltage conditions: Significance of discharge magnitude. In *Proceedings IEEE* (Vol. 112, pp. 1815–1817).

Menke, P. (1996). *Optical current sensor of high accuracy using the Faraday effect.* Ph.D. Thesis, University Kiel.

Merkhalev, S. D., & Vladimirsky, L. L. (1985). *Requirement to and design of HV rectifiers for polluted insulation tests.* Meeting Cigre SC 33 (Budapest).

Mikropoulos, P. N., et al. (2008). Positive streamer propagation and breakdown in air: The influence of humidity. *IEEE Transaction on Dielectrics and Electrical Insulation, 15*(2), 416–425.

Millmann, J., & Taub, H. (1956). *Pulse and digital circuits.* New York: McGraw-Hill Book Co.

Moeller, J. (1975). *Metal-clad test transformer for SF$_6$-insulated switchgear.* 2nd ISH Zurich, Paper 21-09 (pp. 161–164).

Moeller, J., Steinbigler, H., & WeiB, P. (1972). *Field strength distribution on shielding electrodes for UHV test systems.* 1st ISH Munich, (pp. 36–41) (in German).

Mole, G. (1954). *The E.R.A. portable discharge detector.* CIGRE Session, Paris, France, No. 105, App. I.

Mole, G. (1970). Measurement of the magnitude of internal corona in cables. *IEEE Transactions on Power Apparatus and Systems, 89*(2), 204–212.

Montanari, G. C. (2006). Effect of supply voltage frequency on testing of insulation systems. *IEEE Transactions on Dielectrics and Electrical Insulation, 13*(1), 111–121 (see also the discussion to this publication by Hauschild W in *IEEE Transactions on Dielectrics and Electrical Insulation,* 1189–1191).

Montanari, G. C. (2011). Bringing an insulation to failure: The role of space charges. *IEEE Transactions on Dielectrics and Electrical Insulation, 18*(2), 339–364.

Montanari, G. C., & Cavallini, A. (2013). Partial discharge diagnostics: From apparatus monitoring to smart grid assessment. *IEEE Electrical Insulation Magazine, 29*(3), 8–17.

Morshuis, P. H. F. (1993). *Partial discharge mechanisms.* Ph.D. Thesis, Delft University.

Morshuis, P. H. F. (1987). Degradation of solid dielectrics due to internal partial discharges: Some thoughts on progress made and where to go now. *IEEE Transactions on Dielectrics and Electrical Insulation, 12,* 905–913.

Morshuis, P. H. F., & Smit, J. J. (2005). Partial detection at DC voltage: Their mechanism, detection and analysis. *IEEE Transactions on Dielectrics and Electrical Insulation, 12*(2), 328–340.

Mosch, W. (1969). The simulation of switching over-voltages in EHV systems by HV test equipment. *Wiss. Zeitschrift TU Dresden, 18*(2), 513–517. (in German).

Mosch, W., & Hauschild, W. (1979). *HV insulation with sulphur hexafluoride.* Berlin: Verlag Technik, Heidelberg: Huthig *(in German)*.

Mosch, W., et al. (1974). The HV laboratory of the section of electrical engineering of Dresden technical university in education and research. *Wiss. Zeitschrift TU Dresden, 23(5),* 1125–1135 (in German).

Mosch, W., et al. (1979). *Dimensioning of screening electrodes for UHV test equipment based on a critical streamer intensity.* 3rd ISH Milan, paper 52.04.

Mosch, W., et al. (1979). *Phenomena in SF6 insulations with particles and their technical valuation.* 3rd ISH Milan paper 32.01.

Mosch, W., et al. (1988). Hochspannungsisoliertechnik. In E. Philippow (ed). *Taschenbuch Elektrotechnik* (Vol. 6, pp. 235–425). Berlin: VEB Verlag Technik Berlin (2nd Edn in German).

Mosch, W., et al. (1988). *Model of the creeping flashover of polluted insulators and direct voltage generators for pollution tests.* CIGRE Session Paris, Report 33-05.

Muller, K. (1934). About the measurement of characteristics of radio noise. *Veroffentlichungen auf dem Gebiete der Nachrichtentechnik, 2,* 159. (in German).

Muller, P. H. (1974). *Probability calculations and mathematical statistics—encyclopedia of stochastic.* Berlin: Akademie Verlag. (in German).

Muller, K. B. (1976). *On the performance of extruded PE-cables under high direct voltage long-term stress.* Ph.D. Thesis TH Darmstadt, Germany (in German).

Muller, U. (1927). Newer measurements by a Klydonograph. *Hescho-Mitteilun- gen, 37,* 1049. (in German).

Naderian, J. A., et al. (2011). Load-cycling test of HV cables and accessories. *IEEE Electrical Insulation Magazine, 27*(5), 14–28.

Nelin, G., Ryzko, H., & Kvarngreen, M. (1983). *Improved infra-frequency high-voltage test generator.* 4th ISH Athens, paper 52.07.

NEMA 107. (1987). *Methods of measurement of radio influence voltage (RIV) of high-voltage apparatus.* NEMA Publication No. 107.

Nemeth, E. (1966). *Non-destructive testing of insulations by discharging and recovery voltages.* 11th. Wiss. Konferenz Ilmenau (pp. 87–91) (in German).

Nemeth, E. (1972). Proposed fundamental characteristics describing dielectric processes in dielectrics. *Periodica Polytechnica, Budapest, 15*(4), 305–322.

Neumann, C., et al. (2017). Some thoughts regarding prototype installation tests of gas-insulated HVDC systems. *CIGRE Winnipeg Colloquium, Study Committees A3, B4 and D1, Contribution CIGRE D1-110.*

Nieschwitz, H. (1982). *Localization of partial discharges.* 50th VDE-Seminar (in German).

Nieschwitz, H., & Stein, W. (1976). PD measurement on HV power transformers—a tool of quality control. *ETZ-A, Heft 11* (in German).

Nyamupangedengu, C., & Jendrel, I. R. (2012). PD spectral response to variations in the supply frequency. *IEEE Transactions on Dielectrics and Electrical Insulation, 19*(2), 521–532.

Obenaus, F. (1958). Pollution flashover and creeping path. *Deutsche Elektrotechnik, 4,* 135–136. (in German: Fremdschichtuberschlag und Kriechweglange).

Ohki, Y. (2010). News from Japan: Advanced site assembly technologies for UHV transformers. *IEEE Electrical Insulation Magazine, 26*(2), 55–57.

Okabe, S., & Takami, J. (2011). Occurrence probability of lightning failure rates at substations in consideration of lightning stroke current waveforms. *IEEE Transaction on Dielectrics and Electrical Insulation, 18*(1), 221–231.

Okabe, S., & Takami, J. (2009). Evaluation of improved lightning stroke waveform using advanced statistical method. *IEEE Transactions on Power Delivery, 4,* 2197–2205.

Okabe, S., et al. (2013). Discussion on standard waveform in the LI voltage test. *IEEE Transactions on Dielectrics and Electrical Insulation, 20(1),* 147–156.

Okabe, S., et al. (2015). Uncertainty in k-factor measurement for lightning impulse voltage test. *IEEE Transactions on Dielectrics and Electrical Insulation, 22*(1), 266–277.

Okubo, H., et al. (1998). Insulation design and on-site testing method for a long distance, gas-insulated transmission line (GIL). *IEEE Electrical Insulation Magazine, 14*(6), 13–22.

Okubo, H. (1012). Enhancement of electrical insulation performance in power equipment based on dielectric material properties. *IEEE Transactions on Dielectrics and Electrical Insulation, 19* (3), 733–754.

Olearczyk, M., Hampton, R. N., et al. (2010, November/December). Notes from underground—cable fleet management. *IEEE Power and Energy Magazine,* 75–84.

Ortega, P., Waters, R. T., et al. (2007). Impulse breakdown voltages of air gaps: A new approach to atmospheric correction factore applicable to international standards. *IEEE Transaction on Dielectrics and Electrical Insulation, 14*(6), 1498–1507.

Palm, A. (1932). Schering measuring bridges. *Archiv fur Technisches Messen,* 921–923 (in German).

Park, E. H. (1947). Shunts and inductors for current measurements. *NBS Journal Research, 39,* 191–212.

Park, J. H., & Cones, H. N. (1956). Surge voltage breakdown of air in a non-uniform field. *Journal on Research of the National Bureau of Standardization, 56*(4), 201–224.

Paschen, F. (1898). About the necessary voltages fort the breakdown of air, hyrogen and carbon acid at different pressures. *Annalen der Physik, 273*(5), 69–96. (in German: Über die zum Funkenübergang in Luft, Wasserstoff und Kohlensäure bei verschiedenen Drücken erforderliche Potentialdifferenz).

Pattanadech, N., & Yutthagowith, P. (2015). Fast Curve fitting algorithm for parameter evaluation in lightning impulse test technique. *IEEE Transactions on Dielectrics and ElectricalInsulation, 22*(5), 2931–2936.

Pearson, J. S., Hampton, B. F., & Sellars, A. G. (1991). A continuous UHF monitor for gas—insulated substations. *IEEE Transactions on Electrical Insulation, 26*(3), 469–472.

Pedersen, A. (1986). Current pulses generated by discharges in voids in solid dielectrics. A field theoretical approach. In *IEEE International Symposium on Electrical Insulation (IESI)*,IEEE Publication. 86CH2196-4-DEI, 112.

Pedersen, A. (1987). Partial discharges in voids in solid dielectrics, an alternative approach. In *Annual Report—Conference on Electrical Insulation and Dielectric Phenomena*, IEEE Publication 87CH2462-0, 58.

Pedersen, A., Crichton, G. C., & McAllister, I. W. (1991). The theory and measurement of partial discharge transients. *IEEE Transactions on Electrical Insulation, 26*, 487.

Pedersen, A., Crichton, G. C., & McAllister, I. W. (1995). Partial discharge detection: Theoretical and practical aspects. In *IEE Proceedings—Science, Measurement and Technology, 142*, 29.

Pedersen, A., Crichton, G. C., & McAllister, I. W. (1995b). The functional relation between partial discharges and induced charge. *IEEE Transactions on Dielectrics and Electrical Insulation, 2*, 535.

Peek, F. W. (1913). Law of corona and dielectric strength of air III. *Transaction of the AIEE II, 32*, 1767–1785.

Peek, F. W. (1915). The effect of transient overvoltages on dielectrics. *Transaction of the AIEE, 34*, 1915.

Peier, D., & Graetsch, V. (1979). *A 300 kV DC measuring device with high accuracy*. 3rd ISH Milan, Italy, paper 43.08.

Peschke, E. (1968). *Breakdown and flashover at high direct voltages in air*. Ph.D. Thesis Munich Technical University (in German).

Peschke, E. (1969). Influence of humidity on the breakdown and flashover behavior at high direct voltages in air. *ETZ-A, 90*, 7–13. (in German).

Petcharales, K. (1986). *Numerical calculation of breakdown voltages of standard air gaps (IEC 52) based on streamer breakdown criteria*. PhD thesis, ETH Zurich.

Pfeffer, A., & Tenbohlen, S. (2009). *Analysis of full and chopped lightning impulse voltages from transformer tests using the new k-factor approach*. 16th ISH Cape Town, paper A-10.

Pietsch, R., et al. (2003). *Optimized cable end termination system with water conditioning unit*. 13th ISH Delft, Paper.

Pietsch, R., et al. (2005). *SF$_6$-insulated, frequency-tuned resonant test system for spacer testing with AC voltage up to 1000 kV*. 16th ISH Beijing paper J-56.

Pietsch, R., Hinow, M., & Steiner, T. (2010). *Challenge to the HV test techniques for testing HVDC cables*. Kolloquium "Isoliersysteme" Cologne, ISBN 978-3-8007-3278-4 (in German).

Pietsch, R., Hauschild, W., et al. (2012). *High-voltage on-site testing with partial discharge measurement*. CIGRE Technical Brochure No. 502, Working Group D1.33.

Pietsch, R. (2012). *On-site testing of extruded AC and DC cables above 36 kV and up to 500 kV-Some thoughts about the physics behind it, standards and test techniques*. 2012 CIGRE Canada Conference, Montreal, Paper 196.

Pigini, A. (2010). Design of insulators under pollution. In *International Conference on development of a 1200 kV national test station* (pp. 265–280). New Delhi.

Pigini, A., et al. (1985, October). Influence of air density on the impulse strength of external insulation. *IEEE Transaction on PAS, 104*(10).

Pigini, A., et al. (2015). *Pollution tests on composite insulators: The Italian experience*. 19th ISH Pilsen, Paper 367.

Pilling, J. (1976). *A contribution tot he interpretation of life-time characteristics of solid insulations*. Habilitation Thesis Technische Universitat Dresden (in German).

Plath, R. (1994). Oscillating test voltages for on-site testing and PD measurement of extruded cables. *Dissertation*, TU Berlin, 1994 (in German).

Plath, K., Plath, R., Emanuel, H., & Kalkner, W. (2002). *Synchronous three-phase PD measurement on power on site and in the laboratory*. ETG-Fachtagung Diagnostik elektrischer Betriebsmittel, Berlin, paper 11 (pp. 69–72) (in German).

Plath, R. (2005). *Multi-channel PD measurements*. 14th ISH, Bejing, China.

Poleck, H. (1939). Measuring bridges for the measurement of capacitances and loss factors of grounded test objects. *Archiv fur Technisches Messen*, 921–951 (in German).

Pommerenke, D., Krage, I., Kalkner, W., Lemke, E., & Schmiegel, P. (1995). *On-site PD measurement on high voltage cable accessories using integrated sensors*. 9th ISH Graz/ Austria.

Praehauser, T. (1973). PD measurement on HV apparatus using the bridge method. *Bulluetin SEV, 64*, 1183–1189. (in German).

Prinz, H., et al. (1965). *Fire, lightning and spark*. Munich: Verlag F. Bruckmann KG. (in German: Feuer Blitz und Funke).

Ramirez, M., et al. (1987). *Air density influence on the strength of external insulation under positive impulses: Experimental investigations up to an altitude of 3000 m a.s.l.* CIGRE WG 33.03. IWD.

Raske, W. (1937). Measuring dividers for high voltages—Part I: Resistive dividers. *Archiv fur Elektrotechnik, 31*(10), 653–666. (in German).

Raske, W. (1939). Measuring dividers for high voltages—Part II: Capacitive dividers. *Archiv fur Elektrotechnik, 1*(33) (in German).

Raske, W. (1939). Measuring dividers for high voltages—Part II: Mixed dividers. *Archiv fur technisches Messen,* Z 116-5 (in German).

Raether, H. (1939). The development of the electron avalanche to the spark channel. *Zeitschrift fur Physik, 112,* 464–489. (in German).

Raether, H. (1940). On the development of channel discharges. *Archiv fur Elektrotechnik, 34,* 49–51. (in German: Zur Entwicklung von Kanalentladungen).

Raether, H. (1941). On the formation of gas discharges. *Zeitschrift fur Physik, 117,* 375–524. (in German: Uber den Aufbau von Gasentladungen).

Raether, H. (1942). On the electrical breakdown of gases. *ETZ, 63,* 301–303. (in German: Uber den elektrischen Durchschlag in Gasen).

Raether, H. (1964). *Electron avalanches and breakdown in gases*. London: Butterworths.

Reichel, R. (1977). Influence of a parallel capacitance on the pollution flashover and its role for the determination of the pollution flashover voltage. *Dissertation*, Dresden Technical University (in German).

Reid, R. (1974). *High-voltage resonant testing*. IEEE PES Winter Meeting. Paper C74 038-6.

Renne, V. T., Stepanov, S. I., & Lavrov, D. S. (1963). Ionization processes in the dielectric of paper capacitors under direct voltage. *Elektricestvo,* 269–278 (in Russian).

Rethmeier, K., Kraetge, A., et al. (2008). Separation of superimposed PD faults and noise by synchronous multi-channel data acquisition. In *International Symposium on Electrical Insulation (ISEI)*, Toronto, Canada, (pp. 611–615).

Rethmeier, K., Obralic, A., Kraetge, A., Kruger, M., Kalkner, W., & Plath, R. (2009). *Improved noise suppression by real-time pulse-waveform analysis of PD pulses and pulse-shaped disturbances*. 16th ISH, Cape Town, South Africa.

Rethmeier, K., Kraetge, A., & Hummel, R. (2012). *About the influence oft the PD repetition rate on the apparent charge value in PD measurements according to IEC 60270* (in German). Kolloquium Diagnostik Elektrischer Betriebsmittel, Fulda (15-16.11.2012), VDE Verlag GmbH Berlin, Offenbach.

Reynolds, P. H. (1985). DC insulation analysis. A new and better method. *IEEE Transactions PAS, 104(7),* 1746–1749.

Rizk, F. A. (1981). Mathematical models for pollution flashover. *Electra, 78,* 71–103.

Rizk, F. A., & Bourdage, M. (1985). Influence of the AC source parameters on flashover characteristics of polluted insulators. *IEEE Transaction PAS, 104,* 948–958.

Rizk, F. A., & Nguyen, D. H. (1987). *Digital simulation of source-insulator interaction in HVDC pollution tests*. IEEE PES WM 168-8, New Orleans.

Robinson, R. A., & Silvia, M. T. (1978). *Digital signal processing and time series analysis*. San Francisco: Holden-Day.

Rodewald, A. (1969a). Transient processes in the Marx multiplier circuit after the ignition of the first switching gap. *Bulletin SEV, 60,* 37–44. (in German).

Rodewald, A. (1969b). Probability of ignition of the switching gaps in the Marx multiplier circuit. *Bulletin SEV, 60,* 857–863. (in German).

Rodewald, A. (1971). Marx multiplier circuit with supporting switching gaps for the extension of the trigger range. *ETZ-A, 92,* 56–57. (in German).

Rodewald, A. (1972). New principle of a triggered multiple chopping gap for all kinds of test voltages. *1st ISH Munich* (in German).

Rodewald, A. (2000). *Electromagnetic compatibility—Basics and practice*. Braunschweig: Friedr. Vieweg & Sohn. (in German).

Rodewald, A. (2017). The inductive component in common impedance coupling and ground bounce. *IEEE Electromagnetic Compatibility Magazine, 8,* 61–65.

Rodrigues Filho, J. G., et al. (2016). Very fast overvoltage waveshapes in a 500 kV gas- insulated switchgear setup. *IEEE Insulation Magazine, 32*(3), 17–23.

Rogers, E. C., & Skipper, D. J. (1960). Gaseous discharge phenomena in high-voltage DC cable dielectrics. *Proceedings IEE, Part A, 107,* 241–254.

Rogowski, W. (1913). About some applications of magnetic voltage measurement. *Archiv fur Elektrotechnik, 1,* 511–527. (in German).

Salvage, B. (1962). Electrical discharges in gaseous cavities in solid dielectrics under direct voltage conditions. In *Proceedings of International Conference on Gas Discharges and the Electricity Supply Industry* (pp. 439–446). Butterworth, London.

Salvage, B., & Sam, W. (1967). Detection and measurement of discharges in solid insulation under direct-voltage conditions. *Proceedings IEE, 114,* 1334–1336.

Satish, L., & Gururaj, B. I. (2001). Wavelet analysis for estimation of mean curve of impulse waveforms superimposed by noise oscillations and overshoot. *IEEE Transactions on Power Delivery, 16*(1), 116–121.

Sayah, A., Oussalah, N., & Boggs, S. A. (2016). Optimization of water terminations for testing solid dielectric cables. *IEEE Transactions on Dielectrics and Electrical Insulation, 23*(1), 61–69.

Schenkel, M., v. Issendorf, I., & Schering, H. (1919). *Bridge for loss measurement.* Tatigkeitsbericht der Physikalisch-Technischen Reichsanstalt, Berlin (in German).

Schering, H. (1919). *Bridge for loss measurement.* Braunschweig, Germany: Tatigkeitsbericht der Physikalisch-Technischen Reichsanstalt. (in German).

Schering, H. (1933). Determination of the high-voltage value during loss factor measurement by a bridge. *ETZ, 45,* 51. (in German).

Schering, H., & Vieweg, F. (1928). A measuring capacitor for highest voltages. *Zeitschrift fur Technische Physik, 9,* 442. (in German).

Schiller, G. (1996). The breakdown behavior of cross-linked polyethylene at different test voltages and pre-stresses. *Dissertation*, University of Hanover (in German).

Schmuck, F., Aitken, S., & Papailiou, K. O. (2010). Proposal for intensified inspection and acceptance tests of composite insulators as an addition to the Guidelines of IEC 61109 and IEC 61952. *IEEE Transactions on Dielectrics and Electrical Insulation, 17*(2), 394–401.

Schon, K. (2013). *High Impulse voltage measurement techniques.* Heidelberg, New York, Dordrecht, London: Springer. (English edition, in German 2010).

Schon, K. (1986). Concept of PD measurement at PD tests. *ETZ Archiv, 8*(9), 319–324. (in German).

Schon, K., & Schuppel, W. (2007). *Precision Rogowski coil used with numerical integration.* 13th ISH Ljubljana, paper T10-130.

Schrader, W. (1971). *Multi-stage high-voltage test system fort he generation of electrical impulse voltages.* DDR-Patent No. 86049, issued on 20.11.1971 (in German).

Schrader W et al. (1989) *The generation of switching impulse voltages up to 3.9 MV with a transformer cascade of 3 MV.* 6th ISH New Orleans paper 47.39.

Schrader, W. (2000). Parallel compensation of overshoot in lightning impulse voltage testing. *Private communication.*

Schreiter, F., Jilek, U., & Schufft, W. (2003). *Combined diagnostic and withstand test to upgrade the operational voltage of 10 kV cables.* 13th ISH Delft, paper P 08.07.

Schufft, W. (1991). *Considerations on the area effect at large electrodes for HV test equipment.* 7th ISH Dresden paper 54.03.

Schufft, W., et al. (2007). *Paperback of electrical power engineering.* Fachbuch- verlag Leipzig im Carl Hanser Verlag Munich (in German).

Schufft, W., & Gotanda, Y. (1997). *A new DC voltage test system with fast polarity reversal.* 10th ISH Montreal (Vol. 4, pp. 37–40).

Schufft, W., & Schrader, W. (1993). *A new Marx generator for the simulation of lightning impulse voltages and currents.* 8th ISH Yokohama, paper 79.03.

Schufft, W., et al. (1995). *Powerful frequency-tuned resonant test system for after laying tests of 110 kV XLPE cables 9th ISH Graz Volume.* Paper 4486.

Schufft, W., et al. (1999). *Frequency-tuned resonant test systems for on-site testing and diagnostics of extruded cables.* 11th ISH London, paper 5.335.P5.

Schuler, R. H., & Liptak, G. A. (1980*). A new method for HV testing of field windings on large rotating electrical machines.* CIGRE Session Paris Report 11-04.

Schulz, W. (1979) Free-hovering particles causing low breakdown voltages in air. *ETZ Archiv,* 123–126 (in German).

Schumann, W. O. (1923). *Electrical breakdown field strength of gases.* Berlin: Springer. (in German).

Schwab, A. J. (1971). Low-resistance shunts for impulse currents. *IEEE Transactions PAS-90,* 2251–2257.

Schwab, A. J. (1981). *High-voltage measuring technique* (2nd English Edn). Berlin: Springer (1st

German Edn. 1969).

Schwarz, H., et al. (1999). Megavolts in Cottbus—planning and erection of a HV laboratory (book in English and German).

Schwaiger, A. (1923). *The theory of the electric strength.* Berlin: Springer. (in German).

Schwaiger, A. (1925). *About discharge processes on insulators.* Rosenthal- Mitteilungen, Heft 6, (pp. 1–23) *(in German).*

Seifert, J. M., Petrusch, W., & Janssen, H. (2007). A comparison of the pollution performance of long-road and disc type HVDC insulators. *IEEE Transactions Dielectrics and Electrical Insulation, 14*(1), 125–129.

Shannon, C. E. (1949). Communication in the presence of noise. *Proceedings IRE, 37,* 10–21.

Shi, H., et al. (2015). High-voltage pulse waveform modulator based on solid-state Marx generator. *IEEE Transactions on Dielectrics and Electrical Insulation, 22*(4), 1983–1990.

Shockley, W. (1938). Current to conductors induced by a moving point charge. *Journal of Applied Physics, 9,* 635.

Shu, Y. (2010, October). *Current HVDC development and standardization demand.* Presentation on the Plenary Meeting IEC TC 115 Seattle.

Seitz, P., & Osvath P. (1979). *Microcomputer controlled transformer ratio-arm bridges.* 3rd ISH, Milan, paper 43.11.

Siemens, A. G. (2007*). "Final electrical testing of transformers and reactors" and "Transformer life management".* Technical Brochures of Siemens AG, Power Transmission and Distribu-tion, Nuremberg.

Simmons, J. G., & Tam, M. C. (1973). Theory of isothermal currents and the direct determination of trap parameters in semiconductors and insulators. *Physical Review B,7*(8), 3706.

Simon, P. (2004). *Research of the characteristic parameters of the behaviour of dielectric media under non-standard impulses in high-voltage.* Doctoral Thesis, Polytechnical University of Madrid.

Singer, H. (1972). *The electric field of the polycon electrode.* 1st ISH Munich (pp. 59–66) (in German).

Singh, J., Sood, Y. R., Jarial, R. K., & Verma, P. (2008). Condition monitoring of transformers-bibliography survey. *IEEE Electrical Insulation Magazine, 24*(3), 11.

Sklenicka, V., et al. (CIGRE TF 33.04.09). (1999). Influence of ice and snow on the flashover performance of outdoor insulators. *Electra, 187,* 91–111.

Slama, M. E. A., et al. (2010). Analytical computation of discharge characteristic constants and critical parameters of flashover of polluted insulators. *IEEE Transactions Dielectrics and Electrical Insulation, 17,* 1764–1771.

Speck, J. (1987). *Statistical evaluation of test data of the aging of electrical apparatus.* 11. Scientific Conference of the Section Electrical Engineering, TU Dresden (in German).

Speck, J., et al. (2009). *Statistical estimation of the life time of solid insulations in consideration of defects.* 16th ISH Cape Town, Paper C-13.

Spiegelberg, J. (1966). *Contribution to the design and calibration of resistive LI voltage dividers.* PhD Thesis Technical University Dresden, Institute of HV Engineering (in German).

Spiegelberg, J. (1984). Powerful HVDC and composite voltage test systems for open air arrangement. *Elektrie, 38*(10), 368–371. (in German).

Spiegelberg, J. (2003). Highlights of HV test equipment manufactured in Dresden—Review of the last century. In *Proceedings HIGHVOLT Kolloquium,* pp.7–20 (in German).

Spiegelberg, J., et al. (1993). *A new series of resonant testing systems for cable testing.* 8th ISH Yokohama, paper 55.05.

Stanley, W. D. (1975). *Digital signal processing.* Reston.

Starke, H., & Schroder, R. (1928). Electrometer for the measurement of very high DC and AC voltages. *Archiv fur Elektrotechnik, 20,* 115–117. (in German).

Steenis, E. F., & van de Laar, A. M. (1989). Characterization test and classification procedure for water-tree aged medium voltage cables. *Electra, 125,* 88–101.

Steiner, T. (2011). *Standardization of digital recorders, IEC 61083-1, -2, -3 and -4.* HIGHVOLT Kolloquium Dresden, paper 1.5.

Storm, R. (1976). *Probability calculations-mathematical statistics-statistical quality control.* Fachbuchverlag Leipzig (in German).

Strauss, W. (1983). *Automatization of impulse voltage tests using microcomputers operating in real-time domain and transient recorders.* Ph.D. Thesis, Technical University Berlin (in German).

Strauss, W. (2003). Progress and calibration of digital recorders for HV impulse testing. *HIGHVOLT Kolloquium Dresden, paper, 3,* 3. (in German).

Strehl, T., Lemke, E., & Elze, H. (2001). *On-line PD measurement: Diagnostic tools on monitoring strategy for generators and power transformers.* 12th ISH, Bangalore, India, paper 6-72.

Strehl, T., & Engelmann, A. (2003). *Mobile Test system for insulation diagnostics of electrical equipment* (p. 18). Heft: ETZ. (in German).

Su, J., et al. (2016). An unified expression for enlargement law on electric breakdown strength of polymers under short pulses: Mechanism and review. *IEEE Transactions on Dielectrics and Electrical Insulation, 23*(4), 2319–2327.

Su, Z., et al. (2005). *The DC rain flashover of station insulators under contamination conditions.* 14th ISH Beijing paper D-59.

Sun, Z. Y., Liao, W. M., Su, Z. Y., & Zhang, X. J. (2009). Test study on the altitude correction factors of air gaps of ±800 kV UHVDC projects. In *International Conference on UHV Power Transmission,* Beijing, Paper FP0557.

Swedish Power Circle. (2010). *Electricity for sustainable energy.* Presentation for the Swedish Academy of Engineering.

Szewczyk, M., et al. (2016). Determination of breakdown voltage characteristics of 1100 kV disconnector for modelling of VFTO in gas-insulated switchgear. *IEEE Transactions on Power Delivery, 31*(5), 2151–2158.

Taheri, S., Farzaneh, M., & Fofana, I. (2014). Improved dynamic model of DC arc discharge on ice-covered post insulator surfaces. *IEEE Transactions on Dielectrics and Electrical Insulation, 21*(2), 729–739.

Takami, J. (2007). Observation results of lightning currents on transmission towers. *IEEE Power Delivery, 22,* 547–556.

Tanaka, T., & Okamoto, T. (1978). A minicomputer-based partial discharge measurement system. In *IEEE International Symposium on Electrical Insulation (ISEI) Philadelphia, USA, Conference Records* 86–89.

Tanaka, T., & Okamoto, T. (1985). Micro-computer application to in-site diagnosis of XLPE cables in service. In *International Conference on Properties and Application of Dielectric Materials, Xian* (pp. 499–502).

Thiede, A., & Martin, F. (2007). *Power frequency inverters for HV tests.* HIGHVOLT Colloquium Dresden, paper 1.7 (pp. 57–61).

Thiede, A., Steiner, T., & Pietsch, R. (2010). *A new approach of testing power transformers by means of static frequency converters.* CIGRE Session Paris, Report D1.202

Thione, L. (1983). *Evaluation of switching impulse strength of external insulation* (p. 94). No: Electra.

Toepler, M. (1898). On sliding discharges along a clean glass surface. *Wied. Annalen der Physik and Chemie, 66,* 1061. (in German).

Townsend, J. S. (1915). *Electricity in gases.* Oxford: Oxford University Press.

Townsend, J. S. (1925). *Motion of electrons in gases.* Oxford: Clarendon Press.

Townsend, J. S. (1937). The equations of motion of electrons in gases. *Philosophical Magazine, VII*(23), 481.

Trichel, G. W. (1938). Mechanism of the negative point-to-plain corona near onset. *Physical Review, 54,* 1078–1084.

Tretter, S. A. (1976). *Introduction to discrete-time signal processing.* New York: Wiley.

Tsuboi, T., et al. (2010a). Weibull parameter of oil-immersed transformer to evaluate insulation reliability on temporary overvoltages. *IEEE Transactions Dielectrics and Electrical Insulation, 17*(6), 1863–1876.

Tsuboi, T., et al. (2010b). Experiment on multiple times voltage application to evaluate insulation reliability of oil immersed transformer. *IEEE Transaction Dielectrics and Electrical Insulation, 17*(5), 1657–1664.

Tsuboi, T., et al. (2010c). Transformer insulation reliability for moving oil with Weibull analysis. *IEEE Transactions Dielectrics and Electrical Insulation, 17*(3), 978–983.

Tsuboi, T., et al. (2011). Insulation breakdown characteristics of UHV class GIS for LI withstand voltage test waveform-k-factor value and front related characteristics. *IEEE Transactions on Dielectrics and Electrical Insulation, 18*(5), 1734–1742.

Tsuboi, T., Ueta, G., & Okabe, S. (2013). K-factor value and front-time related characteristics in negative polarity LI test for UHV-class air insulation. *IEEE Transactions on power delivery, 26*(2), 1148–1155.

Ueta, G., et al. (2010). Evaluation of overshoot rate of LI witstand voltage test waveform based on new base-curve fitting methods. 17(4), 1336–1344.

Ueta, G., Tsuboi, T., & Okabe, S. (2011a). Evaluation of overshoot rate of LI withstand voltage test waveform based on new base fitting methods-study on overshoot waveform in an actual test. *IEEE Transactions on Dielectrics and Electrical Insulation, 18*(3), 783–791.

Ueta, G., Tsuboi, T., & Okabe, S. (2011b). Evaluation of overshoot rate of LI withstand voltage test waveform based on new base fitting methods-study by assuming waveforms in an actual test. *IEEE Transactions on Dielectrics and Electrical Insulation, 18*(6), 1912–1921.

Ueta, G., Wada, J., & Okabe, S. (2011c). Evaluation of breakdown characteristics of CO_2 gas for non-standard LI waveforms- breakdown characteristics under single-frequency oscillating waveforms of 5.3 to 20.0 MHz. *IEEE Transaction on Dielectrics and Electrical Insulation,18 (1),* 238–245.

Ueta, G., Wada, J., & Okabe, S. (2011c). Evaluation of breakdown characteristics of CO_2 gas for non-standard impulse waveforms—method for converting non-standard LI waveforms into standard LI waveforms. *IEEE Transactions on Dielectrics and Electrical Insulation, 18*(5), 1724–1733.

Ueta, G., et al. (2012a). k-factor value and front related characteristics of UHV-class air insulation for positive polarity LI test. *IEEE Transactions on Dielectrics and Electrical Insulation, 19*(3), 877–885.

Ueta, G., et al. (2012b). Study on the k-factor function in the LI test for UHV power equipment. *IEEE Transactions on Dielectrics and Electrical Insulation, 19*(4), 1383–1391.

Van Brunt, R. J. (1992). Stochastic properties of partial discharge phenomena. *IEEE Transactions on Electrical Insulation, 26*(5), 902–948.

Vardeman, S. B. (1994). *Statistics for engineering problem solving*. Boston: IEEE Press-PWS Publishing Company.

Verma, M. P., & Petrusch, W. (1981). Results of pollution tests on insulators in the >1100 kV range and the necessity of testing in the future. *IEEE Transactions on Electrical Insulation, 3.*

Vilbig, F. (1953). *High-frequency measuring technique*. Munchen: Carl Hanser Verlag. (in German).

Wada, J., Ueta, G., & Okabe, S. (2011a). Evaluation of breakdown characteristics of N_2 gas for non-standard lightning impulse waveforms-breakdown characteristics under single-frequency oscillation waveforms and bias voltage. *IEEE Transactions on Dielectrics and Electrical Insulation, 18*(5), 1759–1766.

Wada, J., Ueta, G., & Okabe, S. (2011b). Evaluation of breakdown characteristics of CO_2 gas for non-standard lightning impulse waveforms und non-uniform electric field—breakdown characteristics for single-frequency oscillation waveforms. *IEEE Transactions on Dielectrics and Electrical Insulation, 18*(2), 640–648.

Wagner, K. W. (1912). On the measurement of dielectric losses using the alternating current bridge. *ETZ, 33,* 635–637. (in German).

Wagner, K. W. (1914). Explanation of dielectric relaxatuations by models of Maxwell. *Archiv fur Elektrotechnik, II*(9), 371–387. (in German).

Wagner, K. W. (1922). The physical nature of electrical breakdown in solid dielectrics. *Journal of American Institution of Electrical Engineering, 61,* 1034.

Wakimoto, T., Hallstrom, J., Cherukov, Y., Ishii, M., Lucas, W., Piiroinen, J., et al. (2007). High-accuracy comparison of lightning and switching impulse calibrators. *IEEE Transactions on Instrumentation and Measurement, 56,* 619–623.

Ward, B. H. (1997). Digital techniques for partial discharge measurements. *IEEE Transactions on Power Delivery, 7*(2), 469–479.

Ward, A. D., Exon, J., & La, T. (1993). Using Rogowski coils for transient current measurements. *IEE Engineering Science and Education Journal, 2,* 105–113.

Weck, K. H. (2003). *Condition assessment of LIP-insulated medium voltage cables—a contribution to the risk management of distribution cables*. HIGHVOLT Kolloquium '03, Paper 5.2 (pp. 159–166) (in German).

Weicker, W. (1927). Voltage measurements with the air gap. *Hescho-Mitteilungen, 31,* 899–902. (in German).

Weicker, W., & Hoercher, W. (1938). Fundamentals for the establishment of calibration data for sphere spark gaps. *ETZ, 59,* 1029–1064. (in German).

Shu, E. W., & Boggs, S. A. (2008). Dispersion and PD detection in shielded power cable. *IEEE Electrical Insulation Magazine, 21*(1), 25–29.

Werle, P., et al. (2006). *Repair and HV testing of power transformers on site*. ETG Fachtagung "Diagnostic elektrischer Betriebsmittel"/ETG Fachbericht 104, Kassel (in German).

Werle, P. (2007). *On-site tests of power transformers*. HIGHVOLT Kolloquium '07 paper 4.5, (pp. 143–149).

Whitehead, S. (1951). *Dielectric breakdown of solids*. Oxford: Clarendon Press.

Windmar, D., Gutman, I., & Jonsson, J. (2014). HVDC Pollution testing of insulation: Experience from service, laboratory and test station. *IEEE Transactions on Dielectrics and Electrical Insulation, 21*(6), 2496–2502.

Winter, A., et al. (2007). *A mobile transformer test system based on a static frequency converter.* HIGHVOLT Kolloquium '07, paper 4.4 (pp. 137–142).

Wolf, J., & Voigt, G. (1997). A new solution for the extension of the load range of impulse voltage generators. In *14th ISH Montreal* (Vol 4, pp. 363–366).

Wu, et al. (2009). *Uncertainties in the application of atmospheric and altitude corrections as recommended in IEC standards.* 16th ISH Cape Town, Paper A-15.

Witt, H. (1960). Response of low ohmic resistance shunts for impulse currents. *Elteknik, 3,* 45–47.

Yakov, S. (1991). *Statistical analysis of dielectric test results.* Electra Brochure No. 66.

Yamagata, Y., & Okabe, S. (2009). Utility's experience on design and testing for UHV equipment in Japan. In *2nd International Symposium on Standards for UHV Transmission.*

Yang, L., et al. (2012). Comparison of pollution flashover performance of porcelain long-rod, disk type and composite UHVDC insulators at high altitudes. *IEEE Transactions on Dielectrics and Electrical Insulation, 19*(1), 1053–1059.

Yin, F., & Farzaneh, M. (2016). Influence of AC electric field on conductor icing. *IEEE Transactions on Dielectrics and Electrical Insulation, 23*(4), 2134–2144.

Yu, Y.-Q., et al. (2007). Standardization of HVDC transmission field. In *IEC/CIGRE UHV Symposium Beijing*, Paper 5-3.

Yuan, Y., et al. (2015). Calculation of breakdown voltage of rod-plane gaps in the presence of water streams. *IEEE Transactions on Dielectrics and Electrical Insulation, 22*(3), 1577–1587.

Zaengl, W. (1965). A new divider for steep impulse voltages. *Bulletin, SEV, 57,* 1003–1017. (in German).

Zaengl, W., et al. (1982). *Experience of AC voltage tests with variable frequency using a lightweight on-site series-resonant device.* CIGRE Session (Paris) Report 23-07.

Zhang, G., Luo, C., & Pai, S.T. (1995). *Magneto-optical sensors for pulsed current measurements.* 9th ISH Graz, paper 7851.

Zhang, X., Gockenbach, E., et al. (2007). Estimation of the life time of electrical equipment in distribution networks. *IEEE Transactions on Power Delivery, 22*(1), 515–522.

Zhang, X., & Gockenbach, E. (2008). Asset management of transformers based on condition monitoring and standard diagnosis. *IEEE Electrical Insulation Magazine, 24*(4), 26–40.

Zhang, Z., et al. (2010a). Study of the influence on DC pollution flashover voltage on insulator strings and its flashover process. *IEEE Transactions Dielectrics and Electrical Insulation, 17* (6), 1787–1795.

Zhang, Z., et al. (2010b). Study on DC flashover performance of various types of long string insulators under low atmospheric pressure conditions. *IEEE Transactions on Power Delivery, 25*(4), 2132–2142.

Zhang, C., Wang, I., & Guan, Z. (2016). Investigation of DC discharge behavior of polluted porcelain post insulators in artificial rain. *IEEE Transactions on Dielectrics and Electrical Insulation, 23*(1), 331–338.

Zhao, I., et al. (2015). Correlation between volume effect and lifetime effect of solid dielectrics on nanosecond time scale. *IEEE Transactions on Dielectrics and Electrical Insulation, 22*(4), 1769–1776.